移动物联网技术

张德干 康学净 张 婷 著

U0311363

科 学 出 版 社

北 京

内 容 简 介

  移动物联网是移动应用环境下物与物之间连接而成的"互联网",其关键技术涉及感知层、网络层、应用层的多个方面,本书阐述的相关技术是其中的一个子集,主要包括:认知无线电网络中的资源分配、车载自组织网多跳成簇、车联网应用环境中的动态路由和智能数据传输、面向移动自组织网的路由协议、移动物联网中的信号处理等技术。

  本书可供计算机、自动化、通信等专业高年级本科生、研究生、教师学习和参考,也适合从事移动计算、物联网、嵌入式系统等相关领域的科研和工程技术人员阅读、参考。

图书在版编目（CIP）数据

移动物联网技术 / 张德干,康学净,张婷著. — 北京:科学出版社,2019.5

 ISBN 978-7-03-060519-1

 Ⅰ. ①移⋯ Ⅱ. ①张⋯ ②康⋯ ③张⋯ Ⅲ. ①互联网络-应用 ②智能技术-应用 Ⅳ. ①TP393.4②TP18

 中国版本图书馆 CIP 数据核字(2019)第 029896 号

责任编辑:任 静 / 责任校对:张凤琴
责任印制:吴兆东 / 封面设计:迷底书装

科 学 出 版 社 出版
北京东黄城根北街 16 号
邮政编码:100717
http://www.sciencep.com

北京中石油彩色印刷有限责任公司 印刷
科学出版社发行 各地新华书店经销
*
2019 年 5 月第 一 版 开本:720×1 000 1/16
2020 年 9 月第二次印刷 印张:20 3/4
字数:402 000
定价:125.00 元
(如有印装质量问题,我社负责调换)

作者简介

张德干，男，湖北省黄冈市英山县人，博士，教授，博士生导师，天津市特聘教授。研究方向为物联网、移动计算、智能控制、无线通信等技术。主持国家 863 计划项目、国家自然科学基金项目、教育部新世纪优秀人才计划项目等 10 余个项目，在 *IEEE Transactions* 等有影响力的国内外期刊和会议上以第一作者发表论文 150 余篇（其中 60 余篇 SCI 索引），出版学术专著多部，获得专利多项，获得科技奖励多项，是多个国际会议的大会主席。E-mail: zhangdegan@tsinghua.org.cn。

康学净，女，河北省石家庄市人，博士。研究方向为信号处理、物联网等技术。主持国家自然科学青年基金项目、中国共产党中央军事委员会科学技术委员会基金项目等多个项目，在相关研究领域的国内外期刊或学术会议上发表 SCI 和 EI 索引的论文近 20 篇。

张婷，女，河北省唐山市人，教授。研究方向为物联网、移动计算等技术。参与（或主持）国家 863 计划项目、国家自然科学基金项目、河北省自然科学基金项目等多个项目，在有影响力的国内外期刊和会议上发表论文 30 余篇。

前　　言

　　移动物联网(mobile Internet of things)是物联网、移动计算等技术融合发展的高层级网络,该技术目前正处在不断的演进过程中,已成为国内外的热点研究课题。移动物联网更有助于实现任何时刻、任何地点、任何人、任何物体之间的互联,提供普适服务,其服务范围深入到社会的各个方面,应用领域十分广泛,能够极大地提高人们的工作效率和生活质量。

　　移动物联网的关键技术涉及感知层、网络层、应用层的多个方面,本书阐述的相关技术是其中的一个子集,主要包括:认知无线电网络中的资源分配、车载自组织网多跳成簇、车联网应用环境中的动态路由和智能数据传输、面向移动自组织网的路由协议、移动物联网中的信号处理等技术。

　　本书共 10 章,其中第 2～4 章由张德干撰写,第 5 章和第 6 章由张婷撰写,第 7～9 章由康学净撰写,第 1 章和第 10 章由三人共同撰写。全书由张德干策划和统稿。

　　本书得到了国家自然科学基金项目(No.61170173,No.61571328)、天津市自然科学基金项目(No.10JCYBJC00500)、天津市自然科学基金重点项目(No.13JCZDJC34600,No.18JCZDJC96800)、天津市重大科技专项(No.15ZXDSGX00050,No.16ZXFWGX00010)、天津市科技支撑重点项目(No.17YFZCGX00360)、天津理工大学计算机科学与工程学院、天津市智能计算及软件新技术重点实验室和计算机视觉与系统省部共建教育部重点实验室相关基金项目、天津市"物联网智能信息处理"科技创新团队基金项目(No.TD12-5016)、天津市"131"创新型人才团队基金项目(No.TD2015-23)、天津市"软件工程与移动计算"科技创新团队基金项目(No. TD13-5025)、天津市重点领域科技创新团队基金项目的资助。

　　本书由张晓丹研究员和宁红云教授审阅。本书在撰写过程中,多位教授和专家学者提出了宝贵意见,同时得到了韩静、赵德新等同事以及博士和硕士研究生刘思、刘晓欢、崔玉亚、周舢、李文斌、马震、牛红莉、高瑾馨、陈晨、汪翔、宋孝东、明学超、朱亚男、赵晨鹏、郑可、潘兆华等的支持和帮助,在此一并表示衷心的感谢。

　　本书属研究型专著,可供高校研究生、高年级本科生,以及相关领域的科研人员和工程技术人员参考。

　　书中不足之处在所难免,真诚欢迎各位读者批评指正。

作　者

2018 年 7 月

目　　录

第1章 绪　　论

1.1　概　　述

移动物联网（mobile Internet of things）是在物联网、移动计算等技术融合的基础上发展起来的，其相关理论与技术已成为学术界研究的热点。物联网是"物与物相连的互联网络"，移动物联网典型的示例应用有移动机器人等携带的无线传感器网络（wireless sensor network，WSN）、车联网等组成的移动自组织网络（mobile ad hoc network，MANET）等。移动物联网技术是主要研究移动应用环境中物与物之间互联的相关技术，如车联网（Internet of vehicles，IOV）、移动机器人网络、手机等各种移动终端上的网络等。移动物联网技术作为热点技术正被国内外广泛重视，其发展速度十分迅猛；其应用也将极大地提高人们的工作效率和生活质量，对未来世界产生深远的影响。

（1）面向移动物联网应用的认知无线电网络（cognitive radio network，CRN）是一种由认知用户构成的无线通信网络，相比于传统无线通信网络，认知无线电网络的频谱效率更高，该网络也被作为下一代无线通信网络的关键技术之一。频谱共享认知无线电网络是一种干扰可控的认知无线电网络，由主用户和次用户组成，其中次用户可以对主用户产生干扰，但不能超过主用户所允许的阈值。干扰温度限可以保证次用户对每个主用户的干扰不超过该阈值。因此，其在该类模型的资源分配中起着关键性的作用，次用户可以通过能量检测法等方式来得到干扰温度限，进而不需要感知主用户情况就可以接入主用户网络。作为潜在的 CRN 调制技术，正交频分复用（orthogonal frequency division multiplexing，OFDM）技术在网络遇到异步传输时，因为其不完美的时间和频率同步，数据传输速率相应地受到影响；同时异步传输会引起子载波间干扰，某一条子载波会影响到相邻的子载波。滤波器组多载波（filter bank multi-carrier，FBMC）调制技术作为一种替代调制方法，相比于 OFDM，在异步通信时不会过多地降低数据传输速率，具有对载波频偏不敏感和高频效、高能效的优势，并且不需要循环前缀，在结合偏移正交幅度调制（offset quadrature amplitude modulation，OQAM）和多相网络后，大大降低了实现的复杂度。近些年，随着无线通信技术的大规模发展，网络用户量急剧扩大，各种无线服务迅猛增长，由电池供电的移动设备的能耗也随之增长。然而由于电池技术的缓慢发展以及电池尺寸的限制，从硬件角度优化移动设备的能耗非常困难，提高能效对于实现下一代无线通信的接入具有重要意义。合理的能效资源分配已经成为未来扩大无线网络传输范围、提高网络吞吐量、提高链路可靠性的前沿技术。在绿色通信的大环境下，研究出一种高效、准确的分配算法就显得非常重要了。

（2）移动物联网中的移动自组织网络融合了无线通信、传感、嵌入式、低功耗、功率控制、信息安全等多种技术，并根据 MANET 的分布式特点在不断完善之中。自 20 世纪以来，MANET 被广泛应用于各个领域，如传感器网络、军用战略部署、地理位置信息感知、应急服务等。美国麻省理工学院在一份预测未来科技的文章中指出，和 MANET 相关的新兴科技将成为 20 世纪最有影响力的科技之一，也是改变全球的十大技术之一。

MANET 的思想起源于 1968 年美国的 ALOHA 网络，它的目的是将处于四个岛屿的七个校园连接起来使其能够互相通信。ALOHA 网络采用了固定的高级以及分布式信道管理，采用单跳协议且不支持路由功能。1973 年，美国国防部高级研究计划署（Defense Advanced Research Projects Agency，DARPA）将分组交换技术和 ALOHA 网络技术相结合，集合军事环境背景，开发了分组无线网络（packet radio network，PRNET）。PRNET 是分布式网络结构，采用 ALOHA 和 CSMA（carrier sense multiple access）两种访问协议，动态支持共享信道，采用多跳路由协议和存储转发机制。但 PRNET 的网络扩展性较差、处理能力低、数据安全性低且能耗较大。1983 年，DARPA 针对 PRNET 的缺点研发了抗毁无线网络（survivable radio network，SURAN），提高了网络安全性，降低了物理成本，且支持的复杂网络中最多容纳数万量级的节点。

（3）针对车载自组织网（vehicle ad hoc network，VANET）中网络拓扑变化频繁问题，设计的路由方法中采用了贪婪机会转发（greedy opportunity forward，GOF）算法，GOF 算法在包的递交率和平均跳数等方面有效地提升了车联网的性能。使用演化图论对高速公路上的 VANET 通信图进行建模，扩展的演变图有助于捕捉车载网络拓扑结构的演进特征，并预先确定可靠的路线。建立基于高速公路车辆运动和速度数学分布的链路可靠性模型，并考虑链路可靠性度量，设计一个可靠的路由协议，利用扩展演化图模型的优点找到最可靠的路由，可以减少路由开销，节约网络资源。

随着科技的不断发展和人们生活水平的不断提高，汽车已经成为人们出行必备的代步工具。据不完全统计，从 2009 年起，我国汽车的销售数量每年超过 2000 万台，几乎呈现"泄洪式增长"趋势。道路上汽车数量的不断增加所带来的负面影响也是不容忽视的，例如，与从前相比，现在的交通越来越拥堵，交通事故越来越多，空气污染也越来越严重。导致上述负面情况的主要原因就在于现有的交通管理无法与当前巨大的车辆数目相匹配。据统计，世界上每年大约有 70 万人死于车祸，伤残者接近 3000 万人。不难想象，如果不能有效地进行交通管理，那么这一数字将会持续上涨。就目前来说，有效的交通管理仍然是人们所面对的共同难题。智能交通系统(intelligent transportation system，ITS)作为物联网信息化的重要产物，为应对这些问题而被提出，目的是实现交通的有效管理，实现驾驶人员的安全高效出行。

智能交通系统作为构建智慧化城市的重要载体，是近年来研究的热门话题。车联网作为智能交通系统的主要通信技术，具有网络拓扑变化频繁、通信链路不可靠以及车辆节点分布不均匀的特点，这些特点使得设计可靠性高、时延较低的路由算法成为一项具有挑战性的任务。有效的路由算法能够保证节点之间可靠的通信，更重要的是其决定了应用部署的灵活性。因此，研究可靠的路由算法对实现智能交通系统有着重要的意义。

(4)随着移动物联网应用的飞速发展，信息及信息系统涉及人们日常生活的方方面面，在国防建设、经济建设、公共安全、科技发展等各个领域发挥着越来越重要的基础支撑作用。在现实生活中，信息往往蕴含在各种类型的信号中，包括雷达、通信系统中经常处理的一维信号，图像处理中的二维信号，视频流处理中的三维信号，以及某些专业领域处理的高维信号等。根据所采集信号的不同特点对其进行相应的处理，准确提取信号所含有的信息并加以利用，才能更好地进行生产实践。因此，有效的信号处理方法对于促进科技的进步和社会的发展至关重要。

变换域分析法是移动物联网应用的信号处理领域最常用的方法之一，其中尤以傅里叶变换为核心的经典信号处理方法应用最为广泛，是分析和处理线性、高斯、平稳信号的强有力工具。自从 1965 年 Cooley-Tukey 提出了离散傅里叶变换的快速算法——快速傅里叶变换(fast Fourier transformation，FFT)之后，傅里叶变换在科学研究与工程技术的几乎所有领域都发挥着非常重要的作用。然而，随着人们研究范围的不断扩展，研究对象的运动规律和环境背景日趋复杂，携带信息的信号不再是传统傅里叶分析理论体系下所研究的平稳高斯类信号，而是呈现出非常突出的非线性、非高斯、非平稳特性。这类信号的重要信息往往蕴含在其频率变化率特征中，采用傅里叶变换仅在频率域进行分析与处理，无法精确、有效地反映出此类信号的时频局部特性，因此，不能得到令人满意的结果。这已经成为制约信息系统性能提升的主要瓶颈之一，亟待寻求更加有效的非平稳信号处理方法。

众所周知，数学变换对解决移动物联网应用中的信号处理领域的问题具有非常重要的意义。为了分析和处理非平稳信号，一些学者先后提出短时傅里叶变换、小波变换、Gabor 变换、Wigner-Ville 分布等一系列时频分析工具。然而，这些信号处理方法都是在时域、频域两个维度上对信号进行分析与处理的，其核心思想本质上仍是傅里叶分析理论。为了更加精确、有效地提取非平稳信号的频率变化率，甚至更高阶频率变化率信息，一些学者仍在寻求新的理论与技术，以对现有信号处理手段进行补充与完善。其中，分数傅里叶变换作为傅里叶变换的广义形式，可以同时反映信号的时频特征，因而受到众多科研人员的关注。自 20 世纪 80 年代 Namias 给出分数傅里叶变换的特征结构以来，关于它的研究成果逐年增多，内容涵盖信号处理、光学、雷达、通信、量子力学等众多科研领域。

随着对分数傅里叶变换研究的不断深入，衍生出的新型分数变换主要包括加权分数傅里叶变换、多参数分数傅里叶变换、随机分数傅里叶变换、随机分数变换等；拓展出的分数变换主要包括分数正弦/余弦变换、分数 Hartley 变换、分数阿达马变换、线性正则变换，以及这些变换的随机形式和多参数形式等。这些新型分数变换的提出不仅丰富和发展了分数域信号处理的理论体系，而且为工程实践提供了有利的分析工具，促使分数域信号处理方法被广泛应用于目标检测和参数估计、通信与信息安全、图像处理等各个领域。

然而，目前对以上各种分数变换理论及其应用的研究往往都是孤立和单一的，研究方法上存在一定的重复性。这些分数变换都是以分数傅里叶变换为核心而衍生拓展出来的，因此它们之间必然存在一定的内在联系。深入分析各种分数变换之间的共同点，总结凝练其共有的性质特征，建立分数变换的一般性理论框架，进而在此框架下构造更多特殊的数学变换，用于解决信号处理领域所遇到的问题，无论对于理论研究还是工程应用都将具有重要意义。

另外，以分数傅里叶变换为核心所衍生拓展的各种分数变换具有灵活的阶次信息，参数可以自由调整，能够扩大图像安全领域的密钥空间，提高安全性，受到了该领域研究人员的青睐。近年来，基于分数变换的图像加密和数字水印算法层出不穷，成为保护图像信息的强有力手段。分析当前分数域图像加密系统的优缺点，探索并提出更加高效的加密方法，对于图像的安全传输和存储具有非常重要的意义。

1.2　认知无线电网络中的资源分配技术简介

功率分配作为资源分配问题中很重要的子问题，已被广泛研究。功率控制被用于保障小蜂窝网(small cell network，SCN)中的用户(small cell user，SU)的信干噪比。一种基于拉格朗日对偶分解的功率分配方法被提出，降低了跨层干扰。此外，信道分配也被用来抑制跨层干扰。SCN 中通过相关均衡博弈方法最小化对主基站的干扰来实现子信道分配。有学者在消除自干扰的基础上提出一种基于正交频分多址(orthogonal frequency division multiple access，OFDMA)的多用户双向放大转发(amplify-and-forward，AF)中继网络的联合资源分配方法，着重考虑了高信噪比区域的功率分配、子载波分配和总传输速率的优化以实现更高的系统吞吐量，但并未涉及网络的能耗及不同链路总传输速率的平衡。有学者考虑数据的突发到达及跨层干扰敏感系统的资源管理，然而该学者仅考虑最大化 SCN 的吞吐量而忽略了延迟对系统性能的影响。之后有学者提出了一种基于马尔可夫决策过程的延迟敏感的资源分配算法，以最小化所有用户的平均等待时间，由于专注于所有用户的平均等待时间和，如何进行资源分配以及提供单个用户的显式延迟则被忽略。鉴于此，一种单蜂窝 OFDMA 网络中用户时延约束下最大化时间平均吞吐量的跨层调度算法被提出，然而因为缺少对跨层干扰的考虑，该方法并不能直接应用于频谱共享 SCN。Guo 等在研究如何实现频谱共享 SCN 中的资源管理的同时考虑了 SU 延迟以及跨层干扰约束，并提出双层 SCN 中的物理层和传输层动态联合速率控制方法，很好地解决了跨层干扰问题。

我们探讨了基于 FBMC(filter bank multiple carrier)的多用户频谱共享的 CRN 中的资源分配问题，相关问题已经得到了很多研究成果。有学者指出 CRN 中的干扰抑制是一个至关重要的问题。Jiang 等提出用 CRN 中的干扰温度限来限制二级网络到使用相同频谱的优先级的一级网络的干扰。对无线认知网络中基于资源分配策略的干扰抑制也有所研究，一种在 CRN 中的以干扰温度限为自变量的基于功率分配和子信道选择的对偶分解方法被提出。考虑多蜂窝无线认知网络中活动的主用户的每个子信道上的干扰温度限，以最大化系统吞吐量为目标，一种功率和子信道联合分配方法被提出。然而由于 SU 的认知能力有限，干扰温度限无法直接应用于 SCN。为了解决这一问题，干扰温度限可通过宏基站回传来送到 SCN。然而，在上述所有工作中，并未把能效作为优化目标，而无线通信网络的一个重要指标就是能效。能效已经吸引了大量学术界和工业界的关注，并被认为会对 CRN 产生重大影响。最近有很多研究工作着眼于能效资源分配。Li 等为最大化所有用户多业务的平均效用提出基于中继的 OFDMA 系统效用优化的动态资源分配算法，但该研究并没有专门考虑能效。Zarakovitis 和 Ni 提出了一种多用户 OFDMA 网络下行传输能效资源调度方法，并且研究了多用户下行 OFDMA 网络中总功率约束下的功率和子载波联合分配问题。但是他们提到的资源分配问题只是在下行链路情景下对能效进行了优化，并未考虑网络中的多用户干扰，然而这可能是一个抑制性能的因素，在移动用户数量增加时性能会变差。Singh 等只提出了 AF 网络增加能效的功率分配方案。然而，当以能效作为目标函数进行优化时，DF(data forward)中继网络中最佳的联合功率和子载波分配方法与 AF 网络中的相应方法并不相同。因此，Singh 等在此基础上又考虑了多用户 DF 中继干扰网络的能效资源分配问题，提出了功率和子载波联合分配方案。

通过分析可以知道，资源分配算法大部分都是 NP 困难问题，最优算法需要非常高的计算复杂度，而低复杂度的资源分配算法往往降低了系统性能，因此需要综合考虑算法复杂度和系统性能，灵活运用凸优化理论和博弈论等方法深度挖掘针对特定情景下更为合理的资源分配算法。

博弈论在资源分配中的应用越来越广泛,学术界也可以找到很多相关研究成果。势博弈已经被证明是多小区无线系统资源分配的一种有效方法,以试图最大限度地提高用户的信干噪比和能效。Denis 等着眼于下垫式 CRN,使用博弈论方法讨论了非合作次用户下行链路能效资源分配问题。SCN 中通过相关均衡博弈方法最小化用户对主基站的干扰来实现子信道分配。合作博弈理论提供了一个灵活的工具来探索自私节点如何相互讨价还价的同时互相帮助。Huang 等认为合作博弈并不适用于分布式无线网络,因为在该网络中需要决策者之间额外的信号量。为了同时获得用户公平性和网络效率,有学者建立了一个基于纳什议价的合作功率控制博弈模型,然而并未将物理层安全列为研究对象。Yang 和 Yaacoub 等分别给出了利用纳什议价解的无线网络中的分布式、快速并且公平的资源分配方法。Huang 等提出了一个基于演化博弈的 CRN 频谱分配算法,其中主用户将空闲频谱出租给次用户,而次用户的行为可以被建模为一个演化博弈问题。

1.3　车载自组网技术简介

智能交通系统作为物联网应用中的一个重要领域,近年来得到了国内外的广泛关注和研究。车载自组网作为智能交通系统的核心技术,是许多研究机构所研究的热门话题。当发生交通堵塞时能够提前通知驾驶人员进行路径选择,这不仅提高了出行效率,而且在一定程度上减少了对空气的污染;或者当发生交通事故时,通过即时发出求救信息来通知附近的医护人员对伤员进行救治,极大地减少了因交通事故造成的人员伤亡等。这里将车联网的一些相关应用归纳到表 1.1 中,可以看出车载自组网的研究对人们安全和高效的出行有着极其重要的意义。

表 1.1　车载自组网中的相关应用

应用类别	具体内容	意义
道路交通安全	交通事故警告、潜在威胁提示等交通信息	有效避免和减少交通事故
交通状况查询	车辆速度、路面况等交通信息	提高道路交通效率,辅助驾驶
信息服务	高速公路收费、乘客间通信、接入 Internet、多媒体服务	提供丰富的服务,实现舒适驾驶

路由算法作为 VANET 中节点通信的主要手段,其重要性不言而喻,一直是 VANET 研究的重点内容。VANET 作为一种特殊的移动自组织网络,其自身有许多不同于 MANET 的特点,这些特点使得传统的 MANET 中许多成熟的路由算法无法直接被应用在 VANET 中,例如,VANET 拓扑变化较快,节点间链路的可靠性较差;车辆节点的密度随时间的变换而变化,在白天车辆密度比较大,而在夜间车辆密度

又会变得很小等。这些特性使得传统针对 MANET 的路由算法在 VANET 中效率较低，甚至根本不能进行通信。但是，车辆节点有着充足的能量以及较高的计算能力使得在 MANET 中考虑的能量问题在这里不再需要考虑。车辆节点的移动轨迹可预测并且车辆配备了定位设备使得其为设计路由算法提供了新的思路，表 1.2 给出了 VANET 的主要特点及其对路由性能的影响。这些特性促使我们不断研究更加可靠、有效的路由算法，对实现智能交通系统有着极其重要的意义。

表 1.2　VANET 的特点和对路由的影响

特点	影响
高动态网络拓扑结构	网络拓扑频繁改变，使得路由路径极其不稳定，已有的路径容易变得无效
链路易断裂	相邻节点间链路频繁断裂，使得路由算法的可靠性得不到保证
节点按规则移动	节点按照固定路线行驶，使得设计的路由算法更具针对性
建筑物对信号的阻挡	建筑物遮挡使得通信信号减弱，相距很近的节点都难以保证可靠通信
网络规模	网络规模较大时会造成严重的广播风暴，较小时会出现网络分割问题
定位系统 GPS	车辆配备 GPS 设备，使得车辆进行路由时能够找到下一跳的地理位置
能量和空间不受限制	充足的能量以及较高的计算性能使其可以执行较为复杂的路由算法

VANET 作为一种特殊的移动自组织网络，有着网络拓扑变化快、节点间链路不可靠的特征(表 1.2)，这些特征使得传统的基于 MANET 的路由算法很难被直接应用在 VANET 中。因此，为了设计满足 VANET 需求的路由算法，近年来，许多国内外研究人员和研究机构针对 VANET 的特征设计提出了多种路由算法，我们将其归纳为以下几种。

(1)基于拓扑的路由算法。该算法是传统 MANET 中一种比较典型的路由算法，其主要由按需路由(反应式)算法和表驱动(主动式)路由算法组成。为了满足 VANET 的需求，许多基于拓扑的改进路由算法被提出。有学者在传统的按需距离矢量(ad hoc on distance vector，AODV)的基础上提出了一种基于演化图论的可靠按需路由算法 EG-RAODV(extended graph-reliable AODV)。其通过分析车辆的运动特征，利用演化图论的方式模型化 VANET 中节点间的通信，有效地提高了节点间链路的可靠性，使得在高速网络环境中能够保证较好的路由效果。有学者通过改进传统的 AODV 算法，提出一种基于 Q 学习的 QLAODV 算法。QLAODV 算法针对传统 AODV 算法并不能很好地处理频繁的链路断裂造成的开销问题而提出。在传统的 AODV 路由算法中，当某一处链路断开时，其会启动路由修复机制，过多的控制数据包被发送在断裂处造成了较大的网络开销。在 VANET 中，频繁的链路断开是其所不能避免的，因此，QLAODV 在 AODV 的基础上，利用 Q 学习算法即时探测有效的路径来解决这一问题。最优链路状态路由(optimized link state routing，OLSR)是一种表驱动路由算法，其目的是实现快速建立路由，减少路由开销。其利用多点中继的策略控制洪泛的范围。VANET 中节点的快速移动使其并不能找到有效的中继节点，甚至会造成严重的广播风暴问题。有学者通过在OLSR中加入相关参数来改进传统OLSR路由算法，分别比较了各种智能算法在改进传统OLSR的优缺点，给出了设计适应VANET路由的指导性思想。

(2)基于地理位置的路由算法。在VANET中，车辆作为通信节点，全球定位系统(global positioning system, GPS)作为车辆必备设备，为设计基于地理位置的路由算法提供了有力的支撑。在基于地理位置的路由协议中，每一个车辆能够利用GPS获取自身以及目的车辆的位置、速度以及方向等信息，利用相关策略选择下一跳转发节点转发数据包。贪婪边界无状态路由(greedy perimeter stateless routing, GPSR)作为一种典型的基于地理位置的路由算法，其由贪婪转发模式以及边界转发模式两种模式组成。节点通过周期性地广播信标数据包更新邻居表，通过查找邻居表，在贪婪模式下找出距离目的节点最近的邻居节点作为下一跳转发节点，当出现局部最优化时，启动边界转发模式进行边界转发。但是，在VANET中车辆的快速运动以及拓扑的频繁变化使得边界转发并不能起到很好的效果。因此，一种改进的路由算法RIPR(reliable information prediction routing)被提出。其通过预测邻居节点的位置、速度以及运动方向选择转发节点，最大化地减小出现局部最优化的情况。在城市场景中，考虑到将交通信号灯作为设计路由的一个影响因子，有学者提出一种基于最短路径的交通信号灯感知路由算法STAR(shortest path for traffic-aware routing)。其作为一种新的路由设计思路，充分考虑了处于交叉路口时数据包的转发方式，通过分析车流量以及交通信号灯信号来选择下一跳转发节点。有学者提出一种城市场景下基于交叉路口的地理位置路由算法(interior gateway routing protocol, IGRP)，其通过选择具有最高连通性以及最小延迟的交叉路口转发数据包，利用遗传算法找出最优解以满足QoS(quality of service)需求。在IGRP路由算法中详细分析了两条道路之间的连通概率、端到端的延迟以及跳数问题。一些基于地理位置广播路由算法也是近年来研究的热点内容。有学者提出了一种基于两个定时器的路由算法，利用两个定时器决定一个节点是否能够转发数据包，其中，第一个定时器用于稳定接收过程并修改相关距离；第二个定时器保证距离发送节点最远的节点转发数据包。其在整个路由过程中仅使用了GPS信息，具有较低的数据传输延迟。SLBF(stateless location broadcast forward)作为一种典型的基于地理位置的路由算法，其利用GPS找出源节点与目的节点的位置。在选择下一跳转发节点时，其通过节点的地理位置信息来计算等待时间，等待时间短的节点获得转发权，并抑制其他节点进行广播，抑制转发节点的同时有效地减小了数据包的发送延迟。有学者提出一种选择性可靠广播协议SRB(selective reliable broadcast)。其利用节点的地理位置信息选择具有最大广播范围的节点作为转发节点，能够迅速找到到达目的节点的有效路径。

(3)基于预测的路由算法。在VANET中，节点的快速移动使得节点间链路可靠性很差，为了保证可靠的通信，一些基于预测的路由算法被提出。有学者利用图论的思想，通过详细分析单个链路对路由路径可靠性的影响，提出一种利用能量评估和预测节点间链路连通性的可变换通信理论机制，用于预测链路的可靠性。有学者提出一种基于移动预测的路由协议，其在 AODV 的基础上进行改进，通过将节点的坐标、方向以及速度作为参数预测链路维持时间，从而找到下一跳可靠的路径，其中利用了选择同方向的移动节点比反方向更加稳定的思想。为了能够有效地评估链路的维持时间，有学者提出一种新的移动模型预测链路的维持时间，其将速度作为参数预测链路的最大维持时间。有学者提出一种基于运动预测的算法 MORP (movement of reliable prediction)，其通过预测车辆将来的位置计算车辆间链路的稳定性，MORP 通过每一个车辆的位置、方向以及速度信息预测链路的状态，选择最稳定的端到端的路由路径。还有学者提出一种基于预测的 PBR (policy based routing) 路由算法，其通过预测链路的生命周期来对路由路径做出调整。其通过通信范围、车辆的位置以及相应的速度预测链路的生成时间，考虑到路由路径由许多链路组成，最小的链路决定着整条链路的最大生存时间，因此最小链路的维持时间即为整条链路的维持时间。

(4) 基于分簇的路由算法。分簇算法作为一种分层网络组织方式，在传统的 MANET 中已经得到了广泛的研究。其中最具代表性的簇头选择机制有最小 ID 算法、最高节点度算法以及基于权重的 WCA (weight calculation algorithm) 算法。这些算法充分考虑了网络的拓扑、移动性以及能量等信息，而且主要集中在对能量资源的利用上。然而，对于车辆节点来说，资源问题并不是一个重要的影响因素，因此，近年来，一些基于 VAENT 的分簇算法被提出。有学者提出一种基于反应式的成簇路由算法 PassCAR，其主要被设计在高速多车道场景中。在成簇阶段，将节点度作为选择簇头的指标，簇成员利用多度量选择策略加入簇中。但是，其没有考虑节点运动的相似性，使得其所成簇的覆盖范围比较小，稳定性较差。有学者提出一种基于临界度量的分簇算法 CCA (cluster calculation algorithm)，其利用网络临界度量这一参数成簇，通过动态调整已加入簇中的节点，很好地应对 VANET 中拓扑变化带来的问题。有学者提出一种基于簇的多信道通信机制(CM-MAC)，其主要由三部分组成，分别为簇配置协议、簇间通信协议以及簇间协作协议。其中，簇配置协议用来将同方向的车辆划分到同一个簇中；簇间通信协议保证两个车辆节点间安全以及非安全数据包的实时传输；簇间协作协议利用多信道 MAC 算法使得 CH 节点收集或者发送数据包到 CM 节点。有学者提出一种基于模糊逻辑的分簇算法，考虑到速度是造成链路不稳定的主要因素，利用模糊过程处理相对速度来提高成簇的稳定性，其在选择簇头的过程中，当最优簇头节点速度改变时，会令一个次优节点担任临时簇头以提高簇的稳定性。有学者提出一种基于 K-HOP 的多跳分簇算法，在簇头选择阶段，其要求每一个车辆节点间隔性地广播信标数据包，并且计算在 N 跳范围内节点之间的相关移动性。根据相关移动性，每一个车辆计算 AM(aggregate mobility)值，计算后广播这个 AM 值到 N 跳范围内。当节点收到这个 AM 值后每一个节点与自身的 AM 值进行比较，拥有最小 AM 值的节点被选为簇头节点。有学者提出一种分布式随机 2 跳成簇算法 HCA(hierarchical clustering algorithm)，HCA 是一种快速成簇算法，其并没有特别地选择簇头以及构造稳定的簇架构，而是尽可能地快速成簇，将簇的优化全部放在簇的维护阶段。还有学者提出一种分布式多跳分簇算法，其利用车辆跟随策略划分车辆到不同的组中，将拥有节点最多的组中具有最小移动性的节点作为簇头节点。车辆跟随策略能够极大地减少成簇所花费的开销，而且被动成簇方式有效地提高了成簇的稳定性。

1.4　面向移动自组织网的路由技术简介

为促进微型机的发展，解决 MANET 中节点移动性以及多节点链接的问题，1994 年美国国防部(Department of Defense，DoD)启动全球移动信息系统(global mobile information system，GloMo)计划。全球移动信息系统采用分布式控制方式，提供安全的数据报和虚电路服务，节点可以自组织成小型网络群，由多个自组织而成的小型网络群进行自组织，形成一种层次结构的分布式网络系统。各自组织网络中采用 TDMA(time division multiple access)方式互连，各自组织网络之间采用 DS-CDMA(direct sequence CDMA)方式互连。由上述可知 MANET 有着历史悠久的军事背景，但是随着全球经济的发展，其商业应用价值不断提升。国际互联网工程任务组(The Internet Engineering Task Force，IETF)将新标准路由规范应用到当前网络中，目标是：①将各个领域的单个目标的路由协议标准化；②解决在预定环境中的安全问题；③尽最大努力解决层次和更为先进的服务质量(QoS)问题。表 1.3 列出了 MANET 发展过程中面临的问题和挑战。

表 1.3　MANET 发展过程中面临的问题和挑战

网络各层		各层面临的挑战	所有层面临挑战
应用层 表示层 会话层	----->	新应用、网络自配置 位置服务 安全性(授权、加密)	节省能量 QoS 可靠性 可扩展性 网络仿真 性能优化 H/W，S/W 工具支持
传输层		TCP 自适应避免窗口	
网络层		IP 路由、寻址优化、多播	
数据链路层		媒体介入控制、差错控制优化	
物理层		频谱使用、分配	

针对 MANET 的特性，其设计需要满足：①强壮的路由算法，提高网络有效性、可靠性，减小网络中孤立节点所占比例，以维护网络拓扑的整体性；②自适应低功

耗算法设计，设计的算法应具有自适应性，减少网络中节点能耗并提升资源利用率；③多路径路由算法，减少拓扑中终端之间的消息碰撞，提升终端间信息交互效率；④强壮的网络体系结构，削弱对拓扑变更的敏感度，减少特权终端与普通终端间的消息冲突，降低失效路径所占比例。因此，如何策划高效的路由算法仍需要不断探索和研究。

MANET 拓扑结构具有高度动态性、自组织性等，导致其拓扑结构无法预知。该类型网络可以自组织独立运行也可以和 Internet 连接，通过多跳形成范围更广泛的网络。一个简单 MANET 拓扑结构中，其终端节点可由多种类型组成，任意一个终端可以与其通信半径范围内的所有终端直接通信，通过多跳交互进行非单跳范围内终端间信息交互。所以在 MANET 中，每个节点既担任了本节点数据的源节点，又承担了其他节点发送数据信息的路由转发功能，或者作为目的节点接收数据信息。

MANET 中的节点具有游牧特性，即节点在某一区域内随机自由移动，这一特性使得节点间的链路是动态随机建立和删除的。例如，普通的移动端除了可以作为 MANET 中的节点之外，对野外环境等的监测所部署的节点组成也是 MANET 的一种，这些监测节点包括无线发射器、无线接收器、全向天线(广播)或高定点天线(点对点)。在周期时刻节点根据其位置信息，发射器、接收器的覆盖距离，以及外界干扰因素等，按照单跳或者多跳方式进行数据传输。总结 MANET 的特点如下。

(1) 多跳性和分布式控制。由于 MANET 中终端通信半径范围的限制，当节点之间的距离超过其通信能力半径时，需借助中间节点对数据信息进行转发。通常把通信范围内节点之间的通信称为直接通信或单跳通信，需要中间节点进行数据转发的称为多跳通信。由于 MANET 不需要预设集中式的基础设施，所以其拓扑结构是分布式控制。

(2) 移动性和网络拓扑动态性。该网络中节点随机的移动方向和移动速度必然导致其拓扑结构动态性高，使得网络拓扑结构不可预测。

(3) 链路带宽受限。由于 MANET 采用无线传输技术，与传统有线通信相比，无线环境中的信号衰减、外界噪声干扰、建筑物遮挡等因素，导致链路通信质量较低，带宽以及传输效率较低，误码率较高。并且节点的随机移动性使得节点之间分布式竞争链路信道，造成每个节点实际使用的传输带宽远远小于物理层所提供的最大传输带宽。

(4) 对等性和临时性。在蜂窝网络中，节点之间只能通过基站进行通信，而在 MANET 中所有节点都可以直接或间接通信。当信息中心站与终端通信时，该双向链路分为下行和上行链路，终端节点只能接收下行链路信号。且在该网络中有预设的基础设施，所以终端节点有主次之分，而在 MANET 中所有终端都是级别对等的。

在 MANET 中，终端节点可以接收上行和下行链路的信号，所以节点间采用时分双工方式进行通信。由于 MANET 的高度拓扑动态特性，当节点间距离小于通信距离时，会临时组建为一个无线通信网络，这种临时性包括网络成员临时、拓扑临时、路由临时、资源分配临时。

(5) 安全有限性。由于 MANET 具有上述特性，其更容易受到安全威胁，如窃取信息、DDoS(distributed denial of service) 等。其分布式特性可以对抗集中控制网络中单个节点的安全漏洞问题，增强网络安全性。

MANET 存在的多种亟待解决的核心问题包括：MAC 层协议、路由协议、信息安全、QoS 框架技术、功率控制技术、媒体接入控制和优化等。应对这些问题采用的关键技术如下。

(1) 无线通信及传感技术。由于节点随机分布特性以及网络无线传输特性，在节点中都装有无线收发装置，并根据不同的实际需求，利用相应的传感技术进行多种类型数据的感知和测量，结合无线通信技术对监测得到的信息进行传输，如环境监测中的温度或湿度信息。

(2) 嵌入式和低功耗技术。由于微型节点技术的发展，需要利用嵌入式技术对操作系统进行编写，使系统精简、专用性较高。由于节点微型化导致节点能量有限，在节点设计中通常采用低功耗技术来保证网络拓扑生存时间更长。

(3) QoS 技术。当 MANET 中的节点进行信息交互时，必须满足预先定义、可测量、基于端到端的属性，包含可用带宽、网络抖动以及丢包率等。QoS 技术第一步确立模型、第二步研究和优化模型中的组件。其中 QoS 针对请求队列需采用合理的接纳控制算法、排队算法以及调度算法。

(4) 功率控制与管理技术。功率控制包括两方面：控制发送功率大小、管理节点工作状态(激活状态、非激活状态)。节点发送功率大小直接影响节点的能耗和信息传输距离，且对节点工作状态的有效管理也能提高网络数据传输效率、延长网络生存时间。当终端处于激活状态时，能够进行信息交互。当终端处于非激活状态时，不能进行数据传输。采用数据融合及管理技术，处理网络终端间的冗余数据信息，获得更高效的信息传输率。采用信息融合和管理技术处理终端间冗余数据，获得更高效的信息交互率。

(5) 网络信息安全技术。MANET 的无线性使得它更容易遭受窃听、篡改等攻击。节点被捕获导致内部攻击，以及网络结构高度变化性使得节点间的可信度不断改变。对终端采集或接收的信息进行不可抵赖性、有效性以及完整性验证。

1.5　面向车联网的智能数据传输技术简介

随着传感器技术的进步，智能车联网现在可以从范围广泛的固定和移动传感器收集交通数据。固定传感器监测的空间范围往往有限,而移动传感器,如 GPS 探头收集的数据具有高度不稳定的空间和时间分辨率。这些问题造成了流量数据集中不可避免的数据丢失问题。此外,诸如检测器故障和有损通信系统问题等也可能导致交通信息不完整。这可能会导致出现高比例的数据丢失。因此,数据丢失是交通数据集中常见的问题,丢失的数据百分比甚至可高达 90%。

车联网涉及车对车(vehicle to vehicle, V2V)和车对基础设施(vehicle to infrastructure,V2I)等情形的通信网络。车联网中,支持安全应用的关键是可根据传播协议在车辆之间有效分发消息。信息源可以是由远程服务器馈送的路边单元(road side unit,RSU)或驻留在车辆中的车载单元(on board unit,OBU),该车辆具有对其他漫游感兴趣的有用信息。在传播过程中采用智能和自适应广播算法,充分利用车载通信网络资源,可以避免所谓的广播风暴问题。

分发消息的主要方法分为概率型和延迟(或计时器)型等几种类型。信标传播协议使用基于概率或基于定时器的算法。基于信标的传播协议假设通过及时分发信标消息告知车辆其邻近区域的相关状态(如附近车辆的位置和速度)。车联网实体还使用该辅助信息来决定是否分发其接收的新消息并确定目标车辆。无信标协议基于使用自治逻辑,然后根据嵌入式协议逻辑和消息本身中包含的控制信息智能地决定是否分发消息。

在车联网中,车辆使用车对车或车对基础设施的无线通信发送遥感数据到智能交通指挥监测中心,不同于传统的覆盖范围有限的固定传感器的传感系统,车联网能监控车辆可以到达的任何地方。车联网中的一个最重要问题是保证感知的数据从每一个观测点到监测中心的及时交付,因为许多 IOV 的应用(如智能交通系统)需要频繁更新来自整个城区的感知信息。

在如图 1.1 所示的车联网中,IOV 的数据传输链路取决于车辆的移动性,因此,IOV 中保证数据传递的时间和空间覆盖是相当具有挑战性的。例如,在这种具有间歇性连接的网络中,车辆有时必须在远离目的地时携带数据。事实上,延迟容忍网络(delay tolerant networks,DTN)同样经历了到目的地的间歇路由,目前已有大量的研究成果用于解决在 DTN 中以最小延迟路由数据分组的问题。由于具有相似性,DTN 的分组路由策略也可以用于 IOV。然而,IOV 在几个方面与一般的 DTN 不同。第一,IOV 中的车辆仅沿着道路行驶,而通常 DTN 中的移动节点被假定为能够任意移动。第二,IOV 通常采用具有多个目的地的任播,而大多数一般 DTN 中的工作假定为单播。第三,存在具有预定未来轨迹的车辆,如公交车,而在一般 DTN 中,很难预测移动节点的移动。因此,DTN 的分组路由策略可能不直接适用于 IOV,或可能无法充分利用 IOV 的特性。

图 1.1　车联网示例图

1.6　移动物联网应用中的信号处理技术简介

分数傅里叶变换是将移动物联网应用中的信号在一组正交完备的线性调频基上展开，是傅里叶变换的推广形式，同其他常用的时频分析工具，如 Wigner-Ville 分布、Radon 变换、模糊函数等都有密切的联系，同时具有不受交叉项干扰的优点。信号通过不同阶次的分数傅里叶变换，即其在时频平面上经过不同角度的旋转(图 1.2)，就可以反演出信号随时频线性变化的细节信息，有利于我们提取所需要的频率变换率特征。更为重要的是，分数傅里叶变换本身具有多样性的特点，可以据此衍生拓展出许多新型的数学变换，这对于信号处理的理论研

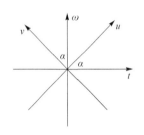

图 1.2　分数傅里叶变换的时频表示

究和工程应用都具有非常重要的意义。

以分数变换的多样性为背景，分析各种离散分数变换的共性特征，建立多参数离散分数变换的理论框架，进而在此框架指导下构建多种新型的多参数离散分数变换，丰富和发展分数域信号处理的理论体系。同时针对图像安全领域的应用需求，结合离散分数变换和混沌理论的优势，提出多参数离散分数变换域的图像加密方法，研究了离散分数傅里叶变换(discrete fractional Fourier transform，DFRFT)的随机化方法，为进一步推广离散分数傅里叶变换在图像安全领域的应用提供了新思路。

1.6.1　离散分数傅里叶变换简介

离散分数傅里叶变换是傅里叶变换的推广形式，根据不同的物理解释，可以有

多种等价的定义形式。目前最常用的是 Ozaktas 从积分变换的角度给出的直接定义形式和 Namias 从特征结构角度给出的特征分解形式。下面首先介绍从积分变换角度定义的分数傅里叶变换。

假设 $x(t)$ 表示一维信号，其 a 阶分数傅里叶变换从积分角度定义为

$$X_a(u) = F^a[x](u) = \int_{-\infty}^{+\infty} x(t) K_a(t,u) \mathrm{d}t \tag{1.1}$$

积分核函数 $K_a(t,u)$ 的表达式为

$$K_a(t,u) = \begin{cases} \sqrt{(1 - \mathrm{j}\cot\alpha)} \exp[\mathrm{j}\pi(t^2 \cot\alpha - 2ut\csc\alpha + u^2 \cot\alpha)], & \alpha \neq n\pi \\ \delta(t - u), & \alpha = 2n\pi \\ \delta(t + u), & \alpha = (2n \pm 1)\pi \end{cases} \tag{1.2}$$

其中，a 表示变换阶次；F^a 为分数傅里叶变换算子；$\alpha = a\pi/2$ 为时频平面的旋转角度。式(1.1)有时也称为信号 $x(t)$ 的 a 阶分数傅里叶变换，或信号 $x(t)$ 的 α 角度分数傅里叶变换。从该积分核函数容易看出，与傅里叶变换一样，分数傅里叶变换也是以 4 为周期的。

下面介绍从特征分解角度定义的分数傅里叶变换，这也是我们研究工作的基础。为了便于理解，我们首先回顾傅里叶变换的相关基础知识。连续傅里叶变换所对应的特征方程为

$$F\{\varphi_n(t)\} = \exp\left(-\mathrm{j}\frac{\pi}{2}n\right)\varphi_n(t), \quad n = 0,1,2,\cdots \tag{1.3}$$

其中，$\exp(-\mathrm{j}n\pi/2)$ 为傅里叶变换的特征值；$\varphi_n(t)$，$n = 0,1,2,\cdots$ 表示归一化的 Hermite-Gaussian 函数系数，构成了傅里叶变换一组完备正交的标准基函数。第 n 阶 Hermite-Gaussian 特征函数 $\varphi_n(t)$ 的表达式如下

$$\varphi_n(t) = \frac{1}{\sqrt{2^n n! \sqrt{\pi}}} H_n(t) \exp\left(-\frac{t^2}{2}\right) \tag{1.4}$$

其中，$H_n(t)$ 为第 n 阶 Hermite 多项式，即

$$H_n(t) = (-1)^n \mathrm{e}^{t^2} \frac{\mathrm{d}^n}{\mathrm{d}t^n}(\mathrm{e}^{-t^2}) \tag{1.5}$$

由数字信号处理的基本知识可知，离散傅里叶变换核函数 F 的第 (m,n) 个元素为

$$F[m,n] = \frac{1}{\sqrt{N}} \exp\left(-\mathrm{j}\frac{2\pi}{N}mn\right), \quad 0 \leqslant m,n \leqslant N-1 \tag{1.6}$$

矩阵 $\boldsymbol{F}$ 的周期为 4，即 $\boldsymbol{F}^4 = \boldsymbol{I}$，且 $\boldsymbol{F}$ 为酉阵，满足 $\boldsymbol{F}\boldsymbol{F}^{\mathrm{H}} = \boldsymbol{I}$，故 $\boldsymbol{F}$ 是可对角化矩阵。与连续傅里叶变换的特征方程(1.3)相对应，下面我们简单回顾离散傅里叶变换核函数 $\boldsymbol{F}$ 的特征分解形式。

离散傅里叶变换的特征值为 $[1, -\mathrm{j}, -1, \mathrm{j}]$，为了得到其特征向量，Dickinson 和 Steiglitz 介绍了一个可以与矩阵 $\boldsymbol{F}$ 相交换的矩阵 $\boldsymbol{M}$，即满足 $\boldsymbol{M}\boldsymbol{F} = \boldsymbol{F}\boldsymbol{M}$。由可交换矩阵的性质可知，矩阵 $\boldsymbol{M}$ 和矩阵 $\boldsymbol{F}$ 具有相同的特征向量集。因此，我们可以通过求解矩阵 $\boldsymbol{M}$ 的特征向量来得到矩阵 $\boldsymbol{F}$ 的特征向量。矩阵 $\boldsymbol{M}$ 定义如下

$$\boldsymbol{M} = \begin{bmatrix} 2 & 1 & 0 & \cdots & 0 & 1 \\ 1 & 2\cos\omega & 1 & \cdots & 0 & 0 \\ 0 & 1 & 2\cos(2\omega) & \cdots & 0 & 0 \\ \vdots & \vdots & \vdots & & \vdots & \vdots \\ 0 & 0 & 0 & \cdots & 2\cos[(N-2)\omega] & 1 \\ 1 & 0 & 0 & \cdots & 1 & 2\cos[(N-1)\omega] \end{bmatrix} \quad (1.7)$$

其中，$\omega = 2\pi/N$。容易发现：①矩阵 $\boldsymbol{M}$ 为对称矩阵，因此其特征向量为实正交特征向量；②矩阵 $\boldsymbol{M}$ 的特征向量可以视为离散形式的 Hermite-Gaussian 特征函数。

基于此，可以得到离散傅里叶变换矩阵 $\boldsymbol{F}$ 的特征分解形式为

$$\begin{aligned} \boldsymbol{F} &= \sum_{k \in E_1} \boldsymbol{v}_k \boldsymbol{v}_k^{\mathrm{T}} + \sum_{k \in E_2} (-\mathrm{j}) \boldsymbol{v}_k \boldsymbol{v}_k^{\mathrm{T}} + \sum_{k \in E_3} (-1) \boldsymbol{v}_k \boldsymbol{v}_k^{\mathrm{T}} + \sum_{k \in E_4} (\mathrm{j}) \boldsymbol{v}_k \boldsymbol{v}_k^{\mathrm{T}} \\ &= \boldsymbol{V} \boldsymbol{D} \boldsymbol{V}^{\mathrm{T}} \end{aligned} \quad (1.8)$$

其中，T 表示矩阵转置；$\boldsymbol{v}_k$ 是 k 阶离散傅里叶变换的 Hermite-Gaussian 特征向量；由于矩阵 $\boldsymbol{F}$ 有 1、$-\mathrm{j}$、-1、j 四个特征值，其特征向量构成四个特征空间 E_1、E_2、E_3、E_4。表 1.4 列出了离散傅里叶变换特征值的多样性，其实质表达的是相应特征空间的维度。

表 1.4　离散傅里叶变换特征值的多样性

N	1 的多样性	$-\mathrm{j}$ 的多样性	-1 的多样性	j 的多样性
$4m$	$m+1$	m	m	$m-1$
$4m+1$	$m+1$	m	m	m
$4m+2$	$m+1$	m	$m+1$	m
$4m+3$	$m+1$	$m+1$	$m+1$	m

1980 年，Namias 将式(1.3)所定义的傅里叶变换的特征值推广为分数阶次，特征函数保持不变，而得到了特征分解型的分数傅里叶变换的定义

$$F^a \{\varphi_n(t)\}(u) = \exp\left(-\mathrm{j}\frac{\pi}{2}an\right)\varphi_n(u) \quad (1.9)$$

其中，$\exp(-\mathrm{j}an\pi/2)$ 为分数傅里叶变换的特征值；$\varphi_n(u)$ 为其对应的 Hermite-Gaussian 特征函数。

将信号 $x(t)$ 在 Hermite-Gaussian 基函数上展开，可以得到分数傅里叶变换的核函数 $K_a(u,t)$ 的谱展开形式为

$$K_a(u,t) = \sum_{n=0}^{\infty} \varphi_n(u) \exp\left(-\mathrm{j}\frac{\pi}{2}na\right)\varphi_n(t) \tag{1.10}$$

由该谱展开公式，模拟连续情况下式（1.3）和式（1.10）之间的关系，Pei 首先定义了特征分解型的离散分数傅里叶变换：a 阶大小为 $N \times N$ 的离散分数傅里叶变换的核函数定义为

$$\boldsymbol{F}^a = \boldsymbol{V}\boldsymbol{D}^a\boldsymbol{V}^{\mathrm{T}} \tag{1.11}$$

其中，T 表示矩阵转置；对角矩阵 $\boldsymbol{D}^a$ 的元素为特征向量所对应的特征值，其分配原则由表 1.1 确定，即离散分数傅里叶变换与离散傅里叶变换的特征值具有相同的多样性特征。式（1.11）所定义的离散分数傅里叶变换能够很好地逼近其连续情况，因此该离散化定义提出以后，就引起了相关学者的关注，并将研究工作集中于寻找逼近连续 Hermite-Gaussian 函数的特征向量 $\boldsymbol{v}_k$。

基于上面介绍的分数傅里叶变换的定义，可以推导出其具有如下性质。

（1）边界条件：分数傅里叶变换满足如下边界性条件

$$\boldsymbol{F}^0 = \boldsymbol{I}, \quad \boldsymbol{F}^1 = \boldsymbol{F} \tag{1.12}$$

其中，$\boldsymbol{I}$ 表示单位算子。

（2）阶次交换性和可加性

$$\boldsymbol{F}^a\boldsymbol{F}^b = \boldsymbol{F}^b\boldsymbol{F}^a = \boldsymbol{F}^{a+b} \tag{1.13}$$

阶次可加性又称旋转相加性，被视为分数傅里叶变换所具有的独特性质，从变换核的角度可以描述为

$$K_{a_1+a_2}(u,u') = \int K_{a_1}(u,u'')K_{a_2}(u'',u')\mathrm{d}u'' \tag{1.14}$$

边界条件和阶次可加性被认为是分数傅里叶变换的本质属性，在进行拓展研究时，必须考虑所拓展的分数变换是否满足这两个基本性质。

（3）可逆性：由分数傅里叶变换的阶次可加性能够容易地推导出该性质，即

$$(\boldsymbol{F}^a)^{-1} = \boldsymbol{F}^{-a} \tag{1.15}$$

可逆性将正阶次的前向变换与负阶次的反向变换建立了联系，采用核函数的形式可以表达为

$$K_a^{-1}(u,u') = K_{-a}(u,u') \tag{1.16}$$

(4) 周期性

$$\boldsymbol{F}^{a+4} = \boldsymbol{F}^a \tag{1.17}$$

(5) 线性：分数傅里叶变换满足叠加原理，用公式表达为

$$\boldsymbol{F}^a \left\{ \sum_n c_n f_n(t) \right\} = \sum_n c_n \boldsymbol{F}^a \{ f_n(t) \} \tag{1.18}$$

(6) 酉性

$$\{ \boldsymbol{F}^a \{ f(t) \} \}^{\mathrm{H}} = \boldsymbol{F}^{-a} \{ f(t) \} \tag{1.19}$$

其中，H 表示复共轭转置。由此性质可以知道，分数傅里叶变换具有实正交的特征向量，采用核函数的形式可以表达为

$$K_a^{-1}(u, u') = K_p^*(u', u) \tag{1.20}$$

(7) Parseval 定理：分数傅里叶变换满足能量守恒性质，即

$$\int_{-\infty}^{+\infty} \left| f(t) \right|^2 \mathrm{d}t \equiv \int_{-\infty}^{+\infty} \left| \boldsymbol{F}^a \{ f(t) \} \right|^2 \mathrm{d}u \tag{1.21}$$

(8) 时频旋转性：信号 $x(t)$ 的 a 阶分数傅里叶变换的 Wigner 分布相当于 $x(t)$ 的 Wigner 分布顺时针旋转角度 $\phi = a\pi/2$，用公式表达为

$$W_{X_a}(u, \mu) \equiv W_x(u \cos\phi - \mu\sin\phi, u\sin\phi + \mu\cos\phi) \tag{1.22}$$

时频旋转性建立了分数傅里叶变换与其他时频分析工具的直接联系，体现了一种统一的时频观，使人们能够在介于时域和频域之间的分数域来分析和处理信号，为分数傅里叶变换在信号处理领域的应用奠定了理论基础。

1.6.2　余弦类离散分数变换定义

与傅里叶变换的定义相比，分数傅里叶变换特征值的相位上多了分数阶次 a，即分数傅里叶变换可以看作将傅里叶变换的特征值进行了分数化，而特征函数保持不变。在进一步研究过程中，人们发现，也可以通过改变特征函数而赋予其新的内涵，从而拓展出其他新型分数变换，如分数正弦变换/分数余弦变换、分数 Hartley 变换等。这些变换的核函数与余弦函数密切相关，因此又称为分数余弦类变换。它们已经成为信号处理领域的研究热点，被广泛应用于通信、信息安全、图像处理等各个领域。在分数变换的离散化方面，主要是以前面介绍的特征分解型离散分数傅里叶变换为基础而进行拓展的。下面我们将简要介绍几种余弦类离散分数变换。

1. 离散分数余弦变换

函数 $x(t)$ 的离散余弦变换用积分形式表示为

$$C(u) = CT\{x(t)\} = \frac{1}{\sqrt{2\pi}} \int_{-\infty}^{\infty} \cos(ut) \cdot x(t)\mathrm{d}t \tag{1.23}$$

与式(1.6)介绍的傅里叶变换核函数一样，也可以将余弦变换的核函数进行离散化。Wang 详细讨论了余弦变换和正弦变换的离散化方法，并给出了四类离散余弦变换的核函数。其中，Ⅰ 型离散余弦变换核函数为

$$C_{N+1}^{\mathrm{I}} = \sqrt{\frac{2}{N}} \left[k_m k_n \cos\left(\frac{mn\pi}{N}\right) \right], \quad m,n = 0,1,\cdots,N \tag{1.24}$$

Ⅱ型离散余弦变换的核函数为

$$C_{N}^{\mathrm{II}} = \sqrt{\frac{2}{N}} \left[k_m \cos\left(\frac{m(n+1/2)\pi}{N}\right) \right], \quad m,n = 0,1,\cdots,N-1 \tag{1.25}$$

Ⅲ型离散余弦变换的核函数为

$$C_{N}^{\mathrm{III}} = \sqrt{\frac{2}{N}} \left[k_n \cos\left(\frac{(m+1/2)n\pi}{N}\right) \right], \quad m,n = 0,1,\cdots,N-1 \tag{1.26}$$

Ⅳ型离散余弦变换的核函数为

$$C_{N}^{\mathrm{IV}} = \sqrt{\frac{2}{N}} \left[\cos\left(\frac{(m+1/2)(n+1/2)\pi}{N}\right) \right], \quad m,n = 0,1,\cdots,N-1 \tag{1.27}$$

系数 k_m 定义为

$$k_m = \begin{cases} \dfrac{1}{\sqrt{2}}, & m=0, m=n \\ 1, & \text{其他} \end{cases} \tag{1.28}$$

由以上公式可以看出，Ⅰ型和Ⅳ型离散余弦变换核函数具有相同的对称结构，且周期都为 2。而Ⅱ型和Ⅲ型离散余弦变换核函数互为正负变换对，并且不具有周期性。因此，在后续研究中，关于余弦变换的分数化工作都是在Ⅰ型和Ⅳ型的基础上进行的，下面以Ⅰ型结构为例介绍。

Pei 基于离散傅里叶变换特征值的多样性(表 1.4)分析了Ⅰ型离散余弦变换特征值的构成，并给出了其特征空间的维度(特征值的多样性)，如表 1.5 所示。

表 1.5　Ⅰ型离散余弦变换特征值的多样性

N	1 的多样性	−1 的多样性
$2m$	m	m
$2m+1$	$m+1$	m

Pei 详细讨论了Ⅰ型离散余弦变换特征向量的选取方法，并指出其可以由一个 $2N-2$ 点的离散傅里叶变换矩阵的偶向量 $\boldsymbol{v} = [v_0, v_1, \cdots, v_{N-2}, v_{N-1}, v_{N-2}, \cdots, v_1]$ 得到，具

体构造方法如下

$$\widehat{\boldsymbol{v}}_k = \left[v_0, \sqrt{2}v_1, \cdots, \sqrt{2}v_{N-2}, v_{N-1} \right]^{\mathrm{T}} \tag{1.29}$$

基于此，可以容易地写出大小为 $N \times N$ 的离散余弦变换矩阵 $\boldsymbol{C}$ 的特征分解形式为

$$\boldsymbol{C} = \sum_{k=0}^{N-1} \exp[-\mathrm{j}\pi k] \widehat{\boldsymbol{v}}_k \widehat{\boldsymbol{v}}_k^{\mathrm{T}} = \widehat{\boldsymbol{V}} \widehat{\boldsymbol{D}} \widehat{\boldsymbol{V}}^{\mathrm{T}} \tag{1.30}$$

与式(1.11)定义的离散分数傅里叶变换类似，将式(1.30)的特征值进行分数化，并利用离散傅里叶变换的 Hermite-Gaussian 特征向量，就可以定义大小为 $N \times N$ 的离散分数余弦变换的核函数为

$$\boldsymbol{C}^a = \sum_{k=0}^{N-1} \exp[-\mathrm{j}\pi a k] \widehat{\boldsymbol{v}}_k \widehat{\boldsymbol{v}}_k^{\mathrm{T}} = \widehat{\boldsymbol{V}} \widehat{\boldsymbol{D}}^a \widehat{\boldsymbol{V}}^{\mathrm{T}} \tag{1.31}$$

其中，$\widehat{\boldsymbol{V}} = \left[\widehat{\boldsymbol{v}}_0 \middle| \widehat{\boldsymbol{v}}_2 \middle| \cdots \middle| \widehat{\boldsymbol{v}}_{2N-2} \right]$，$\widehat{\boldsymbol{v}}_k$ 是由式(1.29)定义的 k 阶离散傅里叶变换的 Hermite-Gaussian 特征向量。当 $a=1$ 时，$\boldsymbol{C}^a$ 会退化为余弦矩阵，即离散分数余弦变换是离散余弦变换的一般形式。N 点离散信号 $\boldsymbol{x}$ 的分数余弦变换定义为

$$\boldsymbol{y}_c^a = \boldsymbol{C}^a \boldsymbol{x} \tag{1.32}$$

2. 离散分数正弦变换

函数 $x(t)$ 的正弦变换用积分形式表示为

$$S(u) = ST\{x(t)\} = \frac{1}{\sqrt{2\pi}} \int_{-\infty}^{\infty} \sin(ut)x(t)\mathrm{d}t \tag{1.33}$$

与离散余弦变换情况相似，离散正弦变换的核函数也有四种形式，其中，Ⅰ型离散正弦变换核函数定义为

$$S_{N-1}^{\mathrm{I}} = \sqrt{\frac{2}{N}} \left[\sin\left(\frac{mn\pi}{N}\right) \right], \quad m,n = 1,2,\cdots,N-1 \tag{1.34}$$

Ⅱ型离散正弦变换核函数定义为

$$S_N^{\mathrm{II}} = \sqrt{\frac{2}{N}} \left[k_m \sin\left(\frac{m(n-1/2)\pi}{N}\right) \right], \quad m,n = 1,2,\cdots,N \tag{1.35}$$

Ⅲ型离散正弦变换核函数定义为

$$S_N^{\mathrm{III}} = \sqrt{\frac{2}{N}} \left[k_n \sin\left(\frac{(m-1/2)n\pi}{N}\right) \right], \quad m,n = 1,2,\cdots,N \tag{1.36}$$

Ⅳ型离散正弦变换核函数定义为

$$S_N^{\mathrm{IV}} = \sqrt{\frac{2}{N}} \left[\sin\left(\frac{(m-1/2)(n-1/2)\pi}{N}\right) \right], \quad m,n = 1,2,\cdots,N \tag{1.37}$$

系数 k_m、k_n 与离散余弦变换的定义相同。Ⅰ型和Ⅳ型离散正弦变换的核函数与相应的离散余弦变换对应，也具有相同的对称结构，周期都为 2。Pei 分析指出Ⅰ型离散正弦变换的特征值也具有表 1.5 所示的多样性，其特征向量则来源于一个 $2(N+1)$ 点离散傅里叶变换的奇向量 $\boldsymbol{v} = [0, v_1, v_2, \cdots, v_N, 0, -v_N, -v_{N-1}, \cdots, -v_1]$，具体选取方法如下

$$\tilde{\boldsymbol{v}}_k = \sqrt{2}[v_1, v_2, \cdots, v_N]^{\mathrm{T}} \tag{1.38}$$

基于此，可以容易地写出大小为 $N \times N$ 的离散正弦变换矩阵 $\boldsymbol{S}$ 的特征分解形式为

$$\boldsymbol{S} = \sum_{k=1}^{N} \exp[-\mathrm{j}\pi k] \tilde{\boldsymbol{v}}_k \tilde{\boldsymbol{v}}_k^{\mathrm{T}} = \tilde{\boldsymbol{V}} \tilde{\boldsymbol{D}} \tilde{\boldsymbol{V}}^{\mathrm{T}} \tag{1.39}$$

与离散分数余弦变换相似，离散分数正弦变换也是将其特征值进行分数化，而特征向量则由离散傅里叶变换的 Hermite-Gaussian 特征向量来生成。因此，N 点离散分数正弦变换核函数定义为

$$\boldsymbol{S}^a = \sum_{k=1}^{N} \exp[-\mathrm{j}\pi ak] \tilde{\boldsymbol{v}}_k \tilde{\boldsymbol{v}}_k^{\mathrm{T}} = \tilde{\boldsymbol{V}} \tilde{\boldsymbol{D}}^a \tilde{\boldsymbol{V}}^{\mathrm{T}} \tag{1.40}$$

其中，$\tilde{\boldsymbol{V}} = [\tilde{\boldsymbol{v}}_1 | \tilde{\boldsymbol{v}}_3 | \cdots | \tilde{\boldsymbol{v}}_{2N-1}]$，$\tilde{\boldsymbol{v}}_k$ 由 k 阶 Hermite-Gaussian 特征向量通过式(1.38)得到。当 $a=1$ 时，$\boldsymbol{S}^a$ 退化为正弦矩阵，即离散分数正弦变换是离散正弦变换的一般形式。N 点离散信号 $\boldsymbol{x}$ 的分数正弦变换定义为

$$\boldsymbol{y}_s^a = \boldsymbol{S}^a \boldsymbol{x} \tag{1.41}$$

3. 离散分数 Hartley 变换

Hartley 变换可由余弦变换和正弦变换计算得到，函数 $x(t)$ 的 Hartley 变换用积分形式定义为

$$H(u) = HT\{x(t)\} = \frac{1}{\sqrt{2\pi}} \int_{-\infty}^{\infty} \mathrm{cas}(ut) x(t) \mathrm{d}t \tag{1.42}$$

其中，$\mathrm{cas}(ut) = \cos(ut) + \sin(ut)$。

Ⅰ型离散正弦/余弦变换的核函数具有对称性和周期性，因此，离散 Hartley 变换的核函数一般由这两种类型的核函数共同定义，用 $\boldsymbol{H}$ 表示离散 Hartley 变换核函数，则其第 (m,n) 个元素为

$$H_{mn} = \frac{1}{\sqrt{N}} \left[\cos\left(\frac{2\pi mn}{N}\right) + \sin\left(\frac{2\pi mn}{N}\right) \right], \quad m, n = 0, 1, \cdots, N-1 \tag{1.43}$$

与其他特征分解型离散变换的研究类似，在给出离散 Hartley 变换的定义之前，

需要首先确定其特征值和特征向量。离散 Hartley 变换矩阵与式(1.7)中定义的 M 矩阵可交换，即满足

$$HM = MH \tag{1.44}$$

因此，离散 Hartley 变换的特征向量与离散分数傅里叶变换相同，也是离散的 Hermite-Gaussian 特征向量。基于离散傅里叶变换特征值的多样性(表 1.6)，可得矩阵 H 的特征值为 1 和−1，其多样性如表 1.6 所示。

表 1.6　离散 Hartley 变换特征值的多样性

N	1 的多样性	−1 的多样性
$4m$	$2m+1$	$2m-1$
$4m+1$	$2m+1$	$2m$
$4m+2$	$2m+1$	$2m+1$
$4m+3$	$2m+2$	$2m+1$

基于以上分析，可以容易地写出大小为 $N×N$ 的离散 Hartley 变换核函数的特征分解形式为

$$H = \sum_{k=0}^{N-1} \exp[-j\pi k] \boldsymbol{u}_k \boldsymbol{u}_k^\mathrm{T} = U\breve{D}U \tag{1.45}$$

其中，$\boldsymbol{u}_k$ 是对应于特征值 $\exp[-j\pi k]$ 的 Hermite-Gaussian 特征向量。

将式(1.45)的特征值进行分数化，即可得到 N 点离散分数 Hartley 变换的核函数为

$$H^a = U\breve{D}^a U^\mathrm{T} = \sum_{k=0}^{N-1} \exp[-j\pi ak] \boldsymbol{u}_k \boldsymbol{u}_k^\mathrm{T} \tag{1.46}$$

其中，$U = \begin{bmatrix} \boldsymbol{u}_0 | \boldsymbol{u}_1 | \cdots | \boldsymbol{u}_{N-1} \end{bmatrix}$，$\boldsymbol{u}_k$ 与离散 Hartley 变换的特征向量相同。当 $a=1$ 时，H^a 退化为 Hartley 矩阵，即分数 Hartley 变换是 Hartley 变换的一般形式，它的输出同时包含信号的时域和频域信息。N 点离散信号 x 的分数 Hartley 变换定义为

$$\boldsymbol{y}_H^a = H^a \boldsymbol{x} \tag{1.47}$$

即使输入 x 是实信号，其输出仍然为复值数据。

1.6.3　离散分数傅里叶变换的研究进展

关于分数傅里叶变换的研究最早始于 20 世纪 20 年代 Wiener 的工作，之后很长一段时间内鲜有研究人员涉足该领域。直到 1980 年 Namias 为了求解量子力学中的偏微分方程，从特征值和特征函数的角度，以纯数学的方式定义了分数傅里叶变换之后，该变换才逐渐引起一些学者的注意。基于 Namias 的工作，1987 年，Mcbride 和 Kerr 给出了分数傅里叶变换的闭合数学表达式，奠定了该变换研究的理论基础。

随后，Kerr 又分析了 L^2 空间分数傅里叶变换的特点，并将其用于一些偏微分方程求解。1993 年，Lohmann 和 Ozaktas 基于光的传播规律，首先探索分数傅里叶变换在光学信息中的处理方法，并给出了分数傅里叶变换的光学实现方式，奠定了从光学角度研究分数傅里叶变换的理论和应用基础，促使其很快成为光学领域的研究热点。

分数傅里叶变换作为傅里叶变换的推广形式，在其发展之初，就吸引了信号处理领域一些研究学者的关注。他们先后建立起分数傅里叶变换与 Wigner-Ville 分布、Radon 变换、模糊函数等时频分析工具之间的联系。但是，由于当时缺乏关于分数傅里叶变换明确的物理解释和高效的数值计算方法，这一数学变换在信号处理领域迟迟未能受到应有的重视。直到 1994 年，Almeida 将分数傅里叶变换解释为一种时频平面上的旋转算子之后，才吸引了越来越多信号处理领域学者研究这一新颖的数学变换。高效的数值计算方法是信号处理工具在计算机和专用设备上得以应用的基础，因此为了推进分数傅里叶变换的工程应用，许多研究学者陆续从线性加权、采样、特征分解等不同的角度提出了关于分数傅里叶变换的离散化算法。

1982 年，Dickinson 分析了离散傅里叶变换 (discrete Fourier transform，DFT) 特征值的多样性，并提出一个可以与 DFT 矩阵相交换的三对角对称矩阵 M，利用该矩阵就可以容易地分析离散分数傅里叶变换的特征结构，这是关于离散分数傅里叶变换的最早讨论。之后，Santhanam 将离散分数傅里叶变换定义为一种旋转的傅里叶变换，Kraniquskas 称这种离散化方法为加权型分数傅里叶变换，并详细分析了这种方法所具有的特点。以上介绍的早期离散化方法，本质上都是将分数傅里叶变换定义为 DFT 矩阵整数幂的加权和，并借助离散傅里叶变换的快速算法进行计算。虽然这种定义方式能够满足分数傅里叶变换的旋转相加性，但由于其得到的结果往往与连续变换不匹配，而逐渐淡出了信号处理领域学者的研究范围。

1996 年，Ozaktas 等提出一种直接采样型的离散分数傅里叶变换，通过卷积运算来得到离散分数傅里叶变换的计算结果，其计算量与 FFT 相当，非常适合对离散信号进行实时处理。但是该离散化方法在计算之前需要对原始信号进行量纲归一化处理，且不满足旋转相加性和可逆性，限制了其在工程应用中的使用。之后，Pei 通过对时域和分数域的参数进行适当采样，而提出另一种采样型离散分数傅里叶变换算法，该算法可以避免 Ozaktas 直接采样型方法的卷积操作，因此，能够大大降低计算复杂度，被视为截至目前计算复杂度最低的分数傅里叶变换离散化算法。在实际应用中，此算法可得到简单、完备形式的相关和卷积函数，能够满足大部分分数变换的性质。其缺点在于不满足分数阶傅里叶变换的旋转相加性，且需要对时域和分数域的采样间隔施加一定的限制条件，使得其对 Chirp 类信号的聚集性相对于 Ozaktas 算法要差一些。Deng 提出一种基于 Chirp-Z 变换的快速计算方法，该方法具有自由选择时域和分数域采样点数的优点，然而其不满足分数傅里叶变换的旋转相加性。

1997 年，Pei 首先提出用基于 DFT 矩阵特征分解的方法来定义离散分数傅里叶变换，通过采样 Hermite-Gaussian 函数得到 DFT 矩阵近似的特征向量，然后将其在离散傅里叶变换的特征空间上进行投影，得到离散傅里叶变换的特征向量，进而计算离散分数傅里叶变换。该方法得到的输出值与连续变换近似，且满足分数变换所必须具备的边缘性、旋转相加性等诸多性质，而成为离散化算法一个重要的研究方向。1999 年，他通过采样连续 Hermite-Gaussian 函数得到 DFT 矩阵的特征向量，并利用一种新颖的误差消除方法，使得计算的离散分数傅里叶变换逼近其连续形式。同年，相关文献提出了一种基于正交投影的分数傅里叶变换离散化算法，该算法利用了离散分数傅里叶变换的 Hermite 特征向量，并且能够继承连续分数傅里叶变换特征值与特征函数之间的关系。在 Pei 工作的基础上，Candan 通过对二阶差分方程进行离散化处理而得到离散 Hermite-Gaussian 函数，并对 Pei 所提离散化算法进行了详细论证，严格证明了该分数傅里叶变换离散化方法所满足的性质。随后 Candan 又分析了利用高阶差分方程来计算高阶近似 Hermite-Gaussian 函数的方法，这种方法能够得到更逼近于连续 Hermite-Gaussian 函数的离散傅里叶变换的特征向量，因此，该方法计算的离散分数傅里叶变换能够更加逼近其连续形式。以上所提出的特征分解型的离散分数傅里叶变换能够很好地保持分数变换的性质，并且这种离散化方法得到的结果能够很好地逼近其连续形式，因此逐渐成为分数变换离散化研究的核心。围绕这个思路，定义离散分数傅里叶变换的工作转移到了如何获得与 DFT 矩阵互换的并且具有 Hermite-Gaussian 特征向量的矩阵上。有学者定义了一种新的可以和离散傅里叶变换算子交换的矩阵 T，该矩阵比 M 矩阵更加逼近连续 Hermite-Gaussian 函数，因此，用矩阵 T 的特征向量来计算的离散分数傅里叶变换可以与其连续形式更加匹配。此外，由于矩阵 M 和矩阵 T 相互独立，故其线性组合也与离散分数傅里叶变换算子可交换，Pei 通过分析指出使用矩阵 $M+15T$ 得到的特征向量具有最佳逼近性能。

尽管特征分解型的离散化算法有诸多优点，但是它需要计算变换核矩阵和输入信号的乘积，计算复杂度为 $O(N^2)$。在许多应用场合，例如，对 Chirp 信号检测与参数估计时，需要搜索不同阶次下 Chirp 信号的离散分数傅里叶变换，才可以估计出 Chirp 信号的调频率和初始频率。在分数傅里叶域最优滤波中，需要根据信号和噪声的时频特性计算它们在不同阶次下的分数傅里叶变换，以实现最优的滤波性能。这些应用都需要计算不同阶次下信号的离散分数傅里叶变换，而特征分解型离散化算法的核函数需要随变换阶次的变化反复计算，效率较低。

2003 年，Yeh 提出了一种新颖的基于特征分解的离散分数傅里叶变换快速计算方法。利用该方法，任意阶次的离散分数傅里叶变换可以由若干等间隔阶次的分数傅里叶变换的线性组合得到。因此，当阶次发生变化的时候，就不需要反复计算变换核函数，而只需改变线性组合相应的系数即可。基于这种快速计算方法，Tao 提出可对角化周期矩阵的概念,并对周期分数矩阵求和的方法进行了深入分析与讨论,提出利用矩阵周期和大小之间的关系,将任意阶次的周期分数矩阵分解为若干特殊阶次分数矩阵的线性组合。这种方法可以视为从分数变换的共性特征出发,对其离散化和快速计算方法进行的研究。其实,早在 1995 年,Shih 就从数学角度定义了一种分数化的傅里叶变换,通过利用一个周期内的傅里叶变换四个核函数的加权组合来计算任意阶次的离散分数傅里叶变换,并给出了加权系数的求解方法。后来,Liu 分析了 Shih 所提出的分数傅里叶变换的定义和性质,并提出一种更为广义的分数傅里叶变换,其思想是利用信号在多个阶次的分数傅里叶变换的加权和来计算其在某一阶次的分数傅里叶变换。这两种方法虽然都是从连续角度来讨论分数傅里叶变换,但其基本思想与 Pei 所提出的离散化算法是一样的。

通过以上讨论可以看出,关于分数傅里叶变换的离散化方法大体可以分为采样型、线性加权型、特征分解型等。这些离散化算法各有优缺点,各自分别满足与不满足一些离散分数傅里叶变换的性质,针对不同的应用场合各有优劣。采样型离散分数傅里叶变换对于滤除 Chirp 类的干扰噪声,以及对 Chirp 类信号的检测与参数估计比较有优势;线性加权型离散分数傅里叶变换比较适合应用于通信领域;特征分解型离散分数傅里叶变换由于能够满足分数傅里叶变换所必需的性质,被视为目前分数傅里叶变换严格意义上的离散化定义,目前在图像加密领域应用比较多。

1.6.4　其他离散分数变换的研究进展

傅里叶变换属于余弦类变换,与其他余弦类变换具有非常密切的关系。在其分数化形式——离散分数傅里叶变换提出以后不久,人们就开始探索其他余弦类变换,以及类似变换的分数化方法。

Pei 研究了离散傅里叶变换和离散 Hartley 变换的特征向量,进而定义了这两种变换的分数形式,并对这两种变换分数化过程中可能产生的两个模糊问题进行了深入分析,提出了解决方案。基于 McClellan 和 Dickinson 的工作,Pei 研究了离散正弦/余弦变换与离散傅里叶变换特征向量和特征值之间的关系,提出了针对 I 型离散正弦/余弦变换的分数化方法,进而给出了这两种变换与分数傅里叶变换的关系。Gianfranco 从离散余弦变换的特征结构出发,定义了一种离散分数余弦变换。Pei 基于分数傅里叶变换、线性正则变换以及简化分数傅里叶变换,提出一系列新型变换,包括分数正弦/余弦变换、分数 Hartley 变换、线性正则正余弦变换、线性正则 Hartley 变换、简化分数正弦/余弦变换以及简化的分数 Hartley 变换。进而研究了这些分数变换的性质和数值仿真及其在滤波器设计和模式识别方面的应用。随后,Tseng 从数学角度深入分析了一般化离散傅里叶变换、离散 Hartley 变换、IV 型离散正弦/余弦变换的特征值和特征向量,并研究了其性质特征。以上关于余弦类分数变换的定义基本都是以特征分解型的离散分数傅里叶变换为前提的。由于这些变换的核函数和离散傅里叶变换的核函数非常类似，常常具有直接的数学对应关系，因而它们的可交换矩阵往往具有一定的联系，所以后续的研究工作主要集中于分析和推导与其核函数相对应的可交换矩阵，以及相关分数变换的特征值和特征向量等基础理论方面。

除以上余弦类变换以外，一些学者也陆续提出了其他类似变换的分数化方法，并探讨了其应用领域。1996 年，Lohmann 用两种不同的方法定义了分数 Hilbert 变换，第一种方法是用一个分数参数来修正空间滤波器，第二种方法则是基于分数傅里叶变换的方法来定义，进而分析了这两种定义下的分数 Hilbert 变换的性质特征及其光学实现方式。1998 年，Davis 通过理论推导和仿真实验分析了分数 Hilbert 变换在一维矩形函数中的表现，并展示了其可选择的边缘增强效果。与分数傅里叶变换的发展一样，在连续分数 Hilbert 变换提出之后，就开始有学者探索其离散化方法。2000 年，Pei 借助特征分解型的离散分数傅里叶变换，给出了分数 Hilbert 的离散化方法，该方法能够很好地逼近连续 Hilbert 变换的计算结果，可用于数字图像的边缘检测以及数字通信领域。同年，Tseng 针对单边带信号通信带宽的问题，提出几种在分数 Hilbert 域设计有限冲激响应和无限冲激响应的方法。并指出在单边带通信中，分数 Hilbert 变换的阶次可用作解调时的安全密钥；而二维分数 Hilbert 变换对数字图像边缘轮廓的提取具有很好的效果。2008 年，Tao 提出一种广义的分数 Hilbert 变换，其能够保留实信号的重要信息且不具有负的频谱，该变换可以应用于单边带调制系统中。目前关于分数 Hilbert 变换的研究尚处于起步阶段，关于其调制特性以及在图像处理等方面的研究还需要进一步推进。

除以上拓展的分数变换外，Pei 还提出了离散分数阿达马变换的定义，并讨论了其所满足的性质。Tseng 则从数学的角度分析了分数阿达马变换的特征值和特征向量。2008 年，Liu 基于一种递归的方法，从一个角度来生成任意维度的正交矩阵，进而用该正交矩阵的列向量作为特征向量，结合分数正弦/余弦变换的特征值构造了一种离散分数角变换。2014 年，Lammers 等研究了有限域内的分数 Zak 变换，并通过理论推导和数值仿真分析了其所具有的性质。

由以上讨论的各种分数变换可知，通过改变特征分解型离散分数傅里叶变换的特征值和特征向量，可以赋予其新的内涵，这一特点决定了离散分数傅里叶变换天然具备多样性的特征。进入 20 世纪以来，许多学者开始探索上述分数变换的多样性定义。

2006 年，Hseu 和 Pei 将特征分解型离散分数傅里叶变换的单个阶次用一个多维向量来替换，提出了一种多参数离散分数傅里叶变换 (multi-parameter discrete fractional Fourier transform，MPDFRFT)，它可以视为离散分数傅里叶变换的推广形式。研究发现，该变换可以满足分数变换的所有性质特征，并且在多参数分数傅里叶变换域的双随机相位编码方法比分数傅里叶变换域具有更好的安全性。2009 年，Tao 用同样的方法定义了多参数离散分数阿达马变换，并分析了其所满足的性质以及用双随机相位编码进行图像加密的性能。Lang 借助两个 M 维向量定义了一种加权型的多参数分数傅里叶变换，并于 2010 年提出了其离散化算法。在他的研究中利用张量积定义了 MPDFRFT 的二维算子，并提出一种鲁棒性能良好的图像加密方法。Ran 等针对 Lang 所定义的 MPDFRFT 存在周期性，导致在图像加密时密钥不唯一的缺点，提出了一种修正的多参数分数傅里叶变换。2012 年，Lang 定义了一种保实多参数分数傅里叶变换，并将其用于图像加密领域，分析了其对密钥的敏感性和抗统计攻击的性能。

2005 年，Liu 等首先定义了一种离散分数随机变换，其特征值与分数傅里叶变换类似，但其特征向量来源于一个对称随机矩阵的特征向量，该变换不仅继承了分数傅里叶变换的所有性质，而且其输出结果为随机信号，能够实现二维图像的直接加密。基于同样的随机化方法，该团队又提出了随机分数正弦变换和随机分数余弦变换，并证明了这两种变换是随机分数变换的特殊形式，给出了其一维和二维仿真结果。Liu 等分析了傅里叶变换特征值的分布特点，论证出对应于一个特征函数可以有无限多个特征值，进而提出一种随机化傅里叶变换的方法，并给出了其光学实现。有学者提出一种随机化方法，采用两个随机相位模板来随机化分数傅里叶变换的核函数，并讨论了其光学实现方法。2009 年，Pei 通过同时随机化分数傅里叶变换的特征值和特征向量，提出一种随机离散分数傅里叶变换，用这种方法得到的输出信号具有随机化的相位和幅值。在以上关于分数傅里叶变换随机化算法的启发下，2014 年，Kang 提出一种多通道随机离散分数傅里叶变换，并分析了其性质和光学实现方式。

以上各种分数变换的提出和广泛研究，体现了以分数傅里叶变换为核心的分数变换具有多样性的特征，为丰富和发展分数域信号处理方法、拓展分数域信号处理的应用领域奠定了理论基础。然而，目前对上述分数变换的研究往往都是孤立的、单一的，研究方法上存在一定的重复和交叉，对于其共性特征认识得还不够深入。Tao 等在 2010 年提出可对角化的周期分数矩阵，可以视为上述离散分数变换共性的抽象模型，换句话说，这些离散分数变换可以视为周期分数矩阵的具体表现形式。Tao 所做的工作为我们从共性特征的角度来分析各种分数变换提供了一条可行途径。

1.6.5 分数变换在图像加密领域的研究现状

图像能够生动、形象地反映其所携带的内容，成为人类表达信息的主要手段之一，被广泛应用于金融、军事、视频会议、远程医疗等各个领域。随着图像信息的获取、传输、处理日益便捷，暴露出非常严峻的安全问题，如高端武器图的窃取、金融交易时账户信息的泄露、远程医疗时诊疗图像的泄露等。图像信息泄露已经发展成为威胁国家安全、侵犯个人隐私的重要问题。因此，需要对涉及国家安全、商业机密以及个人隐私的图像数据采取必要的保护措施。然而，图像的像素间具有冗余、相关、颜色等特点，现有的文本加密技术(如数据加密标准、高级加密标准、国际数据加密算法等)，不再适用于图像信息的保护，探索并提出高效的图像加密方法是保护图像信息的有效手段。

目前，常用的图像加密方法可分为空域置乱和变换域加密。空域置乱方法一般基于随机化的思想，常常借助混沌系统来完成，这是由于混沌系统具有非周期、非收敛、对初始参数的设置极端敏感的特点，使得其非常适用于图像加密处理。Matthews 和 Wheeler 最先讨论了"混沌密码"的概念，并用 Logistic 混沌映射讨论了生成密钥及扩大密钥空间的方法，将混沌理论首次应用于密码学领域。Friedrich 首次将混沌思想引入图像加密领域，提出利用混沌理论来置乱像素的位置，以达到人类视觉无法辨识密文图像的效果，开启了基于混沌置乱的图像加密方法的研究。然而，仅在空域进行混沌置乱并不能改变原始图像的统计特性，使得其抗统计攻击能力较低。

数学变换可以改变图像的统计特性，因此将空域置乱技术与变换域图像加密方法相结合，成为图像加密领域学者的主要研究方向之一。目前常用的变换域图像加密方法是由 Refregier 和 Javidi 在 1995 年提出的双随机相位编码方法。该方法使用两个统计特性相互独立的随机相位模板，一个放置于输入平面，另一个放置于傅里叶平面，能够将原始图像加密为具有随机噪声特性的密文图像，加密过程如图 1.3 所示。

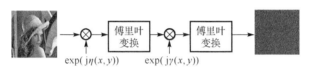

$$\exp(j\eta(x,y)) \qquad \exp(j\gamma(x,y))$$

图 1.3　双随机相位编码流程图

解密时只需把其中的两块随机相位掩模替换成各自的复共轭，操作比较简单。

由于双随机相位编码方法保密性能良好,加密和解密可用同一套光学设备完成,并且其原理可用于数字图像的保密通信，因而吸引了该领域研究人员的广泛关注。在 2000 年，印度理工学院的 Unnikrishnan 和 Singh 研究了光的波前传播与分数傅里叶变换的关系，然后将 Refregier 方法中的傅里叶变换替换为分数傅里叶变换，提出一种分数傅里叶变换域的双随机相位编码方法，该方法的密钥空间由变换阶次和随机相位模板组成，能够增大 Refregier 方法的密钥空间，提高加密系统的安全性。因此，该算法的提出使得图像安全领域的学者注意到分数傅里叶变换在图像加密中的优势，从而使其成为该领域的一个研究热点。

Liu 提出一种级联分数傅里叶变换域多相位编码方法，该方法在不增加硬件复杂度的情况下，可以扩大加密系统的密钥空间，提高破解难度，进而增强系统安全性。Hennelly 提出一种分数傅里叶变换域随机移位的图像加密方法，该方法结合了分数傅里叶变换与像素随机置乱的优点，无须使用相位掩模就能达到很好的加密效果，且可用光学设备来实现，具有抵抗盲解密攻击的能力。Liu 提出将两幅原始图像通过不同阶次的迭代分数傅里叶变换加密为一幅图像的算法，具有加密效率高、安全性能好的优点。同年，Tao 利用双随机相位编码结构能够处理复振幅的特点，结合像素置乱技术和分数傅里叶变换，将两幅原始图像同时加密为一幅密文图像，能够实现两幅图像的梯度加密，且可用光学装置来实现，因而受到该领域学者的广泛关注。2009 年，Joshi 提出一种分数傅里叶域的非线性方法来加密一幅彩色图像，进而，基于分数傅里叶域的双随机相位编码方法，他又设计了一种利用字节地址来同时加密一幅彩色和一幅灰度图像的方法。2010 年，Tao 等提出一种新颖的利用多阶分数傅里叶变换来加密图像的方法。由于混沌系统产生的迭代序列具有非周期、非收敛、对初始参数的设置极端敏感的特点，吸引了大批学者将其与分数傅里叶变换相结合，来提高图像加密的性能。例如，Singh 利用混沌映射序列来产生随机相位掩模，再结合分数傅里叶变换进行双随机相位编码加密。Sun 提出一种单通道彩色图像加密算法，该算法利用两组混沌映射函数来置乱原始像素值，然后用迭代的分数傅里叶变换来实现对原始图像的双重加密，具有收敛速度快、对密钥的敏感性强的优点，能够抵抗盲解密和噪声攻击，安全性较高。Murillo 提出一种基于一维混沌系统和明文图像特征的彩色图像加密方法，取得了很好的加密效果。

在图像加密中除了利用分数傅里叶变换，基于其他分数变换的图像加密方法，如基于分数余弦变换、分数梅林变换和分数 Hartley 变换等，也已经得到广泛研究。Zhou 利用保实分数梅林变换来加密一幅彩色图像，在该方法中，原始的颜色信息通过三个旋转角被变换到了其他颜色空间。Liu 将该方法拓展到了保实多参数分数傅里叶域，使用一个随机角矩阵来隐藏彩色信息。Keshari 使用传统的对数算子，结合混沌函数和 4-加权的分数傅里叶变换来加密彩色图像。Zhao 和 Liu 分别研究了在分数 Hartley 域对图像进行加密的方法，利用分数 Hartley 变换可调的变换阶次，扩大了系统的密钥空间，增强了安全性。

纵览以上各种分数变换的国内外研究进展，以及分数变换在图像加密领域的研究现状，当前尚存在的问题包括：①对各种离散分数变换(如离散分数傅里叶变换、离散分数正弦/余弦变换、离散分数 Hartley 变换等)的研究是孤立的、单一的，缺乏对它们共性特征的深入研究，使得相关研究之间存在一定的重复和交叉；②目前已经有学者将各种分数变换和置乱算法相结合用于图像加密领域，并取得了初步的研究进展，但这些算法基本都是将整幅图像作为一个整体，统一变换到某个分数域，没有考虑图像的局部纹理特征，去局部相关性效果较差，安全性较低；③目前已经有学者提出了一些分数变换的随机化方法，但是没有充分考虑其用于数字信号处理或数字图像处理时的计算效率，运行时间较长，且由于其中部分随机化方法无法用光学设备实现，不能兼顾数字信号处理和光学信号处理。本书将针对以上问题展开研究，以期丰富并发展分数域信号处理的理论和应用体系，为进一步推广各种分数变换在图像安全领域的应用提供新思路、新方法。

第 2 章　认知无线电网络中的资源分配方法

2.1　概　　述

1999 年，Mitola 第一次给出认知无线电(cognitive radio，CR)的概念，并利用无线电知识表示语言来描述无线电环境、无线电网络设备和无线电内部结构。Mitola 认为，CR 通过无线电模块的推理能力，可以感知通信环境，并与 CRN 进行交流，提高了通信的灵活性。2003 年，美国联邦通信委员会提出，CR 是一种能够动态地与所处的环境进行交互，并改变发射机参数的无线电设备。2005 年，Haykin 以 CR 方向的综述形式全面阐述了 CR 的基本概念、功能和体系结构。2006 年，Akyildiz 在美国联邦通信委员会的基础上提出，CR 具备两个特征：认知能力和重配置能力，其中认知能力是指 CR 与工作环境进行信息交互的能力，重配置能力则是指 CR 根据工作环境动态改变工作参数的能力。Thomas 第一次给出了 CRN(CR networks)的明确定义，他从 CR 定义出发，认为 CRN 需要网络自身具有理解所处的无线电环境的能力，并根据得到的信息进行计划、决策和行动。

Akyildiz 认为现有常见的无线网络是异构的，他从通信协议的角度给出了 CRN 的体系结构，该结构主要包含两种不同的网络模型，一种是主网络(primary network)，另一种是次网络(secondary network)，其中主网络由若干主用户(primary user，PU)和若干主基站(primary base station，PBS)构成，PU 直接与 PBS 交互进行数据传输。PU 不受非授权用户的干扰，可以在特定频段上进行通信；PBS 可以直接与 PU 相互传输信息，但是没有认知能力，在特定情况下 PBS 可以与次网络通信。次网络则由若干次用户(secondary user，SU)、若干次基站(secondary base station，SBS)和频谱中介(spectrum broker)构成，SU 与 SBS 进行数据传输。SU 因为没有授权的频谱来进行通信，所以 SU 需具备已授权频谱的感知能力；SBS 可以单跳连接到相应的 SU，并且 SU 可以通过它与其他次网络通信；频谱中介相当于频谱共享中的一种网络实体，促进了次网络间的共存以及相互通信。

2.1.1　凸优化理论

凸优化问题在许多工程问题中得到了广泛应用，人们利用数学方法将难以解决的问题转换为凸优化问题，进而利用数学方法对问题进行深入分析并利用凸优化理论的性质来解决，资源分配问题也是如此。凸优化问题具有一个特点，就是其某个局部最优解就是全局最优解。因此，在求解凸优化问题时只需要求得其局部最优解即可。在解决资源分配问题时，首先需要将问题建模为一个凸优化问题，这样能够很便捷地得到全局最优解。凸优化问题一般包括以下三方面：对原问题进行凸分析、对原问题进行优化以及对优化过的问题进行数学求解。下面我们将从凸集、凸函数、凸优化、拉格朗日函数和 KKT 条件五方面更深入地理解凸优化方法。

如果集合 C 中任意两点构成的线段上的点都在集合 C 中，即对于任意 $x_1, x_2 \in C$ 和满足 $0 \leqslant \theta \leqslant 1$ 的 θ 都有

$$\theta x_1 + (1-\theta) x_2 \in C \tag{2.1}$$

则称集合 C 为凸集，球体等立体图形都是凸集，对于两个凸集而言，其交集依旧是一个凸集，但其并集不一定是一个凸集。

定义在某个向量空间的凸子集 C 上的实值函数 f，对于凸子集中任意两个向量 x、y 且 $0 \leqslant \theta \leqslant 1$，该函数满足

$$f[\theta x + (1-\theta) y] \leqslant \theta f(x) + (1-\theta) f(y) \tag{2.2}$$

则该函数为凸函数。

从几何意义上看，不等式 (2.2) 表明，点 $(x, f(x))$ 到点 $(y, f(y))$ 之间的弦在该函数的图像上方。当式 (2.2) 中 $x \neq y$ 且不等式在 $0 < \theta < 1$ 时严格成立，称 $f(x)$ 为严格凸函数。如果 $-f$ 是凸函数，则 f 是凹函数；如果函数 $-f$ 是严格凸函数，那么 f 是严格凹函数。需要注意的是，在凸规划中，对于凸函数的定义，国内外有着一些不同，这里我们与中国大陆涉及经济学的教材和国外在凸规划中凸函数的定义一致，即函数图像呈下凸状。

凸优化问题是一种特殊的优化问题，是指求取最小值的目标函数为凸函数的一类优化问题，如优化问题

$$\begin{aligned}
\text{minimize} \quad & f_0(\boldsymbol{x}) \\
\text{s.t.} \quad & f_i(\boldsymbol{x}) \leqslant 0, \quad i = 1, \cdots, m \\
& h_i(\boldsymbol{x}) = 0, \quad i = 1, \cdots, p
\end{aligned} \tag{2.3}$$

其中，向量 $\boldsymbol{x} = (x_1, \cdots, x_n)$ 表示该优化问题的自变量或优化向量；函数 f_0 为目标函数；不等式组 $f_i(\boldsymbol{x}) \leqslant 0$ 为不等式约束条件；方程组 $h_i(\boldsymbol{x}) = 0$ 为等式约束条件。对于凸优化问题，不仅目标函数要求为凸函数，不等式约束条件都需要为凸函数，而等式约束条件 $h_i(\boldsymbol{x})$ 必须是仿射的。如果以上任一条件不能满足，则该问题不能称为凸优化问题。

对于向量 $\bar{x}$，存在一些 $\varepsilon > 0$ 使得对于所有满足 $\|x - \bar{x}\| \leqslant \varepsilon$ 的 x，都有 $f_0(\bar{x}) \leqslant f_0(x)$，则称 $\bar{x}$ 为凸优化问题的局部最优解。而该局部最优解也可以被证明是凸优化问题的全局最优解。

如果将凸优化问题中的 min 改为 max，则当目标函数是凹函数，并且所有约束条件均为凸函数时，该问题仍为凸优化问题。在求解该问题时，$f_i(i=1,2,\cdots,m)$ 经常会遇到非线性方程(组)的最优解为目标函数或者带有约束条件，现有的数学方法很难快速有效地求解此类问题，但是如果将问题等价转换或者重新建模为凸优化问题，此类问题就可以通过凸优化方法有效解决。

考虑如式 (2.3) 所示的优化问题的标准形式，把约束条件和目标函数合并为一个新的函数，并称该等式为拉格朗日函数 L

$$L(\boldsymbol{x},\boldsymbol{\lambda},\boldsymbol{\upsilon}) = f_0(\boldsymbol{x}) + \sum_{i=1}^{m} \lambda_i f_i(\boldsymbol{x}) + \sum_{i=1}^{p} \upsilon_i h_i(\boldsymbol{x}) \qquad (2.4)$$

其中，λ_i 被称作第 i 个不等式约束条件 $f_i(\boldsymbol{x}) \leq 0$ 的拉格朗日乘子；同理 υ_i 表示第 i 个等式约束条件 $h_i(\boldsymbol{x}) = 0$ 所对应的拉格朗日乘子。拉格朗日函数关于 $\boldsymbol{x}$ 取得的最小值被定义为拉格朗日对偶函数，即

$$g(\boldsymbol{\lambda},\boldsymbol{\upsilon}) = \min L(\boldsymbol{x},\boldsymbol{\lambda},\boldsymbol{\upsilon}) \qquad (2.5)$$

显然，拉格朗日对偶函数是关于拉格朗日乘子向量 $\boldsymbol{\lambda}$、$\boldsymbol{\upsilon}$ 的函数，并且通过凸函数的性质发现不管原优化问题的凹凸性如何，该对偶函数始终是凹函数。对于任一原优化问题的解 $\boldsymbol{x}$ 和对偶问题的解 $(\boldsymbol{\lambda},\boldsymbol{\upsilon})$ 有

$$f_0(\boldsymbol{x}) \geq g(\boldsymbol{\lambda},\boldsymbol{\upsilon}) \qquad (2.6)$$

换言之，对任意对偶问题解 $(\boldsymbol{\lambda},\boldsymbol{\upsilon})$，对偶函数 $g(\boldsymbol{\lambda},\boldsymbol{\upsilon})$ 的值总是目标函数 $f_0(\boldsymbol{x})$ 的下界。因此，对于所有的对偶问题解 $(\boldsymbol{\lambda},\boldsymbol{\upsilon})$，都有 $p^* \geq g(\boldsymbol{\lambda},\boldsymbol{\upsilon})$，这里 p^* 表示原问题的目标函数最优值。最优下界 p^* 可以通过求解下面的对偶问题得到

$$\begin{aligned} &\text{maximize} \quad g(\boldsymbol{\lambda},\boldsymbol{\upsilon}) \\ &\text{s.t. } \boldsymbol{\lambda} \geq 0, \quad \boldsymbol{\upsilon} \in R^p \end{aligned} \qquad (2.7)$$

对于对偶问题 (2.7)，无论原优化问题的凹凸性如何，对偶函数一定是凹函数，因此拉格朗日对偶问题一定是凸优化问题。令 d^* 表示问题 (2.7) 的最大值，则总有 $p^* \geq d^*$。此时问题称为弱对偶，若 $p^* = d^*$，则该问题称为强对偶。

假设 $\boldsymbol{x}^*$ 和 $(\boldsymbol{\lambda}^*,\boldsymbol{\upsilon}^*)$ 分别是原优化问题和对偶问题的最优解。$L(\boldsymbol{x},\boldsymbol{\lambda}^*,\boldsymbol{\upsilon}^*)$ 关于 $\boldsymbol{x}$ 的最小值在 $\boldsymbol{x}^*$ 处取得，因此拉格朗日函数在 $\boldsymbol{x}^*$ 处的导数为 0，即

$$\nabla f_0(\boldsymbol{x}^*) + \sum_{i=1}^{m} \lambda_i^* f_i(\boldsymbol{x}^*) + \sum_{i=1}^{p} \upsilon_i^* h_i(\boldsymbol{x}^*) = 0 \qquad (2.8)$$

进而可以得到

$$f_i(\boldsymbol{x}^*) \leq 0, \quad i=1,\cdots,m \qquad (2.9)$$

$$h_i(\boldsymbol{x}^*) = 0, \quad i=1,\cdots,p \qquad (2.10)$$

$$\lambda_i^* \geq 0, \quad i = 1, \cdots, m \tag{2.11}$$

$$\lambda_i^* f_i(\boldsymbol{x}^*) = 0, \quad i = 1, \cdots, m \tag{2.12}$$

称式 (2.9)～式 (2.12) 为 KKT 条件，其中，式 (2.9) 和式 (2.10) 表示原优化问题的约束条件，式 (2.11) 是拉格朗日函数的要求，式 (2.12) 为互补松弛条件。存在式 (2.12) 的约束，因此无论对于何种优化问题，只要保证 $\boldsymbol{x}^*$ 是原始问题的最优解并且 $(\boldsymbol{\lambda}^*, \boldsymbol{v}^*)$ 是原始问题的对偶问题的最优解，那么该优化问题一定满足 KKT 条件，也就是说，KKT 条件是优化问题的必要非充分条件；但是对于凸优化问题来说，式 (2.12) 的约束条件在对优化问题的拉格朗日函数取下确界时成为优化问题的充要条件，因此 KKT 条件是优化问题的充要条件。

2.1.2　博弈论与演化博弈

1944 年，博弈理论和合作博弈的概念第一次被提出。与合作博弈相对的是非合作博弈理论，在大多数非合作博弈中均存在一个均衡态的现象，称为 Nash 均衡。之后有学者提出"精练 Nash 均衡"的概念，Harsanyi 等提出了"贝叶斯 Nash 均衡"并给出了其定义，同时给出了基于贝叶斯决策理论的非完全信息博弈的一般解法。在 20 世纪 80 年代，有学者提出"序贯均衡"，并利用子博弈完美性思想求解非完全信息博弈，对于参与博弈的主体，即使在经过有限次博弈之后，也有可能出现合作行为。

在大多数博弈模型中，Nash 均衡均存在，并基于其具有的一致性预测性质，Nash 均衡解具有非常稳定的特性。正因为其具有上述特性，基于 Nash 均衡的非合作博弈得到了越来越广泛的应用。但是非合作博弈需要非常严谨的数学推导，并且非合作博弈中参与博弈的主体需要有很高的理性要求，也就是说，参与博弈的主体需要能够在复杂的博弈环境中具有对博弈结构、博弈双方的信息和特征的认知、分析和判断能力。而博弈主体在理性上的任何不足都不能使博弈达到 Nash 均衡。因此，通过学习或进化实现的演化机制来寻求 Nash 均衡的理论引起了业内的研究兴趣。

演化博弈理论最开始是在生物领域进行研究的，当时的目的是为达尔文的自然选择过程提供理论支撑。有学者将博弈论的证明应用于性别比例的理论中，Hamilton 等提出了"不可战胜的策略"的概念，并把该概念定义为对称博弈的对称均衡。对于只能简单模仿、能认知效用函数并进行一定分析的博弈主体，理性水平要高于这些主体，同时他们提出了演化稳定、有限演化稳定和均衡演化稳定等概念，分析并讨论了这些概念与 Nash 均衡概念之间的区别与联系。

演化博弈理论虽然在生物领域和经济学领域已经形成并得以发展，但是其体系还需要学者不断完善。相比于传统理论，演化博弈理论能够对博弈主体的行为进行更为准确的预测，进而得到了越来越多的重视，特别是很多学者已经将其应用到了无线网络和资源分配问题研究中，讨论网络中的用户如何通过不断地博弈来使自身利益最大化。无论生物领域还是经济学领域的演化博弈理论，在应用到无线网络和资源分配问题中时都需要加以修正和改进，以建立一种关于网络中多理性主体的动态博弈行为的新的理论。

2.2　认知无线电网络中抑制干扰的功率资源分配方法

本节考虑基于 FBMC-OQAM（filter bank multi-carrier/offset quadrature amplitude modulation）的多用户频谱共享的 CRN 中的资源分配问题，提出一种抑制干扰的功率分配算法。引入跨层干扰限制来保护网络中的次用户免受过多的干扰。建立虚拟队列，并用该队列中的排队时延代替用户竞争信道时额外产生的分组时延。该算法以系统能效为目标函数，以时延和传输功率为约束条件，提出一个非线性约束下的非线性分式规划问题。我们考虑一种迭代算法，先通过一些变换将分式目标函数变为多项式形式，降低其实现难度后迭代求其全局最优解。此外我们给出一种次优算法，以部分性能换取更低的计算复杂度。经实验仿真对比，最优算法具有高性能，次优算法在低计算复杂度的基础上具有较高性能，两种算法均具有一定的实用价值。

2.2.1　系统模型与问题转化

我们考虑一个多用户频谱共享的认知无线电网络场景，其中数据可以通过 L 个子载波进行传输，网络的总带宽为 B，网络中有一个主基站，M 个次用户随机分布于 K 个小区内。不考虑天线分集情景，并假设每个主用户和次用户的收发机均为单天线。该网络不需要考虑主用户的通信，因此次用户基站不需要收集并处理网络中的信道信息，用户间的信息交换大大提高了通信效率。在频谱共享方式下，当保证每个主用户接收端的干扰在温度限域内时，网络中的次用户可以使用主用户带宽，如图 2.1 所示。

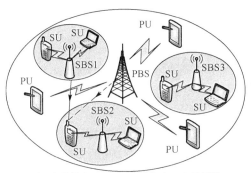

主基站（PBS）对次用户（SU）的干扰 ➤
不同小区次基站（SBS）对次用户（SU）的干扰 ➤

图 2.1　系统模型

1. 传输功率

用 $P_{k,m,l}$ 表示第 l 个子载波上分配的第 k 个小区内第 m 个次用户的功率，则系统总传输功率 P_{tot} 可以表示为

$$P_{\mathrm{tot}} = \sum_{k=1}^{K}\sum_{m=1}^{M}\sum_{l=1}^{L}(\xi P_{k,m,l} + P_c) \tag{2.13}$$

其中，ξ 表示功率放大器漏极效率的倒数；P_c 表示电路的功率消耗。

2. 干扰温度限

Medjahdi 等定量地指出给定子载波生成的干扰影响到相邻子载波的数量。更精确地说，作者提到利用 FBMC 多址技术所产生的此类干扰会影响至多 3 个子载波。我们使用干扰权重向量，即表 2.1 所示的权重向量，如没有另行指出，该权重向量由 $V = [V_0, V_1]$ 表示。

表 2.1　干扰权重向量（×10⁻³）

	1	1±1	1±2	1±3	1±4	1±5	1±6	1±7	1±8
FBMC	823	88.1	0	0	0	0	0	0	0

干扰温度限由主基站发送端与次用户接收端之间的干扰和不同小区的次基站发送端与次用户接收端之间的干扰两部分组成。不同小区的次基站发送端与次用户接收端之间的干扰表示如下

$$I_{\mathrm{SBS}} = \sum_{\substack{m'=1 \\ m'\neq m}}^{M}\sum_{\substack{l'=1 \\ l'\neq l}}^{L} P_{k,m',l'}V_{|l-l'|}G_{k,m',l'} \tag{2.14}$$

其中，$G_{k,m',l'}$ 表示在第 l 个子载波内第 k 个次基站与第 m' 个次用户之间的信道增益。相应地，主基站发送端与次用户接收端之间的干扰表示如下

$$I_{\mathrm{PBS}} = \sum_{l'=1}^{L} P_{k,m,l'}V_{|l-l'|}G_{k,p,l'} \tag{2.15}$$

其中，$G_{k,p,l'}$ 表示在第 l 个子载波内主基站和第 k 个次基站内的第 m 个次用户之间的信道增益。综上所述，第 l 个子载波上的第 k 个小区第 m 个次用户的干扰温度 $I_{k,m,l}$ 为

$$I_{k,m,l} = I_{\mathrm{SBS}} + I_{\mathrm{PBS}} = \sum_{\substack{m'=1 \\ m'\neq m}}^{M}\sum_{\substack{l'=1 \\ l'\neq l}}^{L} P_{k,m',l'}V_{|l-l'|}G_{k,m',l'} + \sum_{l'=1}^{L} P_{k,m,l'}V_{|l-l'|}G_{k,p,l'} \tag{2.16}$$

3. 信干噪比与传输速率

定义第 k 个小区内的第 m 个次用户发送端的信干噪比 $\psi_{k,m,l}$ 为

$$\psi_{k,m,l} = P_{k,m,l}G_{k,m,l}/(N_0 + I_{k,m,l}) \tag{2.17}$$

其中，N_0 表示单个子载波内的热噪声；$G_{k,m,l}$ 表示第 l 个子载波上第 k 个小区的次基站与该小区内第 m 个次用户之间的信道增益。根据香农定理，系统的总数据传输速率 R_{tot} 可表示为

$$R_{\text{tot}} = \sum_{k=1}^{K}\sum_{m=1}^{M}\sum_{l=1}^{L}\frac{B}{L}\log_2(1+\psi_{k,m,l}) = \sum_{k=1}^{K}\sum_{m=1}^{M}\sum_{l=1}^{L}\frac{B}{L}\log_2\left(1+\frac{P_{k,m,l}G_{k,m,l}}{N_0+I_{k,m,l}}\right) \tag{2.18}$$

其中，B/L 表示单个子载波内的传输带宽。

4. 误比特率

在 FBMC-OQAM 系统中，考虑 M-QAM 星座图调制方法，给定第 k 个小区内的第 m 个次用户发送端的信干噪比 $\psi_{k,m,l}$，其平均误比特率 $\mathcal{E}_{k,m,l}$ 可以表示为

$$\mathcal{E}_{k,m,l} = 0.2\exp\left[-\frac{1.5P_{k,m,l}G_{k,m,l}}{(\mathcal{M}-1)(N_0+I_{k,m,l})}\right] \tag{2.19}$$

其中，$\mathcal{M}$ 为每个信号星座图的点的个数。

5. 时延

假设单个小区内的每条信道 F_k 都对应一个虚拟队列 $\tilde{Q}_k$，整个小区里所有分配在信道 F_k 上传输的数据在完成物理队列的排队之后都进入虚拟队列 $\tilde{Q}_k$ 中。只有在该虚拟队列 $\tilde{Q}_k$ 中排队之后才能进入相应的信道 F_k 里进行传送。通过建立虚拟队列，可以用信道 F_k 对应的虚拟队列 $\tilde{Q}_k$ 中的排队时延 $\tilde{W}_k$ 代替 MAC 协议中因为竞争信道 F_k 而产生的分组时延，因此物理队列 Q_{jk} 的分组服务时间可以被修改成分组传输时间与虚拟队列排队时间之和。小区内的所有用户分配在信道 F_k 上的传输速率叠加形成虚拟队列的输入分组流，可被认为是泊松过程

$$\tilde{R}_k = \sum_{m=1}^{M} R_{k,m} \tag{2.20}$$

在 M/G/1 排队系统中，假定第 l 个子载波上的第 k 个小区第 m 个次用户的服务时间为 $X_{k,m,l}$，$X_{k,m,l}$ 独立同分布，并且与数据到达的时间间隔相互独立。第 k 个小区的服务时间的均值和二阶矩为

$$\text{平均服务时间} = \overline{\boldsymbol{X}_k} = (E[X_{1,m,l}], E[X_{2,m,l}], \cdots, E[X_{K,m,l}])^{\text{T}}$$

$$\text{服务时间二阶矩} = \overline{\boldsymbol{X}_k^2} = (E[X_{1,m,l}^2], E[X_{2,m,l}^2], \cdots, E[X_{K,m,l}^2])^{\text{T}}$$

根据 P-K 公式所述，M/G/1 排队系统单个小区内的平均等待时间为

$$W_k = \frac{\tilde{R}_k \overline{\boldsymbol{X}_k^2}}{2(1 - \tilde{R}_k \overline{\boldsymbol{X}_k})} \tag{2.21}$$

由 P-K 公式可得该系统单个小区内的平均时延为

$$T_k = \overline{\boldsymbol{X}_k} + W_k = \overline{\boldsymbol{X}_k} + \frac{\tilde{R}_k \overline{\boldsymbol{X}_k^2}}{2(1 - \tilde{R}_k \overline{\boldsymbol{X}_k})} \tag{2.22}$$

其中，$\tilde{R}_k \overline{\boldsymbol{X}_k}$ 为到达速率与服务速率的比值，表示系统繁忙的水平。当 $\tilde{R}_k \overline{\boldsymbol{X}_k}$ 增大时，稳态时系统的用户数将随之增大；当 $\tilde{R}_k \overline{\boldsymbol{X}_k}$ 趋近于 1 时，表示到达速率与服务速率近似相等，稳态时系统的用户数将趋近于无穷。如果 $\tilde{R}_k \overline{\boldsymbol{X}_k} > 1$，系统不能及时提供服务，必然会导致系统拥堵。

我们的功率分配问题可以理解为一种线性约束与非线性约束共同作用下的非线性分式规划问题，具体表述为

$$\max \mathrm{EE}(P_{k,m,l}) = \frac{R_{\mathrm{tot}}}{P_{\mathrm{tot}}} = \frac{\sum_{k=1}^{K}\sum_{m=1}^{M}\sum_{l=1}^{L}(B/L)\log_2\left(1 + \dfrac{P_{k,m,l}G_{k,m,l}}{N_0 + I_{k,m,l}}\right)}{\sum_{k=1}^{K}\sum_{m=1}^{M}\sum_{l=1}^{L}(\xi P_{k,m,l} + P_c)}$$

$$\begin{aligned}
\mathrm{s.t.}\ \ &(\mathrm{C1})\ \ \sum_{k=1}^{K}\sum_{m=1}^{M}\sum_{l=1}^{L}(\xi P_{k,m,l} + P_c) \leqslant P_{\mathrm{tot}}^{\max}\\
&(\mathrm{C2})\ \ \overline{\boldsymbol{X}_k} + \tilde{R}_k \overline{\boldsymbol{X}_k^2}\big/ 2(1 - \tilde{R}_k \overline{\boldsymbol{X}_k}) \leqslant T_k^{\mathrm{th}}\\
&(\mathrm{C3})\ \ \mathcal{E}_{k,m,l} \leqslant \mathcal{E}^{\mathrm{th}}\\
&(\mathrm{C4})\ \ I_{k,m,l} \leqslant I^{\mathrm{th}}
\end{aligned} \tag{2.23}$$

在上述优化问题(2.23)中，因为目标函数的 Hesse 矩阵不是半正定矩阵，故优化问题的目标函数为非凸函数，不能用凸优化方法求解。现在还没有一个标准方法可以解决该问题，因此需要将目标函数进行预处理。目前，目标函数的分子部分 $\sum_{k=1}^{K}\sum_{m=1}^{M}\sum_{l=1}^{L}(B/L)\log_2[1 + P_{k,m,l}G_{k,m,l}/(N_0 + I_{k,m,l})]$ 为凹函数，而分母部分 $\sum_{k=1}^{K}\sum_{m=1}^{M}\sum_{l=1}^{L}(\xi P_{k,m,l} + P_c)$ 无凹凸性。现进行一步 $\hat{P}_{k,m,l} = \ln P_{k,m,l}$ 的变量转换，即用 $\mathrm{e}^{\hat{P}_{k,m,l}}$ 代替 $P_{k,m,l}$，则优化问题 (2.23)表示为

$$\max \mathrm{EE}(\hat{P}_{k,m,l}) = \frac{\sum_{k=1}^{K}\sum_{m=1}^{M}\sum_{l=1}^{L}(B/L)\log_2\left(1 + \dfrac{\mathrm{e}^{\hat{P}_{k,m,l}}G_{k,m,l}}{N_0 + \hat{I}_{k,m,l}}\right)}{\sum_{k=1}^{K}\sum_{m=1}^{M}\sum_{l=1}^{L}(\xi \mathrm{e}^{\hat{P}_{k,m,l}} + P_c)}$$

$$\text{s.t.} \quad \text{(C1)} \quad \sum_{k=1}^{K}\sum_{m=1}^{M}\sum_{l=1}^{L}(\xi e^{\hat{P}_{k,m,l}} + P_c) \leqslant P_{\text{tot}}^{\max}$$

$$\text{(C2)} \quad \sum_{m=1}^{M}\sum_{l=1}^{L}\frac{B}{L}\log_2\left(1+\frac{e^{\hat{P}_{k,m,l}}G_{k,m,l}}{N_0+\hat{I}_{k,m,l}}\right) \leqslant \frac{2(T_k^{\text{th}}-\overline{X_k})}{2(T_k^{\text{th}}-\overline{X_k})\overline{X_k}+\overline{X_k^2}}$$

$$\text{(C3)} \quad \hat{\mathcal{E}}_{k,m,l} = 0.2\exp\left[-\frac{1.5e^{\hat{P}_{k,m,l}}G_{k,m,l}}{(\mathcal{M}-1)(N_0+\hat{I}_{k,m,l})}\right] \leqslant \mathcal{E}^{\text{th}}$$

$$\text{(C4)} \quad \hat{I}_{k,m,l} = \sum_{\substack{m'=1 \\ m'\neq m}}^{M}\sum_{\substack{l'=1 \\ l'\neq l}}^{L} e^{\hat{P}_{k,m',l'}}V_{|l-l'|}G_{k,m',l'} + \sum_{l'=1}^{L}e^{\hat{P}_{k,m,l'}}V_{|l-l'|}G_{k,p,l'} \leqslant I^{\text{th}}$$

(2.24)

至此，通过一些变换，原问题(2.23)的目标函数转化成凹函数除以凸函数的形式，如式(2.24)所示。2.2.2节中将分数形式的目标函数等价转换为多项式形式，进而利用迭代方法求该问题的最优解。

2.2.2　能效优化的功率分配方法

优化问题(2.24)的目标函数是分数形式，求解过程非常复杂，因此可以利用Dinkelbach方法将其转化为多项式形式，非线性分式规划问题$\max\{R_{\text{tot}}/P_{\text{tot}}\}$可以等价转化为$\max\{R_{\text{tot}}-\gamma P_{\text{tot}}\}$形式，其中，$\gamma$为迭代因子。则优化问题(2.24)可由式(2.25)表示

$$\max f_{\text{EE}}(\gamma,\hat{P}_{k,m,l}) = \sum_{k=1}^{K}\sum_{m=1}^{M}\sum_{l=1}^{L}\frac{B}{L}\log_2\left(1+\frac{e^{\hat{P}_{k,m,l}}G_{k,m,l}}{N_0+\hat{I}_{k,m,l}}\right) - \gamma\cdot\sum_{k=1}^{K}\sum_{m=1}^{M}\sum_{l=1}^{L}(\xi e^{\hat{P}_{k,m,l}}+P_c)$$

(2.25)

$$\text{s.t.} \quad \text{(C1)}, \text{(C2)}, \text{(C3)}, \text{(C4)}$$

引理 2.1　$F(\gamma) = \max\{R_{\text{tot}}(P)-\gamma P_{\text{tot}}(P)\big|P\in S\}$在$E^1$上为凸函数。

证明：令p_t可以求得当$\gamma'\neq\gamma''$和$0\leqslant t\leqslant 1$时$F[t\gamma'+(1-t)\gamma'']$的最大值，则有

$$\begin{aligned}
F[t\gamma'+(1+t)\gamma''] &= R_{\text{tot}}(p_t)-[t\gamma'+(1-t)\gamma'']P_{\text{tot}}(p_t) \\
&= t[R_{\text{tot}}(p_t)-\gamma'P_{\text{tot}}(p_t)]+(1-t)[R_{\text{tot}}(p_t)-\gamma''P_{\text{tot}}(p_t)] \\
&\leqslant t\cdot\max\{R_{\text{tot}}(p)-\gamma'P_{\text{tot}}(p)\big|p\in S\} \\
&\quad +(1-t)\cdot\max\{R_{\text{tot}}(p)-\gamma''P_{\text{tot}}(p)\big|p\in S\} \\
&= tF(\gamma')+(1-t)F(\gamma'')
\end{aligned}$$

(2.26)

引理 2.2　$F(\gamma) = \max\{R_{\text{tot}}(P)-\gamma P_{\text{tot}}(P)\big|P\in S\}$是严格单调递减函数，即若$\gamma'<\gamma''$，$\gamma',\gamma''\in E^1$，则$F(\gamma'')<F(\gamma')$。

证明：令p''为取得$F(\gamma'')$的最大值时的自变量值，则有

$$\begin{aligned}
F(\gamma'') &= \max\{R_{\text{tot}}(p)-\gamma''P_{\text{tot}}(p)\big|p\in S\} = R_{\text{tot}}(p'')-\gamma''P_{\text{tot}}(p'') \\
&< R_{\text{tot}}(p'')-\gamma'P_{\text{tot}}(p'') \leqslant \max\{R_{\text{tot}}(p)-\gamma'P_{\text{tot}}(p)\big|p\in S\} = F(\gamma')
\end{aligned}$$

(2.27)

引理 2.3　式 $F(\gamma)=0$ 有唯一解 γ_0 。

证明：由引理 2.2 和引理 2.3 的结论可得 $\lim\limits_{\gamma\to-\infty} F(\gamma)=+\infty$ 以及 $\lim\limits_{\gamma\to+\infty} F(\gamma)=-\infty$ 。

引理 2.4　令 $P^+ \in S$ ，且 $\gamma^+ = R_{\text{tot}}(P^+)\big/P_{\text{tot}}(P^+)$ ，则 $F(\gamma^+) \geqslant 0$ 。

证明：$F(\gamma^+) = \max\{R_{\text{tot}}(p) - \gamma^+ P_{\text{tot}}(p)\big| p \in S\} \geqslant R_{\text{tot}}(\gamma^+) - \gamma^+ P_{\text{tot}}(p^+) = 0$ 。因此 $F(\gamma^+) \geqslant 0$ 。

定理 2.1　$\gamma_0 = R_{\text{tot}}(P_0)\big/P_{\text{tot}}(P_0) = \max\{R_{\text{tot}}(P)\big/P_{\text{tot}}(P)\big|P \in S\}$ ，当且仅当
$$F(\gamma_0) = F(\gamma_0, P_0) = \max\{R_{\text{tot}}(P) - \gamma_0 P_{\text{tot}}(P)\big|P \in S\}$$

证明：

(1) 令 p_0 为问题 $\max\{R_{\text{tot}}/P_{\text{tot}}\}$ 的一个解，则对于所有 $p \in S$ ，有

$$\gamma_0 = R_{\text{tot}}(p_0)/P_{\text{tot}}(p_0) \geqslant R_{\text{tot}}(p)/P_{\text{tot}}(p) \tag{2.28}$$

因此

① 对于所有 $p \in S$ 有 $R_{\text{tot}}(p) - \gamma_0 P_{\text{tot}}(p) \leqslant 0$ ；

② $R_{\text{tot}}(p_0) - \gamma_0 P_{\text{tot}}(p_0) = 0$ 。

由①可得 $F(\gamma_0) = \max\{R_{\text{tot}}(p) - \gamma_0 P_{\text{tot}}(p)\big|p \in S\} = 0$ ；由②可知函数达到最大值，如 p_0 。因此该定理的第一部分得证。

(2) 令 p_0 为问题 $\max\{R_{\text{tot}} - \gamma P_{\text{tot}}\}$ 的一个解，这样 $R_{\text{tot}}(p_0) - \gamma_0 P_{\text{tot}}(p_0) = 0$ 。问题 $\max\{R_{\text{tot}} - \gamma P_{\text{tot}}\}$ 的定义意味着对于所有 $p \in S$ 有

$$R_{\text{tot}}(p) - \gamma_0 P_{\text{tot}}(p) \leqslant R_{\text{tot}}(p_0) - \gamma_0 P_{\text{tot}}(p_0) = 0 \tag{2.29}$$

因此

① 对于所有 $p \in S$ 有 $R_{\text{tot}}(p) - \gamma_0 P_{\text{tot}}(p) \leqslant 0$ ；

② $R_{\text{tot}}(p_0) - \gamma_0 P_{\text{tot}}(p_0) = 0$ 。

由①可得，对于所有 $p \in S$ 有 $\gamma_0 \geqslant R_{\text{tot}}(p)/P_{\text{tot}}(p)$ ，也就是说，γ_0 是问题 $\max\{R_{\text{tot}}/P_{\text{tot}}\}$ 的最大值；由②可知 $\gamma_0 = R_{\text{tot}}(p_0)/P_{\text{tot}}(p_0)$ ，也就是说，p_0 是问题 $\max\{R_{\text{tot}}/P_{\text{tot}}\}$ 的一个解向量。

根据凸优化理论，引入拉格朗日乘子 λ_1 和 λ_2 ，建立优化问题 (2.25) 的拉格朗日函数如下

$$L(\gamma, \hat{P}_{k,m,l}, \lambda_1, \lambda_2) = f_{\text{EE}_m}(\gamma, \hat{P}_{k,m,l}) - \lambda_1\left(\sum_{k=1}^{K}\sum_{m=1}^{M}\sum_{l=1}^{L}(\xi e^{\hat{P}_{k,m,l}} + P_c) - P_{\text{tot}}^{\max}\right)$$

$$- \lambda_2\left(\sum_{m=1}^{M}\sum_{l=1}^{L}\frac{B}{L}\log_2\left(1 + \frac{e^{\hat{P}_{k,m,l}}G_{k,m,l}}{N_0 + \hat{I}_{k,m,l}}\right) - \frac{2(T_k^{\text{th}} - \overline{X_k})}{2(T_k^{\text{th}} - \overline{X_k})\overline{X_k} + \overline{X_k^2}}\right)\begin{vmatrix}\hat{I}_{k,m,l} \leqslant I^{\text{th}}\\ \hat{\mathcal{E}}_{k,m,l} \leqslant \mathcal{E}^{\text{th}}\\ \lambda_1, \lambda_2 \geqslant 0\end{vmatrix}$$

$$\tag{2.30}$$

如果用遍历搜索的方法寻找最优解，则可以找到理论最优解，但是计算复杂度过高。因此引入计算复杂度更低的拉格朗日对偶方法，并建立如下拉格朗日对偶函数

$$D(\lambda_1, \lambda_2) \stackrel{\text{def}}{=\!=} \max_{\gamma, \hat{P}_{k,m,l}} L(\gamma, \hat{P}_{k,m,l}, \lambda_1, \lambda_2) \tag{2.31}$$

s.t. (C1), (C2)

定义 2.1 优化问题(2.25)的最优解表示为 OP，该问题的对偶问题的最优解表示为 DOP。优化问题的最优解与对偶问题的最优解的差值定义为对偶间隙(duality gap, DG)，并有如下公式表述：DG=OP−DOP。

对偶间隙表示原优化问题的最优解与对偶问题的最优解的差值。如果对偶间隙为零，则说明原优化问题的解可以通过求解计算复杂度相对较低的对偶问题得到，以简化计算。下面将证明优化问题(2.25)的对偶间隙为零。

定理 2.2 对偶间隙 DG 趋于零，即 DG=OP−DOP≈0。

证明：问题(2.25)的约束条件(C1)~(C4)可以重写为

$$\max f_{\text{EE}}(\gamma, \hat{P}_{k,m,l}) = \sum_{k=1}^{K} \sum_{m=1}^{M} \sum_{l=1}^{L} \frac{B}{L} \log_2 \left(1 + \frac{e^{\hat{P}_{k,m,l}} G_{k,m,l}}{N_0 + \hat{I}_{k,m,l}} \right) - \gamma \cdot \sum_{k=1}^{K} \sum_{m=1}^{M} \sum_{l=1}^{L} (\xi e^{\hat{P}_{k,m,l}} + P_c) \tag{2.32}$$

$$\text{s.t. } C^{(n)}(\gamma, \hat{P}_{k,m,l}) \leqslant \Gamma^{(n)}, \quad n = 1, 2, 3, 4$$

当满足分时条件时，对偶间隙趋于零，即 DG≈0。下面给出分时条件的定义。

定义 2.2 令 $(\gamma_X^*, \hat{P}_{k,m,l_x}^*)$ 和 $(\gamma_Y^*, \hat{P}_{k,m,l_y}^*)$ 分别为优化问题(2.32)的最优解，同时有 $\Gamma^{(n)} = \Gamma_X$ 以及 $\Gamma^{(n)} = \Gamma_Y$。当对于任意 Γ_X、Γ_Y 以及 $0 \leqslant \theta \leqslant 1$，总是存在一个可行解 $(\gamma_Z, \hat{P}_{k,m,l_z})$，使得

$$C^{(n)}(\gamma_Z, \hat{P}_{k,m,l_z}) \leqslant \theta \cdot \Gamma_X + (1-\theta) \cdot \Gamma_Y \tag{2.33}$$

和

$$f_{\text{EE}}(\gamma_Z, \hat{P}_{k,m,l_z}) \geqslant \theta f_{\text{EE}}(\gamma_X^*, \hat{P}_{k,m,l_x}^*) + (1-\theta) f_{\text{EE}}(\gamma_Y^*, \hat{P}_{k,m,l_y}^*) \tag{2.34}$$

同时满足时，式(2.32)形式的优化问题满足分时条件。

分时条件可以直观地理解为考虑优化问题(2.32)的最大值为关于约束 Γ 的函数。显然更大的 Γ 意味着更宽松的约束。因此粗略地说，优化问题(2.32)的最大值为关于 Γ 的单增函数。分时条件表明优化问题(2.32)的最大值是关于 Γ 的凹函数。因此，如果优化问题的最大值为关于 Γ 的凹函数，则有 DG≈0。下面证明该函数为凹函数。

令 Γ_X、Γ_Y 和 Γ_Z 为约束条件向量且对于 $0 \leqslant \theta \leqslant 1$ 有 $\Gamma_Z = \theta \cdot \Gamma_X + (1-\theta) \cdot \Gamma_Y$。令 $(\gamma_X^*, \hat{P}_{k,m,l_x}^*)$、$(\gamma_Y^*, \hat{P}_{k,m,l_y}^*)$ 和 $(\gamma_Z^*, \hat{P}_{k,m,l_z}^*)$ 分别为在约束 Γ_X、Γ_Y 和 Γ_Z 下优化问题(2.20)

的最优解。函数的凹性遵循分时条件的定义，即当 $\Gamma_Z = \theta \cdot \Gamma_X + (1-\theta) \cdot \Gamma_Y$ 时，分时条件表明存在 $(\gamma_Z^*, \hat{P}_{k,m,l_z}^*)$ 使得

$$C^{(n)}(\gamma_Z, \hat{P}_{k,m,l_z}) \leqslant \theta \cdot \Gamma_X + (1-\theta) \cdot \Gamma_Y \tag{2.35}$$

且

$$f_{\mathrm{EE}}(\gamma_Z, \hat{P}_{k,m,l_z}) \geqslant \theta f_{\mathrm{EE}}(\gamma_X^*, \hat{P}_{k,m,l_x}^*) + (1-\theta) f_{\mathrm{EE}}(\gamma_Y^*, \hat{P}_{k,m,l_Y}^*) \tag{2.36}$$

因为 $(\gamma_Z^*, \hat{P}_{k,m,l_z}^*)$ 是优化问题的一个可行解，所以有

$$\begin{aligned} f_{\mathrm{EE}}(\gamma_Z^*, \hat{P}_{k,m,l_z}^*) &\geqslant f_{\mathrm{EE}}(\gamma_Z, \hat{P}_{k,m,l_z}) \\ &\geqslant \theta f_{\mathrm{EE}}(\gamma_X^*, \hat{P}_{k,m,l_x}^*) + (1-\theta) f_{\mathrm{EE}}(\gamma_Y^*, \hat{P}_{k,m,l_Y}^*) \end{aligned} \tag{2.37}$$

因此得证，进而定理 2.2 得证。

拉格朗日对偶函数(2.31)的优化问题表示为

$$G(\lambda_1, \lambda_2) = \min_{\lambda_1, \lambda_2 \geqslant 0} D(\lambda_1, \lambda_2) = \min_{\lambda_1, \lambda_2 \geqslant 0} \max_{\gamma, \hat{P}_{k,m,l}} L(\gamma, \hat{P}_{k,m,l}, \lambda_1, \lambda_2)$$
$$\text{s.t. (C1), (C2)} \tag{2.38}$$

固定 λ_1，寻找使 L 最小的 λ_2。因为拉格朗日对偶函数(2.31)是凸函数，所以可以通过多维搜索来得到。然而对偶函数(2.31)不一定可导，因此我们在寻找使 L 最小的 λ_2 时用次梯度算法代替原先的梯度算法。找到 L 的最小值之后继续寻找 λ_1 的值。为使系统的总功率得到充分分配，寻找 λ_1 的过程用基于次梯度算法的二分法搜索。此时得出的各次用户对应的功率 $\hat{P}_{k,m,l}$ 即为优化问题的最优解。

下面将拉格朗日函数对 $\hat{P}_{k,m,l}$ 求偏导，并令结果为零，可得 $\hat{P}_{k,m,l}$ 在第 $t+1$ 次迭代中的更新方程，表示为

$$P_{k,m,l}(t+1) = \left[\frac{1}{2} \ln \left(\frac{(1-\lambda_2)B}{L \ln 2(\gamma + \lambda_1)\xi} - \frac{N_0 + \hat{I}_{k,m,l}}{G_{k,m,l}} \right) \right]^+ \tag{2.39}$$

$$D(\lambda_1, \lambda_2) \overset{\mathrm{def}}{=} \max_{\gamma, \hat{P}_{k,m,l}} L(\gamma, \hat{P}_{k,m,l}^*, \lambda_1, \lambda_2) \tag{2.40}$$
$$\text{s.t. (C1), (C2)}$$

在找到 $\hat{P}_{k,m,l}$ 的最优值 $\hat{P}_{k,m,l}^*$ 后，对偶方程可由式(2.40)表示。利用凸优化中的次梯度算法，在第 $t+1$ 次迭代中对偶方程的自变量 λ_2 可由下列更新方程求得

$$\lambda_2(t+1) = \left[\lambda_2(t) + \alpha_2(t) \left(\sum_{m=1}^{M} \sum_{l=1}^{L} \frac{B}{L} \log_2 \left(1 + \frac{e^{\hat{P}_{k,m,l}(t)} G_{k,m,l}}{N_0 + \hat{I}_{k,m,l}} \right) - \frac{2(T_k^{\mathrm{th}} - \overline{X_k})}{2(T_k^{\mathrm{th}} - \overline{X_k})\overline{X_k} + \overline{X_k^2}} \right) \right]^+ \tag{2.41}$$

其中，α_2 为步长且为正数。

得到第 $t+1$ 次迭代中 γ 的更新方程如下：

$$\gamma(t+1) = \frac{\sum_{k=1}^{K}\sum_{m=1}^{M}\sum_{l=1}^{L}\frac{B}{L}\log_2\left(1+\frac{e^{\hat{P}_{k,m,l}^*(t)}G_{k,m,l}}{N_0+\hat{I}_{k,m,l}}\right)}{\sum_{k=1}^{K}\sum_{m=1}^{M}\sum_{l=1}^{L}(\xi e^{\hat{P}_{k,m,l}^*(t)}+P_c)} \qquad (2.42)$$

对于 $P \in S$ ，$R_{\text{tot}}(P)$ 为凹函数，$P_{\text{tot}}(P)$ 为凸函数，并且集合 S 凸。因为 $F(\gamma) = \max\{R_{\text{tot}}(P) - \gamma P_{\text{tot}}(P) | P \in S\}$ 连续，找到 P_n 以及 $\gamma_n = R_{\text{tot}}(P_n)/P_{\text{tot}}(P_n)$ ，使得对于任意给定的 $\delta > 0$ ，都有 $F(\gamma_n) - F(\gamma_0) = F(\gamma_n) < \delta$ 。

此外， $F(0) = \max\{R_{\text{tot}}(P) | P \in S\} \geqslant 0$ 。则该算法从 $\gamma = 0$ 开始。我们给出的 EEPA（energy efficiency power allocation）算法如算法 2.1 所示。首先初始化 γ 、δ 、$\lambda_1^{\max}$ 、$\lambda_1^{\min}$ 、λ_2 、α_2 、Ite1 和 Ite2。对于给定的 γ 、λ_1 和 λ_2 ，$\hat{P}_{k,m,l}$ 通过式 (2.39) 更新。迭代更新后的 $\hat{P}_{k,m,l}$ 通过式 (2.41) 更新 λ_2 。内循环迭代有以下判定条件

$$\left|\lambda_2 \cdot \left(\sum_{m=1}^{M}\sum_{l=1}^{L}\frac{B}{L}\log_2\left(1+\frac{e^{\hat{P}_{k,m,l}}G_{k,m,l}}{N_0+\hat{I}_{k,m,l}}\right) - \frac{2(T_k^{\text{th}}-\overline{X_k})}{2(T_k^{\text{th}}-\overline{X_k})\overline{X_k}+\overline{X_k^2}}\right)\right| = |\lambda_2 \cdot (\text{C2})| < \varepsilon \quad (2.43)$$

当迭代满足该条件时，利用基于次梯度算法的二分法搜索 λ_1 。找到最优的 λ_1 、λ_2 和 $\hat{P}_{k,m,l}$ 后，通过式 (2.42) 更新 γ 。当外循环满足 $G_{\text{Ite1}} < \delta$ 条件或达到设定的最大迭代次数时结束循环。

算法 2.1　能效优化的功率分配算法 EEPA

1	初始化 γ 、δ 和 Ite1
2	重复
3	初始化 $\lambda_1^{\max}$ 、$\lambda_1^{\min}$ 和 τ
4	重复
5	令 $\lambda_1 = (\lambda_1^{\max} + \lambda_1^{\min})/2$
6	初始化 λ_2 、α_2 、ε 和 Ite2
7	重复
8	利用式 (2.39) 更新 $\hat{P}_{k,m,l}$
9	利用式 (2.41) 更新 λ_2
10	Ite2←Ite2+1
11	直到 $|\lambda_2 \cdot (\text{C2})| < \varepsilon$
12	如果 $P_{\text{tot}} > P_{\text{tot}}^{\max}$ ，则 $\lambda_1^{\min} = \lambda_1$ ，否则 $\lambda_1^{\max} = \lambda_1$
13	直到 $\lambda_1^{\max} - \lambda_1^{\min} \leqslant \tau$
14	利用式 (2.42) 更新 γ
15	Ite1←Ite1+1
16	直到 $G_{\text{Ite1}} < \delta$ 或 Ite1=Ite1$_{\max}$

2.2.3　能效次优的功率分配方法

EEPA 算法在运行时计算复杂度较高，在实际应用中对某些瞬时性要求高的应用，其性能便会产生一定影响。因此我们基于原 EEPA 算法，提出一种降低计算复杂度的次优算法 SEEPA (suboptimal energy efficiency power allocation)。次优算法虽然使得计算复杂度得到了降低，但同时降低了一定的计算精度。不同于 EEPA 算法，该算法引入一个辅助变量 $\boldsymbol{\Psi}_{k,m,l} \in (0, \psi_{k,m,l}]$ 来降低计算复杂度。该变量表示网络中每一个用户的信干噪比 (signal to interference plus noise ratio，SINR) 都不会低于某一向量 $\boldsymbol{\Psi}_{k,m,l}$。因此问题 (2.35) 可以重写为

$$\max \mathrm{EE}(\boldsymbol{\Psi}_{k,m,l}, \hat{P}_{k,m,l}) = \frac{\sum_{k=1}^{K}\sum_{m=1}^{M}\sum_{l=1}^{L}(B/L)\log_2(1+\boldsymbol{\Psi}_{k,m,l})}{\sum_{k=1}^{K}\sum_{m=1}^{M}\sum_{l=1}^{L}(\xi \mathrm{e}^{\hat{P}_{k,m,l}}+P_c)}$$

$$\begin{aligned}
\text{s.t.} \quad &(C1) \quad \sum_{k=1}^{K}\sum_{m=1}^{M}\sum_{l=1}^{L}(\xi \mathrm{e}^{\hat{P}_{k,m,l}}+P_c) \leqslant P_{\mathrm{tot}}^{\max}\\
&(C2) \quad \sum_{m=1}^{M}\sum_{l=1}^{L}\frac{B}{L}\log_2(1+\boldsymbol{\Psi}_{k,m,l}) \leqslant \frac{2(T_k^{\mathrm{th}}-\overline{X_k})}{2(T_k^{\mathrm{th}}-\overline{X_k})\overline{X_k}+\overline{X_k^2}}\\
&(C3) \quad \boldsymbol{\Psi}_{k,m,l}\mathrm{e}^{-\hat{P}_{k,m,l}}\frac{N_0+\hat{I}_{k,m,l}}{G_{k,m,l}} \leqslant 1\\
&(C4) \quad \hat{\mathcal{E}}_{k,m,l} \leqslant \mathcal{E}^{\mathrm{th}}\\
&(C5) \quad \hat{I}_{k,m,l} \leqslant I^{\mathrm{th}}
\end{aligned} \tag{2.44}$$

$$\begin{aligned}
L(\boldsymbol{\Psi}_{k,m,l}, \gamma, \hat{P}_{k,m,l}, \lambda_1, \lambda_2, \lambda_3) = &f_{\mathrm{EE}_m}(\boldsymbol{\Psi}_{k,m,l}, \gamma, \hat{P}_{k,m,l})\\
&-\lambda_1\left(\sum_{k=1}^{K}\sum_{m=1}^{M}\sum_{l=1}^{L}(\xi \mathrm{e}^{\hat{P}_{k,m,l}}+P_c)-P_{\mathrm{tot}}^{\max}\right)\\
&-\lambda_2\left(\sum_{m=1}^{M}\sum_{l=1}^{L}\frac{B}{L}\log_2(1+\boldsymbol{\Psi}_{k,m,l})-\frac{2(T_k^{\mathrm{th}}-\overline{X_k})}{2(T_k^{\mathrm{th}}-\overline{X_k})\overline{X_k}+\overline{X_k^2}}\right)\\
&-\lambda_3\left(\boldsymbol{\Psi}_{k,m,l}\mathrm{e}^{-\hat{P}_{k,m,l}}\frac{N_0+\hat{I}_{k,m,l}}{G_{k,m,l}}-1\right) \left|\begin{array}{l}\hat{I}_{k,m,l}\leqslant I^{\mathrm{th}}\\ \hat{\mathcal{E}}_{k,m,l}\leqslant \mathcal{E}^{\mathrm{th}}\\ \lambda_1,\lambda_2,\lambda_3\geqslant 0\end{array}\right.
\end{aligned} \tag{2.45}$$

$$\begin{aligned}
G(\lambda_1, \lambda_2, \lambda_3) &= \min_{\lambda_1,\lambda_2,\lambda_3\geqslant 0} D(\lambda_1, \lambda_2, \lambda_3)\\
&\stackrel{\mathrm{def}}{=} \min_{\lambda_1,\lambda_2,\lambda_3\geqslant 0}\max_{\boldsymbol{\Psi}_{k,m,l},\gamma,\hat{P}_{k,m,l}} L(\boldsymbol{\Psi}_{k,m,l}, \gamma, \hat{P}_{k,m,l}, \lambda_1, \lambda_2, \lambda_3)\\
&\text{s.t. (C1), (C2), (C3)}
\end{aligned} \tag{2.46}$$

根据凸优化理论，分别引入拉格朗日乘子 λ_1、λ_2、λ_3，建立优化问题 (2.44) 的拉格朗日函数 (2.45) 和对偶函数的优化问题 (2.46)。将拉格朗日函数分别对 $\hat{P}_{k,m,l}$ 和 $\boldsymbol{\Psi}_{k,m,l}$ 求偏导，并令结果为零，可得 $\hat{P}_{k,m,l}$ 和 $\boldsymbol{\Psi}_{k,m,l}$ 在第 $t+1$ 次迭代中的更新方程，表示为

$$P_{k,m,l}(t+1) = \left[\frac{1}{2}\ln\left(\frac{\lambda_3(N_0 + \hat{I}_{k,m,l})\boldsymbol{\Psi}_{k,m,l}(t)}{(\gamma + \lambda_1)G_{k,m,l}\xi} \right) \right]^+ \tag{2.47}$$

$$\boldsymbol{\Psi}_{k,m,l}(t+1) = \left[\frac{(1-\lambda_2)Be^{\hat{P}_{k,m,l}(t)}G_{k,m,l}}{\ln 2 \cdot \lambda_3 L(N_0 + \hat{I}_{k,m,l})} - 1 \right]^+ \tag{2.48}$$

利用凸优化中的次梯度算法，在第 $t+1$ 次迭代中对偶方程的自变量 λ_1、λ_2、λ_3 可由下列更新方程求得

$$\lambda_1(t+1) = \left[\lambda_1(t) + \alpha_1(t)\left(\sum_{k=1}^{K}\sum_{m=1}^{M}\sum_{l=1}^{L}(\xi e^{\hat{P}^*_{k,m,l}} + P_c) - P_{\text{tot}}^{\max} \right) \right]^+ \tag{2.49}$$

$$\lambda_2(t+1) = \left[\lambda_2(t) + \alpha_2(t)\left(\sum_{m=1}^{M}\sum_{l=1}^{L}\frac{B}{L}\log_2(1+\boldsymbol{\Psi}^*_{k,m,l}) - \frac{2(T_k^{\text{th}} - \overline{X_k})}{2(T_k^{\text{th}} - \overline{X_k})\overline{X_k} + \overline{X_k^2}} \right) \right]^+ \tag{2.50}$$

$$\lambda_3(t+1) = \left[\lambda_3(t) + \alpha_3(t)\left(\boldsymbol{\Psi}^*_{k,m,l}e^{-\hat{P}^*_{k,m,l}}\frac{N_0 + \hat{I}_{k,m,l}}{G_{k,m,l}} - 1 \right) \right]^+ \tag{2.51}$$

其中，α_1、α_2 和 α_3 为步长且为正数。

我们给出的 SEEPA 算法如算法 2.2 所示。首先初始化 γ、δ、λ_1、λ_2、λ_3、Ite1 和 Ite2。对于给定的 γ、λ_1、λ_2 和 λ_3，$\boldsymbol{\Psi}_{k,m,l}$ 和 $\hat{P}_{k,m,l}$ 分别通过式 (2.47) 和式 (2.48) 更新。迭代更新的 $\boldsymbol{\Psi}_{k,m,l}$ 和 $\hat{P}_{k,m,l}$ 则通过式 (2.49)~式 (2.51) 更新 λ_1、λ_2 和 λ_3。当内循环迭代收敛时，通过式 (2.42) 更新 γ。当外循环满足 $G_{\text{Ite1}} < \delta$ 条件或达到设定的最大迭代次数时结束循环。

算法 2.2　　能效次优的功率分配算法 SEEPA	
1	初始化 γ、δ 和 Ite1
2	重复
3	初始化 λ_1、λ_2、λ_3 和 Ite2
4	重复
5	利用式 (2.47) 更新 $\hat{P}_{k,m,l}$
6	利用式 (2.48) 更新 $\boldsymbol{\Psi}_{k,m,l}$
7	利用式 (2.49) 更新 λ_1

8	利用式 (2.50) 更新 λ_2
9	利用式 (2.51) 更新 λ_3
10	Ite2←Itc2+1
11	直到内循环收敛
12	利用式 (2.42) 更新 γ
13	Ite1←Ite1+1
14	直到 $G_{\text{Ite1}} < \delta$ 或 Ite1=Ite1$_{\max}$

2.2.4　实验仿真与结果分析

在本节中，通过蒙特卡罗模拟得出的数值结果，对 EEPA 和 SEEPA 两种算法以及 EDPA(equal distribution power allocation) 和 GPA(genetic power allocation) 算法一并进行性能评估。实验仿真参数如表 2.2 所示。实验场景一共有两个，分别是 400 个用户的低密度场景和 800 个用户的高密度场景。在单个场景中，多用户频谱共享的 CRN 由一个主基站、四个次基站和相应数目的用户组成。网络的大小为 300m×300m，主基站位于 (150,150)，次基站数 K=4，分别位于 (75,75)、(75,225)、(225,75) 和 (225,225)。由于次基站覆盖范围较小，基站天线的高度不可被忽略，我们设定主基站天线高度 50m，次基站天线高度为 30m。次用户移动台的平均高度为 1.5m。多用户频谱共享的认知无线电网络的模拟图如图 2.2 和图 2.3 所示，图 2.2 为 400 个用户的低密度场景，图 2.3 为 800 个用户的高密度场景。图中实心圆表示次用户，空心圆表示主用户。系统总带宽 B=240kHz，子载波数 L=16；干扰权重向量 $V = \left\lceil 823 \times 10^{-3}, 88.1 \times 10^{-3} \right\rceil$，功率放大器漏极效率的倒数 $\xi = 3.8$，电路的功率消耗 $P_c = 0.5\text{W}$。

表 2.2　实验仿真参数

仿真参数	参数数值
低密度场景总用户数	400
高密度场景总用户数	800
次基站数 K	4
主基站天线高度	50m
次基站天线高度	30m
次用户移动台的平均高度	1.5m
系统总带宽 B	240kHz
子载波数 L	16
功率放大器漏极效率的倒数 ξ	3.8
电路的功率消耗 P_c	0.5W
干扰权重向量 V	$\left\lceil 823 \times 10^{-3}, 88.1 \times 10^{-3} \right\rceil$
系统热噪声的功率谱密度	−174dBm/Hz
系统总功率消耗限制 $P_{\text{tot}}^{\max}$	$3 \times 10^3 \text{W}$
排队最大时延限制 T_k^{th}	1s

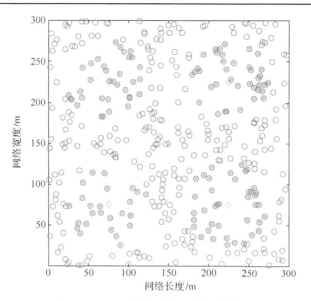

图 2.2　400 个用户的低密度网络模型

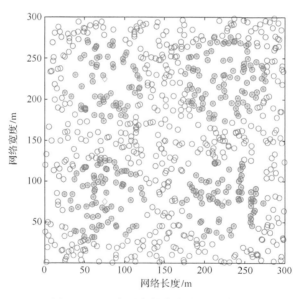

图 2.3　800 个用户的高密度网络模型

系统的信道增益设定为 Cost 231 Walfish Ikegami 模型。确切地有 $G_{k,m,l} = 10^{-\phi(d)/10}$ 。其中 $\phi(d) = \phi_{fsl}(d) + \phi_{rts} + \phi_{msd}(d)$ 表示次用户与次基站间的路径损耗模型，$\phi_{fsl}(d)$ 表示自由空间损耗，ϕ_{rts} 表示屋顶和街道之间的衍射和散射损耗，$\phi_{msd}(d)$ 表示多径损耗，d 表示次用户与次基站之间的距离。此外，系统热噪声的功率谱密度为 –174dBm/Hz；系统总功率消耗限制 $P_{tot}^{max} = 3 \times 10^3 \text{W}$ ，干扰温度限约束为 10^{-10} ，排队最大时延限制 $T_k^{th} = 1\text{s}$ 。

　　系统能效与迭代因子 γ 的迭代次数的关系如图 2.4 所示。图中 F2.4-A 和 F2.4-E 表示 EEPA 算法的能效曲线，F2.4-B 和 F2.4-F 表示 SEEPA 算法的能效曲线，F2.4-C 和 F2.4-G 表示 EDPA 算法的能效曲线，F2.4-D 和 F2.4-H 表示 GPA 算法的能效曲线；F2.4-A、F2.4-B、F2.4-C 和 F2.4-D 表示低用户密度场景，F2.4-E、F2.4-F、F2.4-G 和 F2.4-H 表示高用户密度场景。网络总用户数增加，系统总能效变差。在同一场景中，EEPA 的性能最优，其次是 SEEPA，EDPA 和 GPA 较差。对于同一种算法，低密度场景中的系统总能效高于高密度场景的总能效。我们给出的 EEPA 和 SEEPA 两个算法均能在迭代因子 γ 的少量迭代后达到收敛。图 2.5 表示随着迭代因子 γ 的迭代次数的增加，系统总功耗情况。F2.5-A 和 F2.5-E 曲线表示 EEPA 算法总功率消耗曲线；F2.5-B 和 F2.5-F 曲线表示 SEEPA 算法总功率消耗曲线；F2.5-C 和 F2.5-G 曲线表示 EDPA 算法总功率消耗曲线；F2.5-D 和 F2.5-H 曲线表示 GPA 算法总功率消耗曲线。纵向比较，除 GPA 算法以外，其他三种算法在高用户密度场景的系统总功耗均多于低用户密度场景。

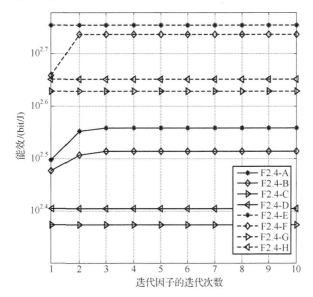

图 2.4　能效与迭代因子 γ 的迭代次数的关系

　　着眼于每个次用户的功率分配情况，以次用户到次基站的距离为自变量，图 2.6 和图 2.7 显示了每个用户分配到的功率与用户到基站距离的关系。F2.6-A、F2.6-B 和 F2.6-C 分别表示低用户密度场景下 EEPA、SEEPA 和 EDPA 中次用户分配到的功率随用户到基站距离的变化，F2.7-A、F2.7-B 和 F2.7-C 分别表示高用户密度场景下 EEPA、SEEPA 和 EDPA 中次用户分配到的功率随用户到基站距离的变化。从图中可以看出，EDPA 为不同到基站的距离的用户分配的功率相等，而 EEPA 和 SEEPA

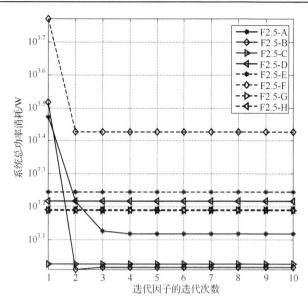

图 2.5　系统总功率消耗与迭代因子 γ 的迭代次数的关系

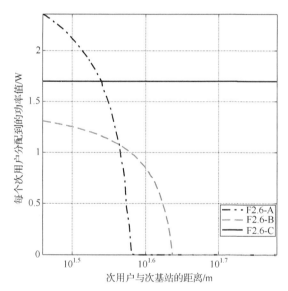

图 2.6　低用户密度场景中每个次用户分配到的功率与次用户到基站的距离的关系

为距离基站 45m 之内的用户分配功率，距离基站越近则能够分配到越多的功率。距离基站过远的次用户，其信道状态差，所以不为其分配功率。

与图 2.6 和图 2.7 的功率–距离关系图不同，图 2.8 和图 2.9 显示了随着用户到基站的距离的增加，其能效的变化情况。F2.8-A、F2.8-B 和 F2.8-C 分别表示低用户密度场景中 EEPA、SEEPA 和 EDPA 三种算法的能效随用户到基站距离的变化情况，

F2.9-A、F2.9-B 和 F2.9-C 分别表示高用户密度场景中 EEPA、SEEPA 和 EDPA 三种
算法的能效随用户到基站距离的变化情况。随着用户到基站的距离的增加，耗费在
链路传输中的功率也在增加，同时分配到的功率减少，用户的能效降低。在 EDPA
分配方案下，距离基站较近的用户与较远的用户被分配了相同的功率，这样距离基
站较近用户的能效会显著高于距离基站较远用户的能效。相反地，EEPA 和 SEEPA

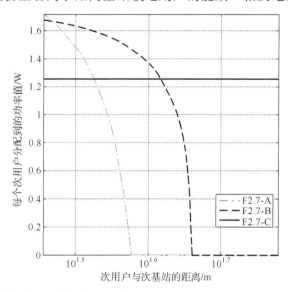

图 2.7　高用户密度场景中每个次用户分配到的功率与次用户到基站的距离的关系

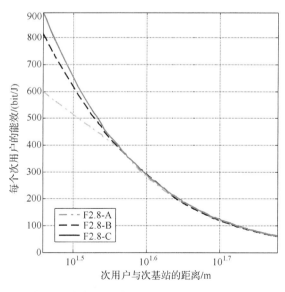

图 2.8　低用户密度场景中能效与用户到基站的距离的关系

的功率分配显得更为合理，距离基站较近的用户能量消耗相对较多，因此分配相对较多的功率，而对距离基站较远的用户分配较少的功率甚至不分配功率，降低其多余能耗。此外，对于不分配功率的次用户而言，无论用哪种分配方法，其能效均相同，因此 EDPA 算法为这部分用户分配功率没有实际意义。

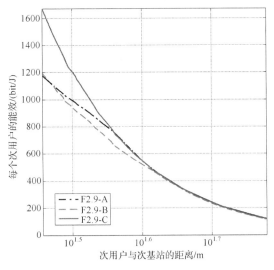

图 2.9　高用户密度场景中能效与用户到基站的距离的关系

图 2.10 和图 2.11 为网络中每个用户的能效累积分布函数，图中 F2.10-A 和 F2.11-A 为 EEPA 算法曲线，F2.10-B 和 F2.11-B 为 SEEPA 算法曲线，F2.10-C 和 F2.11-C

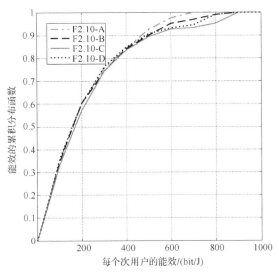

图 2.10　低用户密度场景中每个次用户能效的累积分布函数

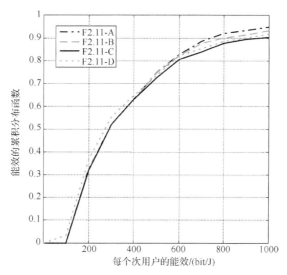

图 2.11　高用户密度场景中每个次用户能效的累积分布函数

为 EDPA 算法曲线，F2.10-D 和 F2.11-D 为 GPA 算法曲线。该函数表示对应不同能效值，每个用户能效大于等于该能效值的频率。EDPA 曲线最低，说明更多的用户被分配到了不合适的功率，导致其较低的能效。而 EEPA 曲线的分布更为合理，算法为用户分配了更合适的功率值。

2.3　基于演化博弈的能效优化的子载波分配方法

本节针对 FBMC 调制技术不要求子载波相互正交进而存在子载波间竞争的特性，我们考虑演化博弈方法优化子载波分配。引入显示当前子载波质量的信道状态矩阵，以系统总功耗、单个子载波上的功耗、总时延、干扰温度限和单个子载波上的次用户数等为约束条件，以能效为目标函数，建立多约束条件下的非线性分式规划问题。设计演化博弈算子，为每个次用户建立效用函数，当每个次用户的效用函数达到最优时，演化博弈达到 Nash 均衡点，此时的策略组合认为是能效最优的资源分配方法。通过实验仿真对比，我们给出的 EESA-EG(energy efficient subcarrier allocation-evolutionary game) 算法的能效最优，且给出了最为合理的子载波分配方案，为信道状态更优的信道分配了更多的子载波。

2.3.1　系统模型设计

为求解能效优化的子载波分配问题，我们借助演化博弈的思想进行子载波分配。在设计网络模型时，我们考虑一个多用户频谱共享 CRN 场景，如图 2.12 所示，其中数据可以在 L 个子载波上传输，网络的总带宽为 B。网络中有一个主基站，M 个

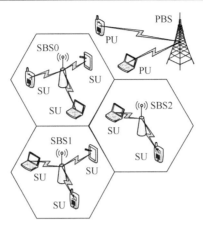

图 2.12　系统模型

次用户随机分布于 K 个小区内。不考虑天线分集情景，并假设每个主用户和次用户的收发机均为单天线。对于 FBMC 调制技术，各子载波之间不需要完全正交，存在冲突与竞争，因此需要引入合理的博弈策略来减小冲突。而普通的非协作博弈严格要求了参与博弈的主体集，且主体集的任何非理想化缺陷都会导致 Nash 均衡不可实现，故采用演化博弈方法优化子载波分配。演化博弈优化方法 (evolutionary game optimization approach，EGOA) 可以用一个五元组简单地表示为

$$EGOA = (G(0), S(0), E, \alpha, \tau) \tag{2.52}$$

其中，$G(0)$ 是初始博弈结构；$S(0)$ 是初始策略集；E 是演化博弈算子；α 是参与演化博弈的主体 I 的集合；τ 是博弈停止准则。该网络不需要考虑主用户的通信，因此次用户基站不需要收集并处理网络中的信道信息，用户间的信息交换大大提高了通信效率。

定义 2.3　系统总传输功率。用 $P_{k,m,l}$ 表示第 l 个子载波上分配的第 k 个小区内第 m 个次用户的功率，$\zeta_{k,m,l}$ 表示子载波分配矩阵，当 $\zeta_{k,m,l}=1$ 时，说明第 k 个小区内的第 m 个次用户在第 l 个子载波上进行数据传输；当 $\zeta_{k,m,l}=0$ 时，说明第 k 个小区内的第 m 个次用户不在第 l 个子载波上进行数据传输。因此，系统总传输功率 P_{tot} 可以表示为

$$P_{\text{tot}} = \sum_{k=1}^{K} \sum_{m=1}^{M} \sum_{l=1}^{L} \mathcal{H}_l \zeta_{k,m,l} (\xi P_{k,m,l} + P_c) \tag{2.53}$$

其中，$\mathcal{H}_l$ 为子载波状态矩阵，表示当前子载波的质量；ξ 表示功率放大器漏极效率的倒数；P_c 表示电路的功率消耗。

我们的子载波分配问题以系统能效为目标函数，加上总功率、每个子载波上的功率、每个子载波上的次用户数、虚拟队列延迟和干扰温度限等约束条件，可

以理解为一种线性约束和非线性约束共同作用下的非线性分式规划问题，具体表述为

$$\max EE(\zeta_{k,m,l}, P_{k,m,l}) = \frac{R_{\text{tot}}}{P_{\text{tot}}} = \frac{\sum\limits_{k=1}^{K}\sum\limits_{m=1}^{M}\sum\limits_{l=1}^{L}\frac{B}{L}\mathcal{H}_l\zeta_{k,m,l}\log_2\left(1+\dfrac{P_{k,m,l}G_{k,m,l}}{N_0+I_{k,m,l}}\right)}{\sum\limits_{k=1}^{K}\sum\limits_{m=1}^{M}\sum\limits_{l=1}^{L}\mathcal{H}_l\zeta_{k,m,l}(\xi P_{k,m,l}+P_c)}$$

$$\text{s.t.}\quad (C1)\quad \sum_{k=1}^{K}\sum_{m=1}^{M}\sum_{l=1}^{L}\mathcal{H}_l\zeta_{k,m,l}(\xi P_{k,m,l}+P_c)\leqslant P_{\text{tot}}^{\max}$$

$$(C2)\quad \sum_{k=1}^{K}\sum_{m=1}^{M}\mathcal{H}_l\zeta_{k,m,l}(\xi P_{k,m,l}+P_c)\leqslant P_l^{\max}$$

$$(C3)\quad \sum_{k=1}^{K}\sum_{l=1}^{L}\zeta_{k,m,l}\leqslant 1 \tag{2.54}$$

$$(C4)\quad \sum_{k=1}^{K}\sum_{m=1}^{M}\zeta_{k,m,l}\leqslant SUs^{\max}$$

$$(C5)\quad \overline{X_k}+\frac{\tilde{R}_k\overline{X_k^2}}{2(1-\tilde{R}_k\overline{X_k})}\leqslant T_k^{\text{th}}$$

$$(C6)\quad I_{k,m,l}\leqslant I^{\text{th}}$$

2.3.2　子载波分配新方法

2.3.1 节讨论了基于 FBMC 的 CRN 的子载波分配模型，建立了以能效为目标函数的非线性分式规划问题。本节将设计一个有效的演化博弈算子，进而使用演化博弈优化方法进行子载波分配。由于目标函数为非凸函数，不能用传统的凸优化方法求解，还没有一种标准方法可以解决该问题，现进行 $\hat{P}_{k,m,l}=\ln P_{k,m,l}$ 的变量转换，即用 $e^{\hat{P}_{k,m,l}}$ 代替 $P_{k,m,l}$，之后引入一个辅助变量 $\Psi_{k,m,l}\in(0,\psi_{k,m,l}]$。该变量表示网络中每一个用户的信干噪比都不会低于某一向量 $\Psi_{k,m,l}$。因此，优化问题 (2.54) 可以重写为式 (2.55)

$$\max EE(\zeta_{k,m,l}, \hat{P}_{k,m,l}, \Psi_{k,m,l}) = \frac{\sum\limits_{k=1}^{K}\sum\limits_{m=1}^{M}\sum\limits_{l=1}^{L}\frac{B}{L}\mathcal{H}_l\zeta_{k,m,l}\log_2(1+\Psi_{k,m,l})}{\sum\limits_{k=1}^{K}\sum\limits_{m=1}^{M}\sum\limits_{l=1}^{L}\mathcal{H}_l\zeta_{k,m,l}(\xi e^{\hat{P}_{k,m,l}}+P_c)}$$

$$\text{s.t.}\quad (C1)\quad \sum_{k=1}^{K}\sum_{m=1}^{M}\sum_{l=1}^{L}\mathcal{H}_l\zeta_{k,m,l}(\xi e^{\hat{P}_{k,m,l}}+P_c)\leqslant P_{\text{tot}}^{\max}$$

$$(C2)\quad \sum_{k=1}^{K}\sum_{m=1}^{M}\mathcal{H}_l\zeta_{k,m,l}(\xi e^{\hat{P}_{k,m,l}}+P_c)\leqslant P_l^{\max}$$

(C3) $\quad \sum_{k=1}^{K} \sum_{l=1}^{L} \zeta_{k,m,l} \leqslant 1$

(C4) $\quad \sum_{k=1}^{K} \sum_{m=1}^{M} \zeta_{k,m,l} \leqslant \mathrm{SUs}^{\max}$

(C5) $\quad \overline{X_k} + \dfrac{\tilde{R}_k \overline{X_k^2}}{2(1 - \tilde{R}_k \overline{X_k})} \leqslant T_k^{\mathrm{th}}$

(C6) $\quad \hat{I}_{k,m,l} \leqslant I^{\mathrm{th}}$

(C7) $\quad \Psi_{k,m,l} \leqslant \mathrm{e}^{\hat{P}_{k,m,l}} G_{k,m,l} \big/ (N_0 + \hat{I}_{k,m,l})$ $\hfill (2.55)$

通过两步变换, 原问题(2.54)的目标函数转化成凹函数除以凸函数的形式, $(\zeta_{k,m,l}, \hat{P}_{k,m,l}, \Psi_{k,m,l})$ 如式(2.55)所示。令 $G[I,S,U]$ 为一个博弈, 对于变量 $(\zeta, \hat{P}, \Psi)$ 的每一个分量, 用对应的一个博弈主体的策略表示, 即 $I = \{1,2,\cdots,m\}$; 各博弈主体的策略集 $S_l = (\zeta_{k,m,l}, \hat{P}_{k,m,l}, \Psi_{k,m,l}), l \in I$; 假设各主体的效用函数相同, 建立如式(2.56)所示的效用函数

$$U(\zeta_{k,m,l}, \hat{P}_{k,m,l}, \Psi_{k,m,l}, \omega) = \sum_{k=1}^{K} \sum_{m=1}^{M} \sum_{l=1}^{L} \frac{B}{L} \mathcal{H}_1 \zeta_{k,m,l} \log_2(1 + \Psi_{k,m,l})$$
$$- \omega \sum_{k=1}^{K} \sum_{m=1}^{M} \sum_{l=1}^{L} \mathcal{H}_1 \zeta_{k,m,l} (\xi \mathrm{e}^{\hat{P}_{k,m,l}} + P_c)$$

s.t. $\quad$ (C1) ~ (C4), (C6)

(C5) $\quad \sum_{m=1}^{M} \sum_{l=1}^{L} \dfrac{B}{L} \mathcal{H}_1 \zeta_{k,m,l} \log_2(1 + \Psi_{k,m,l}) \leqslant \dfrac{2(T_k^{\mathrm{th}} - \overline{X_k})}{2(T_k^{\mathrm{th}} - \overline{X_k})\overline{X_k} + \overline{X_k^2}}$

(C7) $\quad \Psi_{k,m,l} \mathrm{e}^{-\hat{P}_{k,m,l}} \leqslant \dfrac{G_{k,m,l}}{N_0 + \hat{I}_{k,m,l}}$ $\hfill (2.56)$

其中, ω 表示惩罚因子。如果博弈主体的策略组合 S 不遵守约束条件, 则需要对其进行惩罚, 以降低相应主体的效用函数值。在后面的演化博弈模型中, 只需要依据以下策略组合的判断准则, 而并不必计算出违反约束条件的策略组合的效用函数值。

(1)若两个策略组合均符合约束条件, 则比较其效用值, 效用值大的更优。

(2)若两个策略组合均违反约束条件, 则比较其违约程度, 违约程度小的更优。

(3)若一个策略组合符合约束条件, 另一策略组合违反约束条件, 则守约的策略组合效用更优。

定理 2.3 效用函数 U 和优化问题(2.54)的目标函数可以等价转换, 即 $\omega_0 = R_{\mathrm{tot}}(P_0)/P_{\mathrm{tot}}(P_0) = \max\{R_{\mathrm{tot}}(P)/P_{\mathrm{tot}}(P) | P \in S\}$, 当且仅当

$$F(\omega_0) = F(\omega_0, P_0) = \max\{R_{\mathrm{tot}}(P) - \omega_0 P_{\mathrm{tot}}(P) | P \in S\}$$

证明：在证明该定理之前先给出以下引理及其证明。

引理 2.5　$F(\omega) = \max\{R_{\text{tot}}(P) - \omega P_{\text{tot}}(P) | P \in S\}$ 在 E^1 上为凸函数。

证明：令 p_t 可以求得当 $\omega' \neq \omega''$ 和 $0 \leqslant t \leqslant 1$ 时 $F[t\omega' + (1-t)\omega'']$ 的最大值，则有

$$
\begin{aligned}
F[t\omega' + (1-t)\omega''] &= R_{\text{tot}}(p_t) - [t\omega' + (1-t)\omega'']P_{\text{tot}}(p_t) \\
&= t[R_{\text{tot}}(p_t) - \omega' P_{\text{tot}}(p_t)] + (1-t)[R_{\text{tot}}(p_t) - \omega'' P_{\text{tot}}(p_t)] \\
&\leqslant t \cdot \max\{R_{\text{tot}}(p) - \omega' P_{\text{tot}}(p) | p \in S\} \\
&\quad + (1-t) \cdot \max\{R_{\text{tot}}(p) - \omega'' P_{\text{tot}}(p) | p \in S\} \\
&= tF(\omega') + (1-t)F(\omega'')
\end{aligned}
\tag{2.57}
$$

引理 2.6　$F(\omega) = \max\{R_{\text{tot}}(P) - \omega P_{\text{tot}}(P) | P \in S\}$ 是严格单调递减函数，即若 $\omega' < \omega''$，$\omega', \omega'' \in E^1$，则 $F(\omega'') < F(\omega')$。

证明：令 p'' 为取得 $F(\omega'')$ 的最大值时的自变量值，则有

$$
\begin{aligned}
F(\omega'') &= \max\{R_{\text{tot}}(p) - \omega'' P_{\text{tot}}(p) | p \in S\} = R_{\text{tot}}(p'') - \omega'' P_{\text{tot}}(p'') \\
&< R_{\text{tot}}(p'') - \omega' P_{\text{tot}}(p'') \leqslant \max\{R_{\text{tot}}(p) - \omega' P_{\text{tot}}(p) | p \in S\} = F(\omega')
\end{aligned}
\tag{2.58}
$$

引理 2.7　$F(\omega) = 0$ 有唯一解 ω_0。

证明：由引理 2.2 和引理 2.3 的结论可得 $\lim\limits_{\omega \to -\infty} F(\omega) = +\infty$ 以及 $\lim\limits_{\omega \to +\infty} F(\omega) = -\infty$。

引理 2.8　令 $P^+ \in S$，且 $\omega^+ = R_{\text{tot}}(P^+)/P_{\text{tot}}(P^+)$，则 $F(\omega^+) \geqslant 0$。

证明：$F(\omega^+) = \max\{R_{\text{tot}}(p) - \omega^+ P_{\text{tot}}(p) | p \in S\} \geqslant R_{\text{tot}}(\omega^+) - \omega^+ P_{\text{tot}}(p) = 0$。因此 $F(\omega^+) \geqslant 0$。

下面证明定理 2.3。

(1) 令 p_0 为问题 $\max\{R_{\text{tot}}/P_{\text{tot}}\}$ 的一个解，则对于所有 $p \in S$，有

$$
\omega_0 = R_{\text{tot}}(p_0)/P_{\text{tot}}(p_0) \geqslant R_{\text{tot}}(p)/P_{\text{tot}}(p)
\tag{2.59}
$$

因此

① 对于所有 $p \in S$ 有 $R_{\text{tot}}(p) - \omega_0 P_{\text{tot}}(p) \leqslant 0$；

② $R_{\text{tot}}(p_0) - \omega_0 P_{\text{tot}}(p_0) = 0$。

由①可得 $F(\omega_0) = \max\{R_{\text{tot}}(p) - \omega_0 P_{\text{tot}}(p) | p \in S\} = 0$；由②可知函数达到最大值，如 p_0。因此该定理的第一部分得证。

(2) 令 p_0 为问题 $\max\{R_{\text{tot}} - \omega P_{\text{tot}}\}$ 的一个解，这样 $R_{\text{tot}}(p_0) - \omega_0 P_{\text{tot}}(p_0) = 0$。问题 $\max\{R_{\text{tot}} - \omega P_{\text{tot}}\}$ 的定义意味着对于所有 $p \in S$ 有

$$
R_{\text{tot}}(p) - \omega_0 P_{\text{tot}}(p) \leqslant R_{\text{tot}}(p_0) - \omega_0 P_{\text{tot}}(p_0) = 0
\tag{2.60}
$$

因此

① 对于所有 $p \in S$ 有 $R_{\text{tot}}(p) - \omega_0 P_{\text{tot}}(p) \leqslant 0$；

② $R_{tot}(p_0) - \omega_0 P_{tot}(p_0) = 0$。

由①可得对于所有 $p \in S$ 有 $\omega_0 \geqslant R_{tot}(p)/P_{tot}(p)$，也就是说，$\omega_0$ 是问题 $\max\{R_{tot}/P_{tot}\}$ 的最大值；由②可知 $\omega_0 = R_{tot}(p_0)/P_{tot}(p_0)$，也就是说，$p_0$ 是问题 $\max\{R_{tot}/P_{tot}\}$ 的一个解向量。

根据定理 2.3 的结论，在设计演化博弈算子时可以用效用函数代替原优化问题的目标函数。根据凸优化理论，引入拉格朗日乘子 λ_1、λ_2、λ_3 和 λ_4，建立效用函数 (2.56) 的拉格朗日函数如下

$$
\begin{aligned}
& L(\zeta_{k,m,l}, \hat{P}_{k,m,l}, \boldsymbol{\Psi}_{k,m,l}, \omega, \lambda_1, \lambda_2, \lambda_3, \lambda_4) \\
&= \sum_{k=1}^{K}\sum_{m=1}^{M}\sum_{l=1}^{L}\frac{B}{L}\mathcal{H}_l\zeta_{k,m,l}\log_2(1+\boldsymbol{\Psi}_{k,m,l}) - \omega\sum_{k=1}^{K}\sum_{m=1}^{M}\sum_{l=1}^{L}\mathcal{H}_l\zeta_{k,m,l}(\xi e^{\hat{P}_{k,m,l}}+P_c) \\
&\quad -\lambda_1\left(\sum_{k=1}^{K}\sum_{m=1}^{M}\sum_{l=1}^{L}\mathcal{H}_l\zeta_{k,m,l}(\xi e^{\hat{P}_{k,m,l}}+P_c)-P_{tot}^{\max}\right) \\
&\quad -\lambda_2\left(\sum_{k=1}^{K}\sum_{m=1}^{M}\mathcal{H}_l\zeta_{k,m,l}(\xi e^{\hat{P}_{k,m,l}}+P_c)-P_l^{\max}\right) \\
&\quad -\lambda_3\left(\sum_{m=1}^{M}\sum_{l=1}^{L}\frac{B}{L}\mathcal{H}_l\zeta_{k,m,l}\log_2(1+\boldsymbol{\Psi}_{k,m,l})-\frac{2(T_k^{th}-\overline{X_k})}{2(T_k^{th}-\overline{X_k})\overline{X_k}+\overline{X_k^2}}\right) \\
&\quad -\lambda_4\left(\boldsymbol{\Psi}_{k,m,l}e^{-\hat{P}_{k,m,l}}-\frac{G_{k,m,l}}{N_0+\hat{I}_{k,m,l}}\right)\left|
\begin{array}{l}
\sum_{k=1}^{K}\sum_{l=1}^{L}\zeta_{k,m,l}\leqslant 1 \\
\sum_{k=1}^{K}\sum_{m=1}^{M}\zeta_{k,m,l}\leqslant SUs^{\max} \\
\hat{I}_{k,m,l}\leqslant I^{th},\ \lambda_1,\lambda_2,\lambda_3,\lambda_4\geqslant 0
\end{array}\right.
\end{aligned}
\tag{2.61}
$$

如果用遍历搜索的方法寻找最优解，则可以找到理论最优解，但是计算复杂度过高。因此，引入计算复杂度相对更低的拉格朗日对偶方法，并建立如下拉格朗日对偶函数

$$
D(\lambda_1,\lambda_2,\lambda_3,\lambda_4) \overset{\text{def}}{=\!=} \max_{\zeta_{k,m,l}, \hat{P}_{k,m,l}, \boldsymbol{\Psi}_{k,m,l}, \omega} L(\zeta_{k,m,l}, \hat{P}_{k,m,l}, \boldsymbol{\Psi}_{k,m,l}, \omega, \lambda_1, \lambda_2, \lambda_3, \lambda_4)
\tag{2.62}
$$

s.t. (C1), (C2), (C5), (C7)

该函数的优化问题如下

$$
\begin{aligned}
G(\lambda_1,\lambda_2,\lambda_3,\lambda_4) &= \min_{\lambda_1,\lambda_2,\lambda_3,\lambda_4\geqslant 0} D(\lambda_1,\lambda_2,\lambda_3,\lambda_4) \\
&= \min_{\lambda_1,\lambda_2,\lambda_3,\lambda_4\geqslant 0}\ \max_{\zeta_{k,m,l}, \hat{P}_{k,m,l}, \boldsymbol{\Psi}_{k,m,l}, \omega} L(\zeta_{k,m,l}, \hat{P}_{k,m,l}, \boldsymbol{\Psi}_{k,m,l}, \omega, \lambda_1, \lambda_2, \lambda_3, \lambda_4)
\end{aligned}
\tag{2.63}
$$

s.t. (C1), (C2), (C5), (C7)

定理 2.4 对偶间隙 DG 趋于零，即 DG = OP − DOP ≈ 0。

证明：效用函数 (2.56) 的约束条件 (C1)~(C7) 可以重写为

$$\max f_{\mathrm{EE}}(\zeta_{k,m,l},\hat{P}_{k,m,l},\boldsymbol{\varPsi}_{k,m,l},\omega) = \sum_{k=1}^{K}\sum_{m=1}^{M}\sum_{l=1}^{L}\frac{B}{L}\mathcal{H}_{l}\zeta_{k,m,l}\log_{2}(1+\boldsymbol{\varPsi}_{k,m,l})$$
$$-\omega\sum_{k=1}^{K}\sum_{m=1}^{M}\sum_{l=1}^{L}\mathcal{H}_{l}\zeta_{k,m,l}(\xi\mathrm{e}^{\hat{P}_{k,m,l}}+P_{c}) \tag{2.64}$$

$$\mathrm{s.t.}\ \ C^{(n)}(\zeta_{k,m,l},\hat{P}_{k,m,l},\boldsymbol{\varPsi}_{k,m,l},\omega)\leqslant\varGamma^{(n)},\quad n=1,2,\cdots,7$$

当满足分时条件时，对偶间隙趋于零，即 $\mathrm{DG}\approx0$。下面给出分时条件的定义。

定义 2.4 令 $(\zeta_{k,m,l_{X}}^{*},\hat{P}_{k,m,l_{X}}^{*},\boldsymbol{\varPsi}_{k,m,l_{X}}^{*},\omega_{X}^{*})$ 和 $(\zeta_{k,m,l_{Y}}^{*},\hat{P}_{k,m,l_{Y}}^{*},\boldsymbol{\varPsi}_{k,m,l_{Y}}^{*},\omega_{Y}^{*})$ 分别为优化问题 (2.64) 的最优解，同时有 $\varGamma^{(n)}=\varGamma_{X}$ 以及 $\varGamma^{(n)}=\varGamma_{Y}$。对于任意 $\varGamma_{X}$、$\varGamma_{Y}$ 以及 $0\leqslant\theta\leqslant1$，总是存在一个可行解 $(\zeta_{k,m,l_{Z}},\hat{P}_{k,m,l_{Z}},\boldsymbol{\varPsi}_{k,m,l_{Z}},\omega_{Z})$，使得

$$C^{(n)}(\zeta_{k,m,l_{Z}},\hat{P}_{k,m,l_{Z}},\boldsymbol{\varPsi}_{k,m,l_{Z}},\omega_{Z})\leqslant\theta\cdot\varGamma_{X}+(1-\theta)\cdot\varGamma_{Y} \tag{2.65}$$

和

$$f_{\mathrm{EE}}(\zeta_{k,m,l_{Z}},\hat{P}_{k,m,l_{Z}},\boldsymbol{\varPsi}_{k,m,l_{Z}},\omega_{Z})\geqslant\theta f_{\mathrm{EE}}(\zeta_{k,m,l_{X}}^{*},\hat{P}_{k,m,l_{X}}^{*},\boldsymbol{\varPsi}_{k,m,l_{X}}^{*},\omega_{X}^{*})$$
$$+(1-\theta)f_{\mathrm{EE}}(\zeta_{k,m,l_{Y}}^{*},\hat{P}_{k,m,l_{Y}}^{*},\boldsymbol{\varPsi}_{k,m,l_{Y}}^{*},\omega_{Y}^{*}) \tag{2.66}$$

同时满足时，式 (2.64) 形式的优化问题满足分时条件。

分时条件可以直观地理解为考虑优化问题 (2.64) 的最大值为关于约束 $\varGamma$ 的函数。显然更大的 $\varGamma$ 意味着更宽松的约束。因此粗略地说，优化问题 (2.64) 的最大值为关于 $\varGamma$ 的单增函数。分时条件意味着优化问题 (2.64) 的最大值是关于 $\varGamma$ 的凹函数。若如此，则有 $\mathrm{DG}\approx0$。下面证明该函数是一个凹函数。

令 $\varGamma_{X}$、$\varGamma_{Y}$ 和 $\varGamma_{Z}$ 为约束条件向量且对于 $0\leqslant\theta\leqslant1$ 有 $\varGamma_{Z}=\theta\cdot\varGamma_{X}+(1-\theta)\cdot\varGamma_{Y}$。令 $(\zeta_{k,m,l_{X}}^{*},\hat{P}_{k,m,l_{X}}^{*},\boldsymbol{\varPsi}_{k,m,l_{X}}^{*},\omega_{X}^{*})$、$(\zeta_{k,m,l_{Y}}^{*},\hat{P}_{k,m,l_{Y}}^{*},\boldsymbol{\varPsi}_{k,m,l_{Y}}^{*},\omega_{Y}^{*})$ 和 $(\zeta_{k,m,l_{Z}}^{*},\hat{P}_{k,m,l_{Z}}^{*},\boldsymbol{\varPsi}_{k,m,l_{Z}}^{*},\omega_{Z}^{*})$ 分别为在约束 $\varGamma_{X}$、$\varGamma_{Y}$ 和 $\varGamma_{Z}$ 下优化问题 (2.64) 的最优解。函数的凹性遵循分时条件的定义，即当 $\varGamma_{Z}=\theta\cdot\varGamma_{X}+(1-\theta)\cdot\varGamma_{Y}$ 时，分时条件表明存在 $(\zeta_{k,m,l_{Z}}^{*},\hat{P}_{k,m,l_{Z}}^{*},\boldsymbol{\varPsi}_{k,m,l_{Z}}^{*},\omega_{Z}^{*})$ 使得式 (2.67) 和式 (2.68) 均成立

$$C^{(n)}(\zeta_{k,m,l_{Z}},\hat{P}_{k,m,l_{Z}},\boldsymbol{\varPsi}_{k,m,l_{Z}},\omega_{Z})\leqslant\theta\cdot\varGamma_{X}+(1-\theta)\cdot\varGamma_{Y} \tag{2.67}$$

$$f_{\mathrm{EE}}(\zeta_{k,m,l_{Z}},\hat{P}_{k,m,l_{Z}},\boldsymbol{\varPsi}_{k,m,l_{Z}},\omega_{Z})\geqslant\theta f_{\mathrm{EE}}(\zeta_{k,m,l_{X}}^{*},\hat{P}_{k,m,l_{X}}^{*},\boldsymbol{\varPsi}_{k,m,l_{X}}^{*},\omega_{X}^{*})$$
$$+(1-\theta)f_{\mathrm{EE}}(\zeta_{k,m,l_{Y}}^{*},\hat{P}_{k,m,l_{Y}}^{*},\boldsymbol{\varPsi}_{k,m,l_{Y}}^{*},\omega_{Y}^{*}) \tag{2.68}$$

因为 $(\zeta_{k,m,l_{Z}}^{*},\hat{P}_{k,m,l_{Z}}^{*},\boldsymbol{\varPsi}_{k,m,l_{Z}}^{*},\omega_{Z}^{*})$ 是优化问题的一个可行解，因此有

$$f_{\mathrm{EE}}(\zeta_{k,m,l_{Z}}^{*},\hat{P}_{k,m,l_{Z}}^{*},\boldsymbol{\varPsi}_{k,m,l_{Z}}^{*},\omega_{Z}^{*})\geqslant f_{\mathrm{EE}}(\zeta_{k,m,l_{Z}},\hat{P}_{k,m,l_{Z}},\boldsymbol{\varPsi}_{k,m,l_{Z}},\omega_{Z})$$
$$\geqslant\theta f_{\mathrm{EE}}(\zeta_{k,m,l_{X}}^{*},\hat{P}_{k,m,l_{X}}^{*},\boldsymbol{\varPsi}_{k,m,l_{X}}^{*},\omega_{X}^{*})$$
$$+(1-\theta)f_{\mathrm{EE}}(\zeta_{k,m,l_{Y}}^{*},\hat{P}_{k,m,l_{Y}}^{*},\boldsymbol{\varPsi}_{k,m,l_{Y}}^{*},\omega_{Y}^{*}) \tag{2.69}$$

因此得证，进而定理 2.4 得证。

各博弈主体从各自的策略空间中随机选择一个策略，进而构成原始策略组合 $S_{\zeta_{k,m,l},\hat{P}_{k,m,l},\boldsymbol{\varPsi}_{k,m,l}}(0)$，即演化博弈初始化。记在演化博弈进行到第 t 回合时第 l 个主体的策略为 $S_l(t)$。随着博弈的进行，主体 l 需要计算、比较和更替策略组合，也就是说，如果第 t 回合计算出的策略组合 $S(t)$ 优于旧策略组合，则旧的策略组合将更新为 $S(t)$。对拉格朗日函数对 $\hat{P}_{k,m,l}$ 和 $\boldsymbol{\varPsi}_{k,m,l}$ 求偏导，并令结果为零，可得 $\hat{P}_{k,m,l}$ 和 $\boldsymbol{\varPsi}_{k,m,l}$ 在第 $t+1$ 个博弈回合中的更新方程，表示为

$$\hat{P}_{k,m,l}(t+1) = \left[\frac{1}{2}\ln\left(\frac{\lambda_4 \boldsymbol{\varPsi}_{k,m,l}(t)}{(\omega+\lambda_1+\lambda_2)\mathcal{H}_l \zeta_{k,m,l}\xi}\right)\right]^+ \tag{2.70}$$

$$\boldsymbol{\varPsi}_{k,m,l}(t+1) = \left[\frac{(1-\lambda_3)B\mathcal{H}_l\zeta_{k,m,l}(t)\mathrm{e}^{P_{k,m,l}(t)}}{L\cdot\ln 2\cdot\lambda_4} - 1\right]^+ \tag{2.71}$$

在利用式(2.70)和式(2.71)更新 $\hat{P}_{k,m,l}$ 和 $\boldsymbol{\varPsi}_{k,m,l}$ 后，下面利用两个变量求子载波矩阵。将其代入式(2.62)，对偶问题表示为

$$D(\lambda_1,\lambda_2,\lambda_3,\lambda_4) \overset{\text{def}}{=} \max_{\zeta_{k,m,l},\omega} \mathcal{A}(\zeta_{k,m,l}) + \mathcal{B}(\lambda_1,\lambda_2,\lambda_3,\lambda_4) \tag{2.72}$$

$$\text{s.t. (C1), (C2), (C5), (C7)}$$

其中，$\mathcal{A}(\zeta_{k,m,l})$ 和 $\mathcal{B}(\lambda_1,\lambda_2,\lambda_3,\lambda_4)$ 分别有如下定义

$$\begin{aligned}\mathcal{A}(\zeta_{k,m,l}) =& \sum_{k=1}^{K}\sum_{m=1}^{M}\sum_{l=1}^{L}\frac{B}{L}\mathcal{H}_l\zeta_{k,m,l}\log_2(1+\boldsymbol{\varPsi}_{k,m,l}) \\ &-\lambda_3\sum_{m=1}^{M}\sum_{l=1}^{L}\frac{B}{L}\mathcal{H}_l\zeta_{k,m,l}\log_2(1+\boldsymbol{\varPsi}_{k,m,l}) \\ &-(\omega+\lambda_1)\sum_{k=1}^{K}\sum_{m=1}^{M}\sum_{l=1}^{L}\mathcal{H}_l\zeta_{k,m,l}(\xi\mathrm{e}^{\hat{P}_{k,m,l}}+P_c) \\ &-\lambda_2\sum_{k=1}^{K}\sum_{m=1}^{M}\mathcal{H}_l\zeta_{k,m,l}(\xi\mathrm{e}^{\hat{P}_{k,m,l}}+P_c)\end{aligned} \tag{2.73}$$

$$\begin{aligned}\mathcal{B}(\lambda_1,\lambda_2,\lambda_3,\lambda_4) =& \lambda_1 P_{\text{tot}}^{\max} + \lambda_2 P_l^{\max} + \lambda_3\frac{2(T_k^{\text{th}}-\overline{X_k})}{2(T_k^{\text{th}}-\overline{X_k})\overline{X_k}+\overline{X_k^2}} \\ &-\lambda_4\left(\boldsymbol{\varPsi}_{k,m,l}\mathrm{e}^{-\hat{P}_{k,m,l}} - \frac{G_{k,m,l}}{N_0+\hat{I}_{k,m,l}}\right)\end{aligned} \tag{2.74}$$

从 $\mathcal{A}(\zeta_{k,m,l})$ 和 $\mathcal{B}(\lambda_1,\lambda_2,\lambda_3,\lambda_4)$ 的表达式中可以看出，$\mathcal{A}(\zeta_{k,m,l})$ 依赖于 $\zeta_{k,m,l}$ 的取值，而 $\mathcal{B}(\lambda_1,\lambda_2,\lambda_3,\lambda_4)$ 的取值与 $\zeta_{k,m,l}$ 无关。对于给定的 $\hat{P}_{k,m,l}$ 和 $\boldsymbol{\varPsi}_{k,m,l}$，找到子载波矩阵 $\zeta_{k,m,l}$

使得 $\mathcal{A}(\zeta_{k,m,l})$ 取最大值，即

$$\zeta_{k,m,l}^* = \begin{cases} 1, & (k,m,l) = \arg\max_{k,m,l} \mathcal{A}(\zeta_{k,m,l}) \\ 0, & \text{其他} \end{cases} \tag{2.75}$$

在找到 $\hat{P}_{k,m,l}$、$\Psi_{k,m,l}$ 和 $\zeta_{k,m,l}$ 的最优值即 $\hat{P}_{k,m,l}^*$、$\Psi_{k,m,l}^*$ 和 $\zeta_{k,m,l}^*$ 后，对偶方程可表示为

$$D(\lambda_1,\lambda_2,\lambda_3,\lambda_4) \overset{\text{def}}{=} \max_{\zeta_{k,m,l}^*,\hat{P}_{k,m,l}^*,\Psi_{k,m,l}^*,\omega} L(\zeta_{k,m,l}^*,\hat{P}_{k,m,l}^*,\Psi_{k,m,l}^*,\omega,\lambda_1,\lambda_2,\lambda_3,\lambda_4) \tag{2.76}$$
$$\text{s.t. (C1), (C2), (C5), (C7)}$$

利用凸优化中的次梯度算法，在第 $t+1$ 个博弈回合中对偶方程的自变量 λ_1、λ_2、λ_3 和 λ_4 可由下列更新方程求得

$$\lambda_1(t+1) = \left[\lambda_1(t) + \alpha_1(t) \left(\sum_{k=1}^K \sum_{m=1}^M \sum_{l=1}^L \mathcal{H}_l \zeta_{k,m,l}^* (\xi \mathrm{e}^{\hat{P}_{k,m,l}} + P_c) - P_{\text{tot}}^{\max} \right) \right]^+ \tag{2.77}$$

$$\lambda_2(t+1) = \left[\lambda_2(t) + \alpha_2(t) \left(\sum_{k=1}^K \sum_{m=1}^M \mathcal{H}_l \zeta_{k,m,l}^* (\xi \mathrm{e}^{\hat{P}_{k,m,l}} + P_c) - P_l^{\max} \right) \right]^+ \tag{2.78}$$

$$\lambda_3(t+1) = \left[\lambda_3(t) + \alpha_3(t) \left(\sum_{m=1}^M \sum_{l=1}^L \frac{B}{L} \mathcal{H}_l \zeta_{k,m,l}^* \log_2(1+\Psi_{k,m,l}^*) - \frac{2(T_k^{\text{th}} - \overline{X_k})}{2(T_k^{\text{th}} - \overline{X_k})\overline{X_k} + \overline{X_k^2}} \right) \right]^+ \tag{2.79}$$

$$\lambda_4(t+1) = \left[\lambda_4(t) + \alpha_4(t) \left(\Psi_{k,m,l}^* \mathrm{e}^{-\hat{P}_{k,m,l}^*} - \frac{G_{k,m,l}}{N_0 + \hat{I}_{k,m,l}} \right) \right]^+ \tag{2.80}$$

其中，α_1、α_2、α_3 和 α_4 为步长且 $\alpha_i > 0, i \in \{1,2,3,4\}$。

在博弈收敛后，根据最优策略组合计算出的效用计算惩罚因子，第 $t+1$ 次博弈回合中 ω 的更新方程如下

$$\omega(t+1) = \frac{\displaystyle\sum_{k=1}^K \sum_{m=1}^M \sum_{l=1}^L \frac{B}{L} \mathcal{H}_l \zeta_{k,m,l}^* \log_2(1+\Psi_{k,m,l}^*)}{\displaystyle\sum_{k=1}^K \sum_{m=1}^M \sum_{l=1}^L \mathcal{H}_l \zeta_{k,m,l}^* (\xi \mathrm{e}^{\hat{P}_{k,m,l}^*} + P_c)} \tag{2.81}$$

整个演化博弈过程可以表述如下：在演化博弈开始阶段，各主体从各自的策略空间中随机选择一个策略构成初始策略组合 $S_{\zeta_{k,m,l},\hat{P}_{k,m,l},\Psi_{k,m,l}}(0)$。在第 t 回合中策略组合 $S_{\zeta_{k,m,l},\hat{P}_{k,m,l},\Psi_{k,m,l}}$ 中的成员 $\hat{P}_{k,m,l}$、$\Psi_{k,m,l}$ 和 $\hat{\zeta}_{k,m,l}$ 分别通过式(2.70)、式(2.71)和式(2.72)来更新，若第 t 回合计算出的策略组合 $s(t)$ 优于主体 l 的旧策略组合，则旧策略组合将被 $s(t)$ 更新替代。在找到使效用函数(2.56)最大的策略组合 $S_{\zeta_{k,m,l},\hat{P}_{k,m,l},\Psi_{k,m,l}}$ 后结束循环。惩罚因子 ω 则由式(2.81)更新。直到博弈达到 Nash 均衡点，算法结束，此时的策略组合 $S_{\zeta_{k,m,l},\hat{P}_{k,m,l},\Psi_{k,m,l}}$ 被认为是能效优化后的资源分配方法。算法的伪代码如算法 2.3 所示。

算法 2.3　　能效最优子载波分配算法 EESA-EG	
1	初始化 ω 和 Ite
2	重复
3	初始化 $\hat{\zeta}_{k,m,l}(0)$、$\hat{P}_{k,m,l}(0)$、$\Psi_{k,m,l}(0)$、λ_1、λ_2、λ_3 和 λ_4
4	重复
5	根据式(2.75)更新 $\hat{\zeta}_{k,m,l}$
6	根据式(2.70)和式(2.71)更新 $\hat{P}_{k,m,l}$ 和 $\Psi_{k,m,l}$
7	根据式(2.77)～式(2.80)更新 λ_1、λ_2、λ_3 和 λ_4
8	利用策略组合 $S_{\zeta_{k,m,l},\hat{P}_{k,m,l},\Psi_{k,m,l}}$ 计算效用函数值
9	直到找到使效用值最大的策略组合 $S_{\zeta_{k,m,l},\hat{P}_{k,m,l},\Psi_{k,m,l}}$
10	根据式(2.81)更新 ω
11	Ite←Ite+1
12	直到达到 Nash 均衡点

2.3.3　实验仿真与结果分析

本节通过重复多次蒙特卡罗模拟得出的数值结果，对 2.3.2 节提出的算法 EESA-EG 以及 EESA-EDP(energy efficient subcarrier allocation with equally distributed power)和 UDRSA(uniform distributed random subcarrier allocation)三种算法一并进行性能评估。其中 EESA-EDP 算法和 UDRSA 算法均为非基于演化博弈的资源分配方法，前者在功率分配环节使用平均分配策略，后者则均匀分布子载波。性能评估部分我们使用模拟城市区域实验场景。基本实验仿真参数如表 2.3 所示。系统总带宽 B=375kHz，子载波数 L=25，功率放大器漏极效率的倒数 ξ=3.8，电路的功率消耗 P_c=0.5W，干扰权重向量 V=$[8.23\times10^{-1},8.81\times10^{-2}]$。系统热噪声的功率谱密度为–174dBm/Hz，系统总功率消耗限制 P_{tot}^{max}=3×10^3W，排队最大时延限制 T_k^{th}=1s。

表 2.3　实验仿真参数

仿真参数	参数数值
系统总带宽 B	375kHz
子载波数 L	25
功率放大器漏极效率的倒数 ξ	3.8
电路的功率消耗 P_c	0.5W
干扰权重向量 V	$[8.23\times10^{-1},8.81\times10^{-2}]$
系统热噪声的功率谱密度	–174dBm/Hz
系统总功率消耗限制 P_{tot}^{max}	3×10^3W
排队最大时延限制 T_k^{th}	1s

在模拟城市区域场景中，多用户频谱共享的认知无线电网络由一个主基站、两个次基站和 200 个用户组成。网络大小为 200m×100m，所有用户均匀分布在整个网络的中部，即用户位于一条横向的道路上，道路两侧为楼房，基站假设在房顶上。主基站位于 (100,40)，覆盖整个网络；次基站数 $K=2$，分别位于 (40,60) 和 (150,40)。次基站覆盖范围较小，因此基站天线的高度不可忽略，我们设定主基站天线高度为 40m，次基站天线高度为 30m，次用户移动台的平均高度为 1.5m。多用户频谱共享的认知无线电网络的模型如图 2.13 所示。系统的信道增益设定为 Cost 231 Walfish Ikegami 模型。确切地有 $G_{k,m,l}=10^{-\phi(d)/10}$，其中 $\phi(d)=\phi_{\text{fsl}}(d)+\phi_{\text{rts}}+\phi_{\text{msd}}(d)$ 表示次用户与次基站间的路径损耗模型，$\phi_{\text{fsl}}(d)$ 表示自由空间损耗，ϕ_{rts} 表示屋顶和街道之间的衍射和散射损耗，$\phi_{\text{msd}}(d)$ 表示多径损耗，d 为网络中次用户与次基站之间的距离。因为该场景模拟城市区域，故在无线通信时采用非视距通信方式。

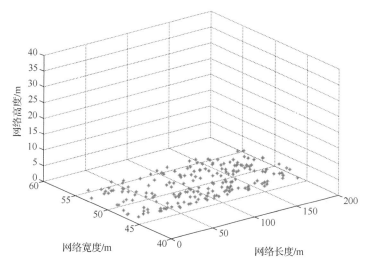

图 2.13　城市场景中多用户频谱共享的认知无线电网络模型

系统能效与惩罚因子 ω 迭代次数的关系如图 2.14 所示。图中 F2.14-A 表示 EESA-EG 算法的能效曲线，F2.14-B 表示 EESA-EDP 算法的能效曲线，F2.14-C 表示 UDRSA 算法的能效曲线。在三种算法中，EESA-EG 的性能最优，其次是 EESA-EDP，UDRSA 最差。我们给出的 EESA-EG 算法在收敛速度不减慢很多的情况下具有最好的性能。图 2.15 表示系统能效与网络中次用户数的关系，图中 F2.15-A 表示 EESA-EG 算法的能效曲线，F2.15-B 表示 EESA-EDP 算法的能效曲线，F2.15-C 表示 UDRSA 算法的能效曲线。随着网络中的次用户数的增加，EESA-EDP 和 UDRSA 算法均呈现下降趋势，而我们给出的 EESA-EG 算法并没有因网络中次用户数的增加受到过多影响。

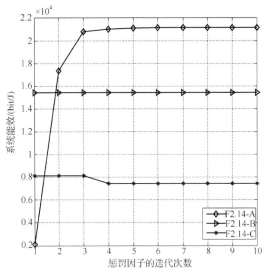

图 2.14　城市场景能效与惩罚因子迭代次数的关系

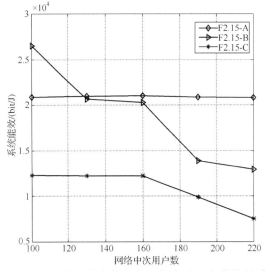

图 2.15　城市场景中能效与网络中次用户数的关系

图 2.16 显示了随着惩罚因子迭代次数的增加，系统总功率消耗情况。F2.16-A 曲线表示 EESA-EG 算法总功率消耗曲线；F2.16-B 曲线表示 EESA-EDP 算法总功率消耗曲线；F2.16-C 曲线表示 UDRSA 算法总功率消耗曲线。图 2.17 显示了随着网络中次用户数的增加，系统总功率消耗情况。F2.17-A 曲线表示 EESA-EG 算法总功率消耗曲线；F2.17-B 曲线表示 EESA-EDP 算法总功率消耗曲线；F2.17-C 曲线表示 UDRSA 算法总功率消耗曲线。三种算法收敛后消耗的总功率相比较，EESA-EG 最多，EESA-EDP 最少，但均未超过系统总功率限约束。

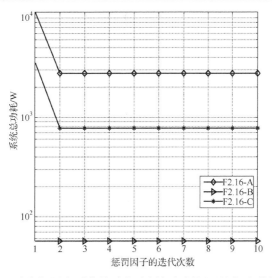

图 2.16 城市场景中系统总功率消耗与惩罚因子迭代次数的关系

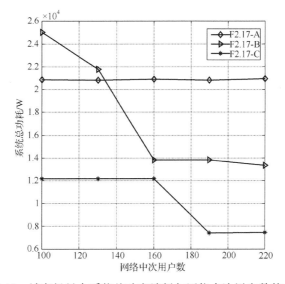

图 2.17 城市场景中系统总功率消耗与网络中次用户数的关系

着眼于不同信道状态下系统的性能优劣,图 2.18 和图 2.19 分别显示了每个子载波上的次用户数和功率消耗随信道状态变化的情况。图中 F2.18-A 和 F2.19-A 表示 EESA-EG 算法曲线,F2.18-B 和 F2.19-B 表示 EESA-EDP 算法曲线,F2.18-C 和 F2.19-C 表示 UDRSA 算法曲线。某一子载波的信道状态较差,那么相比于信道状态更优的子载波,在该子载波上传输数据,其在链路上耗费的不必要的功率会更多,数据传输速率会更低,能效会更差。因此,信道状态差的子载波上分配的次用户数

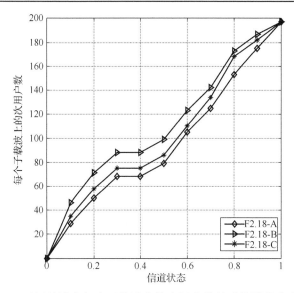

图 2.18　不同算法中每个子载波上的次用户数量随信道状态变化图

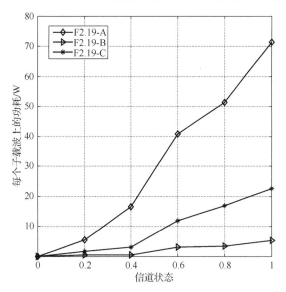

图 2.19　不同算法中每个子载波上的总功率消耗随信道状态变化图

应当小于信道状态优的子载波上分配的数量，信道状态差的子载波上消耗的总功率应当少于信道状态优的子载波上的功耗。图 2.18 中 EESA-EG 算法相比于 EESA-EDP 和 UDRSA 算法，在信道状态变优时斜率更大，这意味着该算法在更好的信道状态下为系统分配了更多的次用户。对于图 2.19 所示的功耗随信道状态变化情况，三种算法的每个子载波上的功耗均随信道状态的变优而增加，而 EESA-EG 算法的斜率最大，其为信道状态更优的子载波分配的功率最多。

图 2.20～图 2.22 专注于我们提出的 EESA-EG 算法，分别考虑系统子载波数为 15、20、25 和 30 的情况，其中 F2.20-A、F2.21-A 和 F2.22-A 表示系统子载波数为 15 的情况，F2.20-B、F2.21-B 和 F2.22-B 表示系统子载波数为 20 的情况，F2.20-C、F2.21-C 和 F2.22-C 表示系统子载波数为 25 的情况，F2.20-D、F2.21-D 和 F2.22-D 表示系统子载波数为 30 的情况。随着信道状态变好，EESA-EG 算法的每个子载波上的次用户数增加，每个子载波上的功耗增加，子载波数较少时系统性能更优。随

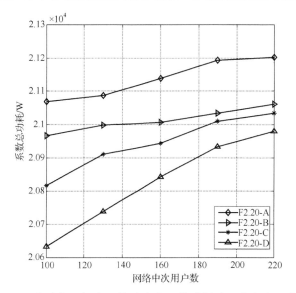

图 2.20　不同子载波数下每个子载波上的平均功耗随网络中次用户数变化图

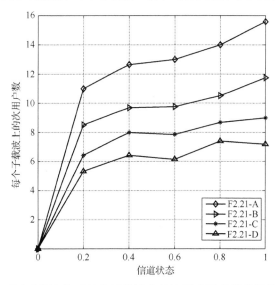

图 2.21　不同子载波数下每个子载波上的次用户数量随信道状态变化图

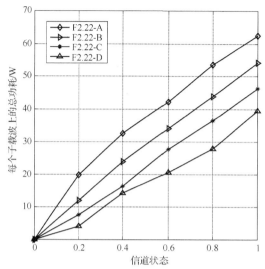

图 2.22　不同子载波数下每个子载波上的总功率消耗随信道状态变化图

着系统次用户数的增加，EESA-EG 算法的系统总功耗略微增加；随着系统中子载波数量的增加，系统性能逐渐变优。

2.4　本　章　小　结

我们研究了基于 FBMC-OQAM 的多用户频谱共享的 CRN 中的功率分配问题。为提高整个网络的能效，引入跨层干扰限制来保护网络中的次用户免受过多的干扰；建立虚拟队列，并以该队列中的排队时延代替用户竞争信道时额外产生的分组时延。以系统能效为目标函数，以时延和传输功率为约束条件，提出一个非线性约束下的非线性规划问题。通过等价变换将该问题转化为凸多项式非线性规划问题，进而采用拉格朗日对偶方法求其全局最优解。我们给出最优功率分配算法 EEPA 和次优功率分配算法 SEEPA。通过 EEPA、SEEPA、EDPA 和 GPA 四种方法的实验仿真对比，EEPA 在提高能效方面具有较高性能，每个用户的功率分配更为合理，具有一定的实用价值。

FBMC 技术不要求子载波相互正交，因此子载波之间存在竞争。我们利用演化博弈思想减小载波间的冲突。首先建立多用户频谱共享的认知无线电网络模型，我们创新地引入信道状态矩阵以显示当前子载波的质量，以系统总功耗、单个子载波上的功耗、总时延、干扰温度限和单个子载波上的次用户数等为约束条件，以能效为目标函数，建立一个多约束条件下的分式规划问题。其次设计演化博弈算子，为每个次用户建立效用函数，当每个次用户的效用函数达到最优时，系统整体达到最优。最后是演化博弈的过程设计。通过与 EESA-EDP 和 UDRSA 算法对比，我们给出的 EESA-EG 算法的能效最优，且给出了最为合理的子载波分配方案。

第3章　车载自组网中的若干关键技术

3.1　概　　述

　　车载自组网（VANET）能够实现车对车和车对基础设施的网络通信。其以车辆为网络节点，通过为每一个车辆安装感知、通信以及具有计算功能的电子设备来实现对周围环境信息的采集和传播。由车载自组网构成的车联网的通信方式的基本构架如图 3.1 所示。其中，V2V 是最基本的通信方式，其依靠安装在车辆上的车载单元（OBU）与周围的车辆进行通信。V2V 网络结构也称为车载自组织网络，其有着传统 MANET 的自组织性，又有着自身独特的性质。V2I 是实现车辆与部署在路边的固

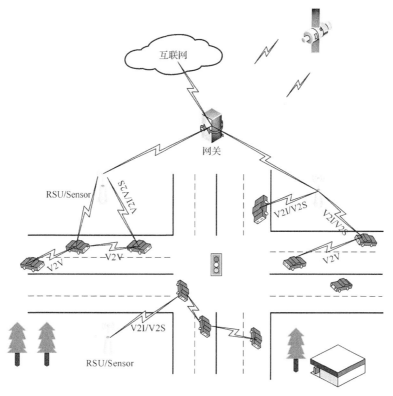

图 3.1　车联网基本架构

V2S 是 vehicle to structure 的缩写

定基础设施(包括 WiFi 接入点、3G、4G 等)进行通信。V2I 架构使车辆能够接入 Internet,并有着较高的通信质量,在安全以及非安全方面有着重要的应用。车联网中的通信架构模型化为以下三种网络架构:集中式、分布式以及混合式网络架构模型。

1. 集中式网络架构模型

图 3.2 给出了一种集中式网络架构模型,其仅允许车辆节点与路边基础设施进行通信,利用路边基础设施对道路上的车辆节点进行统一管理。其实现方式可采用不同的无线接入技术,如蜂窝网络基站或者固定在路边的 WLAN(wireless local area networks)通信设备。该网络架构模型能够实现车辆的随机接入,车辆与基站有着较高的网络通信质量。但由于基础设施在一些恶劣环境下架设的困难性,部署这种网络架构需要较高的费用,而且受基站通信范围的影响,并不是所有节点都能够接入网络中。另外,当车辆节点较密集时,车辆与基础设施之间会产生大量的控制数据包,极大地浪费了网络带宽资源。

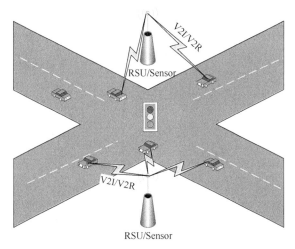

图 3.2　集中式网络架构模型

2. 分布式网络架构模型

图 3.3 给出了一种分布式网络架构(V2V 网络架构)模型,车辆以自组织形式动态地构建网络。这种 V2V 网络架构与传统的 MANET 比较类似,车辆之间通过车载单元的无线通信模块进行通信,随着车辆速度的变化,车辆之间组成的网络拓扑会动态改变。相比于集中式网络架构模型,分布式网络架构部署更加灵活,整个网络有着对等性、自组织性和无固定接入点等特性。V2V 网络架构由于不需要固定接入点,能随时随地组建网络,而且有着较强的灵活性和独立性,同时架设费用较小,不受环境制约,一直是车联网研究的重点内容。

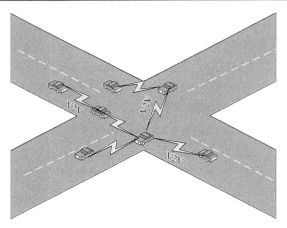

图 3.3　分布式网络架构模型

3.　混合式网络架构模型

图 3.4 给出了一种混合式网络架构模型(这里定义为 V2I)，其通过将集中式和分布式网络架构相结合，既能够利用基础设施实现远距离通信以及 Internet 的接入，又能够充分发挥分布式网络架构的自组织特性，减小部署所花费的开销。V2V 网络架构中受车辆密度的影响，当车辆较稀疏时容易出现网络分割问题，导致一些车辆无法接入网络，这时通过在一些特定路段部署基础设施能够有效地解决这个问题。这种网络架构与 V2V 相比有着明显的优势，是目前车联网中比较热门的网络架构模型。在这种架构中，为了减少车辆节点与基础设施的握手次数，经常将车辆节点进行分簇，构成层级式网络架构，仅使用簇头与基础设施进行通信来提高网络的吞吐量以及资源的利用率。

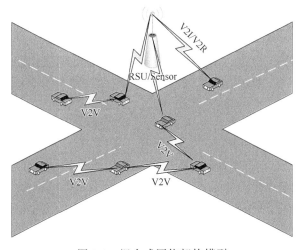

图 3.4　混合式网络架构模型

　　随着车载通信的不断发展，通信协议的标准也在不断完善。1992 年美国首次针对车辆通信提出了短距离通信协议(dedicated short range communications，DSRC)，并为其分配通信频段为 915MHz，通信距离为 30m，数据传输速率达到了 0.5Mbit/s。DSRC 基本实现了短距离内数据的快速传输，并且被广泛应用在了停车收费、车队管理以及信息化服务等领域。随着车辆应用对通信需求的不断提高，DSRC 标准受通信范围、传输速率以及 Internet 接入的限制，其并不能满足 ITS 的需求。因此，IEEE 于 2004 年成立了车辆无线接入工作组，负责对 DSRC 协议进行完善和升级，并于 2010 年 7 月制定了车辆环境下的无线接入标准协议(wireless access in vehicular environments，WAVE)。WAVE 协议是在 DSRC 的基础上建立的以 IEEE 802.11p 和 IEEE 1609 为基础的协议族，如图 3.5 所示。

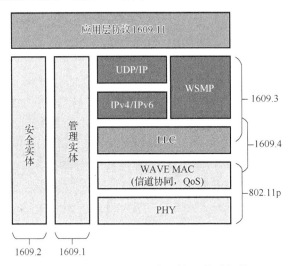

图 3.5　IEEE/WAVE 分层协议体系架构

　　如图 3.5 所示，整个协议栈主要由左侧的管理平面和右侧的数据平面两大部分组成。WAVE 协议栈参考了 OSI 网络模型，在数据平面主要由物理层、数据链路层、网络层和传输层组成，而在管理平面，主要由安全实体以及管理实体组成。其中，PHY 层和 MAC 层的下半部分由 IEEE 802.11p 协议来定义，MAC 层上半部分以及逻辑链路层由 IEEE 1609.4 定义。在 WAVE 协议簇中，IEEE 802.11p 协议通过对原始 802.11 协议进行删除和修改，使其更加适合车辆环境中节点的移动性。通过在物理层使用 OFDM 技术，能使行驶中的慢速车辆达到 27Mbit/s 的带宽利用率，快速车辆达到 12Mbit/s 的带宽利用率。在 IEEE 1609.4 协议中，通过引入多信道(SCH 和 CCH)协作机制来加强 WAVE 标准的 MAC 协议性能，如图 3.6 所示。将长为 75MHz 的信道划分为 7 个 10MHz 的使用信道和 1 个 5MHz 的保护频带。其中 7 个使用信道被划分为两类，一个是控制信道(control channel，CCH)，位于最中间的位置，其信道编号为 CH178；剩余的 6 个信道都是服务信道(service channel，SCH)，分列在控制信道的两边，分别编号为 CH172～176 和 CH180～184 的偶数值编号。CCH 作为控制信道，其主要用来传输一些控制数据包或者实时性极高的紧急数据包。而 SCH 作为一般信道，其负责传输一些对实时性或者可靠性要求不高的数据包来满足某些安全或娱乐方面应用的需求。其中，CH172 和 CH174 被预留主要用于安全应用方面。通过采用正交频分复用技术来进行数据传输，WAVE 协议能使车辆的通信范围最大可达到 1000m 的距离。

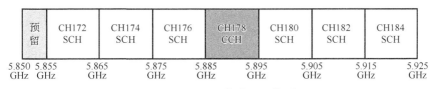

图 3.6　WAVE 信道配置模型

IEEE 1609.3 定义了不同于传统 TCP/UDP/IP 的传输层和网络层协议，即 WSMP(WAVE short message protocol)协议层，也就是 WAVE 短消息协议层。WSMP 用来传递管理控制信息，并且保证数据的快速传输。另外，IEEE 1609.2 协议定义了数据安全功能。管理平面主要由 IEEE 1609.1 中的 WME(WAVE management entity) 构成，其主要工作是应对服务请求、信道分配、服务广播监控、服务信道质量评估、IPv6 配置和 MIB(management information base) 维护等工作。

路由作为一种寻路技术，其主要功能是找到一条从源节点到目的节点可供数据包传输的路径，一直是网络研究的重点内容。VANET 作为一种动态网络，与传统 MANET 类似，也是一种自组织网络，但其受车辆移动性影响较大，而且车辆的密度会随时间的变化而变化，因此，在 VANET 中寻找并且维持一条可靠的端到端的路径会更加困难，更加具有挑战性。

在 V2V 架构中，节点以一种自组织的形式构建网络，由于受道路条件的限制以及车辆密度的影响，VANET 存在网络拓扑变化频繁、节点间链路不可靠以及容易出现网络分割等问题，这对于设计可靠的路由是极其不利的。因此，在 VANET 中设计路由算法需要面对以下几方面的挑战。

(1)路由表的有效期较短。在 VANET 中受拓扑变化的影响，中继节点的维持时间较短，使得已经建立的路由路径很难保证可靠通信。

(2)链路质量不可靠。受车辆移动性的影响，节点间的链路维持时间较短，易出现断裂问题。在复杂的城市场景中，信号多径衰落现象较为严重，使得通信受阻而造成链路质量得不到保证。

(3)路由开销较大。由于路由表的有效期短，以及链路质量不可靠，路由发现以及路由维护需要花费巨大的开销。

(4)容易出现网络分割问题。受车辆密度的影响,在一些车辆节点较为稀疏的网络场景中,由于节点没有一跳邻居转发数据包而成为孤立节点,无法进行通信,使得路由无法进行。

因此,在 VANET 中路由性能的影响因素能够总结为以下几点,如表 3.1 所示。

表 3.1 VANET 路由性能影响因素

因素	分析
节点移动特征	节点的移动方向以及移动速度对路由算法性能影响很大,移动速度以及方向主要受道路限制以及驾驶员的影响
节点密度	网络中节点密度较大时,网络连通性比较好;网络中节点密度较小时,容易出现网络分割问题,使得连通性很差
节点通信半径	节点的通信半径越大,其覆盖范围越大,邻居节点就越多,但是通信半径越大,干扰也就越大。相反,通信半径越小,节点覆盖范围越小,连通的节点越少
运动场景	节点的移动受道路的影响,在城市场景中车辆移动较慢,而且交叉路口较多;但在高速公路场景,车辆移动速度快,交叉路口较少

路由性能的好坏直接决定了此路由算法能否被应用在 VANET 中。在传统的基于 MANET 的网络中,有许多路由性能评估指标,而 VANET 作为一种特殊的 MANET,这些评估指标仍然适用。通过对近年来相关文献的研究,将路由算法的主要评估指标总结为以下几点。

(1)包的递交率。包的递交率指的是目的节点接收到的数据包的数目与源节点发送的数据包的比值。例如,源节点一共发出了 100 个数据包,经过网络到达目的节点后,目的节点接收到的数据包只有 80 个,其中在传输过程中丢弃了 20 个数据包,那么通过计算得到的数据包的递交率只有 80%。而在理想情况下数据包的递交率应该是 100%。

(2)端到端延时。端到端延时是指数据包从源节点经过网络到达目的节点所需的时间。延时越小,数据的实时性越好,网络性能也就越好。

(3)跳数。跳数是指数据包从源节点到目的节点需要转发的次数。由于受到通信半径的限制,VANET 中数据包的传输一般是利用多跳的方式进行传输的,跳数越多,说明数据包转发的次数越多,在一定程度上会影响到传输时延。

(4)路由开销。路由开销包括路由发现、路由建立以及路由维护所花费的额外的数据包带来的开销,控制包增多会严重影响网络性能。

在 VANET 中,这些指标之间有着一定的联系,例如,跳数较少在一定程度上能够说明数据包传输时延较短。

随着科研人员在路由协议方面的不断研究,取得一定成就的同时,大量的路由实现方式被提出。根据车辆的移动特点、网络的连通性以及车辆的地理位置等特性,可将现有的路由协议分为以下几类,如图 3.7 所示,分别为基于拓扑的路由算法、基于地理位置的路由算法、基于预测的路由算法、基于分簇的路由算法，下面分别介绍各种路由算法的实现机制。

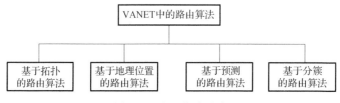

图 3.7　路由算法分类

（1）基于拓扑的路由算法。基于拓扑的路由算法作为一种经典路由算法，在传统的 MANET 中已经得到了广泛的研究。在 VANET 中，主要是通过在已有算法的基础上加以改进，使其能够适应 VANET 这种动态网络场景。基于拓扑的路由算法主要分为两种：一种是主动式路由算法，比较具有代表性的是 DSDV(destination-sequenced distance-vector)算法；另一种是反应式路由算法，比较具有代表性的是 AODV(ad hoc on-demand distance vector)算法。

在主动式路由算法中，每一个节点利用一张路由表来维护整个网络的拓扑结构。路由一旦开始，节点便通过周期性地向其一跳邻居节点广播路由信息来更新路由表项。主动式路由算法通过不断交换路由信息更新路由表项来动态地维持整个网络拓扑。当源节点要发送数据包到目的节点时，其能够通过查找路由表直接找到一条端到端的路由路径，因此这种路由算法有着较小的端到端延迟时间。在主动式路由算法中，由于每一个节点拥有整个网络的拓扑信息，所以从源节点到目的节点的路由路径可能有多条，这时候通过相关决策找出最可靠、延时最小的路径转发数据包。但是，由于在主动式路由算法中节点需要维护整个网络的拓扑，其需要大量额外的开销，特别是当网络规模较大、节点较密集时，如果通信需求较少，那么这种网络资源的浪费将是巨大的。

DSDV 路由算法作为主动式路由算法的典型代表，在这里假设道路上每一辆车安装有短距离通信单元并且利用 DSDV 协议进行通信。每一个车辆节点周期性地向其邻居节点发送路由信息数据包，将自己路由表中的路由信息发送到邻居节点，邻居节点通过接收这些数据包来更新自己的路由表项，这样，通过不断地扩散路由信息，最后每一个节点都获得了整个网络的路由信息。图 3.8 为 DSDV 协议的工作过程。在图 3.8 中，我们假设节点 H1～H8 已经获得了整个网络中到达各个节点的路由信息。如图 3.8 中虚线所示，当 H1、H3、H5、H8 发生位置移动时，原有的路由路径可能变为无效，此时需要更新整个网络节点的路由表，开销将是巨大的。

针对主动式路由算法存在的不足，反应式路由算法被提出以解决路由开销问题。在反应式路由算法中，节点并不需要维护整个网络的拓扑结构，而是仅仅维护一条端到端的路径。与主动式路由算法不同，当节点不需要转发数据包时，其不做任何

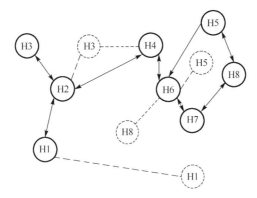

图 3.8　DSDV 协议工作过程

事情，这极大地降低了对网络资源的浪费。当节点需要转发数据包时，其会启动路由发现过程进行对目的节点的搜索。经过一次路由发现过程能够找到从源节点到目的节点的一条有效路径，然后启动路由维护过程维护这条路由路径。因此，大部分反应式路由算法均由两个过程组成，分别为路由发现过程和路由维护过程。但是这种算法在 VANET 中有着明显的缺陷，节点间链路的频繁断开，导致反应式路由算法需要发送大量的控制包进行路由维护，这极大地降低了路由算法的性能，而且当链路维持时间较短时，反应式路由算法根本无法进行通信。

　　AODV 路由算法作为一种具有代表性的反应式路由算法，大量的基于此算法的路由算法已经被提出在 VANET 中。AODV 路由算法由路由发现和路由维护两个过程组成，其中图 3.9 给出了路由发现过程。当源节点 A 要发送一个数据包到目的节点 H 时，其首先以广播的形式进行目的节点搜索，并记录到达目的节点所经过节点的 ID，从图 3.9 可以看出，A-B-E-H 为最短路径，将这条路径作为路由路径，并对这条路径进行路由维护。仅使用 A-B-E-H 进行数据包的交换，其他节点不进行任何操作，极大地减少了对网络资源的浪费。

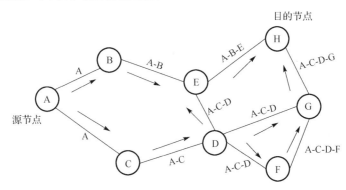

图 3.9　AODV 协议路由发现过程

(2)基于地理位置的路由算法。基于地理位置的路由算法是一种利用定位技术进行路由转发的路由算法，其并不考虑整条链路的连通性，在进行数据包转发时仅考虑一跳邻居节点，这使得其能很好地克服 VANET 这种链路不可靠以及拓扑变化频繁的网络所带来的路由问题，其也是近年来 VANET 研究的热点。在基于地理位置的路由算法中，首先要求每一个车辆配备 GPS 通信模块能定位自身以及目的节点的准确位置，每一个节点内部维护一张邻居表，节点间通过周期性地交换信息来更新邻居表中节点的位置以及速度信息。与反应式路由算法所不同的是，其并不需要维护一条端到端的路径，而是当源节点要发送数据包时，仅根据相关路由策略选出最优的下一跳邻居节点转发数据包，以此类推，最终将数据包递交到目的节点。基于地理位置的路由算法能够很好地克服动态拓扑变化带来的路由问题，有着较好的灵活性，但是局部最大化以及定位不准确一直是棘手的问题。

GPSR（greedy perimeter stateless routing）路由算法作为基于地理位置路由算法中最具代表性的路由算法最早被提出在 MANET 中，近年来一些改进的 GPSR 算法被应用于 VANET 中。GPSR 路由算法主要有贪婪模式和边界转发模式。在贪婪模式下，节点选择距离目的节点最近的节点转发数据包，如图 3.10 所示。

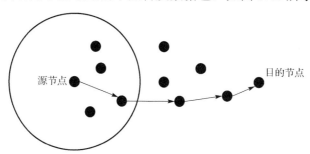

图 3.10　GPSR 贪婪转发模式

在贪婪模式下容易出现局部最优化问题，即节点自身为距离目的节点最近的节点，节点无法选出最优的下一跳节点导致路由失效。这时启动边界转发模式转发数据包，边界转发围绕发送节点的周围逐步逼近目的节点，当能够利用贪婪模式转发数据包时，优先选择贪婪模式转发数据包。在 VANET 中，由于车辆的运动导致拓扑频繁变化，边界转发并不能达到很好的效果，在基于地理位置的路由算法中常采用贪婪算法，尽量避免使用边界转发。

(3)基于预测的路由算法。在 VANET 中，节点的移动速度较快，导致拓扑变化频繁以及链路不可靠，为了能够在 VANET 中找出可靠的链路，研究节点间的移动规律成为一种有效的设计路由协议的方法。节点的移动性对网络的性能影响较大，通过研究节点的移动特性，能够有效地预测车辆的运动轨迹，然后结合节点收集到的车辆运动信息，通过数学方法来计算出链路的维持时间。当发现链路维持时间较短时，通过即时切换路由路径来提高路由算法的可靠性和稳定性，基于预测的方式就是根据节点移动速度和方向等参数来建立路由。

基于预测的路由算法主要通过时间、速度、加速度以及距离等参数来实现对链路生命周期的预测，具体求解过程如下：假设发送节点为 i，速度为 u_i，加速度为 a_i，接收节点为 j，速度为 u_j，加速度为 a_j，节点 i 和 j 之间的初始距离为 D_{ij}，区域最大速度不超过 u_m。节点在 $[0,t]$ 时间内运行的距离为

$$s(t) = \int_0^t u(x)\mathrm{d}x \tag{3.1}$$

其中，$u(x)$ 表示节点在 x 时刻的运行速度。

由式 (3.1) 可得，在时间 $[0,t]$ 内，节点 i 的移动距离为 $S_i(t) = \int_0^t u_i(x)\mathrm{d}x$，节点 j 的移动距离为 $S_j(t) = \int_0^t u_j(t)\mathrm{d}x$。当 $t=0$ 时，节点 i 和 j 的初始距离为 D_{ij}，因此，在 t 时刻两点间的距离为

$$D_t = S_i(t) - S_j(t) + D_{ij} \tag{3.2}$$

设

$$H_{i,j}(t) = \begin{cases} 1, & D_t > 0 \\ -1, & 其他 \end{cases} \tag{3.3}$$

如果 $H_{ij}(t) = 1$，表示在 t 时刻节点 i 位于节点 j 前面；反之，节点 j 处于节点 i 前面。如果节点的通信半径为 R，那么当两个节点之间的链路断开时，满足

$$D_t = R \times H_{ij}(t) \tag{3.4}$$

链路生命时间受 u_i、u_j、a_i 和 a_j 值的影响，因此，可以通过以上公式来计算链路的生命周期。得到节点间链路的生命周期之后，将生命周期最长的路径作为路由路径。完整路由路径的生命周期由路径中的最短链路生命周期来决定。

车辆节点的运动方向对链路生命周期有较大的影响，判断两个车辆节点的运动方向是否相同时，可以通过将速度进行分解来判断，如图 3.11 所示。假设车辆 a 和 b 在某时刻的速度分别为 u_a 和 u_b，将 a 和 b 的连线作为水平线，将 u_a 和 u_b 分解为水平方向的分量，分别为 u_{al} 和 u_{bl}，垂直方向的分量分别为 u_{av} 和 u_{bv}，如果满足 $u_{al} \times u_{bl} > 0$ 且 $u_{av} \times u_{bv} > 0$，那么 a 和 b 是同向的。

(4) 基于分簇的路由算法。基于分簇的路由算法是一种典型的分组管理技术，通过将具有相似运动性的节点进行分组，利用簇头选取机制选取簇中最合适的节点作为簇头管理整个簇，在一定程度上能够减少路由的开销以及广播风暴问题，极大地提升了路由性能。分簇算法有多种方式，但从本质上来讲，主要分为单跳簇和多跳簇结构两种。单跳簇作为一种传统的分簇算法，具有成簇方式简单，成簇速度较快，

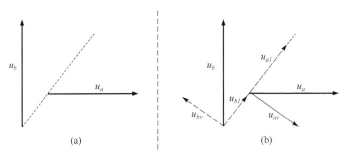

图 3.11　速度分解

但所成簇数目较多，而且稳定性差的特点；多跳簇是近年来针对 VANET 不稳定性所提出的一种稳定成簇机制，其有着覆盖范围较大、稳定性较好、簇头数目少的优点。

在传统的单跳分簇算法中，一个簇结构主要由簇头、簇成员以及网关节点组成，如图 3.12 所示。其中簇头作为一个簇的核心节点，负责维护整个簇架构，是整个簇中最稳定的节点；簇成员节点与簇头直接相连，当其有数据要发送时，会首先发送到簇头节点，再由簇头节点做出转发决策；网关节点作为连接两个簇的桥梁，当簇头节点不能够在簇内找到目的节点时，会将数据包发送到网关节点，从而在另一个簇中寻找目的节点，其中最具代表性的路由算法是 CBRP(cluster based routing protocol)算法。在 CBRP 算法中，在路由建立初期，每一个节点周期性地向其一跳邻居节点发送信标数据包来建立簇结构，利用最小 ID 算法来选择簇头节点，假设形成图 3.12 所示的分簇网络结构。当源节点要发送数据包时，其查看自己的邻居表中是否有目的节点，如果有则直接转发，如果没有则将请求数据包(RREQ)发送到簇头节点。簇头节点在簇中查找是否有目的节点，如果没有，其将 RREQ 数据包发送到网关节点(如节点 4)，网关节点负责将数据包发送到邻居簇中。邻居簇头节点

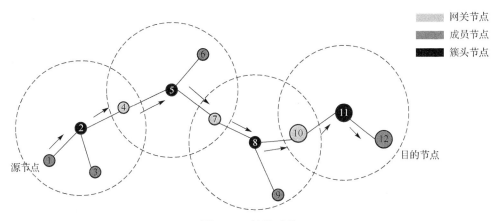

图 3.12　单跳成簇

以同样的方式进行目的节点的查找，直至找到，目的节点发回请求应答(RREP)数据包来建立一条端到端的路径。

在 VANET 这种拓扑变化较快的网络中，利用单跳成簇会形成较多的簇头，而且簇的稳定性很差，簇头的频繁切换使得需要花费大量的网络资源进行簇结构的维护，基于多跳的成簇机制成为 VANET 中新的成簇方式，如图 3.13 所示。在多跳成簇算法中，其并不限制簇内的成簇范围为 1 跳，而是将具有相似移动性的节点(多跳)划分到同一个簇中，在图 3.13 矩形虚线框内的簇，簇头节点 3 到簇成员节点 8 的距离为 3 跳。最具代表性的多跳成簇算法为 K-HOP 成簇算法。在 K-HOP 成簇算法中，有学者提出一种新的移动度量方法用于计算 N 跳范围内节点的相对移动性，如式(3.5)所示

$$\text{RelM}(i,j,n) = 10 \lg \frac{\text{PktDelay}_{\text{new}}(i,j,n)}{\text{PktDelay}_{\text{old}}(i,j,n)} \tag{3.5}$$

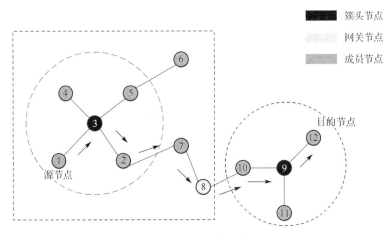

图 3.13　多跳成簇示意图

每一个节点周期性地广播信标数据包到其一跳邻居节点，当邻居节点收到信标数据包后，其计算数据包的传输延迟，并将其保存在邻居表中。如果一个车辆收到来自同一个车辆发来的连续的两个数据包，便能计算出节点的相关移动性。为了能够将 N 跳范围内最稳定的节点作为簇头节点，作者提出了利用聚合移动性(aggregate mobility，AM)找出最稳定的节点，AM 值的计算公式如下

$$\text{AM}(i,N) = \sum_{\text{Dis}(i,j) \leqslant N} \|\text{RelM}(i,j,n)\| \times \frac{n}{N} \tag{3.6}$$

在计算 AM 的值以后，拥有最小 AM 值的节点宣告自己成为簇头节点。

在基于多跳的成簇算法中所成的簇比较稳定，而且簇的覆盖范围比较大，但是由于簇内节点的可靠性得不到保证，而且较大的簇结构在一定程度上带来了广播风暴问题，因此，仍然需要进一步研究。

3.2　面向 VANET 的可靠的自适应路由方法

在车联网中，分布式网络架构模型(V2V)由于不需要基础设施且有着部署灵活的特性而成为车联网中研究的主要架构模型。V2V 网络架构(VANET)作为一种特殊的移动自组网，与传统的 MANET 相比，其有着拓扑变化频繁以及链路不可靠的特点，这些特点使得传统基于 MANET 的路由算法无法被直接应用在 VANET 中。因此，设计一种路由算法，使其在保证节点间可靠通信的同时能够自适应地对网络拓扑变化做出调整对 VANET 来说有着极其重要的意义。

3.2.1　Q 学习算法

Q 学习(Q-Learning)算法是一种增强型学习算法，其首次被提出是在机器学习算法中。学习的过程主要是学习主体(Agent)在不同的状态下，通过周期性地更新状态-活动对(Q-Value)，找出一条从源节点到达目的节点具有最大回报值的路径。Q-Learning 是一种无监督性的主动学习算法，其并不需要特定的训练集，而是通过不断与周围环境交换信息来进行实时训练找出最优解。在 Q-Learning 算法中，Q-Value 值($Q(s,a)$ ($s \in S$，$a \in A$))表示一个 Agent 从一个状态 s 经过一个活动 a 转换到另一个状态所得到的奖励值。因为距离目的地最近的状态进行一次活动就能够到达目的地，所以规定其将获得最高的奖励值，同样，距离目的节点越远获得的奖励值越小。随着 Agent 在不同的状态下进行活动，经过多次迭代最终能够找出从源节点到目的节点的最短路径。这一智能算法开始逐渐被应用在 VANET 中。有学者提出了一种将模糊逻辑与 Q-Learning 相结合的算法，首次提出了将 Q-Learning 算法应用在 VANET 路由设计中解决拓扑动态性问题，但是由于其没能进行链路质量的可靠评估，最终得到的路径并不可靠。有学者通过将 Q-Learning 算法与 AODV 相结合，提出了一种 QLAODV 算法解决原始 AODV 算法中由于拓扑变化所带来的链路频繁断开问题。其在路由维护阶段，通过在断裂处引入 Q-Learning 算法进行路由的快速修复，但是拓扑的变化使得 AODV 频繁出现链路断裂，其需要巨大的开销。有学者提出一种基于 Q-Learning 的 QGrid 算法，通过将整个区域划分成不同的网格，从宏观和微观方面来通过计算 Q-Value 值来选择下一跳转发节点，由于其没有考虑节点间链路的可靠性，数据包的递交率仍然需要进一步提高。

3.2.2　模型建立

车辆的移动性是造成链路不可靠的主要因素。为了能够有效地评估节点间链路的可靠性，建立有效的系统模型以及链路维持时间模型是至关重要的，下面我们首先根据车辆的移动特性建立车辆运动模型，然后评估节点间链路的维持时间，给出链路维持时间模型，最后给出链路可靠性评估方法。

为了能够有效地评估节点间链路的质量，考虑到高速公路一般为一条笔直的直线道路，由于广播距离远大于道路宽度，假设道路宽度对我们选择下一跳转发节点的影响很小，忽略道路宽度，将高速公路模型化为如图 3.14 所示的一种情形。我们仍然假设在此道路上，车辆运动有加速、减速、变道以及超车等现象发生。在这条道路上，车间距离服从对数正态分布，即 $X_i \in \log_2 N(\mu_i, \delta_i)$。如图 3.14 所示，$X_i = \{X_i(m), m = 0,1,2,\cdots\}$ 是一个服从对数正态分布的随机变量。X_i 代表车辆 i 与 $i+1$ 之间的距离。$X_i(m)$ 是一个随机变量，代表节点 i 在时间 m 的车间距离。在图 3.14 中，我们以 V_s 节点为参考节点，V_s 到任一节点的距离用 X 表示，其中，

$$X = X_1 + X_2 + \cdots + X_m \ \text{即} \ X = \sum_{i=1}^{m} X_i，那么 X 也服从对数正态分布。$$

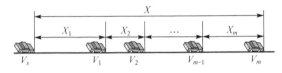

图 3.14　车辆运动模型

引理 3.1　假设 $X \in \log_2 N(\mu, \sigma)$，那么随机变量 $T = \sqrt{aX + b} + c$ 服从对数正态分布，其中 $a, b, c \in \mathbf{R}$，$a, b, c \neq 0$，且 $aX + b \geq 0$。

证明：我们令 G_T 为 T 的概率分布函数。对于每一个正数 t，我们有 $G_T(t) = \Pr[\{T \leq t\}]$，很明显，$T$ 是连续的。那么

$$
\begin{aligned}
G_T(t) &= \Pr[\{T \leq t\}] \\
&= \Pr[\{\sqrt{aX + b} + c \leq t\}] \\
&= \Pr[\{aX \leq (t-c)^2 - b\}] \\
&= \begin{cases} F_X\left(\dfrac{(t-c)^2 - b}{a}\right), & a > 0 \\ 1 - F_X\left(\dfrac{(t-c)^2 - b}{a}\right), & a < 0 \end{cases}
\end{aligned}
\tag{3.7}
$$

其中，F_X 是 X 的概率分布函数。当 $a > 0$ 时，很明显 T 服从对数正态分布。接下来证明当 $a < 0$ 时，T 也服从对数正态分布。令 $z = (t-c)^2 - b / a$，得到

$$1 - F_X\left(\frac{(t-c)^2 - b}{a}\right) = 1 - F_X(z) \tag{3.8}$$

有学者证明了 $F(z) = \dfrac{1}{2} + \dfrac{1}{2}\mathrm{erf}\left(\dfrac{z - \mu_z}{\sigma_z \sqrt{2}}\right)$，所以，我们得到

$$1 - F_X(z) = \frac{1}{2} - \frac{1}{2} \operatorname{erf}\left(\frac{\ln z - \mu(X)}{\sigma(X)\sqrt{2}}\right)$$

$$= F_Y\left(\frac{a}{(t-c)^2 - b}\right) \tag{3.9}$$

其中，Y 是一个对数正态随机变量，服从 $-\mu(X)$ 和 $\sigma(X)$，使用了 $-\operatorname{erf}(x) = \operatorname{erf}(-x)$。因此，$T$ 服从对数正态分布。

引理 3.2　假设 X 服从对数正态分布 $X \in \log_2 N(\mu, \sigma)$，那么随机变量 $T = aX + b$ 也服从对数正态分布。其中，$a, b, c \in \mathbf{R}$，并且 $a, b, c \neq 0$。

证明：同理，我们根据引理 3.1，令 G_T 为 T 的概率分布函数，将其代入引理 3.1 中证明正确性即可。

3.2.3　链路维持时间模型

考虑到车辆总是按照固定的道路行驶，当两个节点链路出现断开状态时，主要由图 3.15 所示的两种情况所造成，其中，在图 3.15(a) 中两个车辆同向而行，图 3.15(b) 中两个车辆背道而行，其中的黑色虚线箭头表示运动方向，以车辆 i 为参考节点来详细分析这两种情况的链路维持时间。

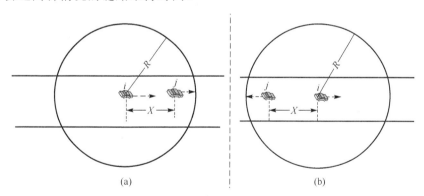

图 3.15　链路维持时间模型

如图 3.15(a) 所示，假设在时间 $t_0 = 0$，车辆 j 处于车辆 i 的一跳通信范围内，且车辆 j 位于车辆 i 之前，初始车间距离 X 是一个随机变量。车辆的最大通信半径 R 为一固定常量。初始时刻，X 满足 $0 \leqslant X < R$。根据车辆运动模型，在高速道路上，车辆存在加速、减速、超车的情况。道路上规定的最大限制速度设为 v_m。假设任一车辆初始加速度为 $a(0)$，速度为 $v(0)$。当 $t \geqslant 0$ 时，定义加速度为 $a(t)$，速度为 $v(t)$。在时间 t 的加速度有如下几种情况。

(1) 如果 $a(0) = 0$，对于所有 $t \geqslant 0$，有

$$a(t) = 0 \tag{3.10}$$

(2) 如果 $a(0) > 0$，则有

$$a(t) = \begin{cases} a(0), & t \leqslant \dfrac{v_m - v(0)}{a(0)} \\ 0, & \text{其他} \end{cases} \tag{3.11}$$

(3) 如果 $a(0) < 0$，则有

$$a(t) = \begin{cases} a(0), & t \leqslant \dfrac{-v(0)}{a(0)} \\ 0, & \text{其他} \end{cases} \tag{3.12}$$

假设当 $t_0 = 0$ 时，如果此时的加速度 $a(0)$ 也为 0，认为其瞬时加速度也为 0，即 $a(t) = 0$。而对于式 (3.11) 和式 (3.12) 来说，只要速度没有达到最大限制速度或者是减小为 0，就认为其加速度仍然为 $a(0)$，否则加速度变为 0。考虑到车辆的初速度为 $v(0)$，那么在时间 t 其瞬时速度 $v(t)$ 由以下公式定义

$$v(t) = v(0) + \int_0^t a(u)\mathrm{d}u \tag{3.13}$$

其中，$u \in [0,t]$；$a(u)$ 是在时间 u 的加速度。

下面结合以上分析来计算瞬时速度。

(1) 如果 $a(0) = 0$，那么对于所有的 $t \geqslant 0$，有 $v(t) = v(0)$。

(2) 如果 $a(0) > 0$，那么有

$$v(t) = \begin{cases} v(0) + a(0)t, & t \leqslant \dfrac{v_m - v(0)}{a(0)} \\ v_m, & \text{其他} \end{cases} \tag{3.14}$$

(3) 如果 $a(0) < 0$，则有

$$v(t) = \begin{cases} v(0) + a(0)t, & t \leqslant \dfrac{-v(0)}{a(0)} \\ v_m, & \text{其他} \end{cases} \tag{3.15}$$

根据以上定义，任一车辆的速度为 $v(x)$ 在时间间隔 $[0,t]$ 内行驶的距离被定义为

$$S(t) = \int_0^t v(x)\mathrm{d}x \tag{3.16}$$

根据以上定义，如图 3.15 所示，我们能够计算出在时间 t 车辆 i 与 j 行驶的距离。假设车辆 i 与车辆 j 的初始加速度与速度分别为 $a_i(0)$、$v_i(0)$、$a_j(0)$、$v_j(0)$。在时间 t 的瞬时加速度与速度分别为 $a_i(t)$、$v_i(t)$ 以及 $a_j(t)$、$v_j(t)$。根据以上公式，就可以得到在时间间隔 $[0,t]$ 内车辆 i 与 j 各自的行驶距离为

$$S_i(t) = \int_0^t v_i(x)\mathrm{d}x \tag{3.17}$$

$$S_j(t) = \int_0^t v_j(x)\mathrm{d}x \tag{3.18}$$

通过以上定义，如果初始车辆 i 与 j 的车间距离为 X，那么在时间 t，i 与 j 的距离 $d_{i,j}$ 为

$$d_{i,j} = \begin{cases} S_j(t) + S_i(t) + X, & \text{方向相反} \\ S_j(t) - S_i(t) + X, & \text{方向相同} \end{cases} \tag{3.19}$$

从式 (3.19) 可以明显地看出，当 $d_{i,j} > R$ 时，链路是断开的。

下面我们来分析图 3.15 (b) 中两个车辆朝着相反的方向行驶时的链路维持时间。当两个车辆满足以下情况时，能够计算出最大的链路维持时间 t。

$$S_j(t) + S_i(t) + X = R \tag{3.20}$$

考虑

$$S_j(t) + S_i(t) = \frac{1}{2} \cdot a_r t^2 + v_r t$$

其中，$a_r = a_i + a_j$，并且 $v_r = v_i + v_j$。将其代入式 (3.20) 得到最大链路维持时间 t 为

$$t = \frac{-v_r + \sqrt{v_r^2 + 2a_r(R - X)}}{a_r} \tag{3.21}$$

而当两个车辆同向而行时，如图 3.15 (a) 所示，由于存在加速、减速、超车的现象，对于判断链路状态，我们判断车辆 i 与 j 哪一个在前是至关重要的。当 $S_j(t) - S_i(t) + X > 0$ 时，车辆 j 位于车辆 i 的前面，反之车辆 i 超过车辆 j，位于车辆 j 的前面。为了能够有效地表示出哪一个车辆在前，我们定义一个符号函数

$$I(i,j) = \begin{cases} 1, & S_j(t) - S_i(t) + X > 0 \\ -1, & \text{其他} \end{cases} \tag{3.22}$$

当链路处于断开的临界状态时满足

$$S_j(t) - S_i(t) + X = R \cdot I(i,j) \tag{3.23}$$

此时，我们分以下两种情况来计算链路的维持时间。

当 $I(i,j) = 1$ 时，车辆 j 位于车辆 i 前面，由式 (3.23) 可知，$S_j(t) - S_i(t) + X = R$ 与式 (3.21) 的计算类似，此时由于 $S_j(t) - S_i(t) = \frac{1}{2} \cdot a_r t^2 + v_r t$，其中 $a_r = a_j - a_i$，$v_r = v_j - v_i$，我们能够得出时间 t 为

$$t = \frac{-v_r + \sqrt{v_r^2 + 2a_r(R-X)}}{a_r} \tag{3.24}$$

同理,当 $I(i,j) = -1$ 时,车辆 i 位于车辆 j 前面,由式(3.23)得到 $S_j(t) - S_i(t) + X = -R$,计算链路维持时间 t 为

$$t = \frac{-v_r - \sqrt{v_r^2 - 2a_r(R+X)}}{a_r} \tag{3.25}$$

由式(3.21)、式(3.24)、式(3.25)能够计算出发送节点与任意节点在一跳范围内的链路维持时间。

引理 3.3 当车辆 i 与 j 的通信链路断开时间为 t 时,链路的维持时间要么是关于 X 的线性函数,要么是关于 X 的平方根函数。

证明:当链路在时间 t 断开时,根据式(3.16),通过定义 $S_i(t)$ 我们知道,当速度 v_i 是一个常量时,$S_i(t) = \int_0^t v_i(x)\mathrm{d}x$ 是一个线性函数。我们令 $S_i(t) = at + b$。同理,当速度 v_j 为常量时,$S_j(t)$ 也是一个线性函数,令其为 $S_j(t) = ct + d$。考虑到 $S_i(t)$ 与 $S_j(t)$ 均为线性函数,根据式(3.19),当方向相反时,$(a+c)t + b + d + X = R$,我们得到时间 $t = \dfrac{R-b-d-X}{a+c}$,为一线性函数。同理,当方向相同时,v_i 与 v_j 为常量时,由于 $(c-a)t + d - b + X = R \cdot I(i,j)$,我们很明显地可以看出链路维持时间 t 为一关于 X 的线性函数。当速度 v_i 与 v_j 不为常量时,我们知道,$v_i(t) = v_i(0) + a_i t$。根据定义,距离函数为

$$S_i(t) = \int_0^t v_i(0) + a_i = v_i(0)t + \frac{1}{2}a_i t^2 \tag{3.26}$$

因此,由式(3.23)可以判断距离函数为一个关于 t 的二次多项式。由于 $S_j(t) - S_i(t) = at^2 + bt + c$,并且 $a \neq 0$,由此可以证明,链路维持时间 t 为一个关于 X 的平方根函数。

定理 3.1 车辆 i 与车辆 j 的链路维持时间 T 服从对数正态分布。

证明:根据引理 3.3 我们能够将车辆间的链路维持时间表达成线性或者平方根函数,即 $aX + b$ 或者 $\sqrt{aX + b} + c$ 的形式。根据引理 3.1 和引理 3.2,我们证明了 $\sqrt{aX+b} + c$ 和 $aX + b$ 均服从对数正态分布。因此,在所有的情况中,链路的维持时间 T 服从对数正态分布。

3.2.4 链路可靠性计算

根据以上节点间链路的维持时间模型,我们得到车辆 i 与车辆 j 的链路维持时

间服从对数正态分布 $T \in \log_2 N(\mu_t, \sigma_t)$。其中期望为 μ_t，方差为 σ_t。我们根据维持时间来评估节点间链路的可靠性。链路的可靠性为两个车辆在一个时间段 T_p 内可以直接通信的概率。假设任意两个车辆节点的通信链路为 l，在 $t = t_0$ 时刻，节点间链路的可靠性为

$$r(l) = P\{t_0 + T_p \mid t_0 \in M\} \tag{3.27}$$

其中，M 为两个车辆连通的起始时间集合。我们得到链路可靠性为

$$r_t(l) = \begin{cases} \displaystyle\int_{t_0}^{t_0 + T_p} f(T)\mathrm{d}T, & T_p > 0 \\ 0, & \text{其他} \end{cases} \tag{3.28}$$

其中，$f(T)$ 为时间间隔 T 的概率密度函数。

3.2.5　RSAR 传输算法

本节就 RSAR(reliable self-adaptive routing) 传输算法进行详细说明，首先给出 RSAR 中组件的相关定义，然后就 RSAR 传输算法思想以及路由的建立和维护过程给出详细的说明。

定义 3.1　基本组件。

主体 Agent：学习主体为每一个车辆节点。

学习环境 G：将整个网络环境作为 Agent 的学习环境。

状态空间 S：Agent 外的其他节点组成 Agent 的状态空间。

活动空间 A：Agent 的所有可能的活动组成 Agent 的活动空间。其中，信标数据包从一个车辆转发到另一个车辆为一次有效活动。

奖励值 R：Agent 进行一次活动获得的奖励值。

定义 3.2(奖励值 R)　主体 Agent 进行一次活动所获得的值称为奖励值，其取值范围是[0,1]。因为目的节点的一跳邻居节点能够直接到达目的节点，所以设其奖励值为 1。式 (3.29) 定义整个网络中的初始奖励值 R 为

$$R = \begin{cases} 1, & s \in N_d \\ 0, & \text{其他} \end{cases} \tag{3.29}$$

其中，N_d 表示目的节点 d 的一跳邻居节点集合。目的节点所有邻居节点进行一次活动获得的奖励值为 1。在学习过程中，从一种状态转换为另一种状态可能得到的奖励值用 Q-Value 值($Q(s,a)$ $(s \in S,\ a \in A)$)来表示，其取值范围为[0,1]。

定义 3.3(Q-Table 表)　在每一个 Agent 中维护着一张二维表，用来记录其所能够到达的目的节点地址和其一跳邻居节点的 Q-Value 值，称这张二维表为 Q-Table 表(表 3.2)。其中第一行代表所有可能到达的目的节点 ID，这里用 Di 表示。第一列

表示与其相邻的一跳邻居节点 ID，在这里用 Ni 表示。Q(D1,N1)表示本节点到达目的节点 D1 时与邻居节点 N1 之间的 Q-Value 值。如表 3.2 所示，Q-Table 是一个二维表，其大小由邻居节点数目以及目的节点个数来决定。容易看出，其有着很好的可扩展性。节点间通过周期性地交换信标数据包来更新 Q-Table 中的值，若某一目的节点不可达或者表中信息超时，则删除对应的表项。

表 3.2　Q-Table 表

目的节点 ID＼邻居节点 ID	D1	D2	⋯
N1	Q(D1,N1)	Q(D2,N1)	⋯
N2	Q(D1,N2)	Q(D2,N2)	⋯
⋯	⋯	⋯	⋯

由上面的定义可知，通过将每一个车辆节点定义为 Agent，可以将学习任务分散到每个车辆中。节点间通过周期性地交换 Hello 信标数据包来更新各自的 Q-Table 来完成学习任务。在信标数据包中不仅包含自身的速度、位置等信息，而且包含了到达某一目的地址其与邻居节点的最大 Q-Value 值，也就是某一列中的最大值，如表 3.2 所示。假设有如图 3.16 所示的 V2V 网络模型，将其模型简化为一张图 $G=\{V,E\}$。其中，$V=\{A,B,C,\cdots,H\}$ 表示车辆节点集，对节点 A 来说，其状态空间 S_A 为不包含 A 的所有节点组成的集合。边集 E 表示能够在一跳范围内直接通信的节点连线组成的集合。在图 3.16 中，设 A 为源节点，G 为目的节点。现在要通过分布式 Q 学习方式找出一条从发送节点 A 到目的节点 G 的最佳路径。

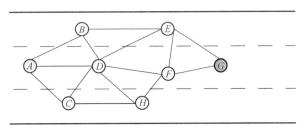

图 3.16　初始网络拓扑

标准的 Q-Learning 函数为

$$Q_s(d,x) \leftarrow Q_s(d,x) + \{R + \gamma \cdot \max_{y \in N_x} Q_x(d,y)\} \tag{3.30}$$

其中，$Q_s(d,x)$ 为要更新的 Q-Value 值；s 为自身节点；x 为 s 的邻居节点；N_x 为 x 的邻居节点集；d 为目的节点；R 为奖励值；$\max_{y \in N_x} Q_x(d,y)$ 为到达目的节点 d 时 x 与其邻居节点的最大 Q-Value 值。其中，打折因子 γ 是一个重要参数，其影响本节点进行一次活动获得的奖励值。链路稳定性是 VANET 的一个重要指标，根据式(3.28)计算节点间链路的可靠性 $r(l)$，我们将链路的可靠性作为一个打折因子，即 $\gamma = r(l)$。

在 VANET 中，带宽 BW 值作为一个重要参数，其决定着数据包传输的速率，定义 BW_{Hello} 为信标数据包占用的带宽，其计算公式如下

$$BW_{Hello}(bit/s) = \frac{n \times S_B \times 8}{T} \tag{3.31}$$

其中，n 表示 T 时间间隔内节点发出和接收到的信标数据包的数目；S_B 是信标数据包的大小，单位是字节。假设节点的最大带宽为一个固定值，这里假设为 BW_{max}，那么可以计算出可利用带宽因子为

$$BF = \frac{BW_{max} - BW_{Hello}}{BW_{max}} \tag{3.32}$$

将带宽因子作为影响学习快慢的因素，随着有效带宽的变化，其决定每一个车辆节点的学习进度。我们修改式(3.30)得到新的启发式函数

$$Q_s(d,x) \leftarrow (1-BF) \cdot Q_s(d,x) + BF \cdot \{R + \gamma \cdot \max_{y \in N_x} Q_x(d,y)\} \tag{3.33}$$

由式(3.33)可以看出，链路质量越好，节点获得的奖励值越高，但随着跳数的不断增加，距离目的节点越远，获得的奖励值越来越小。所以最终获得的奖励值是根据跳数、链路可靠性以及带宽这 3 个因子来决定的。通过加入带宽以及链路可靠性这两个参数，最终能够在这种动态的网络中找到从源节点到目的节点的最优路径。在图 3.16 中，节点 E 和 F 为目的节点 G 的一跳邻居节点，根据式(3.33)，节点 E 和 F 到目的节点 G 的 Q-Value 值分别用 $Q_E(G,G)$ 与 $Q_F(G,G)$ 表示。考虑到受链路质量以及带宽的影响，我们假设其最终得到的 Q-Value 值分别为 0.7 和 0.8。考虑 D 的邻居节点有 A、B、C、E、F、H，当 D 收到其任何一个邻居节点发来的信标数据包时，通过解析数据包，从中抽取到达目的节点 G 的最大 Q-Value 值。因为 F 到达 G 具有最高的 Q-Value 值，为 0.8，所以，根据式(3.33)计算对应的 Q-Value 值，即 $Q_D(G,F)$，并更新 Q-Table 中对应的列。最终得到如图 3.17 所示的路径结果。

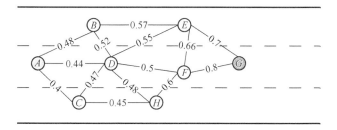

图 3.17　分布式学习结果

根据图 3.17 的运行结果，我们将很容易找到一条从 A 到 G 的最优路径，我们只需要找出具有最大 Q-Value 值的节点组成的路径即为最优路径。从图 3.17 可以看出，$A \rightarrow B \rightarrow E \rightarrow G$ 为具有最大 Q-Value 值的路径，因此其为最终的路由路径。当某

一段链路断开时，通过查看 Q-Table 来即时切换路由路径可保证路由的连通性，例如，当 $E \to G$ 不可达时，在 E 点选择 $E \to F \to G$ 来保证路由的可靠通信，有效地提高了路由的鲁棒性。

RSAR 传输算法基本执行过程如下。

(1)当源节点要发送一个数据包时，首先查找自己的 Q-Table，查看是否有到达目的地址的下一跳节点，如果有，则从中选出具有最大 Q-Value 值的邻居节点作为下一跳转发节点，否则启动路由建立过程。

(2)经过路由建立过程后，得到一条从源节点到目的节点的基本路径，并且完成了对部分车辆节点的学习。为了能够找出整个网络拓扑中的最优路径，启动后面的路由维护过程，动态更新端到端的路由路径。

(3)经过上面两个步骤能够找出并维护一跳端到端的路径。当某一个车辆点收到/发送数据包时，执行第(1)步，否则执行第(2)步。

1)路由建立过程

在开始阶段，当源节点要发送一个数据包给目的节点时，查找 Q-Table 中是否存有目的节点。如果有，则从 Q-Table 中找出一个到达目的节点具有最大的 Q-Value 值的邻居节点，并将数据包转发给它。如果不存在，则启动路由发现过程。源节点以广播的形式向整个网络发送一个 r_req 数据包，并启动重传定时器。r_req 数据包在广播过程中记录着所有其所经过的节点 ID，当目的节点收到第一个来自源节点的 r_req 数据包时，将其保存，并丢弃随后收到的所有重复数据包。从 r_req 数据包中解析出其所经过的所有节点的 ID 信息并将其翻转后写入 r_resp 数据包中发回源节点。当中继节点收到 r_resp 数据包时，利用式(3.33)更新 Q-Table，并发送 r_resp 数据包的下一跳地址。以此类推，直到 r_resp 数据包被发送回源节点。源节点收到 r_resp 数据包时取消重发定时器，同时更新其 Q-Table。这时便初次建立了一条从源节点到目的节点的路径，同时更新了这条路径上所有节点中的 Q-Table。

2)路由维护过程

经过路由建立过程以后，第一条路径上全部节点中的 Q-Table 被更新。为了能够保证数据传输的可靠性，路由维护过程保证当路由路径出现断开或者有更优的路径出现时，能够即时调整数据包的转发路径。

路由维护过程的主要目的是动态地维护 Q-Table。每一个节点周期性地发送 Hello 信标数据包到其邻居节点，信标数据包主要包括节点的位置信息、速度信息以及 max(Q-Value)值等，当收到邻居节点发来的 Hello 数据包时更新自己的 Q-Table。其中，Hello 数据包的发送间隔设为[0.5,1]区间的随机数。在 Q-Table 中，如果在规定时间间隔内没有得到某一目的节点的相关信息，则认为此目的节点不可达，相应地删除其对应的某列数据。当出现网络分割时，RSAR 在路由维护阶段采用

carry-and-forward 策略，同时启动路径请求定时器广播 r_req 数据包。如果定时时间到时没有收到目的节点发来的 r_resp 数据包，则认为此目的节点不可达，同时通知源节点取消数据包的传输，并删除相应的缓存数据包。

3.2.6　实验测试与对比分析

我们首先对测试环境进行说明，然后对实验结果进行详细分析，具体过程如下。

为了验证 RSAR 传输算法的效果，我们利用车辆运动生成器生成一个 1500m×1500m 的车辆运动场景，如图 3.18 所示。场景由交叉路口以及直线道路组成，每一条道路均被设置为两车道的双向道路，黑色线条为部署交通灯的路段，交通灯等待时间为 30s。在整个场景中，每一个车辆节点被设置为智能驾驶节点，智能驾驶节点具有变道、超车、避让等功能，将生成的运动 trace 文件加入 NS2 进行网络实验仿真。NS2 模拟器网络参数设置如表 3.3 所示，其中信标数据包的大小根据其所传输的内容字节进行计算。为了能够有效地验证 RSAR 路由算法的性能，在图 3.18 所示的场景中分别通过调整车辆的速度以及车辆的密度来进行实验仿真。在第一种情况下，设置整个网络中的节点数目固定为 80 个，车辆的最大速度为 30～90km/h，在这一场景中，主要研究车辆速度对路由协议的影响。在第二种情况下，设置整个场景中的车辆最大速度为一个常量 40km/h，网络中的节点数目为 60～120 个。在这一场景中，主要研究车辆密度对路由协议的影响。在实验开始时，节点被随机地分散在不同的道路上，并按固定路线行驶，选取 20 对节点进行通信。

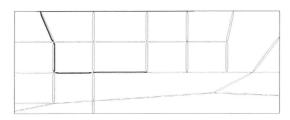

图 3.18　车辆运动场景

表 3.3　网络参数配置

参数	值
拓扑大小	1500m×1500m
MAC 标准/（2Mbit/s）	IEEE 802.11
传输范围/m	250
传播模型	双射地面模型
仿真时间/s	300
CBR 数据包大小/B	512
数据率/（packet/s）	10
传输层协议	UDP

为了验证 RSAR 传输算法的性能,在实验中分别与 GPSR 算法,SLBF(self-adaptive link-aware beaconless forwarding)以及 QLAODV 算法进行对比。其中,QLAODV 算法首次提出了在路由算法中利用 Q 学习算法进行路由路径的维护,通过对比能够有效地证明本算法的效果。GPSR 作为典型的基于地理位置的代表,在贪婪模式阶段有着较小的传输延时,而 RSAR 也采用了一种贪婪的方式,所以与其对比就延迟时间来说有着重要的意义。SLBF 作为一种基于地理位置的路由算法,由于其在选择下一跳转发节点时考虑了节点间链路的可靠性,而 RSAR 也考虑了链路的可靠性,所以在递交率方面对于验证 RSAR 算法有着重要的意义。通过分别比较在不同的车辆密度以及速度下这 4 种算法的数据包递交率、传输延迟以及跳数,得到了以下实验结果。

1)数据包递交率与速度的关系

图 3.19 显示了节点移动速度与数据包递交率的关系。数据包递交率为目的节点接收到的数据包与源节点发送的数据包的比值。从图 3.19 可以很明显地看出,随着车辆速度的增加,4 种算法均呈现出下降的趋势,相比较其他 3 种算法,RSAR 下降比较缓慢,数据包递交率达到了 90%以上。这是因为 RSAR 充分考虑了速度变化对链路稳定性的影响,通过对节点间的链路评估,选择了更加稳定的转发节点,同时在路由维护阶段通过加入 Q 学习算法,能够更好地应对拓扑变化对路由路径的影响。从图 3.19 可以看出,GPSR 递交率下降最快,这是由于在 VANET 中仅使用了贪婪策略,而没有考虑节点间链路的可靠性。从图 3.19 还可以看出,当速度小于 54km/h 时,QLAODV 的数据包递交率也在 90%以上,但当速度大于 54km/h 时,其数据包递交率急剧下降。这是由于当速度增大时,路由路径频繁断裂。SLBF 在选择转发节点时加入了对链路质量的考虑,因此相对 GPSR 算法有着较高的数据包递交率。

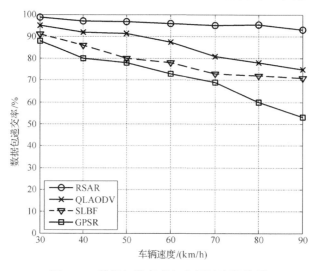

图 3.19　数据包递交率与车辆速度的关系

2）延时与速度的关系

图 3.20 给出了端到端的延时与速度的关系。端到端延时为数据包从源节点到达目的节点所花费的时间。从图 3.20 可以看出，随着车辆节点运动速度的增加，4 种算法的延时都呈现出上升的趋势。其中，本节提出的 RSAR 介于 GPSR 与 SLBF 这两种路由算法之间，变化幅度相对稳定。当最大速度大于 60km/h 时，SLBF 的延时迅速增大，并且超过了 RSAR，这是受拓扑变化的影响，重新计算有效转发区或启动重传机制所导致的。而在 RSAR 算法中，最大 Q-Value 值的路径必然有着最大的带宽及最短的路由路径长度，一定程度上保证了其有着最小延时。从图 3.20 明显可以看出，GPSR 路由算法的延时最小，这是由于 GPSR 只采用了贪婪转发模式。QLAODV 由于受路径修复的影响，其有着较长的延迟时间。随着速度的增加，频繁的路径切换增加了路径修复时间。从图 3.20 还可以看出，本节提出的 RSAR 算法在拓扑变化较快的环境下递交时间为 0.1~0.2s，有着较好的性能。

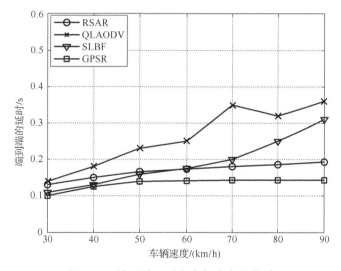

图 3.20　端到端延时与车辆速度的关系

3）平均路径长度与速度的关系

图 3.21 展示了平均路径长度与速度的关系，平均路径长度为数据包从源节点到达目的节点所经过的跳数取平均值，在一定程度上反映了路由路径的延时。从图 3.21 可以看出，RSAR 的路由长度小于 QLAODV，这是由于其并没有采用路径维护机制维持整条路径的有效性，而是随着拓扑变化实时选取具有最大 Q-Value 值的邻居节点作为下一跳转发节点。这也使得其延时远远小于 QLAODV。从图 3.21 我们可以清晰地看到，我们提出的 RSAR 有着相对较小的跳数。这是由于其采用最大 Q-Value 值的机制，而拥有最大 Q-Value 值的节点在一定程度上有着较短的路径。SLBF 和

GPSR 采用了贪婪的方式转发数据包，但是当速度大于 60km/h 时，SLBF 由于考虑了节点间链路的可靠性，选取最可靠的下一跳节点，使得 SLBF 路由长度有所增加。

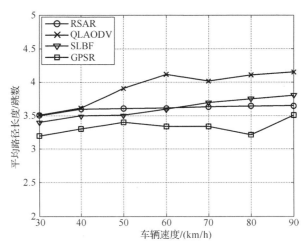

图 3.21　平均路径长度与车辆速度的关系

4) 数据包递交率与节点数目的关系

图 3.22 显示了数据包递交率与节点数目的关系。从图中可以清楚地看出，随着节点数目的增加，4 种算法数据包递交率均呈现上升的趋势。其中，当节点数目达到 90 时，RSAR 数据包递交率达到了 90%以上，而 QLAODV 为 85%。虽然两种算法均采用 Q-Learning 思想，但 RSAR 充分考虑了节点之间链路的可靠性，而且受拓扑影响较小，其有较高的数据包递交率。从图 3.22 还可以看出，随着节点数目的增加，RSAR 路由算法大大优于 SLBF，虽然在 SLBF 算法中加入了对链路质量的考虑，但

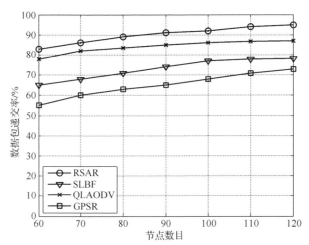

图 3.22　数据包递交率与节点数目的关系

重传机制也增加了广播风暴问题，造成了数据包的丢弃。GPSR 算法随着车辆节点的增多数据包递交率增长速度较快，这是由于车辆节点的增加在一定程度上使得节点间的链路更加可靠。

5) 端到端延时与节点数目的关系

图 3.23 为端到端延迟时间与节点数目的关系，从图中可以看出，随着节点数目的增加，4 种算法的延时均呈现下降的趋势。其中 RSAR 的延时逐渐接近于 GPSR。这是由于随着节点数目的增加，RSAR 的学习节点增多，使得其到达目的节点的路径更加短，延时更短。从图 3.23 可以看出，随着节点数目的增加，QLAODV 算法逐渐接近于 RSAR 算法，但是当节点数比较少时，其延时相比 RSAR 却比较大。这其实很容易理解，由于 QLAODV 要花费大量的时间在路由维护阶段，当节点较多时，出现链路断裂的机会变小了。从图 3.23 还可以看到，随着节点数目的增加，SLBF 下降很缓慢，这是由于其采用定时广播的机制，广播风暴使得增加了延时。

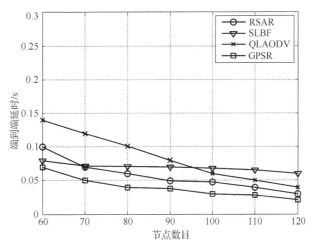

图 3.23 端到端延时与节点数目的关系

6) 平均路径长度与节点数目的关系

图 3.24 为平均路径长度与节点数目的关系。从图中可以清晰地看出，随着节点数目的增加，4 种算法的平均路径长度呈现下降的趋势。主要是因为随着节点数目的增加，有效的转发节点数目增多。从图 3.24 可以看出，本节提出的 RSAR 算法的路径长度小于 QLAODV 的路径长度，这是由于其利用了贪婪的思想，在选择下一跳转发节点时仅选择具有最大 Q-Value 值的邻居节点。从图 3.24 还可以看出，RSAR、SLBF、GPSR 这 3 种路由算法的长度比较相近，这是由于其均只考虑一跳邻居节点，选择了距离目的节点最近的节点。随着节点数目的增加，RSAR 算法选取的下一跳转发节点将更加接近于目的节点。

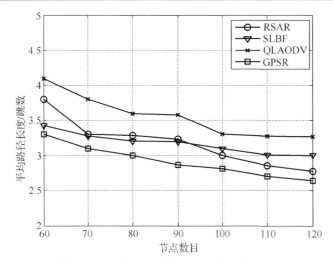

图 3.24　平均路径长度与节点数目的关系

3.3　面向 VANET 的多跳反应式成簇方法

基于混合式网络架构(图 3.25)通过将车辆节点进行分簇,利用簇头节点与基础固定设施进行通信,能够有效地减少车辆与基础设施之间的通信开销。而且通过对车辆进行分簇,能够有效地进行车辆节点的管理,进而提高路由算法设计的灵活性。因此,有效的分簇算法对于这种混合式网络架构有着至关重要的作用。基于多跳的分簇方式能够在一定程度上提高所成簇的稳定性以及扩大簇的覆盖范围,但现有的基于多跳的分簇算法并不能保证节点间通信的可靠性,而且成簇开销比较大。我们在现有的基于多跳分簇算法的基础上提出一种基于多跳反应式成簇机制——PMC (passive multi-hop clustering)算法,其通过优先权车辆跟随策略能够有效地将 K 跳内最稳定的节点作为簇头节点,并且利用簇的合并机制在保证簇的覆盖范围的同时进一步提高所成簇的稳定性。

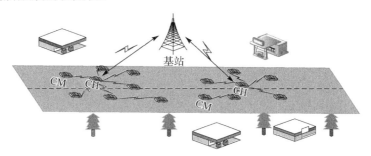

图 3.25　V2I 通信架构模型

3.3.1　系统模型

首先给出基于车辆跟随策略的多跳分簇架构模型，如图 3.26 所示。其中，在簇 A 中，由于邻居车辆较少，形成了类似传统的单跳簇结构。在簇 B 中形成了多跳簇结构，其中车辆 11 与簇头节点 6 的距离为 2 跳。我们假设，在网络中每一个车辆都配备车载单元，利用 WAVE 协议进行通信，通信半径为 R，车辆节点可以和路边单元进行通信，但受一定的条件限制。簇内的车辆使用短距离通信协议进行通信，例如，处于 CM 状态的节点只能利用 WAVE 协议和 CM 或者 CH 节点进行通信，而不能直接和路边固定设施进行通信。而处于 CH 状态的簇头节点可以和簇内节点利用 WAVE 进行通信，也可以利用 4G 网络和路边单元进行通信。这种通信方式使得 CM 节点只能通过 CH 与路边固定设施进行通信。同时，在每一个车辆中存储着一张信息表 INFO_TABLE。INFO_TABLE 中包含本车辆以及其预定义的最大跳数 MAX_HOP 内邻居车辆的相关信息。利用车辆跟随策略形成的多跳簇有如下性质。

性质 3.1（多跳性）　每一个簇均由簇头和簇成员组成，且每一个簇成员节点可以通过单跳/多跳的方式直接或者间接地连接到簇头节点。

如图 3.26 所示，在网络中形成两个簇，分别为簇 A 和簇 B。其中簇 A 形成一个单跳簇，簇 B 形成一个多跳簇。在簇 B 中，以车辆节点 6 为簇头，节点 7～11 分别为簇成员节点，车辆节点 11 距离簇头车辆 6 为 2 跳的距离。

性质 3.2（分布性）　在这一簇架构中，并非由簇头直接管理每一个簇成员节点，而是采用分布式的方式，与簇成员直接相连的节点受到簇成员的管理。

如图 3.26 所示，在簇 A 中，由于车辆节点 2～5 与簇头车辆节点 1 直接相连，所以簇头直接管理这几个节点，当进行路由时，可以直接找到目的节点。而在簇 B 中，车辆 11 并不能直接和簇头节点 6 通信，其通过跟随车辆 10 并且与车辆 10 共享簇头节点 6。车辆节点 10 拥有车辆节点 11 的相关信息，并负责管理车辆节点 11。一个节点所能连接的最大簇成员数目为预定义的 MAX_CM 值，这也是其所能管理的最大成员数目。

性质 3.3（共享簇头性）　在这一簇模型中，用到了优先权车辆跟随策略形成多跳簇。网络中每一个节点只考虑其一跳范围内最稳定的节点作为其父节点去跟随，并且与父节点共享同一个簇头节点。

如图 3.26 所示，在簇 A 中，根据跟随策略，车辆节点 1 拥有最高优先权，所以车辆节点 2～5 选择车辆节点 1 作为其父节点形成逻辑上的跟随性，并将车辆节点 1 作为簇头节点。同样，在簇 B 中，车辆节点 7～10 将车辆节点 6 作为其父节点，并与 6 共享簇头，即车辆节点 6 成为簇头。此时，车辆节点 11 根据跟随策略判断节点 10 具有较高优先级，所以将节点 10 作为其父节点，并与其共享簇头节点 6。

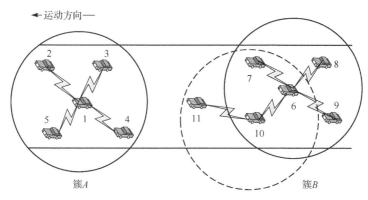

图 3.26　多跳分簇模型图

3.3.2　优先权车辆跟随策略

在传统的多跳簇架构中，要求每一个簇成员节点与簇头节点有着最小的相关移动性。一个车辆很难准确地获取距离其多跳的节点的信息，因此，当在多跳范围内有多个簇头节点时，其很难决定到底将哪一个簇头节点作为自己的簇头节点。每一个车辆需要不断修改多跳范围内邻居节点的信息，使得当网络拓扑变化较快时，会严重降低网络的性能，造成大量的开销。相反，一个车辆很容易确定距离其一跳范围哪一个车辆是最稳定的，如果将这两个节点划分到同一个簇中，那么能在降低簇维护开销的同时极大地提高簇的稳定性。在这里，一种优先权车辆跟随机制被提出，在成簇过程中，一个车辆并不被要求去主动检测距离其多跳距离的簇头节点，但要求其必须通过车辆跟随策略选择其一跳范围内最稳定的节点，并共享同一个簇头节点，将其合并到同一个簇中。接下来详细介绍优先权跟随策略并给出计算方法。VANET 中车辆速度的快速变化会严重影响车辆间链路的可靠性以及成簇的稳定性。为了能够找出最优的目标车辆去跟随，本节从节点跟随度数、期望传输数目以及链路生命周期这三方面进行评估。

定义 3.4（跟随度数 N_{follow}）　在 MANET 中，节点度作为成簇的一个评估因素，在成簇算法中起着至关重要的作用，其指的是在一个节点通信范围内所含有节点的个数。这里将其进行扩充，将其定义为节点跟随度数 N_{follow}，在原基础上包含所跟随节点的数目，计算公式为

$$N_{follow} = D_{Neig} + fc \tag{3.34}$$

其中，D_{Neig} 表示与节点同一车道上的邻居节点数目；fc 表示节点的跟随数目。每一个车辆节点周期性地向其邻居节点广播 Hello 数据包，因此很容易得到 D_{Neig} 的值。

引理 3.4　与某一节点处于同一车道上的邻居节点数目 D_{Neig} 越多，这个节点越稳定。

证明：设节点的通信半径为 R，单个车辆的长度为 L，道路为单车道道路，所有车辆处于同一道路上，呈直线形。设平均车间距离为 $\overline{d}$，那么能够得到 $\overline{d} = 2R / D_{\mathrm{Neig}}$。我们假设一个驾驶人员的反应时间 t_δ 为一固定常量，那么车辆的行驶速度为 $v = (\overline{d} - L) / t_\delta$。由于 $\overline{d}$ 的值会随着 D_{Neig} 值的增大而减小，所以节点的相对移动减小，从而证明了同一车道上 D_{Neig} 越大，节点越稳定。

车辆跟随数目 fc 是指一个车辆直接或者间接地被其他车辆所跟随的个数。如图 3.26 所示，在簇 B 中，车辆节点 10 直接跟随车辆节点 6，而车辆节点 11 通过车辆节点 10 间接跟随车辆节点 6。假设车辆节点 6 的一跳邻居节点直接跟随车辆节点 6，那么 $\mathrm{fc}_6 = 5$，而 $\mathrm{fc}_{10} = 1$。现在假设车辆节点 x 直接跟随车辆节点 y，令 fc_y 表示车辆节点 y 的跟随数目，那么直接跟随函数 f 可以定义为

$$f : x \rightarrow y \wedge y \in \mathrm{NBHD}(x) \tag{3.35}$$

在间接跟随中，如果一个车辆节点 y 并不属于 $\mathrm{NBHD}(x)$，但一个跟随链存在 $x \mapsto y$，如 $x \rightarrow \cdots \rightarrow i \rightarrow \cdots \rightarrow y$，那么其满足跟随关系，用符号 $x \mapsto y$ 表示间接跟随。因此，fc_y 可以由如下计算公式得到

$$\mathrm{fc}_y = \{ x \mid x \rightarrow y \vee x \mapsto y \} \tag{3.36}$$

引理 3.5　一个节点的跟随数目 fc 越大，这个节点越稳定。

证明：在式 (3.36) 中已经给出 fc 的值由直接跟随和间接跟随求和得到，根据本节提出的优先权跟随策略，一个车辆选择了其一跳邻居中最稳定的节点去跟随。在图 3.26 的簇 B 中，车辆节点 6 有着最大的 fc 值，如果其不是最稳定的节点，那么车辆节点 6 一定会跟随其他车辆，导致在车辆节点 6 中的某一邻居节点有着更大的 fc 值，这显然是矛盾的，这就证明了 fc 的值越大，节点越稳定。

定理 3.2　N_{follow} 值越大的节点稳定性越好。

证明：根据引理 3.4 与引理 3.5 能够很容易地判定定理的正确性，如果最大跳数为 K，那么其将成为 K 跳范围内最稳定的节点。

定义 3.5（期望传输数目）　期望传输数目 ETX 用来表示节点间双向传输的无线链路的链路质量。一个稳定的链路不仅决定了车辆节点间通信的可靠性，而且能够保证成簇的稳定性。为了评估节点间链路的可靠性，假设车辆节点 i 与车辆节点 j 之间的 ETX 为 ETX_{ij}，则节点 i 和 j 的 ETX_{ij} 为

$$\mathrm{ETX}_{ij} = \frac{1}{d_f \times d_r} \tag{3.37}$$

其中，d_f 和 d_r 分别表示发送率和接收率。发送率指的是数据包成功到达接收方的概率。接收率指的是发送方成功接收到目的节点发来的数据包的概率。由于在前面提到的网络模型中，每一个车辆间隔性地发送 Hello 数据包到其一跳邻居节点，所以

很容易计算出 d_f 和 d_r，从而计算出 ETX_{ij}。从式 (3.37) 可以看到，ETX 越小，说明链路质量越好。

定义 3.6（链路生存时间） 在 VANET 这种较高移动性的网络中，很容易造成节点间链路的断裂，链路生存时间作为一个评估指标，能够减小链路断裂发生的概率。如果节点间有着较高的链路持久性，那么能够极大地保证所成簇的稳定性。在这里，我们利用 LLT 来表示两个车辆的链路维持时间，LLT 越大，那么链路将越持久。

假设一个车辆 h_m 在时间 t 的速度为 $v_m(t)$，其位置为 $p_m(t)$，以间隔 δ_m 秒向其一跳邻居节点广播 Hello 信标数据包。数据包中包括本节点的位置、速度以及方向等信息。车辆 h_m 的一个邻居节点 h_n 接收到这个 Hello 数据包时，会计算与 h_m 的链路维持时间，反之亦然。假设 h_n 在时间 t 的速度为 $v_n(t)$，位置为 $p_n(t)$，并且我们假设在一种理想的条件车辆 h_m 与 h_n 有着相同的广播距离 d，那么在时间 t 车辆的相对距离计算公式为

$$\left| p_m(t) - p_n(t) \right| < d \tag{3.38}$$

在时间 $t + \sigma$，两辆车的位置为

$$p_m(t + \sigma) = p_m(t) + \sigma v_m(t) \tag{3.39}$$

$$p_n(t + \sigma) = p_n(t) + \sigma v_n(t) \tag{3.40}$$

假设在时间间隔 δ_m 内，车辆 h_m 与 h_n 的速度为一个定值，当两辆车之间的距离达到最大广播范围 d 时，其链路将断裂，所以，链路的维持时间满足

$$\left| p_m[t + \text{LLT}_{m,n}(t)] - p_n[t + \text{LLT}_{m,n}(t)] \right| = \left| p_m(t) - p_n(t) + \text{LLT}_{m,n}(t)[v_m(t) - v_n(t)] \right| = d \tag{3.41}$$

其中，用 $\text{LLT}_{m,n}(t)$ 表示链路的维持时间。为了能够有效地计算出链路的维持时间，利用二维平面坐标来表示车辆的位置以及速度向量。假设车辆 h_m 与 h_n 的坐标为

$$\begin{cases} p_m(t) \equiv (p_{mx}(t), p_{my}(t)) \\ p_n(t) \equiv (p_{nx}(t), p_{ny}(t)) \end{cases} \tag{3.42}$$

同样，两辆车的速度为

$$\begin{cases} v_m(t) \equiv [v_{mx}(t), v_{my}(t)] \\ v_n(t) \equiv [v_{nx}(t), v_{ny}(t)] \end{cases} \tag{3.43}$$

将式 (3.42) 和式 (3.43) 代入式 (3.41)，那么链路维持时间为

$$\text{LLT}_{m,n}(t) = \frac{\sqrt{d^2[\Delta^2_{vx}(t) + \Delta^2_{vy}(t)] - [\Delta_{px}(t)\Delta_{vy}(t) - \Delta_{py}(t)\Delta_{vx}(t)]^2}}{\Delta^2_{vx}(t) + \Delta^2_{vy}(t)}$$
$$- \frac{\Delta_{px}(t)\Delta_{vx}(t) - \Delta_{py}(t)\Delta_{vy}(t)}{\Delta^2_{vx}(t) + \Delta^2_{vy}(t)} \tag{3.44}$$

其中

$$
\begin{cases}
\Delta_{px}(t) = p_{mx}(t) - p_{nx}(t) \\
\Delta_{py}(t) = p_{my}(t) - p_{ny}(t) \\
\Delta_{vx}(t) = v_{mx}(t) - v_{nx}(t) \\
\Delta_{vy}(t) = v_{my}(t) - v_{ny}(t)
\end{cases}
\tag{3.45}
$$

在车辆跟随策略中，一个车辆节点要将其一跳范围内具有最高优先权的邻居车辆作为目标跟随，并且与其共享一个簇头节点。优先权作为一个至关重要的参数，其分别考虑了跟随度数、期望传输数目以及链路维持时间三个因子。我们用 PRI 来表示优先权，其计算公式如下

$$
\text{PRI}_{ij} = \alpha \cdot \frac{1}{N_{\text{follow}}(j)} + \beta \cdot \text{ETX}_{ij} + \delta \cdot \frac{1}{\text{LLT}_{ij}}
\tag{3.46}
$$

其中，$\alpha + \beta + \delta = 1$，从公式中能够看出，PRI 越小，其优先级越高。车辆节点 i 将选择具有最高优先级的车辆节点 j 作为目标车辆跟随。考虑到三个因子都占有比较重要的位置，我们这里取值均为 0.3。

3.3.3　PMC 算法

在整个网络分簇架构中，每一个车辆拥有一个状态，车辆通过修改自身的状态来改变自身在簇中所扮演的角色。我们将车辆的所有状态定义如下。

定义 3.7　节点状态

.INITIAL（IN）：车辆要接入网络时的初始状态。

.STATE_ELECTION（SE）：车辆接入网络一定时间后所处的第一个状态。

.CLUSTER_HEAD（CH）：簇头节点状态，类似于传统成簇算法中的簇头的作用。

.CLUSTER_MEMBER（CM）：簇成员组状态，距离簇头可能是一跳或者多跳。

.ISOLATED_CLUSTER_HEAD（ISO-CH）：表示网络中的一个车辆成为一个孤立的车辆节点，其并不能加入任何簇中，也并没有跟随车辆，作用类似于一个 CH 节点。

表 3.4 列出了本节所涉及的相关概念。

表 3.4　相关概念

概念	描述
IN	初始状态
SE	状态选择
CH	簇头状态
ISO-CH	孤立簇头状态
INFO_TABLE	每个车辆的信息表
IN_TIMER	初始化定时器

概念	描述
MERGE_TIMER	簇合并定时器
MAX_MEMBER	节点个数的最大值
MAX_HOP	到达簇头的最大跳数
CH_ADV	簇头广播信息
V_{state}	车辆当前的状态
AvgRelM	平均相关速度
TO_CH_HOP	到 CH 的跳数
MERGE_REQ	合并请求数据包
MERGE_RESP	合并回复数据包
Hello	信标数据包
JOIN_REQ	加入请求数据包
JOIN_RESP	加入回复数据包
NBHD	节点的邻居
Try_Connection	尝试连接标志位
BeCH	簇头标志位
Other_CH	其他簇头

在每一个车辆节点中，维护了一张邻居表 INFO_TABLE，其包含自己的车辆信息及其 MAX_HOP 内邻居节点的相关信息。其中主要包括车辆的唯一指定 ID、车辆的状态以及位置相关信息等，路由条目如表 3.5 所示。其中车辆状态为表 3.4 中的某一种，位置相关信息包含车辆的行驶方向、速度、位置等信息。跟随数目为直接跟随和间接跟随车辆的总数目。Parent_ID 表示本车辆跟随的目标车辆的 ID。距离 CH 的跳数表示本车辆节点到簇头节点需要的跳数，其可以由 Parent 车辆中检索到的值加 1 计算得到。一跳邻居数目是指车辆的直接跟随数目，其最大值为MAX_MEMBER，目的是控制车辆的邻居数目。簇头 ID 为与 Parent 车辆共享的簇头 ID。时间戳指本条路由项的有效时间，当车辆自身的状态发生改变或者收到来自邻居节点的 Hello 信标数据包时，INFO_TABLE 将被修改。Hello 数据包作为信标数据包，被间隔性地广播到邻居节点中，其主要信息包含车辆的 ID、行驶速度、方向、簇头节点 ID 以及到达 CH 节点的跳数等信息。如果某一节点在指定的时间内没有收到来自邻居节点的 Hello 数据包，当时间戳到期时，本条路由会被删除。

表 3.5　INFO_TABLE 路由条目

车辆 ID	车辆状态	位置相关信息	跟随数目	Parent_ID	距离 CH 的跳数	一跳邻居数目	簇头 ID	时间戳

图 3.27 所示为一个车辆节点的状态转换图。网络中每一个车辆的初始状态为IN，并且保持这个状态直到 IN_TIMER 超时。在 IN_TIMER 时间间隔内，每一个车

辆节点周期性地发送和接收来自邻居节点的 Hello 信标数据包更新自己的
INFO_TABLE。当定时器超时的时候，其将状态转换为 SE。在 SE 状态，根据算法 3.1
改变自身的状态。当一个车辆收到来自 CH 或者 CM 发来的 JOIN_RESP 数据包时，
其将状态从 SE 转换到 CM 状态，表明其加入了一个簇中。其中，JOIN_RESP 表明
一个成功加入簇中的回应数据包。如果一个车辆满足 CH_CONDITION，那么这个
车辆转换状态从 SE 到 CH。CH_CONDITION 是簇头选择条件，在簇头选择中有详
细说明。如果 CH 的成员数目 MEMBER_CH 为 0，那么其将转换为 ISO-CH 状态，
表明已经成为一个孤立节点。当一个处于 ISO-CH 状态的车辆，其邻居节点不为 0，
且其满足成为簇头条件时，那么其成为簇头 CH。否则，如果不满足
CH_CONDITION，那么其成为簇成员 CM。一个处于 CM 状态的节点，如果失去与
Parent_ID 的连接，且没有跟随车辆，那么其转换为 ISO_CH 状态。一个处于 CH 状
态的车辆，当其收到来自其他 CH 节点发来的 MERGE_RESP 时，其将转换为 CM
状态，表明簇融合成功。如果一个簇成员 CM 满足成为簇头的条件，且比当前簇头
更稳定，那么其转换状态为 CH 并成为簇头。

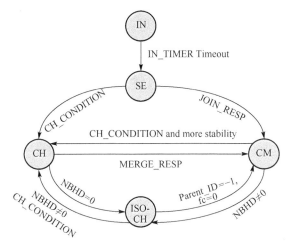

图 3.27　车辆节点状态转换图

在网络初始化的过程中，每一车辆间隔性地发送 Hello 信标数据包到其一跳邻
居节点。邻居节点通过解析收到的 Hello 数据包更新自己的 INFO_TABLE 中的信息。
根据模型中提到的优先权车辆跟随策略，每一个车辆节点计算优先权值以确定跟踪
的目标车辆。车辆节点发送 JOIN_REQ 请求跟随目标车辆，目标车辆发送
JOIN_RESP 允许其跟随，同时修改路由表中的跟随数目项加 1，跟随车辆修改
Parent_ID 为目标车辆的 ID。由于此时网络中并不存在簇头节点，我们设置簇头的
ID 为−1 来表示空。在 VANET 这种拓扑变化较快的网络中，选择稳定的簇头是至关
重要的，其不仅能够提高成簇的稳定性，而且能够延长所成簇的生命周期。所以在

选择簇头时，不仅要考虑某一车辆所跟随车辆的数目，而且此车辆的相关移动性也是一个重要的考察指标。某一车辆所跟随的车辆越多并且此车辆平均相关速度越小，那么其越容易被选择为簇头节点。下面给出簇头选择公式

$$\mathrm{BeCH}(x) = \begin{cases} \mathrm{true}, & (N_{\mathrm{follow}}(x) > N_{\mathrm{follow}}(y)) \wedge (\mathrm{AvgRelM}_x < \mathrm{AvgRelM}_y) \\ \mathrm{false}, & \text{否则} \end{cases} \quad (3.47)$$

其中，N_{follow} 表示车辆的跟随度数，可以从路由表项中得到，由定理 3.2 知，其值越大节点越稳定。 $\mathrm{AvgRelM}$ 表示车辆的平均相关移动性，其值计算如下

$$\mathrm{AvgRelM}_x = \frac{\sum\limits_{y \in \mathrm{NBHD}(x)} \mathrm{RelM}_{x,y}}{|\mathrm{NBHD}(x)|} \quad (3.48)$$

其中， $\mathrm{NBHD}(x)$ 表示车辆节点 x 的邻居节点数目。

在算法 3.1 中，当 INFO_TABLE 不为空，且一个车辆处于 SE 状态时，其首先尝试连接到一个已经存在的簇中最小化簇头的数目。当一个车辆能够同时连接到 CH 或者 CM 节点时，考虑到数据包传输的延时，如果 CH 的最大连接度数未达到最大值，此节点会首先考虑连接到 CH，否则连接到 CM 节点。如果车辆在连接 CH 时，发现 TRY_Connection$_{CH}$ 标志位为 false，那么其发送 JOIN_REQ 数据包到 CH 节点。如果在给定的时间间隔 JOIN_TIMER 内，节点收到 CH 发来的 JOIN_RESP，表明其被允许加入簇中，同时改变自身的状态为 CM。否则，车辆设置 TRY_Connection$_{CH}$ 为 true，表示不再尝试连接到 CH 节点（算法 3.1 第 1～12 行）。

如果某个节点不能直接连接到任何 CH 节点，那么其尝试通过 CM 利用多跳的方式连接到 CH。根据优先权车辆跟随策略选择最优的邻居车辆跟随，并且与其共享同一个簇头节点。与连接到 CH 节点类似，如果 TRY_Connection$_{CM}$ 标志位为 false，此时目标车辆所连接的节点数目小于预定义的最大连接度 MAX_MEMBER，且当 CH 的跳数小于预定义的最大跳数 MAX_HOP 时，允许本车辆加入（算法 3.1 第 16～17 行）。在连接过程中，本节点发送 JOIN_REQ 数据包到其邻居目标车辆，如果本节点收到目标车辆发来的 JOIN_RESP，则表明其允许被跟随，本节点随即转换为 CM 状态，同时，路由条目中的 Parent_ID 以及簇头 ID 项也被相应地设置。如果此时车辆收到多个 JOIN_RESP，若有从 CH 发来的，同时满足条件，那么其会优先选择加入 CH 中（算法 3.1 第 18～20 行）。

算法 3.1　簇形成算法

1	For all　INFO_TABLE !=NULL　do
2	if　TRY_ConnectionCH==false　then
3	if　NBHDCH+1≤MAX_MEMBER　then
4	Send JOIN_REQ

```
5            if   JOIN_RESP   received    then
6                    Vstate=CM
7            else
8                    TRY_ConnectionCH=true
9            end if
10        end if
11      end if
12  End for
13
14  For all   INFO_TABLE !=NULL && CH in Parent    do
15    if   TRY_ConnectionCM==false    then
16      if   NBHDcurr+1≤MAX_MEMBER    then   //NBHDcurr 为当前车辆的邻居节点数目
17        if   TO_CH_HOP<MAX_HOP    then
18        Send JOIN_REQ
19          if   JOIN_RESP received    then
20              Vstate=CM
21          end if
22        end if
23      end if
24    end if
25  End for
26
27  if   INFO_TABLE==NULL    then
28      Vstate=ISO-CH
29  else if   BeCH(curr)==true    then        //满足成为簇头的条件
30      Vstate=CH
31      Broadcast CH_ADV
32  end if
```

如果车辆不能够跟随任何目标车辆，且没有任何车辆跟随它，即 INFO_TABLE 中没有邻居信息，那么其转换为 ISO-CH 状态。如果此时 INFO_TABLE 不为空，且查看 CH 标志位为−1，那么根据簇头选取机制，满足 BeCH 的车辆节点被选择为簇头节点。改变车辆状态为 CH 并且广播 CH_ADV 数据包到下游的跟随车辆中(算法 3.1 第 27～32 行)。

在成簇过程中，利用了优先权车辆跟随策略选择最稳定的目标节点去跟随，并加入对应的簇中，使得所成的簇具有较高的稳定性。但是，在车辆行驶过程中，由于车辆速度的变化，当两个簇中的簇头节点成为邻居节点时，会使得簇发生重叠，从而引起簇内干扰，这时启动簇头合并机制进行簇的维护。算法 3.2 中，如果当前节点为簇头节点，且在其邻居节点中有其他簇的簇头节点，那么当 MERGE_TIMER 超时时，其发送 MERGE_REQ 数据包到邻居节点请求簇合并(算法 3.2 第 1～5 行)。其中，在合并过程中，所有 CH 节点在 MERGE_TIMER 内保持邻居，且它们将共享簇内节点的移动信息。在合并过程中，簇头周期性地检测两个邻居簇是否能够合并，如果一个邻居簇头具有较高的相关移动速度和较少的跟随车辆，那么进行簇合并。如果较稳定的节点收到了 MERGE_REQ，其判断自己的 MAX_MEMBER 以及 MAX_HOP 两个变量，如果满足条件，则允许合并，发送 MERGE_RESP 数据包到邻居簇头进行簇合并(算法 3.2 第 7～10 行)。如果簇合并成功，稳定性较差的节点放弃簇头角色，改变自身状态为 CM，并且加入合并的簇中(算法 3.2 第 11～13 行)，否则继续担任簇头。在簇合并过程中，要求所合并的簇必须有相同的移动方向，簇头的邻居数目以及簇成员的邻居数目在合并后必须小于节点的 MAX_MEMBER，并且合并后的节点到簇头的跳数必须小于最大跳数 MAX_HOP。限制最大车辆数目以及跳数有利于簇的管理以及路由的有效性。如果车辆收到多个 MERGE_RESP，那么其将选择具有最小相关移动速度的簇进行合并。

算法 3.2　簇合并算法

1	if INFOR_TABLE !=NULL && Vstate(curr)==CH then	
2	if Other_CH∈INFO_TABLE then	//簇头邻居表中有其他簇头节点
3	if MERGE_TIMER ≤ 0 then	//合并定时器超时
4	Send MERGE_REQ	
5	end if	
6	else	
7	if MERGE_REQ received then	//满足合并条件
8	if TO_CH_HOP ≤ MAX_HOP && CH_MEMBER ≤ MAX_MEMBER then	
9	Send MERGE_RESP	
10	end if	
11	if MERGE_RESP received then	
12	Vstate=CM	//改变状态为簇成员
13	end if	
14	end if	
15	end if	
16	end if	

3.3.4　实验测试与对比

本节我们通过实验来验证 PMC 算法的正确性和有效性，并且通过与相关算法进行比较来验证算法的性能。我们选择在 NS2(release 2.35)网络模拟仿真环境下进行实验，并利用 VanetMobiSim 车辆路径生成器生成车辆行驶的 trace 文件，详细的仿真参数已经在表 3.6 中给出。总的仿真时间是 300s，车辆的行驶速度被限制在了 10～35m/s。在实验环境中，车辆的传输范围是 100～300m。PMC 算法分别与 N-HOP、DMCNF(distributed multi-hop clustering based on neighborhood follow) 以及 VMaSC (vehicular multi-hop algorithm for stable clustering) 算法进行比较。N-HOP 是一个典型的多跳分簇路由算法，是最早实现利用多跳成簇这一思想去分簇的算法。其主要提出了一种利用移动度量来评估车辆间的相关移动性，然后根据相关移动性决定车辆是否能够被选择作为簇头。DMCNF 是近几年提出的一种多跳分簇算法，其改进了 N-HOP 算法，并首次提出了车辆跟随的思想。VMaSC 也是对 N-HOP 改进的一种多跳分簇算法。在实验中，我们将 N-HOP 算法的最大的跳数 MAX_HOP(CM 与 CH 之间的最大跳数距离) 设置为 3，同时将 DMCNF 算法的参数设置为 HI=180 使得能够取得最好的效果。VMaSC 在这里也取其跳数为 3 跳。分别通过比较平均簇头维持时间、平均簇成员维持时间以及簇头的改变次数我们得到了如下实验结果。

表 3.6　仿真参数

参数	值
仿真时间	300s
拓扑范围	1000m×1000m
最大速度	10～35m/s
车辆数目	100
传输范围	100～300m
传播模型	双向地面模型
信道 MAC	MAC/802.11
Hello_Packet 发送间隔	300ms
Hello 数据包大小	64B
试验次数	50 次

簇头的维持时间是指当某一车辆从 CH 状态起，到其转换为非 CH 状态的时间间隔，例如，本章的 PMC 算法会转换到 CM 或者 ISO-CH 状态。平均簇头维持时间为总的簇头维持时间与簇头个数的比值，计算公式如下

$$\mathrm{AvgStime_{CH}} = \frac{\sum_{i=1}^{n} \mathrm{Stime_{CH}}(i)}{n} \tag{3.49}$$

其中，$\mathrm{AvgStime_{CH}}$ 表示平均簇头维持时间；$\mathrm{Stime_{CH}}$ 表示簇头的总维持时间。通过仿真，我们得到图 3.28 的实验结果。

图 3.28 显示了平均簇头维持时间与车辆速度的关系。其中，我们分别将由通信半径为 100m、200m、300m 产生的实验结果放在图 3.28 中。从图 3.28 中我们可以看出，随着车辆速度的增加，平均簇头维持时间呈现下降的趋势。这是由于车辆速度的增加导致了网络拓扑的剧烈变化，使得频繁地进行簇合并或者由于网络断裂而

失去连接。从图 3.28(a)~图 3.28(c)我们可以很明显地看出，随着速度的增加，虽然整体呈现下降的趋势，但 PMC 算法与 DMCNF 有着较高的簇头维持时间。这和这两种算法都采用了跟随策略是分不开的，跟随性能够有效地提高所成簇的稳定性。VMaSC 算法与 N-HOP 算法维持时间相对比较短，虽然二者都将相关移动度量作为簇头选取因素。在车辆速度较高的网络中，仅考察某一个车辆的最小相关移动性很难保证整个簇的稳定性，这就造成了簇头的频繁切换，使得每一个簇头的维持时间都很短。对比图 3.28 中的 PMC 与 DMCNF 算法可以看出，我们提出的 PMC 算法簇头维持时间多于 DMCNF，尤其是在速度较快的情况下。这是由于 PMC 在选择跟踪车辆时利用了优先权策略选择最稳定的车辆，而不是仅跟随相对速度最小的车辆。对比图 3.28(a)~图 3.28(c)中传输范围对簇头维持时间的稳定性造成的影响，从图 3.28 可以看出，随着传输范围的变大，CH 的维持时间均有较高的提升。这是由于随着传输范围的增加，车辆间的链路变得更加稳定，使其不容易失去和所跟随车辆的连接。特别是在图 3.28(c)中，通信半径为 300m 时，VMaSC 算法与 N-HOP 的簇头维持时间均有所增加，但与之相比，PMC 与 DMCNF 算法有着更长的簇头维持时间。

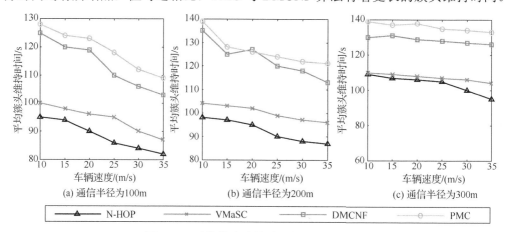

图 3.28　平均簇头维持时间与速度的关系

簇成员维持时间是指从一个车辆加入某一个簇到其离开这个簇的时间间隔。在这里值得说明的是，当簇头发生改变时，或者自身成为簇头节点时，我们都认为其连接到另一个簇。其中，在判断车辆加入哪一个簇中时，主要是判断其与所跟随的目标车辆所共享的簇头。在这里我们仍然计算平均簇成员维持时间，计算方法与计算簇头维持时间的方法类似，这里直接给出实验结果，如图 3.29 所示。

从图 3.29 可以明显地看到，平均簇成员维持时间均受到速度的影响，从整体来看，随着速度的增加，簇成员的维持时间呈现下降的趋势。但从图 3.29 可以看出，随着广播半径的逐渐增大，平均簇成员维持时间在逐渐变长，而且趋于稳定。从图 3.29 还可以看出，PMC 算法的成员维持时间长于其他三种算法。与 DMCNF 算法相比，由于均采用了车辆跟随机制，所以这两者的簇成员维持时间都是比较长的，但是由于PMC 算法利用优先级来确定跟踪的目标车辆，而不是简单地跟随，所以在车辆速度较大时，仍然有着比较好的效果，特别是在图 3.29(a) 中。在图 3.29(c) 中，通信半径的增大使得两者比较接近，但从图中可以明显看出 PMC 仍高于 DMCNF。通信半径的增大使得所跟随的目标车辆有着更长的通信链路。与 N-HOP 以及 VMaSC 算法相比，采用车辆跟随机制，一个车辆在改变跟随目标后，可能其所跟随的新的目标仍然处于同一个簇中，所以保证了簇成员的维持时间。而在另外两种算法中，由于其所关注的是簇头的平均移动速度，所以一旦簇头的速度变快，其很容易选择加入其他簇中，从而缩短了簇成员维持时间。

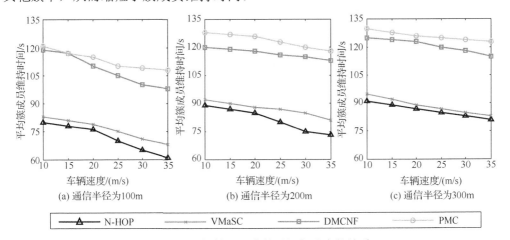

图 3.29　平均簇成员维持时间与速度的关系

簇头变化数目是指网络中处于 CH 状态的车辆节点放弃成为簇头而转变为其他状态的车辆总数。在这里我们通过多次实验取平均簇头变化数目，得到图 3.30 的实验结果。图 3.30 显示了平均簇头改变数目与车辆速度的关系，为了说明不同通信半径对簇头变化数目的影响，与上面类似，分别得到了三种结果。从图 3.30 可以看出，随着车辆速度的增加，簇头的变化数目呈现上升的趋势。其中，车辆的通信半径对簇头的变化数目有一定的影响，通信范围越大，变化数目越小，越接近于稳定。从图 3.30 能够看出，随着速度的增加 N-HOP 和 VMaSC 算法的簇头变化比较快，这与其仅考虑相关移动速度而没有考虑整个簇的拓扑变化有着直接的关系。相比DMCNF 与本章提出的 PMC 算法，由于其簇头的选取是建立在车辆跟随的基础上的，所以其最终选出的簇头节点是整个 MAX_HOP 中最稳定的节点，因此这两个算法有着较小的簇头变化数目。在图 3.30(c) 中，节点广播半径的增大，使得 VMaSC 算法与 N-HOP 算法趋于接近。而 PMC 与 DMCNF 逐渐变得稳定，这是由于当广播范围较大时，链路具有更高的可靠性。

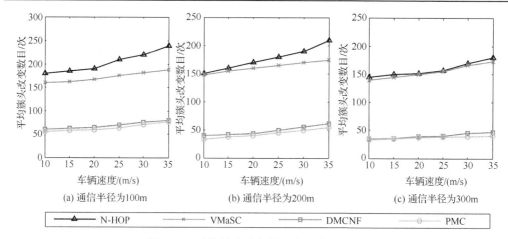

(a) 通信半径为100m　　　　(b) 通信半径为200m　　　　(c) 通信半径为300m

图 3.30　平均簇头改变数目与速度的关系

我们定义分簇代价为成簇阶段和簇维持阶段所花费控制数据包的数目与总数目的比值，计算公式如下

$$\text{overheadRatio} = \frac{\sum\limits_{i=1}^{n} \text{Packet}_{\text{ctr}}}{\sum\limits_{i=1}^{n} \text{Packet}_{\text{all}}} \times 100\% \tag{3.50}$$

其中，overheadRatio 表示分簇代价的比率。在实验中，我们取车辆节点的广播半径为 300m，同时本章提出的 PMC 算法中 MAX_HOP 取 3 跳，MAX_MEMBER 取 10。然后得到如图 3.31 所示的实验结果。从图 3.31 可以明显地看出，随着速度的增加，簇维护的开销越来越大。与 H-HOP 以及 VMaSC 算法相比，我们提出的 PMC 算法

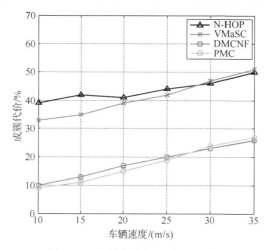

图 3.31　成簇代价与速度的关系

开销很小，而且与 DMCNF 算法比较接近。这是由于其仅使用了邻居 Hello 数据包。同时反映出，开销越小，簇维护越少，说明成簇更加稳定。从图 3.31 还可以看出，当速度较慢时，PMC 算法的开销少于 DMCNF 算法。当车辆速度达到 30m/s 时，PMC 算法的开销逐渐超过了 DMCNF 算法，这是由于在 PMC 算法中采用了簇维护机制，但可以看出开销也是很小的。

3.4　本　章　小　结

我们通过建立车辆移动模型，详细分析了车辆运动与链路维持时间的关系，证明了链路的维持时间服从对数正态分布。然后在此基础上给出了节点间链路可靠性的计算方法，并将其作为设计路由时的重要因素。通过将 Q 学习算法加入路由设计中提出了自适应 RSAR 路由算法，并在 NS2 仿真环境下进行了实验仿真。实验结果表明，通过考虑每一跳节点间链路的可靠性能够极大地提高数据包递交率，同时将学习任务分配到每一个车辆节点中，利用分布式的方式能够很好地适应 VANET 这种拓扑频繁变换的网络。

同时，我们针对近年来分簇路由算法中簇稳定性和可靠性差的问题，提出了一种基于多跳的反应式成簇算法——PMC。PMC 算法利用多跳的思想成簇，在成簇阶段，利用优先权车辆跟随策略选择具有最高优先权的邻居车辆作为跟随车辆，与其共享簇头，有效地减小了成簇的开销，提高了簇内节点间通信的可靠性。PMC 算法将 K 跳范围内最稳定的节点选择为簇头节点，极大地提高了簇的稳定性。在簇的维护阶段，通过引入簇的合并机制不仅进一步提高了簇的稳定性，而且增加了簇的覆盖范围，簇的合并机制有效地解决了簇重叠引起的簇间干扰问题。实验结果表明，PCM 算法有着较高的稳定性和较小的开销。

第4章 面向车联网的路由协议

4.1 动态自适应路由协议

在车联网中，节点的高速移动性使得网络拓扑频繁变化，传输路径极易中断，造成路由效率低下。为了提高路由效率和行车安全，避免发生类似碰撞、追尾等交通事故，我们提出面向车联网应用环境的路由新方法。

4.1.1 基本网络模型

与传统的贪婪路由算法相同，这里假设每一辆车知道自己的地理位置信息和速度信息。由于现在每一辆车都装有 GPS，所以这些位置信息很容易得到。在整个网络中每一辆车有且仅有唯一的 ID 信息，且每一个节点中保存一张邻居节点列表。每个节点通过周期性地向其邻居节点广播自己的 ID 以及位置信息来更新邻居表。如图 4.1 所示，在一个宽为 mW 的道路，其中车道宽度为 W，车道数为 m，车辆密度为 λ，且车辆节点的广播距离为固定的 R。V_S 节点要发送一个数据包给 V_D 节点。传统的贪婪路由算法由于不考虑链路的状态，只考虑下一跳转发节点与目的节点的距离，会选择 V_1 成为下一跳转发节点。但是由于车辆的快速运动以及信号的衰减会出现以下两个问题：①V_1 可能已经离开 V_S 的一跳传输范围；②信道的衰减使得 V_1 收到错误的数据包或由于能量小于数据包的阈值而被丢弃。

我们知道，发送节点发送的数据包远大于信标数据包的大小，所以以上情况很容易发生。以上问题就使得当选择下一跳节点时，不仅要考虑节点间的距离，而且要考虑链路的质量以及稳定性。

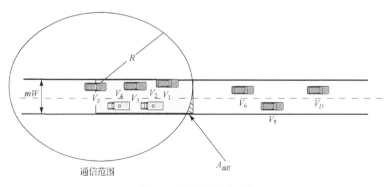

图 4.1 基本网络模型

贪婪路由算法的特点是在寻找下一跳转发节点时总是寻找比当前节点距离目的节点更近的节点成为候选节点。由于车辆都是按照固定的路线运动，这样就会形成一个候选节点域，根据贪婪路由算法，在属于发射机的中继选择区域(relay selection region，RSR)的节点中选择中继，见图 4.1 中灰色区域。考虑到车辆节点的广播范围 R 远大于道路宽度，如果图中的阴影部分 A_{diff} 足够小，以及在阴影区域不存在车辆的概率接近于 1 时，那么我们可认为道路宽度是可以忽略的，作者给出了阴影区中不存在车辆的概率 P_n。我们假设理想区域为图中椭圆形区域，面积为 A_{ideal}，实际广播区域为灰色区域，面积为 A_{real}，那么阴影面积为 A_{diff}。

引理 4.1　在车联网中，道路宽为 W，道路的数目为 m，传输范围是 R，节点密度为 λ。那么中继选择区域中不存在节点的概率为

$$P_n = \mathrm{e}^{-\lambda A_{\text{diff}}} \tag{4.1}$$

其中

$$A_{\text{diff}} = (R^2 / 2)\{g(W / 2R) + g[(2m-1)W / 2R]\}$$

$$g(x) = x(2 - \sqrt{1-x^2}) - \arcsin x, \quad x \in (0,1] \tag{4.2}$$

更进一步，当道路宽度满足 $mW < 2\sqrt[3]{(3\varepsilon / \lambda)R}$ 时，可以得到 $\lambda A_{\text{diff}} < \varepsilon$，其中，$\varepsilon$ 为可以接受的误差，所以道路宽度可以忽略的概率远大于 $\mathrm{e}^{-\varepsilon}$。

证明：（1）当 $m = 1$ 时，在这种情况下，RSR 的差值等于阴影区域 A_{diff} 的面积，如图 4.1 所示。它的大小是 RSR 中 A 的理想尺寸减去 A 的真实尺寸，即

$$
\begin{aligned}
A_{\text{diff}} &= A_{\text{ideal}} - A_{\text{real}} \\
&= 2\left(\frac{1}{2}\left(R + R - \sqrt{R^2 - \left(\frac{W}{2}\right)^2} \right)\frac{W}{2} - \frac{\arcsin \dfrac{W}{2R}}{2\pi}\pi R^2 \right) \\
&= R^2\left(\frac{W}{2R}\left(2 - \sqrt{1 - \left(\frac{W}{2R}\right)^2} \right) - \arcsin \frac{W}{2R} \right) \\
&= R^2 g\left(\frac{W}{2R} \right)
\end{aligned} \tag{4.3}
$$

（2）当 $m > 1$ 时，在这种情况下，RSR 的差值等于阴影区域 A_{diff} 的面积，如图 4.1 所示。它的大小是 RSR 中 A' 的理想尺寸减去 A' 的真实尺寸，即

$$
\begin{aligned}
A_{\text{diff}} &= A'_{\text{ideal}} - A'_{\text{real}} \\
&= \frac{1}{2}(A_{\text{ideal}} - A_{\text{real}}) - \frac{\pi R^2}{2\pi}\arcsin\left(\frac{\left(m - \dfrac{1}{2}\right)W}{R} \right)
\end{aligned}
$$

$$+\frac{2m-1}{4}W\left(R+R-\sqrt{R^2-\left(m-\frac{1}{2}\right)^2W^2}\right)$$

$$=\frac{R^2}{2}\left(g\left(\frac{W}{2R}\right)+g\left(\frac{(2m-1)W}{2R}\right)\right)\tag{4.4}$$

当广播半径 $R=150\text{m}$，车辆密度 $\lambda=0.006$，车道数为 4，车道宽 4.5m 时，道路宽度以极高的概率被忽略。这时我们将建立网络拓扑模型，如图 4.2 所示。

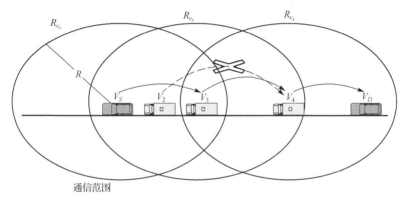

图 4.2　忽略道路宽度车载模型

根据以上分析道路宽度可以忽略，所以在图 4.2 中，当我们选择下一跳转发节点时，只需要考虑链路的质量以及节点间的距离这两个度量。分析网络拓扑模型，当 V_S 发送数据包给 V_D 时，从图 4.2 中我们可以很容易知道，V_2 与发送节点 V_S 距离较近，而 V_3 靠近 V_S 的广播边缘，V_S 与 V_2 的链路质量明显好于 V_3。但是如果仅从单方面来考察链路的质量，而不考虑转发节点的有效邻居密度问题，这样很容易选择 V_2 为下一跳转发节点，从而忽略 V_3。当选择 V_2 为转发节点时，很明显，由于 V_4 不在 V_2 的一跳范围内，这样不仅增加了跳数，而且增大了数据包传输的延迟时间，同时使得局部最大化问题更容易出现。

为了解决以上问题，我们提出的路由算法在评估一跳链路质量时，充分考虑了节点间的相对位移、包准确率以及链路的维持时间，使得当 V_S 与 V_3 满足数据包转发的最低链路要求时，也会成为下一跳转发节点的候选节点。同时为了减小数据包传输的延迟时间，通常加入对转发节点的有效邻居节点密度的考察。如图 4.2 所示，当 V_3 满足数据包转发要求时，由于 V_3 的一跳邻居节点中有不包含在 V_S 范围内的节点 V_4，而 V_2 的所有邻居节点都包含在 V_S 中，当选择 V_3 时，可以极大地缩短数据包传输的延迟时间。通过引入对转发节点有效邻居节点密度的考察，不仅能够避免局部最大化问题，而且当发送节点在交叉路口时，很容易找出从发送节点到目的节点稳定的路由路径。

　　基于实际的交通环境提取两级场景。基于该情景，我们的模型被提取，如图 4.3 所示。模型中存在两个交通流量，其中 Lane$_1$ 位于下层，Lane$_2$ 位于上层，这两个交通流是相互独立的。街道的宽度远小于传输范围，使道路可以被视为线性的。我们将 Lane$_i$ 的第 j 个节点用 $V_{i,j}$ 表示，其中 j 是一个整数。不失一般性，我们沿着以节点 $V_{1,0}$ 作为参考的流量方向建立一维坐标。驾驶员往往会根据汽车跟随制度与其他驾驶员保持不变的距离。因此，我们假设所有车辆在 Lane$_i$ 具有相同的速度 v_i，令节点 $V_{i,j-1}$ 和 $V_{i,j}$ 之间的车间距为 $S_{i,j}$。然后，序列 $\{S_{i,j}\}$ 是独立同分布的，$S_{i,j}$ 遵循密度 λ_i 的指数分布。

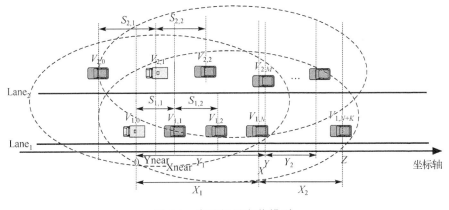

图 4.3　高速场景车载模型

　　网络中通信的传输范围是指发送信息车辆节点和接收信息车辆节点之间的水平距离，设层内传输范围为 R，层间传输范围为 R'。两个节点彼此之间通信，当它们在相同的层次时，水平距离小于 R，当它们在不同的层次时，水平距离小于 R'。传输范围随着高度动态的交通流的变化而急剧变化，这使得通道建模非常复杂。我们的实验表明了传播范围缩小的存在和严重性。因此，我们假设两个传输范围遵循 $R' = \delta R$，其中 δ 是传输范围退化系数，满足 $0 < \delta \leqslant 1$。

4.1.2　连通概率

　　连通概率是地理路由的重要因素，概率的错误评估导致路由性能降低。连通概率取决于参考节点和它的最近节点之间的间距。因此，如果我们具有间距的分布，就可以计算连通概率。然而，节点在网络中具有两种邻居节点，它导致两种间距，可以在以下引理中描述。

　　引理 4.2　在多层次 IOV/VANET 中，Lane$_1$ 参数 λ_1 和 Lane$_2$ 参数 λ_2 的车辆间距均服从指数分布。让 $R' = \delta R$，其中 $0 < \delta \leqslant 1$。

　　(1) 参考节点和其最近层内节点的间距（X_{near}）的累积分布函数由式(4.5)给出

$$F_{X_{\text{Near}}}(x) = 1 - e^{-\lambda_1 x}, \quad x \in (0, \infty) \tag{4.5}$$

（2）参考节点和其最近层间节点的间距（Y_{near}）的累积分布函数由下式给出

$$F_{Y_{\text{Near}}}(x) = 1 - e^{-\lambda_2 y} - \lambda_2 y Ei(-\lambda_2 y), \quad y \in (0, \infty) \tag{4.6}$$

证明：$V_{2,0}$ 和 $V_{2,1}$ 是参考 $V_{1,0}$ 的最接近的层间节点。因此，$V_{1,0}$ 可以看作沿着坐标轴在 $V_{2,0}$ 和 $V_{2,1}$ 之间随机分布的节点。$V_{1,0}$ 和 $V_{2,1}$ 之间的水平距离为 Y_{near}，均匀分布在 $(0, S_{2,1})$ 中。因此，Y_{near} 的累积分布函数为

$$
\begin{aligned}
F_{Y_{\text{Near}}}(y) &= \Pr\{Y_{\text{Near}} \leqslant y\} \\
&= \int_0^\infty \Pr\{Y_{\text{Near}} \leqslant y \mid S_{2,1} = s\} f_{S_{2,1}}(s) \mathrm{d}s \\
&= \int_0^y \lambda_2 e^{-\lambda_2 s} \mathrm{d}s + \int_y^\infty \frac{y}{s} \lambda_2 e^{-\lambda_2 s} \mathrm{d}s \\
&= 1 - e^{-\lambda_2 y} - \lambda_2 y Ei(-\lambda_2 y), \quad y \notin (0, \infty)
\end{aligned}
\tag{4.7}
$$

4.1.3　贪婪转发策略

我们分析了多层次结构对贪婪转发（greedy forward，GF）算法的影响。我们计算跳数增加 p_{Gh} 和递交率减少 p_{Gd} 的概率，描绘 GF 性能的变化。对于 Lane_1 的随机变量 X_i 描绘了第 i 个一跳进度，而对于 Lane_2 的 Y_j 描绘了第 j 个一跳进度，其中 i 和 j 为正整数。首先需要三个重要的间距，即 X_1、Y_1 和 X_2 分析 GF 算法。为了方便，分别用 X、Y 和 Z 代替 X_1、Y_1 和 X_2。

引理 4.3　在多层次 VANET 中，Lane_1 参数 λ_1 和 Lane_2 参数 λ_2 的车辆间距均服从指数分布。让 $R' = \delta R$，其中 $0 < \delta \leqslant 1$。

（1）在参考节点和其最近层内节点间距（i.e., X）的累积分布函数由下式给出

$$F_X(x) = \frac{e^{-\lambda_1 R}(e^{-\lambda_1 x} - 1)}{1 - e^{-\lambda_1 R}} \tag{4.8}$$

（2）在参考节点和其最近层间节点间距（i.e., Y）的累积分布函数由下式给出

$$F_Y(x) = \frac{e^{-\lambda_2(R'-y)}[1 - e^{-\lambda_2 y} - \lambda_2 y Ei(-\lambda_2 y)]}{1 - e^{-\lambda_2 R'} - \lambda_2 R' Ei(-\lambda_2 R')} \tag{4.9}$$

（3）在 Lane_1（i.e., Z）第二个一跳进度的累积分布函数由下式给出

$$F_{Z|X}(z \mid x) = \frac{e^{\lambda_1(z-R)} - e^{-\lambda_1 x}}{1 - e^{-\lambda_1 x}} \tag{4.10}$$

其中，$x \in (0, R), y \in (0, R'), z \in (R-x, R)$。

证明：因为车间间隔的分布是正的独立同分布随机变量，我们通过更新进程描绘 GF 算法的路由过程。让参考节点的层内邻居为 N，其中 N 为非负整数。然后，X 的值是 $X = \sum_{i=1}^{N} S_{1,i}$。我们有 $\sum_{i=1}^{N-1} S_{1,i} < X \leqslant R$ 和 $\sum_{i=1}^{N+1} S_{1,i} > R$。$N_{i,[a,b]}$ 是在 Lane_i 的范围 $[a,b]$ 的节点数。然后，我们计算 X 的累积分布函数

$$F_X(x) = \Pr(X \leqslant x)$$

$$= \Pr\left(\sum_{i=1}^{N} S_{1,i} \leqslant x, \sum_{i=1}^{N+1} S_{1,i} > R \mid x \leqslant R \right)$$

$$= \frac{\sum_{n=1}^{\infty} \Pr\left(\sum_{i=1}^{n} S_{1,i} \leqslant x, \sum_{i=1}^{n+1} S_{1,i} > R \mid x \leqslant R \right)}{\Pr\{x \leqslant R\}}$$

$$= \frac{\sum_{n=1}^{\infty} \Pr(N_{1,[0,x]} = n) \Pr(N_{1,[x,R]} = 0)}{1 - e^{-\lambda_1 R}}$$

$$= \frac{\sum_{n=1}^{\infty} \left(\dfrac{(\lambda_1 x)^n}{n!} e^{-\lambda_1 x} \right) e^{-\lambda_1 (R-x)}}{1 - e^{-\lambda_1 R}}$$

$$= \frac{e^{-\lambda_1 R}(e^{\lambda_1 x} - 1)}{1 - e^{-\lambda_1 R}}, \quad x \in (0, R] \tag{4.11}$$

假设参考节点具有 M 个层间邻居，其中 M 是非负整数。然后，参考节点与它最远的层间邻居节点的距离是 $Y = \sum_{i=1}^{M-1} S_{2,i}$。我们有 $\sum_{i=1}^{M-1} S_{2,i} < Y \leqslant R$ 和 $\sum_{i=1}^{M+1} S_{2,i} > R$。因此，我们计算 Y 的累积分布函数

$$F_Y(y) = \Pr(Y \leqslant y)$$

$$= \Pr\left(\sum_{j=1}^{M} S_{2,j} \leqslant y, \sum_{j=1}^{M+1} S_{2,j} > R' \mid y \leqslant R' \right)$$

$$= \frac{\int_0^y f_{Y_n}(s) \Pr\left\{ \sum_{j=2}^{M} S_{2,j} \leqslant y - s, \sum_{j=2}^{M+1} S_{2,j} > R' - s, y \leqslant R' \right\} \mathrm{d}s}{\Pr\{Y_n \leqslant R'\}}$$

$$= \frac{\int_0^y f_{Y_n}(s) \sum_{m=1}^{\infty} \Pr\{Z_{2,[0,y-s]} = m-1\} \Pr\{Z_{2,[y-s,R']} = 0\} \mathrm{d}s}{1 - \Pr\{Y_n > R'\}}$$

$$= \frac{\int_0^y f_{Y_n}(s) \sum_{m=1}^{\infty} \left(\dfrac{[\lambda_2(y-s)]^{m-1}}{(m-1)!} e^{-\lambda_2(y-s)} e^{-\lambda_2(R'-y+s)} \right) \mathrm{d}s}{1 - e^{-\lambda_2 R'} - \lambda_2 R' Ei(-\lambda_2 R')}$$

$$= \frac{e^{-\lambda_2(R'-y)}[1-e^{-\lambda_2 y} - \lambda_2 y Ei(-\lambda_2 y)]}{1-e^{-\lambda_2 R'} - \lambda_2 R' Ei(-\lambda_2 R')}, \quad y \in (0, R'] \tag{4.12}$$

在 GF 算法中，中继的传递方式是按照节点的顺序逐个地续传。因此，第 l 个中继取决于第 $l-1$ 个中继。在 Lane$_1$ 上，第一个中继有 K 个邻居。鉴于 Lane$_1$ 上的第一个单跳进度为 X，第二个单跳进度在同一等级 Z 上的条件分配可由下式给出

$$F_{Z|X}(z \mid x) = \Pr(Z \leq z \mid X = x)$$

$$= \Pr\left(\sum_{j=N+1}^{N+K} S_{1,j} \leq z, \sum_{j=N+1}^{N+K+1} S_{1,j} > R \mid R - x < z \leq R \right)$$

$$= \frac{\Pr(N_{1,[R,x+z]} = K)\Pr(N_{1,[x+z,x+R]} = 0)}{\Pr(N_{1,[R,x+R]} \neq 0)}$$

$$= \frac{\displaystyle\sum_{k=1}^{\infty} \frac{[\lambda_1(z-R+x)]^k}{k!} e^{-\lambda_1(z-R+x)} e^{-\lambda_1(R-z)}}{1 - e^{-\lambda_1 x}}$$

$$= \frac{e^{-\lambda_1(z-R)} - e^{-\lambda_1 x}}{1 - e^{-\lambda_1 x}}, \quad z \in (R-x, R] \tag{4.13}$$

根据引理 4.3，我们立即得到 X 和 Y 的概率密度函数和 Z 的条件概率密度函数。在评估 GF 的性能之前，我们需要定义两个函数。定义函数 $\phi(u,v)$ 为

$$\phi(u,v) = 1 - e^{-u} - ue^{-u}, \quad u > 0 \tag{4.14}$$

定义函数 $\varphi(u,v)$ 为

$$\varphi(u,v) = 1 - e^{-u} - ue^{-v}, \quad v \geq u > 0 \tag{4.15}$$

然后，我们拥有结果 $\varphi(u,v) = \phi(u) + u(e^{-u} - e^{-v}) \geq 0$。

4.1.4 路由协议设计

车联网多变的网络拓扑结构，使得难以维护从源节点到目的节点可靠的路由路径。我们提出的动态自适应路由协议 RAR 利用贪婪周边无状态路由协议(GPSR)与拓扑变化的无关性，通过保证每一跳的可靠性来达到整条路由路径的可靠，动态自适应 RAR 功能层次组织结构图如图 4.4 所示。与贪婪周边无状态路由算法不同的是，动态自适应 RAR 在选择下一跳转发节点时，并不是盲目地仅选择距离发送节点最远的节点，而是通过考虑节点间的距离、链路的状态以及转发节点有效邻居节点密度这 3 个指标来选取下一跳转发节点。由于很多时候发送节点发出的数据包要经过多跳后才能到目的节点，所以为了保证整条链路的可靠性，评估每一跳链路都是至关重要的。

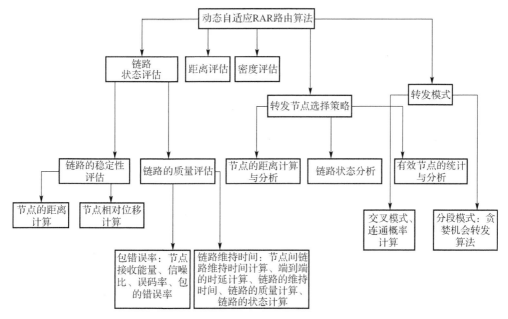

图 4.4　RAR 功能层次组织结构图

在链路状态评估阶段，首先通过考虑车间的相对位移来解决节点间链路的稳定性问题。为了使节点间链路质量能够满足数据包传输的要求，加入包的准确率以及链路维持时间来对链路的质量进行评估。通过以上两个度量，我们能够准确地评估发送节点与转发节点间链路的状态。在选择下一跳转发节点时，考虑到节点的数据包传输的延迟时间、局部最优化等问题，通过加大对转发节点有效邻居节点的密度，可以有效地解决这些问题，而且在交叉路口，由于考虑转发节点的有效节点密度，可以很容易地找出一条稳定的转发路径。当出现局部最优化问题时，我们借助延迟容忍网络(delay tolerant network，DTN)路由的思想，存储并且携带数据包，直至找到合适的转发节点。

多变的网络拓扑结构是 VANET 最大的特点，这也使得利用传统的基于拓扑的路由算法很难找出一条从源节点到目的节点的可靠路由路径。为了保证从源节点到达目的节点的路径的可靠性，我们必须保证每一跳节点间链路的可靠性。可靠的贪婪周边无状态路由协议(reliably greedy perimeter stateless routing，RGPSR)利用链路状态 l_s 来评估节点间的链路状态。链路状态 l_s 由链路的稳定性以及传输质量这两个指标来评估。

1)链路的稳定性评估

考虑到道路的宽度是可以忽略的，所以拓扑变化很多时候是由速度以及方向的变化所引起的，严重影响了链路的稳定性。本章利用相对位移的变化量来衡量节点

间链路的稳定性。节点周期性地广播信标数据包，使得节点间的距离很容易利用以下公式得到

$$d_i = \sqrt{(x - x_i)^2 + (y - y_i)^2} \tag{4.16}$$

其中，(x, y) 表示发送节点；(x_i, y_i) 为一跳邻居节点。那么节点间的相对位移可以利用以下公式来得到

$$L_{\text{stability}} = 1 - \frac{|d_i(t) - d_i(t-1)|}{R} \tag{4.17}$$

其中，R 为广播半径，为一个固定常量；$d_i(t)$ 表示 t 时刻发送节点与一跳邻居节点的距离。通过评估节点间相对位移的变化量，我们可以知道变化量越小，链路就越稳定。

2) 链路质量评估

由于发送节点发送的数据包远大于信标数据包，所以我们给出一种基于视频传输的模型，利用节点接收的包错误率来评估节点间的链路质量。每个节点接收到的信号的能量为

$$P_r = \frac{P_t}{(4\pi)^2 (d / \lambda)^r} \left[1 + \eta^2 + 2\eta \cos\left(\frac{4\pi h^2}{d\lambda}\right) \right] \tag{4.18}$$

其中，P_r 为接收到的能量；P_t 为发送的能量；λ 为传输的信号的波长；r 为路径衰减因子；h 为天线高度；η 为地面反射系数；d 为节点间的距离。然后计算接收到的信号的信噪比

$$\text{SINR} = 10\lg\left(\frac{P_r}{P_A - P_r}\right) \tag{4.19}$$

其中，P_A 表示接收到的所有能量，包含噪声。通过以下公式来计算误码率

$$\text{BER} = Q(\sqrt{2 \times \text{SINR}}) \tag{4.20}$$

其中

$$Q(x) = \frac{1}{2} - \frac{1}{\sqrt{\pi}} \int_0^{x/\sqrt{2}} e^{-\eta^2} d\eta \tag{4.21}$$

因此，我们可以计算出包的错误率 l_{per} 为

$$l_{\text{per}} = 1 - (1 - \text{BER})^L \tag{4.22}$$

由于节点速度以及方向所引起的链路拓扑的变化，很容易出现在我们要发送一个数据包时链路已经断裂的情况。所以计算出一跳链路的可靠维持时间是至关重要的。当发送节点收到邻居节点 i 发来的一个 Hello 信标数据包时，计算发送节点与节

点 i 间的链路维持时间 t_i

$$R^2 = [(x_i + v \times t_i) - x]^2 + [(y_i + v \times t_i) - y]^2 \tag{4.23}$$

其中，(x, y) 表示发送节点；(x_i, y_i) 为一跳邻居节点；R 为广播半径；v 为相对速度，由以下公式计算得到

$$v = v_i - v_s \tag{4.24}$$

其中，v_i 为邻居节点的速度；v_s 为发送数据包节点的速度。我们知道，发送一个数据包时端到端的时延为

$$T_{\text{delay}} = \text{delay}_{\text{trans}} + \text{delay}_{\text{prop}} + \text{delay}_{\text{proc}} \tag{4.25}$$

其中，$\text{delay}_{\text{trans}}$ 为数据包的传输时延；$\text{delay}_{\text{prop}}$ 为数据包的传播时延；$\text{delay}_{\text{proc}}$ 为数据包的处理时延。当 $t_i \leqslant T_{\text{delay}}$ 时，这样的链路是极其脆弱而且不可靠的，所以链路的维持时间是一个要考虑的重要部分，我们将链路的维持时间归一化为一个度量

$$l_{\text{duration}} = \frac{t_i}{T_{\text{max}}} \tag{4.26}$$

其中，T_{max} 为最大持续时间。通过考察以上指标，我们就可以确定一跳链路的质量

$$L_{\text{quality}} = [\omega \times l_{\text{duration}} + (1 - \omega) \times l_{\text{per}}] \tag{4.27}$$

其中，ω 为权重值，我们取 0.5。

利用以上两个指标，我们通过以下公式计算出一跳链路状态 L_{state}

$$L_{\text{state}} = L_{\text{stability}} \times L_{\text{quality}} \tag{4.28}$$

将其作为一个下一跳转发节点的衡量指标。

3) 距离评估

通过以上对一跳节点链路稳定性以及链路质量的考虑，当我们利用贪婪的方式选择下一跳转发节点时，能够保证所选择的节点是具有最高质量的节点，我们利用以下公式来计算节点间的距离度量

$$\text{dis}(s, i) = \frac{d(s) - d(i)}{R} \tag{4.29}$$

其中，$d(s)$ 为发送节点 s 到目的节点的距离；$d(i)$ 为邻居节点 i 到目的节点的距离。

4) 密度评估

由于存在网络分割或障碍物问题所引起的局部最大化问题，为了能够有效地避免这类问题，有效地评估下一跳节点的邻居节点数能够有效地避免局部最优化问题。我们利用以下公式来评估下一跳邻居节点度数 ρ_{avail}

$$\rho_{\text{avail}}(i) = 1 - \frac{1}{U_i - (U_i \bigcap U_S)} \tag{4.30}$$

其中，U_i 表示邻居节点 i 的集合；U_S 表示发送节点 S 的集合。

由于在选择下一跳转发节点时，考虑了一跳节点间链路的质量以及链路的稳定性，这样就容易导致局部最大化问题，并且使得跳数增多。因此，我们在选择下一跳转发节点时，考虑到了有效节点密度这一度量避免以上问题。在选取下一跳节点时，考虑节点的距离、链路状态以及有效节点数这 3 个度量不仅能够有效地提高数据包递交率，而且能极大地减小数据包传输的延迟时间。

我们定义 Rank 为下一跳转发节点选择的衡量指标，具有最大 Rank 的节点成为下一跳转发节点，计算公式如下

$$\text{Rank} = \begin{cases} \alpha \times \text{dis}(s,i) + \beta \times L_{\text{state}}(s,i) + \gamma \rho_{\text{avail}}(i), & \text{dis}(s,i) > 0 \\ 0, & \text{dis}(s,i) \leq 0 \end{cases} \tag{4.31}$$

其中，$\text{dis}(s,i)$ 为发送节点与邻居节点的距离；$L_{\text{state}}(s,i)$ 为发送节点与邻居节点的链路状态；$\rho_{\text{avail}}(i)$ 为邻居节点 i 的有效邻居节点度量，根据以上公式可以求出这 3 个值，且 $\alpha + \beta + \gamma = 1$。当 Rank 的值大于 0 时，我们选出下一跳转发节点，否则，当 Rank 的值为 0 时，我们认为出现了局部最优化，此时携带数据包，直到下一个候选节点出现。

我们在动态自适应路由协议 RAR 中作以下假设。位置信息对于由 GPS 设备提供的路由决策是必需的。Hello 方案和位置管理系统用于获取邻居和目的地的位置。所有车辆均装有预先加载的数字地图，提供街道地图和交通流量统计数据，如交通流量密度和速度信息时间表，有关数据的信源在 Lane$_1$。

多层次结构位于城市和高速公路之间，既遇到间歇连接的问题，又受到交叉点的影响。作为高速场景的路由，RAR 考虑在路段上分别对路段进行路由决策，以规避路口的独特挑战。因此，所提出的协议中存在两种转发模式。在交叉模式下设计了连通概率的新计算方法，而在路段上提供了一种用于中继选择的贪婪机会转发（greedy opportunity forwarding，GOF）算法。特别是为了处理间歇连接的问题，当发射机没有可用的邻居时，我们采用进位转发算法。

算法 4.1 显示了动态自适应路由协议 RAR 的过程。在协议中，源节点初始化了数据包传送过程。对于发射机，它检查其位置是否为第一步。当发射机位于交点上时，为交叉模式。根据发射机的定位，发射机选择一个方向进行发送。然后，转到段模式进行转发。如果发射机位于路段上，则使用段模式。根据所提出的 GOF 算法，在所选择的方向上逐跳地发送分组。特别地，如果没有可用的邻居，则发射机将携带分组，直到它接触可用的中继。该过程重复直到目的地接收包。两种模式的细节描述如下。

（1）交叉模式。如果发射器连接交点，则发生交点模式。发射机将计算所有连接路段的权重，并选择最小权重来传输数据包。我们考虑计算的距离和连通概率。权重基于以下公式进行计算

$$\omega = \kappa D_{\text{segment,destination}} + (1-\kappa)C_{\text{real}} \tag{4.32}$$

其中，$D_{\text{segment,destination}}$ 描述段与目的地之间的距离；C_{real} 是定义段的连通概率；κ（$0 \leqslant \kappa < 1$）是权重因子。然而，考虑到多层结构的影响，我们用动态自适应路由协议 RAR 中的 4.D 欧几里得距离来定义距离。

（2）分段模式。分段模式始终遵循交叉模式。在这种模式下，我们提出 GOF 算法来选择下一跳。RAR 的动机是增加尽可能多地发送发射机的内部邻居的传输机会。发射机通过 Hello 方案了解所有邻居的位置，最远的层内邻居是节点 V_{intra}，最远的层间邻居是节点 V_{inter}。设当前节点和两种邻居节点之间的距离分别为 X_1 和 Y_1。当且仅当我们有 $Y_1 > X_1 + \sigma$ 时，最远的层间邻居节点 V_{inter} 被选作下一跳，其中

$$\sigma = \begin{cases} (\lambda_1 - \lambda_2)\Delta R / \lambda_1, & \lambda_1 > \lambda_2 \\ 0, & \lambda_1 \leqslant \lambda_2 \end{cases}$$

否则，该分组被发送到节点 V_{intra}。另外，如果发射机没有有效的邻居，我们使用进位转发算法作为恢复方案。此时，发射器将携带数据包，直到它遇到可用节点或数据包的生命周期耗尽。

我们针对所提出的 GOF 算法的跳数增加和递交率减少问题给出了理论分析。通过引理 4.3，我们在描述 $f_X(x)$ 和 $f_Y(y)$ 水平给出一跳进度的概率密度函数。给出第一个一跳进度 X，我们通过 $f_{Z|X}(z)$ 获得 Lane_1 的第二个一跳进度的条件概率密度函数。

算法 4.1　动态自适应路由协议 RAR 的步骤

1　输入源节点和目的节点，源初始化路由进程，并将必要的信息插入数据包中，$\text{Transmitter}_{\text{id}} = \text{Source}_{\text{id}}$，跳数 hop $=1$。

2　如果发射器通过 1 跳触发目的地，然后将数据包发送到目的地，$\text{Relay}_{\text{hop,id}} = \text{Destination}_{\text{id}}$ 和 $\text{Transmitter}_{\text{id}} = \text{Relay}_{\text{hop,id}}$，否则，如果发射机在交叉路口，那么输入交点模式，根据式（4.32）计算连接段的权重，选择权重最小的片段。

3　进入段模式，如果发射机有可用的邻居，那么使用算法 4.2 中的贪婪机会转发 GOF 算法选择中继跳转，计算递交率。

4　如果在分组生存期内，发送方携带数据包，直到它满足可用的相邻 $\text{Relay}_{\text{hop}}$，否则丢弃包，将报文发送给中继跳，$\text{Transmitter}_{\text{id}} = \text{Relay}_{\text{hop,id}}$，++hop；直到 $\text{Transmitter}_{\text{id}} = \text{Source}_{\text{id}}$，输出：$\{\text{Source}_{\text{id}}\} \bigcup \{\text{Relay}_{i,\text{id}}, i=1,\cdots,\text{hop}\}$。

算法 4.2　贪婪机会转发 GOF 算法步骤

1　输入发射机，其最远的层内邻居（V_{intra}）和最远的层间邻居（V_{inter}），根据式（4.5）～式（4.15）

计算参考节点与最近层内节点间距和参考节点与最近层间节点间距。

2　　如果 $D_{\text{transmitter}, V_{\text{inter}}} > D_{\text{transmitter}, V_{\text{intra}}} + \sigma$，则 V_{inter} 是下一个中继，否则 V_{intra} 是下一个中继，输出下一个中继，转到算法 4.1 中的步骤 3。

4.1.5　实验测试与分析

我们通过实验验证本章提出的自适应路由协议 RAR 的性能。我们利用 VanetMobiSim 生成车辆的移动模型和网络拓扑，然后加入 NS2 中进行网络仿真。通过对 NS2 生成的结果 trace 文件来分析算法的性能。接下来我们首先对仿真环境（场景以及参数设置）进行说明，并且给出仿真度量，然后对实验结果进行详细分析。

我们使用 VanetMobiSim 设置网络拓扑以及车辆的运动模型，然后用 NS2 进行网络仿真。在 VanetMobiSim 中，IDM_LC 是一个节点运动模型，可以真实地模拟高速道路中的变换车道、超车、车辆避让以及在十字路口等待的情形。因此，我们使用 IDM_LC 生成智能驾驶的节点。为了能够有效地验证算法的性能，我们利用 VanetMobiSim 生成一个大小为1500m×1000m 的网络拓扑。其中包含 3 条水平道路，3 条垂直道路，以及 3 个十字路口。其中每条道路均为双向车道，而且在每个十字路口设置有交通信号灯，交通信号灯的变化时间间隔为 5s。每个车辆运动节点均为 IDM_LC 节点。将 VanetMobiSim 生成的网络拓扑以及移动模型加入 NS2 中。在 NS2 中设置的网络参数如下：采用的信号传播模型为双射地面反射（two-ray ground reflection）模型。传输范围为 250m。信标数据包的大小为 8 字节。同一节点发送信标的时间间隔在 $[0.5B, 1.5B]$ 上服从均匀分布，其中 B 表示信标的平均时间间隔。在计算接收能量时，见式（4.18）。我们设置参数 r 为 2，η 为 0.5，h 为 1m，P_t 为 23dBm。在设置最大维持时间时设置 $T_{\max}$ 为 20s。这几个参数和我们所比较的协议 SLBF 是相同的。其他参数设置如表 4.1 所示。

表 4.1　仿真参数

参数	值
仿真时间	400s
拓扑大小	1500m×1000m
通信标准	IEEE 802.11p
传输范围	250m
CBR 连接对	10
数据包大小	512B
数据包生成时间间隔	0.5s

在模拟高速场景时，高速公路的长度为 2km，宽度为 100m。我们设置的车辆节点个数为 20，一共有 3 对 CBR 数据连接。其他参数设置如表 4.2 所示。

表 4.2　模拟高速场景的仿真参数

参数	值
仿真时间	400s
拓扑大小	1500m×1000m
通信标准	IEEE 802.11p
传输范围	250m
CBR 连接对	3
数据包大小	512B
高速公路的长度	2km
高速公路的宽度	100m
车辆节点个数	20

作为路由算法重要的衡量指标,我们在不同的场景下分别比较了数据包递交率、端到端平均延时以及包的平均跳数。根据以上 3 个指标,我们比较了所提出的路由算法以及 GPSR 和 SLBF 路由算法。这 3 个算法都是基于地理位置的端到端的路由算法。唯一不同的是,SLBF 是一种基于广播方式的路由算法,利用定时器来找出下一跳的路由节点。而我们提出的算法和 GPSR 路由算法类似,也是通过间隔一段时间广播 Hello 数据包或者是根据 Hello 数据包来更新自己的邻居表。我们设置车辆的速度为 10～120km/h 来评估 3 种不同路由算法的 3 个度量指标,即数据包递交率、端到端平均延时、数据包的平均跳数。

1) 数据包递交率与速度的关系

图 4.5 展示了数据包递交率与速度具有的关联性。随着车辆速度的增大,在同一拓扑环境下,三种路由协议的数据包递交率呈现下降的趋势。这是因为随着速度的增大,节点的运动速度变快,导致网络拓扑剧烈变化,使得链路极其不稳定,递交率下降。从图 4.5 可以看出,本章提出的 RAR 路由算法数据包递交率远高于 SLBF 和 GPSR 路由协议。而且随着速度的变化,相比其他两种算法更加稳定。这是因为首先在选取下一跳转发节点时选取的是最可靠的节点,另外加入了包缓存机制,使得递交率得到了极大的提高。而对于 SLBF,采用广播的方式使得产生大量重复的数据包而导致递交率比较低。而对于 GPSR 路由协议,由于选取的下一跳节点并不是一个可靠的节点,所以递交率比较低。

2) 延时与速度的关系

图 4.6 显示了数据包延时与速度的关系。这三种路由算法的延迟时间都是比较低的,但我们注意到,本章提出的算法延迟时间相对比较稳定,而且低于其他两种路由算法。这时因为在 GPSR 路由算法中,当出现局部最大化问题时其采用了边界路由算法导致延时增加,而在 SLBF 路由算法中由于采用了定时机制,以及广播机制,导致数据发送时的延时增加。而本章提出的自适应 RAR 路由算法由于选

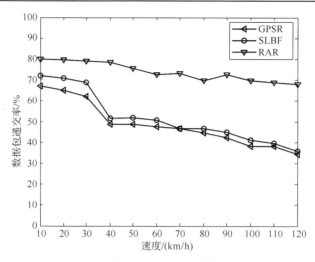

图 4.5　包的递交率与速度的关系

取的下一跳节点其周围的邻居节点比较多，所以即使速度变化很快，很少出现局部最大化的问题，同时选取的是距离目的节点最近的节点，这就使得其延时比较小，而且相对比较稳定。

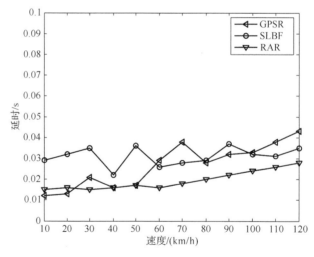

图 4.6　包的延迟时间与速度的关系

3) 跳数与速度的关系

图 4.7 显示了跳数与速度的关系。三种路由算法的跳数随着速度的增大呈现上升的趋势，这是由于车辆运动速度增加导致拓扑剧烈变化。但从图 4.7 我们可以看出，这 3 种路由算法的跳数都很接近，同时当速度小于 40km/h 时，RAR 路由算法的跳数大于另外两种路由算法，而随着速度的增加，跳数增加比较缓慢。这是因为

RAR 路由算法选取的并不　定是距离目的节点最近的节点, 而其他两种路由算法选取的节点一定是距离目的节点最近的节点, 所以由于开始速度比较慢时, 拓扑变化并不剧烈, 相比较其他两种算法跳数比较大, 而当速度大于 40km/h 时, 由于 RAR 路由算法采用了缓存机制, 跳数相对比较稳定。

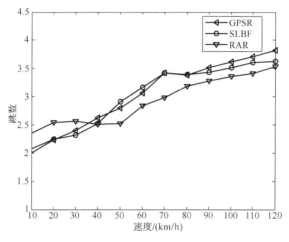

图 4.7　跳数与速度的关系

在同一拓扑环境下, 根据车辆节点数目的变化, 我们分别对 RAR、GPSR 以及 SLBF 进行了仿真实验, 比较了数据包递交率、端到端延时以及平均跳数, 实验结果如图 4.8~图 4.10 所示。

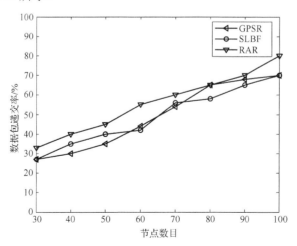

图 4.8　数据包递交率与节点数目的关系

4) 数据包递交率与节点数目的关系

图 4.8 显示了数据包递交率和车辆节点数目的关系。车辆节点数目和数据包递

交率正相关。从图 4.8 可以发现，RAR 路由算法相比于 SLBF 与 GPSR 路由算法表现出了更好的性能。这是由于在选取下一跳节点时充分考虑了节点的可靠性，同时由于采用逐条确认以及缓存机制，极大地提高了数据包传输的可靠性。从图 4.8 可以看出，当节点数增加到 70 时，GPSR 的递交率超过了 SLBF，这是由于随着节点数目的增加，SLBF 采用的定时广播的方式导致严重的广播风暴问题，进而导致数据包递交率增长缓慢。而 GPSR 与 RAR 虽然采用信标数据包，但信标数据包很小，而且 RAR 是自动调整信标发送间隔的，所以 RAR 算法表现出很高的数据包递交率。

5) 延时和车辆节点数目的关系

图 4.9 显示了平均延迟时间与节点数目的关系。从图 4.9 我们可以明显地看出，GPSR 与 RAR 延时减少相当明显，而 SLBF 减少得很少。这是由于随着节点数目的增加，候选转发节点越来越可靠，使得 RAR 更加有可能选择距离目的节点最近的节点成为转发节点。这就使得端到端的延迟减小，进而使得 RAR 路由算法更加趋近于 GPSR 算法。而 SLBF 采用广播的方式，使得冗余数据包占用信道，导致延时减少很少。从图 4.9 中我们还可以看出，开始 RAR 的延迟时间大于其他两个路由算法，这是由于开始时可靠节点比较少，导致数据包加入缓存队列，增加了数据包的延迟时间。

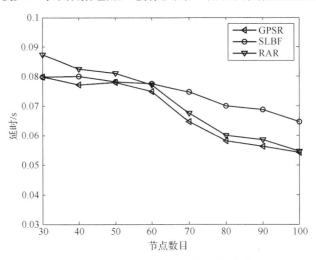

图 4.9　延迟时间与节点数目的关系

6) 跳数和通信节点数量的关系

图 4.10 显示了跳数与节点数目的关系。随着节点数目的增加，可靠的下一跳节点数目也在增加，使得 3 种路由算法都选择距离目的节点最近的节点成为转发节点，减少了跳数。从图中我们可以明显地看出，RAR 路由算法在节点数小于 57 时，其跳数远大于其他两个路由算法，而当节点数目大于 60 时，其跳数逐渐接近于 GPSR，而小于 SLBF 路由算法。这是由于当节点数目少时，RAR 路由算法寻找到的可靠下

跳节点并不是距离目的节点最近的节点，这就使得为了保证可靠性而缩短了一跳的范围。但是随着节点数目的增加，同时节点的移动速度也比较慢，这就使得选取的下一跳节点更加容易是距离目的节点最近的节点，从而减少了跳数。

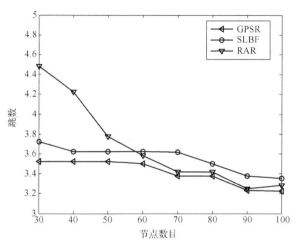

图 4.10　跳数与节点数目的关系

7) 数据包递交率与平均速度的关系

图 4.11 所示为数据包递交率与平均速度的关系。从图 4.11 我们可以看出，对于不同的路由算法，随着平均速度的增加，在同一拓扑环境下，三种路由协议的数据包递交率呈现下降的趋势。这是因为随着平均速度的增加，节点的运动速度变快，导致网络拓扑剧烈变化，使得链路极其不稳定，数据包递交率下降。对于不同的路由协议来说，数据包递交率都相应减少，GPSR 减少了约 20%，SLBF 减少了约 15%，

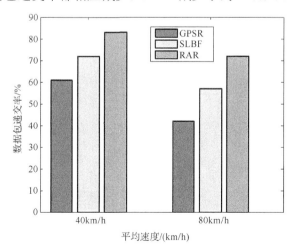

图 4.11　数据包递交率与平均速度的关系

RAR 减少了约 10%。相比较来说，RAR 协议对于平均速度增大所引起的数据包递交率下降的比率较小。

8) 延迟时间与平均速度的关系

图 4.12 显示了延迟时间与平均速度的关系。从图 4.12 我们可以看出，这三种路由算法的延迟时间都是比较低的，但我们注意到，我们提出的算法延迟时间相对比较稳定，而且低于其他两种路由算法。对于不同的协议来说，随着平均速度的增加，包的延迟时间都相应地增加。GPSR 增加了约 67%，SLBF 增加了约 25%，RAR 增加了约 20%。相比来说，RAR 算法对于平均速度增大所引起的包的延迟时间增加的比率较小。

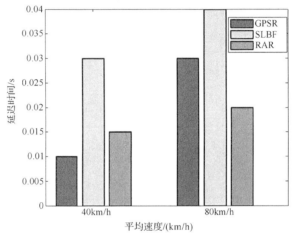

图 4.12　包的延迟时间与平均速度的关系

9) 跳数与平均速度的关系

图 4.13 所示为跳数与平均速度的关系。从图 4.13 我们可以看出，三种路由算

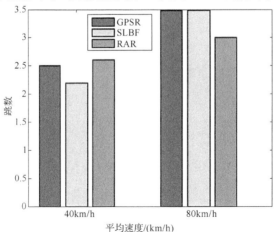

图 4.13　包的跳数与平均速度的关系

法的跳数随着平均速度的增加呈现上升的趋势，这是由于车辆运动速度增加导致拓扑剧烈变化。对于不同的协议来说，随着平均速度的增加，包的跳数都相应地增加。GPSR 增加了约 28%，SLBF 增加了约 37%，RAR 增加了约 13%。相比来说，RAR 算法对于平均速度增大所引起的包的跳数增加的比率较小。

4.2　基于演化图论的可靠的车联网路由协议

我们使用演化图论对高速公路上的 VANET 通信图进行建模，扩展的演变图有助于捕捉车载网络拓扑结构的演进特征，并预先确定可靠的路线。

4.2.1　车联网路由可靠性的判定策略

在车辆高速行驶的高速公路上，由于受多种因素影响，为 VANET 开发可靠的路由方案是一项复杂的任务。为了精确地定义车辆可靠性模型，我们需要确定移动模型和车辆交通特点。

车辆交通流的时空传播是由宏观和微观两种交通流模型构成的。宏观方法将交通流描绘成连续流体的物理流动。它描述了交通动态的宏观聚合量，如交通密度 $p(x,t)$、交通流 $q(x,t)$ 和平均速度 $v(x,t)$，空间 x 和时间 t 对应于偏微分方程的函数。这些参数可以通过以下关系的平均值关联在一起

$$d_m = \frac{1000}{\rho_{\text{veh}}} - l_m \tag{4.33}$$

$$\tau_m = \frac{d_m}{v_m} = \frac{1}{v_m}\left(\frac{1000}{\rho_{\text{veh}}} - l_m\right) \tag{4.34}$$

$$q_m = \frac{1}{\tau_m} = v_m\left(\frac{1}{\dfrac{1000}{\rho_{\text{veh}}} - l_m}\right) \tag{4.35}$$

其中，d_m 是车辆之间的平均距离(以米为单位)；ρ_{veh} 是考虑的高速公路部分的交通密度(以每千米车辆为单位)；l_m 是车辆的平均长度(以米为单位)；τ_m 是车辆之间的平均时间间隔(以秒为单位)；v_m 是道路上车辆的平均速度(以 km/h 为单位)；q_m 是平均车流量(以小时车辆为单位)。另外，微观方法描述了每个单独车辆的运动。它模拟每个车辆的加速、减速和车道变化等行为对周围交通的响应。众所周知，宏观方法可以用来描述一般的交通流状况和个别车辆。因此，我们使用宏观交通流模型来描述车辆交通流量，并利用平均速度来考虑交通网络上车辆运动的数学分布。

我们从宏观的角度利用车辆参数的速度来发展我们的链路可靠性模型，考虑车

辆交通流量的速度分布来确定网络连接状态。车辆的速度是决定网络拓扑动态的主要参数，它也在确定两辆车之间的通信时间方面起着重要的作用。

定义 4.1 链路可靠性是指两个通信节点在一定时间间隔内持续通信的可能性的大小。

引理 4.4 给定在 t 处两个车辆之间的特定链路 l 的连续可用性的预测间隔 T_p，链路可靠性值 $r_t(l)$ 为

$$r_t(l) = \begin{cases} \int_t^{t+T_p} f(T)\mathrm{d}T, & T_p > 0 \\ 0, & \text{其他} \end{cases}$$

证明：假定车辆的速度服从正态分布。令 $g(v)$ 为车辆速度 v 的概率密度函数，$G(v)$ 是相应的概率分布函数，分别由以下公式给出

$$g(v) = \frac{1}{\sigma\sqrt{2\pi}} e^{-\frac{(v-u)^2}{2\sigma^2}} \tag{4.36}$$

$$G(v \leqslant V_0) = \frac{1}{\sigma\sqrt{2\pi}} \int_0^{V_0} e^{-\frac{(v-u)^2}{2\sigma^2}} \mathrm{d}v \tag{4.37}$$

其中，μ 和 σ^2 分别表示速度的平均值和方差。可以使用相对速度 Δv 和持续时间 T 来计算两车之间的距离 d，即 $d = \Delta v \times T$，其中 $\Delta v = |v_2 - v_1|$。由于 v_2 和 v_1 是正态分布的随机变量，Δv 也是一个正态分布的变量，我们可以写出 $\Delta v = d/T$。设 H 表示每辆车的无线电通信范围，任何两个车辆之间通信的最大距离可以确定为 $2H$，即当两个车辆之间的相对距离从 $-H$ 变化到 $+H$ 时。通信连续周期 T 的概率密度函数可以用 $f(T)$ 表示，$f(T)$ 定义为

$$f(T) = \frac{4H}{\sigma\Delta v\sqrt{2\pi}} \frac{1}{T^2} e^{-\frac{\left(\frac{2H}{T} - \mu_{\Delta v}\right)^2}{2\sigma_{\Delta v}^2}}, \quad T \geqslant 0 \tag{4.38}$$

其中，$\mu_{\Delta v}$ 指相对速度 Δv 的均值；$\sigma_{\Delta v}^2$ 则是 Δv 的方差；T 表示通信周期。我们可以通过车载定位装置来获取所需的各种交通数据。我们假设每辆车都配备了一个全球定位系统设备来提供位置。T_p 表示两个通信节点的连接可靠性，它可以被确定为

$$T_p = \frac{H - L_{ij}}{v_{ij}} = \frac{H - \sqrt{(y_i - y_j)^2 + (x_i - x_j)^2}}{|(v_i - v_j)^2|} \tag{4.39}$$

其中，L_{ij} 是车辆 i 和 j 之间的欧几里得距离；v_{ij} 是车辆 i 和 j 之间的相对速度。

我们可以将式(4.38)中的 $f(T)$ 从 t 到 $t+T_p$ 进行积分，计算 t 时连接可用性的可能性大小。可以根据上述公式计算某一时刻的连接可用性

$$r_t(l) = \begin{cases} \int_t^{t+T_p} f(T)\mathrm{d}T, & T_p > 0 \\ 0, & \text{其他} \end{cases} \tag{4.40}$$

式 (4.40) 中的积分可以使用高斯误差来导出函数 Erf，从而可以得到

$$r_t(l) = \mathrm{Erf}\left[\frac{\left(\dfrac{2H}{t} - \mu\Delta v\right)}{\sigma\Delta v\sqrt{2}}\right] - \mathrm{Erf}\left[\frac{\left(\dfrac{2H}{t+T_p} - \mu\Delta v\right)}{\sigma\Delta v\sqrt{2}}\right], \quad T_p > 0 \tag{4.41}$$

其中，Erf 定义如下

$$\mathrm{Erf}(\tau) = \frac{2}{\sqrt{\pi}} \int_0^\tau \mathrm{e}^{-t^2}\mathrm{d}t, \quad -\infty < \tau < +\infty \tag{4.42}$$

在 VANET 中，源车辆与目的车辆的通信链路不止一条，而每个通信链路是源节点与目的节点之间的一组链路。对于任何给定的路径，我们用 k 来表示它形成的链接的数量：$l_1 = (s_r, n_1), l_2 = (n_1, n_2), \cdots, l_k = (n_k, d_e)$。对于每一个链路 $l_w = (w = 1, 2, \cdots, k)$，我们用 $r_t(l_w)$ 表示式 (4.40) 中定义的链路可靠性值。由 $R[P(s_r, d_e)]$ 表示的路线 P 的路线可靠性定义如下

$$R[P(s_r, d_e)] = \prod_{w=1}^{k} r_t(l_w), \quad l_w \in P(s_r, d_e) \tag{4.43}$$

路线可靠性被定义为在该路线形成的路段的可靠性值的乘积。假设从源节点 s_r 到目的节点 d_e 有 z 个潜在的多条路由。如果 $M(s_r, d_e) = \{P_1, P_2, \cdots, P_z\}$ 是所有这些可能路线的集合，那么将根据以下标准在源节点处选择最佳路线

$$\arg\max_{P \in M(s_r, d_e)} R(P) \tag{4.44}$$

如果有多条路线可用，那么我们选择最可靠的路线。

4.2.2　面向 VANET 的演化图模型

目前的演化图论不能直接应用于 VANET，VANET 通信图的拓扑性质不是预先安排的。若要达到 VANET 对通信链路可靠性的要求，我们需要扩展当前的演化图模型。演化图模型的扩展版本 (extended version of the evolving graph model，VoEG) 是根据车辆交通的可预测动态模式发展起来的，这些模式是根据底层道路网络预测的车辆信息构建的。另外，VoEG 考虑车辆之间通信链路的可靠性。下面我们简要介绍演化图论的基础，然后扩展当前的演化图模型来提出 VoEG 模型。

演化图论被提出作为动态网络的一个正式抽象。演化图是给定图的 λ 子图的索

引序列，其中给定索引处的子图对应于由索引号指示的时间间隔处的网络连通性，如图 4.14 所示。

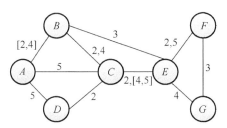

图 4.14　基本演化图模型

从图 4.14 可以看出，边缘被标记了相应的存在时间间隔。注意 $\{A,D,C\}$ 不是一个有效的旅程，因为边 $\{D,C\}$ 只存在于边 $\{A,D\}$ 瞬时存在的情形中。因此，演化图中的行程是底层图中边缘时间标签递增的路线。在图 4.14 中，很容易发现 $\{A,B,E,G\}$ 和 $\{D,C,E,G\}$ 是有效的旅程，而 $\{D,C,E,G,F\}$ 不是有效的旅程。

设 $G(V,E)$ 为给定图及其子图的有序序列，$S_G = \{G_1(V_1,E_1), G_2(V_2,E_2), G_3(V_3,E_3),\cdots,G_\lambda(V_\lambda,E_\lambda)\}$ 使得 $U_{i=1}^\lambda G_i = G$。演化图定义为 $G = G_\lambda(V_\lambda,E_\lambda)$，其中 G 的顶点集 $E_G = \mathrm{UV}_i$，G 的边集 $E_G = \mathrm{UE}_i$。假设给定索引 i 处的子图 $G_i(V_i,E_i)$ 是时间间隔 $T = [t_{i-1}, t_i]$ 中网络的基础图，其中 $t_1 < \cdots < t_\tau$，时域 T 被纳入模型中。

令 Ω 为演化图 G 中的给定路径，其中 $\Omega = e_1, e_2, e_3, \cdots, e_k$，在演化图 G 中，$e_i \in E_G$，令 $\Omega_\sigma = \sigma_1, \sigma_2, \sigma_3, \cdots, \sigma_k$，其中 $\sigma_i \in T$ 表示路线 Ω 的每条边被遍历。我们定义一个旅程 $J = (\Omega, \Omega_\sigma)$，当且仅当 Ω_σ 是按照 Ω、G 和 T 的顺序进行遍历的，这意味着 J 允许在 G 从节点 u 到节点 v 的遍历。

目前的演变图论中定义了三个旅程度量标准：最重要、最短、最快的旅程。引入它们分别查找最早的到达日期、最小跳数和最小延迟（时间跨度）路由。假设在演化图 G 中 $J = (\Omega, \Omega_\sigma)$ 是一个给定的行程，其中 $\Omega = e_1, e_2, e_3, \cdots, e_k$ 和 $\Omega_\sigma = \sigma_1, \sigma_2, \sigma_3, \cdots, \sigma_k$。

（1）跳数 $h(J)$ 定义为 $h(J) = |\Omega| = k$。

（2）旅程 $a(J)$ 的到达日期定义为遍历 J 中最后一个边的预定时间，加上它的遍历时间，即 $a(J) = \sigma_k + \zeta(e_k)$。

（3）旅程时间 $t(J)$ 定义为离开和到达之间的过去时间，即 $t(J) = a(J) - \sigma_1$。

我们提出了 VoEG 模型来解决 VANET 演化的演变特性，同时满足通信车辆节点通信的可持续性。图 4.15 显示了在两个时刻：$t = 0\mathrm{s}$ 和 $t = 5\mathrm{s}$ 高速公路上的 VoEG 模型。与传统演化图中使用的每个边（链接）的相应存在时间间隔不同，我们将二元组 $(t, r_t(e))$ 表示每个相关联的边，其中 t 表示当前时间，$r_t(e) = r_t(l)$ 表示当前时间 t 的链路可靠性值，见式（4.40）的定义。

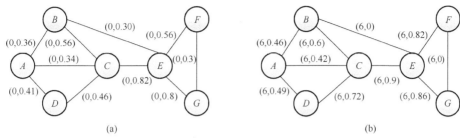

图 4.15　VoEG 模型在 $t=0$s (a) 和 $t=5$s (b)

在 VoEG 模型中，如果其可靠性值 $r_t(e)$ 等于零，则两车之间的通信链路不可用。与传统的演化图不同，VoEG 模型中链路的存在时间是连续的，并且取决于当前的车辆交通状态。在这种情况下，在搜索有效旅程时不需要检查链路的存在时间的顺序。令 $e=\{A,B\}$ 为 VoEG 中的链路，其中 V_{VoEG} 为顶点集合，E_{VoEG} 为链路集合。设 Trav(e) 是一个函数，它决定了这个链路 e 是否可以被遍历

$$\text{Trav}(e)=\begin{cases} \text{true}, & 0<r_t(e)\leqslant 1 \\ \text{false}, & r_t(e)=0 \end{cases} \tag{4.45}$$

图 4.15 (a) 显示了在 $t=0$s 时每个链路的 VoEG 状态和相应的可靠性值。所有链路都有资格被遍历，因为 $\forall e\in E_{\text{VoEG}},\text{Trav}(e)=\text{true}$。但是，如果链路 e 有资格被遍历，这并不一定意味着它将被选为最佳旅程的一部分。图 4.15 (b) 显示了在 $t=5$s 时 VoEG 的状态，其中相关链路的可靠性值由于 VoEG 的演变而改变。边 $\{B,E\}$ 和 $\{F,G\}$ 不适合遍历，即在 $t=5$s 时 $\text{Trav}(\{B,E\})=\text{Trav}(\{F,G\})=\text{false}$，其中 $r_5(\{B,E\})=r_5(\{F,G\})=0$。

我们在 VoEG 模型中引入了一种称为旅程可靠性的新度量，具体说明了 VANET 路由的动态。我们的目标是找到最可靠的旅程(most reliable journey，MRJ)，而不是使用传统方法寻找最前沿、最短或最快旅程。MRJ 是从源到目的地的所有可能旅程中具有最高可靠性的旅程。新的旅程可靠性度量是基于式(4.43)定义的。设 k 是在演化图 G 的 u 和 v 之间构成一个有效行程 $J(u,v)$ 的边的个数，令 $r_t(e_w)$ 为在时间 t 处边 e_w 的可靠度值，其中 $J=(\Omega,\Omega_\sigma)$。由 $R(J(u,v))$ 表示的旅程可靠性定义如下

$$R(J(u,v))=\prod_{w=1}^{k}r_t(e_w),\quad e_w\in J(u,v) \tag{4.46}$$

旅程的可靠性值等于所有形成的链路的可靠性值的乘积，其中

$$0\leqslant R(J(u,v))\leqslant 1 \tag{4.47}$$

假设从 u 到 v 有 z 个潜在的多次旅程。如果 $\text{MJ}(u,v)=\{J_1,J_2,\cdots,J_z\}$ 是所有这些可能旅程的集合，那么将根据目标车辆的以下标准来选择

$$\arg\max_{J\in\text{MJ}(u,v)}R(J) \tag{4.48}$$

我们会从 u 到 v 的所有可能旅程中选择 MRJ。

4.2.3　基于演化图的车联网路由协议的设计

我们提出了 VoEG 来模拟和形式化 VANET 通信图。为了在 VANET 中得到可靠的路由数据包，我们设计了一个新的路由协议，可以从 VoEG 的优点和性能中受益。新的路由协议利用 VoEG 模型，并在搜索从源到目的地的路由时考虑路由可靠性约束，首先需要寻找 MRJ 的新路由算法。然后将该算法应用于我们提出的基于演化图论的可靠按需路由协议（evolutionary graph reliable ad-hoc on demand distance vector routing，EG-RAODV）的路由发现过程。

为了预测时间 t 的车辆位置，我们需要应用一个移动模型。我们假设车辆在公路上以相同的方向 α_0，以速度 v_0 行驶。这种假设在具有交通流量的约束拓扑中是合理的，如城市街道和高速公路拓扑。基于这个假设，每个车辆 i 被定义为具有以下参数：在 t 处当前的笛卡儿位置 $x_i(t)$ 和 $y_i(t)$，当前速度 $v_i(t)=v_0$ 和运动方向 $\alpha_i(t)=\alpha_0$，下面的关系描述了城市路段的交通模型

$$\Delta x_{i,j} = v_0 \times \Delta t \times \cos\alpha_0 \tag{4.49}$$

$$\Delta y_{i,j} = v_0 \times \Delta t \times \sin\alpha_0 \tag{4.50}$$

其中，$\Delta x_{i,j}$ 和 $\Delta y_{i,j}$ 是在 $\Delta t = t_j - t_i$ 期间沿着 x 和 y 方向的行驶距离。

图 4.16 显示了 EG-Dijkstra 算法的一个简单例子在两个不同的时刻采用简单的 VoEG：$t = 0\text{s}$ 和 $t = 5\text{s}$。在这个例子中，源车辆 s_r 是节点 0，目标车辆 d_e 是节点 5。为了便于说明，我们在链路上不使用二元组符号。考虑链路的可靠性，每辆车都有自己的 ID 和 RG(ID) 值。

在 $t = 0\text{s}$ 时，预测算法确定当前车辆的位置。然后，根据式(4.36)～式(4.40)来计算连接的可靠性值。EG-Dijkstra 发现车辆 1 和 4 并根据式(4.44)～式(4.46)分配 MRJ 值，如图 4.16(a)(i)所示。之后，它选择最大的可靠性值，并继续发现车辆 5。它基于式(4.16)分配 0.12 作为 MRJ 值。虽然车辆 5 是目的地，但算法不会在这个阶

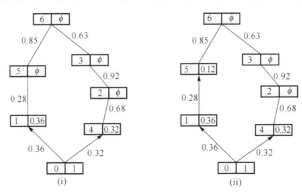

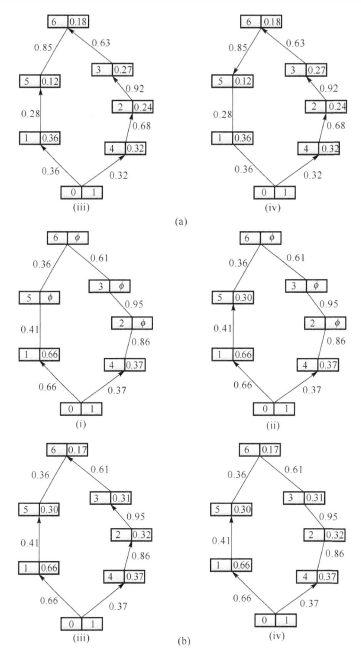

图 4.16　EG-Dijkstra 算法采用 VoEG 模型 $t=0s$ (a) 和 $t=5s$ (b) 示例

段停止，如图 4.16 (a) (ii) 所示，因为它必须检查所有可能的旅程。在图 4.16 (a) (iii) 中，算法继续发现车辆 2、3 和 6，并为每辆车分配 MRJ 值。最后，从不同的旅程再次到达车辆 5。因此，最终可靠性值将是 0.13，并且在 $t=0s$ 时从车辆 0 到车辆 5

的 MRJ 是 0→4→2→3→6→5。与上面类似，图 4.16(b) 显示了 $t = 5s$ 时的相同过程。从图 4.16(b)(iv) 可以看出，MRJ 变为 0→1→5，其可靠性值为 0.30。

EG-Dijkstra 算法的计算复杂度与正常的 Dijkstra 算法相似。设顶点数为 $|V|$ 并且边的数目是 $|E|$。在 EG-Dijkstra 算法中，索引为 3 的 while 循环执行 $|V|$ 次。在图 4.16(a) 中，我们提取 Q 中具有最高可靠性值的顶点。因此，每个顶点将被精确地添加到 Q 中一次，并从 Q 中删除一次。在最坏的情况下，图 4.16(a) 中的这个任务取 $O(|V|)$。但是，如果将 Q 作为堆实现，则在图 4.16(a) 中提取具有最高可靠性值的车辆的计算复杂度将是 $O(\log_2 |V|)$。RG 阵列中的边缘松弛过程和更新可靠性值取 $O(|E| + |V|)$，EG-Dijkstra 算法在高速公路上的 VANET 通信图中工作，即稀疏图。因此，可以得出 EG-Dijkstra 算法的总计算复杂度为 $O((|E| + |V|)\log_2 |V|)$。

EG-Dijkstra 算法的计算复杂度与 Dijkstra 算法相似，因此 EG-Dijkstra 算法是求解最可靠路径问题的多项式时间算法。在最坏的情况下，当更多车辆进入高速公路时，即 VoEG 的稀疏度降低时，计算复杂度将为 $O(|V|^2 \log_2 |V|)$。但是要注意的是，可以进入高速公路的车辆数量是由公路通行能力来控制的。VoEG 所代表的来源媒介中的邻接列表不能迅速增长。尽管如此，如果有更多车辆进入高速公路，建议采用一些聚类技术来控制计算的复杂性。

EG-RAODV 是在综合反应和主动基础上运作。EG-RAODV 中的反应性特征是按需求寻找路线。另外，在发送任何路由请求之前，即主动发现基于 VoEG 信息的到达目标车辆的路线。通过消除路由请求的广播，EG-RAODV 显著地节省网络资源。除此之外，EG-RAODV 不使用 Hello 消息技术来检查连接状态，因为整个 VoEG 在源车辆中被预先预测。在路由维护方面，EG-RAODV 使用与 AODV 相同的机制，在发生链路中断时发出路由错误消息 (RERR)，以启动新的路由发现过程。算法 4.3 和算法 4.4 如下所示。

算法 4.3　基于演化图 EG-Dijkstra 的步骤

1　在 VoEG 模型中找到 MRJ。正常的 Dijkstra 算法不能直接应用在这种情况下。我们对其进行修改，并根据式 (4.46) 和式 (4.48) 中的旅程可靠性定义，提出 EG-Dijkstra 算法来寻找 MRJ。

2　提出的 EG-Dijkstra 算法维护一个称为可靠图的数组，其中包含所有车辆及其相应的 MRJ 值。EG-Dijkstra 通过初始化源车辆的旅程可靠性值 $RG(s_r) = 1$ 和其他车辆的 $RG(u) = \varphi$ 开始。然后从所有车辆中找出基于式 (4.46) 和式 (4.48) 的旅程可靠性值。在考虑当前车辆的所有邻居时，将其标记为已访问，并将其行驶可靠性值标记为最终。

算法 4.4　EG-RAODV 中路由发现过程的步骤

1　假定源车辆具有关于 VoEG 当前状态的信息，根据式 (4.36)～式 (4.40) 计算在 VoEG 所有链路的可靠性值。当源车辆在时间 t 有数据要发送时，它计算当前 VoEG 中每个链路的可靠性值。然后，EG-Dijkstra 算法根据式 (4.46) 找到从源车辆到目标车辆的 MRJ。

2　在这个阶段，找到源车辆到目的地的最可靠的有效旅程。它将创建一个路由请求消息（RREQ），并将 MRJ 的跳数作为该 RREQ 的扩展。请注意，RREQ 中的这个扩展字段没有在传统的自组织路由协议中使用，而是留待将来使用。在 EG-RAODV 中，通过 RREQ 中的扩展信息，中间节点能够将路由请求转发到下一跳而不需要广播。

3　在路线的每辆车上，当接收到 RREQ 时，记录关于从哪个车辆听到的信息。然后，RREQ 将根据分机的信息被转发到下一跳，中级车辆不允许向来源车辆发送路线回复消息（RREP）。在路由选择过程中，由于节点的移动性与高度动态性，中间车辆的相关信息失去时效。当 RREQ 到达目标车辆时，RREP 将被发送回源车辆以开始数据传输。

4.2.4　实验测试与性能评估

性能评估的主要目标是确定高动态拓扑对路由过程性能的影响。除此之外，我们想要检查不同的数据包大小和数据传输速率下在高速公路场景中使用所提出的 VoEG 模型的好处。我们使用 OMNet++ 网络模拟器构建我们的性能评估模型。OMNet++ 是一个基于 C++ 模拟库和框架的可扩展模块化组件。对于每个模拟实验，我们执行 10 次以获得其平均结果。仿真结果在 AODV、OLSR、PBR 协议和我们的 EG-RAODV 路由协议之间进行比较。

我们构建了一个模拟场景，使用一条 5000m 长的三车道公路车辆进行移动。车辆数量是 30（交通密度低）。如果车辆行驶到所设计车道的尽头，它们将从模拟区域出来。每条车道的平均车速分别为 40km/h、60km/h 和 80km/h，将进行以下模拟实验。

实验 A：我们将数据传输速率从 32Kbit/s 改为 512Kbit/s。数据包大小是 1500B。在这里，车辆的平均速度在三条车道中保持不变，分别为 40km/h、60km/h 和 80km/h。

实验 B：我们将数据包大小从 500B 改为 3000B。数据传输速率是 128Kbit/s。在这里，车辆的平均速度在三条车道中保持不变，分别为 40km/h、60km/h 和 80km/h。

实验 C：我们只改变第三车道的平均车速，从 60km/h 到 120km/h。数据包大小是 1500B。数据传输速率是 128Kbit/s。

实验 D：我们改变交叉路口车辆节点的车速，从 30km/h 到 55km/h，来探讨交叉路口车速对 EG-RAODV 性能指标的影响。

假定实验中所设计高速的行驶速度服从标准正态分布，可依据车辆行驶速度表（表 4.3）来确定。

表 4.3　行驶速度

μ / (km/h)	V / (km/h)	σ / (km/h)
30	≈ 40	9
50	65	215
70	≈ 90	21

续表

μ / (km/h)	V / (km/h)	σ / (km/h)
90	≈120	27
110	≈145	33
130	≈170	39
150	195	45

实验测试将考虑五个性能指标。

(1) 数据包递交率 (packet delivery ratio, PDR)。数据包递交率是指目的节点上所有成功接收到的数据包与源节点上由应用层生成的所有数据包的平均比例。

(2) 链路故障。链路故障是指路由过程中链路故障的平均数量。该度量显示了路由协议避免链路故障的效率。

(3) 路由请求比率。路由请求比率是指总传送的路由请求与在目的地车辆上成功接收到的总路由分组的比率。

(4) 平均端到端 (E2E) 延迟。平均端到端延迟是指接收数据包的发送和接收时间之间的平均时间。

(5) 路由寿命。路由寿命是指发现路由的平均寿命。长的使用寿命意味着更稳定和更可靠的路线。这个度量仅在实验 C 中使用。

1) 数据传输速率和数据包递交率的关系

图 4.17 所示为数据传输速率和数据包递交率的关系。从图 4.17 中可以看出，我们提出的 EG-RAODV 比 PBR 和 AODV 的数据包的递交率更高。还表明，EG-RAODV 获得了稳定的递交率性能，而 PBR 和 AODV 的递交率的性能随着数据传输速率的增加而降低，这种优势来源于 EG-RAODV 利用扩展演化图模型选择最可靠的路由。

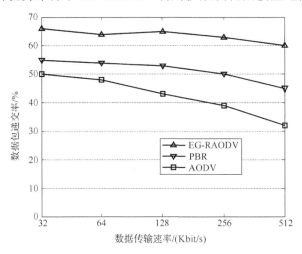

图 4.17　数据传输速率与数据包递交率的关系

与 PBR 和 AODV 不同，在 EG-RAODV 中不需要路由请求广播，这节省了网络带宽资源且有助于提高数据传输率。

2) 数据传输速率和平均路由请求比率的关系

图 4.18 显示了数据传输速率和平均路由请求比率的关系。从图 4.18 可以看出，EG-RAODV 的平均路由请求比率远小于 PBR 和 AODV 的。由于 EG-RAODV 采用 VoEG 的最可靠路由，并基于所选择的路由来引导 RREQ。另外，AODV 和 PBR 继续广播 RREQ，直到找到目标车辆。而 PBR 有最高的平均路由请求比率，因为它必须处理多个 RREQ 来找到到达目的地的最大预测路由生命周期的路由。

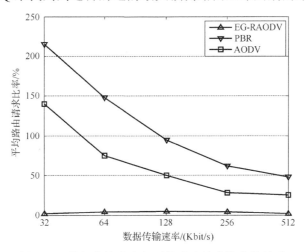

图 4.18　数据传输速率与平均路由请求比率的关系

3) 数据传输速率和平均链路故障数的关系

图 4.19 所示为数据传输速率和平均链路故障数的关系。从图 4.19 可以看出，EG-RAODV 协议的平均链路故障数低于 AODV 和 PBR。在所有不同的数据传输速率下，EG-RAODV 表现最佳，特别是当数据传输速率增大时，因为生成的报文越多，AODV 和 PBR 发生链路故障的次数越多。

4) 数据传输速率和平均端到端延时的关系

图 4.20 为数据传输速率和平均端到端延时的关系。从图 4.20 可以看出，EG-RAODV 的另一个重要优势是，与 AODV 和 PBR 相比，它的平均端到端延时性能要低得多。EG-RAODV 的最低延时来自它使用主动方法来寻找新路由，由于它保存了整个 VoEG 的信息，EG-RAODV 可以很容易地预测其他车辆的当前位置，并且在没有广播控制信息的情况下找到最可靠的路线。另外，AODV 在三种方案中产生最高的延时值，因为它使用纯粹的被动方法来寻找新的路由。PBR 路由获得比 AODV 更低的延时值，因为它会检查所有可能的路由来找到稳定的路由。

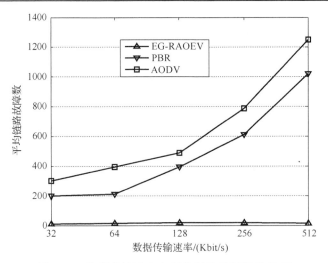

图 4.19　数据传输速率与平均链路故障数的关系

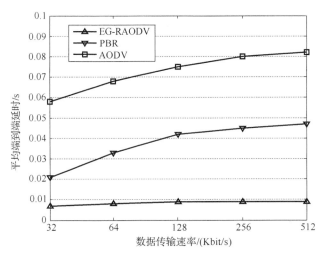

图 4.20　数据传输速率与平均端到端延时的关系

5) 数据包大小和递交率的关系

图 4.21 所示为数据包大小和递交率的关系。从图 4.21 可以看出，EG-RAODV 总是在不同的数据包大小上达到最高和稳定的 PDR 性能。PBR 比 AODV 再次执行得更好，因为它搜索到达目的地的所有可能路由，并选择具有最大预测路由生存时间的路由。

6) 数据包大小和平均路由请求比率的关系

图 4.22 显示了数据包大小和平均路由请求比率的关系。从图 4.22 可以看出，PBR 的平均路由请求比率高于 AODV 和 EG-RAODV。由于数据包与碎片数量呈正

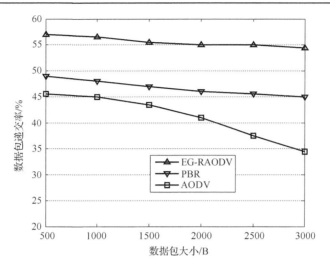

图 4.21　数据包大小与数据包递交率的关系

相关，而碎片数量与传送成功率有一定的关联，为路由发现过程生成更多的路由请求。这就解释了为什么平均路由请求比率随着 AODV 和 PBR 的增加而增加。而 EG-RAODV 不受这个问题的影响，因为使用 VoEG 信息发现了最可靠的路线。

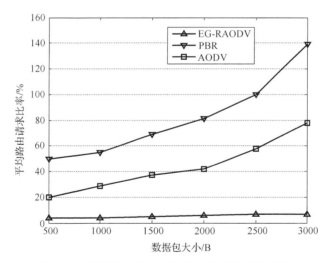

图 4.22　数据包大小与平均路由请求比率的关系

7) 数据包大小和平均链路故障数的关系

图 4.23 所示为数据包大小和平均链路故障数的关系。从图 4.23 可以看出，AODV 中的平均链路故障数量是最高的，因为采用了稳定性最高的路由，使得 EG-RAODV 具有最低的平均链路故障数量。PBR 采用了最大预测路线寿命的路线，因此，它的

平均链路故障数比 AODV 要低。然而，PBR 中的简单链路生存期预测算法无法找到最可靠的路由，因此导致比 EG-RAODV 更多的链路故障。

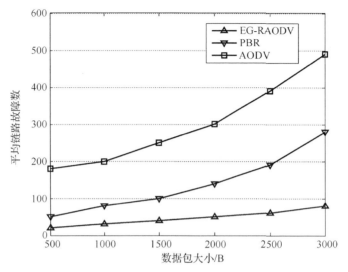

图 4.23　数据包大小与平均链路故障数的关系

8) 数据包大小和平均端到端延时的关系

图 4.24 所示为数据包大小与平均端到端延时的关系。从图 4.24 可以看出，EG-RAODV 的平均端到端延时比 AODV 和 PBR 低。EG-RAODV 的延迟性能不受不同数据包大小的影响，EG-RAODV 的数据包增大时延迟略有增加。

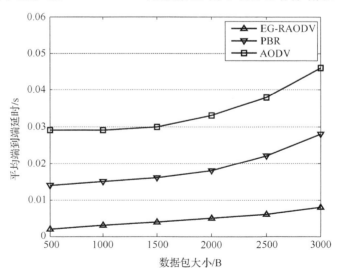

图 4.24　数据包大小与平均端到端延时的关系

实验 C 的目的是研究不同速度对路由性能的影响。在本实验中,我们还将 OLSR 作为主动路由协议进行了比较。我们考虑了 OLSR 中的 Hello 和拓扑控制消息对应于反应路由协议中的 RREQ。

9) 车速和递交率的关系

图 4.25 显示了车速与数据包递交率的关系。从图 4.25 可以看出,第三车道的平均速度从 60km/h 到 80km/h,所有路由的平均 PDR 都减小了。当速度增加时,路由拓扑变得更加动态和不稳定,AODV 和 OLSR 的 PDR 下降速度比 EG-RAODV 和 PBR 快得多。OLSR 不适合高度动态的网络,如车联网。EG-RAODV 在这个实验中表现最好,选择最可靠的路径有助于降低链路中断的可能性,并保持三种方案中最高的 PDR。

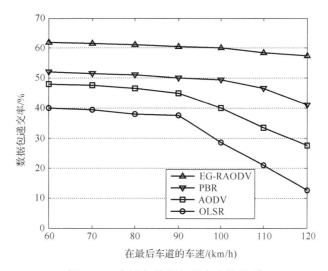

图 4.25　车速与数据包递交率的关系

10) 车速和平均路由请求比率的关系

图 4.26 所示为车速和平均路由请求比率的关系。由 EG-RAODV 生成的平均路由请求比率几乎不受网络拓扑变化的影响。在 EG-RAODV 中,移动性预测算法处理网络拓扑变化问题,这个过程不需要广播路由请求。另外,本实验中所有其他路由协议都受到网络拓扑变化的影响。特别是,由于需要处理多个路由请求,PBR 路由请求比率是最高的。随着越来越多的拓扑控制消息在速度增加时在 OLSR 中发送,其路由请求比率显著增加。

实验 D 的目的是研究交叉路口不同速度对路由性能的影响。在本实验中,我们将 PBR 和 AODV 作为路由协议进行了比较。仿真的具体参数参照表 4.3 设置,以下实验主要考虑交叉路口对仿真结果的影响,图 4.27 为交叉路口道路示意图。

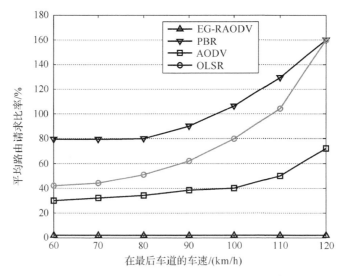

图 4.26　车速与平均路由请求比率的关系

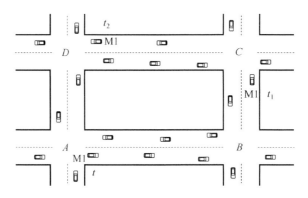

图 4.27　交叉路口道路示意图

11）交叉路口车速与数据包递交率的关系

图 4.28 显示了交叉路口车速与数据包递交率的关系。从图 4.28 可以看出，在交叉路口，随着车速的增加，EG-RAODV 算法在数据包递交率上表现出了更好的性能。PBR 随着车速的增加，数据包递交率呈现缓慢下降的趋势。AODV 则随着交叉路口车速的增加数据包递交率显著下降。

12）交叉路口车速与平均端到端延时的关系

图 4.29 显示了交叉路口车速与平均端到端延时的关系。从图 4.29 可以看出，在三种算法中，EG-RAODV 算法具有最低的平均端到端延时。而 PBR 和 AODV 则随着交叉路口车速的增加，平均端到端延时显著增加。

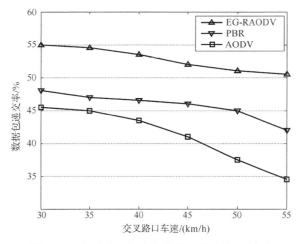

图 4.28　交叉路口车速与数据包递交率的关系

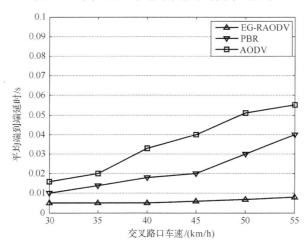

图 4.29　交叉路口车速与平均端到端延时的关系

4.3　本 章 小 结

　　本章提出了一种面向车联网的动态路由新协议。本协议在选择下一跳转发节点时，同时考虑到目的节点的距离计算、节点间的链路状态情形以及下一跳有效节点度状况这 3 个指标来找出最优转发节点。将连通概率作为高速路车联网动态自适应路由方法的重要参数，我们提出了新的计算连通概率的方法。所设计的路由方法中采用了 GOF 算法，GOF 算法在数据包递交率和平均跳数等方面有效提高了车联网的性能。同时，我们扩展了演化图论，提出了 VoEG 模型，设计了新的 EG-Dijkstra 算法以及 EG-RAODV 路由协议，为 IOV/VANET 提供了可靠的路由方案。

第 5 章　移动自组织网中的路由技术

5.1　概　　述

移动自组网(MANET)支持无线终端自由组网,基本实现了人们随时随地自由通信的美好愿望,在军事领域和民用领域都具有十分广阔的应用前景和技术优势, 这些都使移动自组网成为未来无线通信领域极具吸引力的选择。随着技术的发展, 它逐渐成为实现无限自由的无线接入(access to anything, anytime, anywhere, anyhow)的技术手段之一。

移动自组网在获得优良特性的同时,增加了其网络相关设计的复杂性。由于其具有移动性强、无固定拓扑、资源有限等特点,移动自组网还有很多问题尚待研究和解决。其中,网络层的路由协议问题最为关键,它的优劣决定着网络通信性能的好坏。尽管目前已经提出了大量的路由协议和算法,但是没有一种路由协议能够完全满足其特殊环境,因此,对已有协议进行优化来进一步提高移动自组网性能势在必行。按需路由技术要求仅当有通信需求时才建立路由,无须实时维护准确的路由信息,操作简单且控制开销低,节省了宝贵的带宽和能耗,间接地延长了网络寿命,能够以较小的能耗来快速适应动态变化的网络拓扑,却产生了一定的传输延时。

MANET 中节点高度动态性导致网络拓扑结构频繁变化,这使得节点进行数据传输时路由选择问题成为一个非常重要的研究热点。路由设计的目标就是提供一组鲁棒性高且标准化的协议,应用于各种环境中都有较好的数据传输效率。结合MANET 的特点,在设计路由算法时需遵循如下几个标准:①简单方便;②收敛迅速;③分布式特性且信令符号小;④可扩展性;⑤安全性和可靠性高;⑥满足服务质量的需要。

在 MANET 中,路由协议是一组将信息从源端指引到目的端的机制的集合。其目的是获得较好的网络资源利用率,并最小化网络控制开销。其路由协议包括三个核心功能:路径产生(path generation)、路径选择(path selection)和路径维护(path maintenance)。采用不同于有线网的算法针对多种难题设计路由协议,如可扩展性问题、避免环路问题、适应性问题、控制开销问题等。一般对 MANET 的路由设计,需满足以下目标要求:最小控制开销、最小处理开销、多跳路由功能、动态拓扑维护、避免自环路。如图 5.1 所示为路由协议示意图。

路由依照不同的分类标准可以获得不同的分类,按照路由算法不同分为源路由、基于链路状态的路由、反向链路路由、基于距离矢量的路由；按照路由建立方式不同分为混合式路由、先应式路由、按需路由；按照网络拓扑逻辑结构不同分为平面结构路由、分层结构路由；按照网络规模不同分为大规模路由、中小规模路由；按照信息交互的目的节点数量差别分为单播路由、多播路由。主动式路由起源于传统的距离矢量路由和链路状态路由，下面介绍主动式路由。

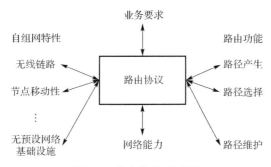

图 5.1　路由协议示意图

1. 主动式路由

主动式路由中的每个节点都维护到其他所有节点的路径，并周期性地发送信息维护路径。当拓扑结构突变，如有终端节点融入或撤出网络时，都会引发路径维护工作。且在 MANET 中节点移动速度对路由维护也有一定的影响，如节点移动速度越快则网络结构越不稳定，路由链路的添加及删除频率更高。典型的主动式路由包括：目的节点序列号距离矢量路由协议(destination-sequenced distance vector，DSDV)、最优链路状态路由协议(OLSR)、基于逆向路径转发的拓扑分发路由协议(topology dissemination based on reverse-path forwarding，TBRPF)。

OLSR 不同于传统的 LSR(link state routing)，其核心功能为多点中继(multipoint relaying，MPR)机制。在该协议中，每个终端将自身的部分单跳邻居选入 MPR 集合(图 5.2)中，作为中继节点。该集合中的所有节点负责通告网络的链路状态，只有被选取为 MPR 的节点才会转发 TC(topology control)消息分组，这样可以减少网络中的泛洪消息。MPR 集合周期性地广播传输 TC 消息，该信息包含与本节点的 MS(multipoint relay selector)节点间的链路状态信息，接收其他 MPR 发送来的 TC 消息并转发。MPR 集合在自身 TC 消息中添加它被选入 MPR 集合中的标志，随着这个 TC 消息不断周期性地发送，该终端的 MPR 身份也将泛洪到整个网络中。泛洪 TC 消息的目的是向整个网络声明自身的 MS 节点是可达的，即采用 MPR 周期性地广播信息得出节点间的通信路径，因此，和传统 LSR 协议相比开销较小。源节点的 MPR 集合应满足：①MPR 集合中每个终端都是源端的单跳邻居；②源端通过 MPR 集合将消息传播到所有两跳邻居端点。为了获得每个终端的 MPR 集合，必须知道它的两跳范围内的链路状态(link state，LS)，并且在发送 Hello 数据包时需加上自身的邻居状态标志。这样节点在收到 Hello 包之后，就可以计算两跳内的 LS 信息。

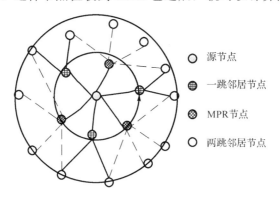

图 5.2　节点的 MPR 集合示意图

2. 先应式路由

先应式路由也称作按需路由，只有当需要时才执行路径发现过程，且每个节点维护和自身有通信行为的节点之间的路径，不需和所有节点都建立并维护路径。可以减少控制开销，减少信令开销。其缺点是，当源节点需要一条到达目的节点的路径时，需要通过发现过程找到最优路径，具有一定的延时。

典型的先应式路由包括：距离矢量路由协议(ad hoc on-demand distance vector routing，AODV)、动态源路由(dynamic source routing，DSR)。其中 AODV 基于路由环分组实现路径发现，DSR 和 AODV 类似，也是在路径发现中带有发现环的反应式路由。DSR 的信息分组中含有严格的源路由，并指出了到达目的端的路径上的所有中间节点，以此代替逐跳转发机制。采用路由请求(route request，RREQ)分组和回复(route reply，RREP)分组累积路由信息。如图 5.3 所示为 DSR 路由发现过程示意图。

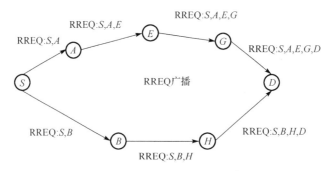

图 5.3　DSR 路由发现过程示意图

MANET 的安全问题是基础网络功能的主要问题之一，在路由设计的早期阶段没有植入合适的路由策略,导致网络容易遭受侵害。现有路由协议主要面临以下攻击:主动攻击和被动攻击。主动攻击是指违规行为的节点通过消耗节点能量进行攻击,使网络瘫痪,以此降低数据传输成功率,如虫洞攻击。被动攻击是指私用终端为了节约自身能量而不参与其他终端的信息交互。这种攻击不考虑网络总体生存时间,不参与网络拓扑正常运行,不对其他节点的数据进行转发,容易造成网络断裂。典型的可靠路由包括 SRP、ARIADNE 等。

1) SRP

SRP(stable routing protocol)基于多种反应式路由,用于解决路由发现混乱所造成的网络攻击问题,初始终端能识别并丢弃错误的回复消息,确保拓扑准确性。该协议假设在源节点和目的节点之间存在安全联合(security association, SA),节点之间协商共享密钥信息,使用 SA 验证数据交换过程中的转发节点是否可信。转发节点对 RREQ 消息进行转发,并估计从邻居节点发送过来的频率进行访问控制,每个节点维护一个访问频率且和优先级成反比,可以保证每个终端都以相同的概率接收和转发来自邻居的信息包。当某节点通过 RREQ 对网络进行恶意破坏时,该节点的优先级就会降低,当降低到一定标准时,其他节点就会拒绝为该节点转发过来的数据信息服务。

2) ARIADNE

基于 DSR 理论的按需路由 ARIADNE(anti-attack routing in Ad-hoc network)协议仅依靠对称密码来解决折中问题,目的端能够识别源端的真实性。源节点能够检测并识别链路状态上每一个转发节点,并且转发节点可以将 RREQ 或 RREP 消息包含的列表中的前驱节点移出。ARIADNE 结合消息验证码 MAC 和共享密钥机制进行消息认证,采用 TESLA 广播认证协议对 RREQ 和 RREP 消息进行验证。该算法能克服虫洞造成的修改和冒充路由信息问题。为避免发送错误链路状态信息的节点进入网络,当节点遇到一个错误的链路状态时,该节点的 TESLA 认证将该错误信息添加到路由信息表中,使得所有反向链路上的节点都能检测到错误信息。但由于 TESLA 认证的延时性特点,在反向链路上的转发节点只是缓存错误信息,在错误认证阶段对错误信息进行核实和处理。

在 MANET 中,拓扑的总体能量是衡量其性能的一个重要标准。需针对实际应用场景来分析节点能量消耗:节点需明确声明激活休眠状态,在该状态下节点不发送和接收任何数据包,能量消耗较少。当终端进入空闲状态时,它只接收数据,此时的能耗比处于休眠状态时多。当终端处于活动状态时,需进行信息交互且在该状态下终端能耗最大。如表 5.1 所示为功率消耗的标准测量值。

在能量控制的研究过程中,提出相应的功率节省协议来最大化地节省能量。主要通过网络控制、最小化吞吐量、减小网络时延等实现,提出的协议包括:网络层功率节省协议、基于拓扑的功率节省协议、MAC 层功率节省协议等。

表 5.1　一些功率消耗测量值

接口	发送	接收	空闲	休眠	速率/(Mbit/s)
Aironet PC4800	1.5~1.9W	1.3~1.4W	1.34W	0.075W	11
Lucent Bronze	1.3W	0.97W	0.84W	0.066W	2
Lucent Silver	1.3W	0.90W	0.74W	0.048W	11
Cabletron Roamabout	1.4W	1.0W	0.83W	0.13W	2
Lucent WaveLAN	3.10W	1.52W	1.5W	—	—

三个应用于网络层功率控制的基本策略为：①节点周期性监听数据包信息；②基于拓扑结构信息，对区域覆盖节点的数据包进行监听、发送和接收；③异步操作，每个节点都有不同的休眠周期，异步和邻居节点执行数据监听、发送及接收操作。

基于拓扑的功率节省协议是基于选择节点的子集，在子集中某节点半径范围内的节点都处于空闲状态，仅转发源端的数据包。这些节点可以表示整个网络结构，半径范围之外的节点大多数时候在休眠，并周期性地参加子集的选取。所以在该类协议中子集的选取非常重要，一个网络的主集合是该网络结构的一个子集，且和该网络的节点密度有关。如图 5.4 所示为主集合选取示意图。

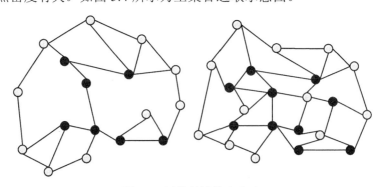

图 5.4　网络的连接主集合

MAC 层功率控制技术采用媒体接入控制过程，在信息查询时间间隔内，节点处于休眠状态。当某节点进行数据包交互时，它的邻居节点应该在休眠，不能影响它的数据交互过程。如图 5.5 所示，当 S 向 D 传输数据时，S 的邻居 A 检测到 RTS，D 的邻居 B 检测到 CTS，所以 A 和 B 不能进行信息交互。如果 C 处于 S 的载波感知范围外，则 C 可以进行广播，并且 B 能接收到该广播。

采用合适的功率控制方法也能有效地减少终端的能耗，常用的控制方法包括：拓扑控制、多传输功率控制、自适应功率控制等。其中拓扑控制就是为每个终端分配一定的传输数据功率，保证拓扑结构连通性的同时能最优化分配终端数据传输功率。如图 5.6 所示，节点传输距离决定了拓扑结构。

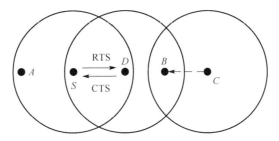

图 5.5　MAC 层功率节省协议

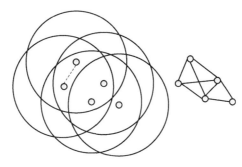

图 5.6　拓扑控制技术节省能量

OLSR 是基于链路状态的表驱动路由协议，适用于网络中终端移动性所引起的拓扑结构高度动态特性，需要对路径表及时更新。已有的相关研究主要集中于对协议进行改进以解决信息更新及时性和链路带宽有限性问题。有学者针对特定物理层对泛洪算法进行了性能优化和测评，研究了异构 MANET 的泛洪问题，证实了 MPR 集合选取是一个 NP-C 问题，并基于贪心策略提出了一种启发式算法。该启发式算法可以在 $O(n\log_2(n))$ 的时间复杂度内找到 MPR 集合的较优解，但由于贪心算法自身的局限性，所找到的解未必是全局最优解。有学者利用环路控制理论，推导出了拓扑结构动态性与邻居状态变化更新的函数映射，由此提出一种邻域状态自适应更新 (neighborhood state self-adaptive update，NSSAU) 算法，结合 OLSR 提出一种 OLSR-NSSAU 路由协议。还有学者将图像采集方法应用于 MANET 中，通过图像采集节点信息，提出一种基于图像增强方法的 OLSR 路由协议 (cartography enhanced OLSR，CE-OLSR)。

20 世纪 80 年代初，有学者提出了量子计算的概念，基于量子纠缠、态叠加以及干涉等特征，利用量子的并行计算特性有可能解决 NP-C 问题。随后，有学者提出了量子遗传算法 (quantum genetic algorithm，QGA)，QGA 基于量子态的矢量表达，把量子位的概率振幅应用于基因编码中，那么在某一时刻，每条染色体就能同时表现出多个态的叠加，并采用量子旋转门对基因进行更新，采用量子交叉和变异避免种群局部最优解，实现目标解的最优化。目前对量子计算的主要研究如下：一类是基于量子多宇宙特性的多宇宙量子衍生遗传算法 (quantum inspired genetic algorithm)；另一类是基于量子比特和状态叠加特性的量子遗传算法。

有学者提出了分解大数质因子的算法，基于量子计算的并行性可在较小的时间复杂度内得出大数据的质因子。这使得目前的 RSA 公钥加密系统很容易被量子计算机破解，严重威胁到银行等的信息安全及国家安全。Grover 研究了随机数据库量子搜索算法，能够对许多经典的启发式方法有进一步优化加速作用。该搜索算法具有加速搜索密码系统密钥的用途，能有效破译 DES (data encryption standard) 密码体系。在一个存有 n 个目录项的无序表中进行定向搜索时，可以在 $O(\sqrt{n})$ 的时间复杂度内找到执行目标项。有学者提出一种求解 0-1 背包问题的算法，但该算法只适用于问题较为简单、每个基因只有 0 和 1 两种状态的问题。在应用中单个基因位也可以表示多个状态，该算法的通用性较差。为增强适用性，方法一是创造一个能够同时操作多个状态的幺正变换，该思想编码较为简单且效率高。其缺点是计算时间复杂度高，且对于高维幺正变换的设计较为烦琐。方法二是采取遗传算法中的二进制编码，利用比特对多态问题编码，使单个染色体可以表达多个状态的叠加，相比于其他方法有较好的种群多样性及全局收敛性。

5.2　基于遗传-细菌觅食优化策略的动态源路由协议

5.2.1　简介

MANET 典型的按需路由协议有 DSR (dynamic source routing)、AODV、TORA (temporally ordered routing algorithm) 等，有学者通过对三种协议进行模拟仿真对比分析了它们的性能，实验结果表明，DSR 具有相对较好的性能。

DSR 协议使用源路由，网络中的移动节点能够将通过转发和旁听获得的路由信息存储下来，当某个节点有通信需求时，首先检查其缓存的路由表，以确定是否有所需的到达目的节点的路由。为初始化路由发现进程，源节点创建并以泛洪的方式发送一个路由请求分组，该分组主要包括：源节点地址、请求识别码、路由记录、目的节点地址。其中，请求识别码是源节点设定的一个唯一的序列号，它与源节点地址共同标识 RREQ 分组，而路由记录则累积了 RREQ 分组依次经过的节点的地址序列。网络中的节点接收到 RREQ 分组后，具体的处理过程如下。

(1) 如果节点的地址与 RREQ 分组中的目的节点地址相匹配，或者路由缓冲区中存储有去往目的节点的路由信息，那么该节点应该向 RREQ 分组中记录的源节点回送一个 RREP 分组，它包含源节点与目的节点之间的整条源路由，然后删除 RREQ 分组，如图 5.7 所示。

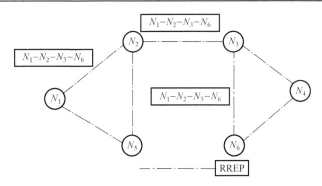

图 5.7　DSR 路由应答示意图

(2) 否则，节点必须检查 RREQ 分组中的路由记录，它包含了 RREQ 分组依次遍历过的节点的地址，以便确定这个地址列表中是否存在该节点的地址。如果存在，则直接丢弃。

(3) 否则，节点必须搜索它的路由请求列表，以便确定其中是否已经存在唯一标识该 RREQ 分组的〈源节点地址，路由请求序列号〉表对。如果存在，则直接丢弃，避免节点对 RREQ 完全重复的广播。

(4) 否则，节点将其地址添加到 RREQ 分组的路由记录中，并将更新后的 RREQ 分组以泛洪的方式发送出去。

(5) 重复上述过程，直到 RREQ 分组到达目的节点或者与目的节点之间存在可达路由的中间节点，如图 5.8 所示。

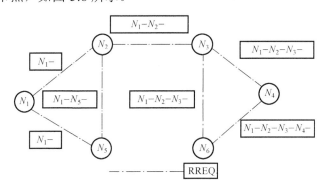

图 5.8　DSR 路由请求示意图

有学者提出一种新型仿生类算法——细菌觅食优化算法，因其具有群体智能算法并行搜索、易跳出局部极小值等优点，成为生物启发式计算研究领域的又一热点。在细菌觅食优化(bacterial foraging optimization，BFO)算法中，模型首先将待优化的问题进行编码，并定义待优化问题的解(评价函数的适应值)对应于搜索空间中的细菌状态(能量情况)。针对具体问题的求解过程为：产生初始解群体、计算评价函数的值、利用群体的相互影响和作用机制进行迭代优化，通过循环执行趋化、繁殖和迁移 3 个主要算子，来获得最优解或准最优解。细菌觅食优化算法中的三个操作均可保证产生的新个体均为优良个体，而遗传算法中的交叉和变异算子不能保证产生的新个体是优良个体，从而求最优解精度不够高。

　　已有的相关研究主要集中在对协议中路由的发现过程进行的改进，解决信息拥塞及可用链路带宽有限的问题，如对泛洪算法的改进，有学者基于移动节点地理位置辅助信息提出了一种新的泛洪算法——位置辅助泛洪改进算法（intelligent location flooding algorithm，ILFA），将 ILFA 应用于经典 DSR 协议中，通过限定请求区域和期望区域等限制路由发现的有效范围，进而通过设置提名广播重传邻居列表限定路由请求分组重传范围，有效减小 DSR 路由寻路分组的传播次数。有学者运用无线自组网的多信道多路径路由度量准则，在 DSR 协议的基础上实现了一种智能多路径路由协议（intelligent multi-routing protocol，IMRP）。有学者提出一种基于权重、链路反馈和均衡能量的 DSR 改进型路由协议，在满足权重的路径查找中选择能量高的节点充当中继，在数据包发送的过程中低能量的节点反馈能量状态，源端主动断开旧链路，从而变更路径。

　　GA 通过选择、交叉、变异等遗传操作的更替来完成问题的寻优。它从一组初始可行解出发，在不需要除目标函数之外的其他信息的条件下实现对可行域的全局高效搜索，并以概率 1 收敛到全局最优解。这种良好的特性使它在组合优化领域获得了成功应用。遗传算法的主要任务是设法产生能够充分表现出解空间中的解的优良个体，从而提高算法效率并避免早熟收敛现象。但是，往往在遗传算法的实际应用中，容易出现早熟收敛、后期搜索速度慢以及局部搜索能力较差等缺点。有学者证明 DSR 路由选择是一个 NP 问题。

　　BFO 算法作为一个新型的基于群体的优化工具，具有良好的取得全局极值的能力。由于算法提出较晚，目前国内外的研究尚处于起步阶段，有学者在 BFO 算法中引入了遗传算法的交叉、变异算子。我们将遗传算法和细菌觅食优化算法相结合，提取两种算法的优点，应用到 DSR 协议的路由选择中，提出遗传-细菌觅食优化（GA-BFO）动态源路由协议，目标是确保数据传输的时效性和可靠性。

5.2.2　协议设计

　　设 $S^N = \{ x = (x_1, x_2, \cdots, x_N)，x_i \in S(i \leqslant N) \}$ 为种群（优化解）空间，$S^2 = \{(x_1, x_2), x_1, x_2 \in S\}$ 称为母体空间，S 称为个体空间，N 称为种群（优化解）规模。n 为选择遗传算法的迭代次数，m 为细菌觅食优化算法的迭代周期，P 为 S^N 上的概率分布。我们把遗传算法与细菌觅食优化算法融合的 GA-BFO 算法，先通过遗传算法得到若干组优化解 G，得到的优化解规模表示为 E，作为菌群的初始位置分布，通过细菌觅食优化算法进一步得到最优路由，其中 GA 涉及三个算子：选择算子 T_m，交叉算

子 T_c，变异算子 T_s。BFO 涉及四个算子：趋化算子 T_θ，聚集算子 T_j，复制算子 T_{health}^J，迁徙算子 T_{ed}^p。

定义 5.1　适应值函数 f: $S \rightarrow \mathbf{R}^+$，即个体空间到正实数空间的映射，则全局最优解集为 $G^* = \{x; \forall y \in S, f(x) \leqslant f(y)\}$；满意解集为 $B = \{x \in B; \forall y \notin B, f(x) \leqslant f(y)\}$。

定义 5.2　选择算子 T_m: $S^N \rightarrow S$，即在一个种群中选择一个个体的随机映射。

定义 5.3　交叉算子 T_c: $S^2 \rightarrow S$，即母体空间到个体空间的映射。

定义 5.4　变异算子 T_s: $S \rightarrow S$，即个体空间到个体空间的随机映射。

定义 5.5　趋化算子 T_θ: $S^E \rightarrow S$，即在通过 GA 得到的优化解空间中选择优化方向（适应值 f 得到改善的方向）并游动。

定义 5.6　聚集算子 T_j: $S^E \rightarrow S$，即个体通过相互作用（修正适应值 f）来达到聚集行为。

定义 5.7　复制算子 T_{health}^J: $S^E \rightarrow S$，即将个体能量 J_{health} 按从大到小的顺序排列，淘汰前 $S_r = S/2$ 个能量值较小的个体。

定义 5.8　迁徙算子 T_{ed}^p: $S^E \rightarrow S$，即个体以给定概率 P_{ed} 执行迁徙操作，被随机重新分配到寻优区间。

引理 5.1　遗传算法的种群序列 $\{x(n); n \geqslant 0\}$ 是有限齐次马尔可夫链。

证明：由于 $S = \{0,1\}^l$ 中有 2^l 个个体，则种群空间 S^N 中有 2^{Nl} 个个体，S^N 为种群序列的状态空间，是有限的。根据标准遗传算法得出 $T(x(n)) = T_m(T_c(T_s(x(n)))) = T_m \times T_c \times T_s(x(m))$，其中，$T_m$、$T_c$、$T_s$ 均与 n 无关，因此 $x(n+1)$ 仅与 $x(n)$ 有关，与迭代次数 n 无关。GA 的优化解序列 $\{x(n); n \geqslant 0\}$ 是有限齐次马尔可夫链。

定理 5.1　细菌觅食优化算法的种群序列 $\{x(m); m \geqslant 0\}$ 是有限齐次马尔可夫链。

证明：由于细菌觅食的四个主要算子仅更新最优个体，我们取

$$x(m+1) = (x_i(m+1) = T_{\text{ed}}^{ip} \times T_{\text{health}}^{iJ} \times T_j^i \times T_\theta^i(x(m)), \quad i \leqslant E-1, \quad x_E(m+1) = x_{i_0}(m)$$

其中，$i_0 = \arg\min\{f(x_j(m))\}$ 表示使 $f(x_j(m))$ 取最小值的个体为 $x_j(m)$，且转移概率矩阵为

$$P\{x, g\} = P\{x(m+1) = g / x(m) = x\} = \begin{cases} \prod_{k=1}^{E} PT(x(m))_k = g_k, & \exists i_0 \in G^*(x), \text{使} g_E = x_{i_0} \\ 0, & \text{其他} \end{cases}$$

其中，$G^*(x) = \{i; f(x_i) = \min\{f(x_j)\}\}$，则

$$T(x(m)) = T_{\text{ed}}^{ip}(T_{\text{health}}^{iJ}(T_j^i(T_\theta^i(x(m))))) = T_{\text{ed}}^{ip} \times T_{\text{health}}^{iJ} \times T_j^i \times T_\theta^i(x(m))$$

上式表明 $x(m+1)$ 仅与 $x(m)$ 有关，而与 m 无关。BFO 算法的优化解序列 $\{x(n); n \geqslant 0\}$ 是有限齐次马尔可夫链。

定理 5.2　GA-BFO 算法的优化解序列 $\{x(n); n \geqslant 0\}$ 是有限齐次马尔可夫链。

证明：由引理 5.1 知，遗传算法 $x(n+1)$ 仅与 $x(n)$ 有关，与迭代次数 n 无关。由定理 5.1 知，细菌觅食优化算法 $x(m+1)$ 仅与 $x(m)$ 有关，与迭代次数 m 无关。同时，由于遗传-细菌觅食优化算法的主要算子更新最优个体，我们取 $x(n)=(x_i(n+1)=T_{ed}^{ip}\times T_{health}^{iJ}\times T_j^i\times T_\theta^i\times T_m^i\times T_c^i\times T_s^i(x(n))$。

由引理 5.1 和定理 5.1 可知

$$T(x(n))=T_{ed}^{ip}(T_{health}^{iJ}(T_j^i(T_\theta^i(T_m(T_c(T_s(x(n)))))))) = T_{ed}^{ip}\times T_{health}^{iJ}\times T_j^i\times T_\theta^i\times T_m^i\times T_c^i\times T_s^i(x(n))$$

上式表明 $x(n+1)$ 仅与 $x(n)$ 有关，而与 n 无关。GA-BFO 算法的优化解序列 $\{x(n); n\geq 0\}$ 是有限齐次马尔可夫链。

定理 5.3　GA-BFO 算法的马尔可夫链序列的优化解满意值序列是单调不增的，即对于任意 $n\geq 0$，有 $F(x(n))\geq F(x(n+1))$。

证明：首先 GA-BFO 算法执行遗传算法，寻优方式采用优胜选择法，$i_0=\arg\min\{f(x_j(m))\}$，则有 $x_N(n+1)=x_{i_0}(n)$，$F(x(n))\geq F(x_N(n+1))\geq F(x(n+1))$。

其次 GA-BFO 算法采用了细菌觅食优化算法，$i_0=\arg\min\{f(x_j(m))\}$，同样有

$$x_E(m+1)=x_{i_0}(n), \quad F(x(m))\geq F(x_E(m+1))\geq F(x(m+1))$$

而细菌觅食优化算法以遗传算法结果为初始分布，具有优值继承性，因而对于任意 $n\geq 0$，有 $F(x(n))\geq F(x(n+1))$，即 GA-BFO 算法的马尔可夫链序列的优化解满意值序列是单调不增的，即 $G^*\subset B$。

引理 5.2　遗传算法种群马尔可夫链序列 $\{x(n); n\geq 0\}$ 以概率 1 收敛到满意种群集 B^* 的子集 B_0^*，$B_0^*=\{Y=(Y_1^*, Y_2^*, \cdots, Y_N^*); Y_N\in M\}$，即 $\lim\limits_{n\to\infty} p\{x(n)\in B_0^* / x(0)=x_0\}=1$。

证明：设 X' 是 $f(X')$ 的唯一最小值解，由定理 5.2 和引理 5.2 知 $P\{x, g\}$ 有如下性质。

(1) 当 $X, Y\in B_0^*$ 时，$P\{X, Y\}>0, P\{Y, X\}>0$，即 $X\leftrightarrow Y$。

(2) 当 $X\in B_0^*$，$Y\notin B_0^*$ 时，$P\{X, Y\}=0$，即 $X\to Y$。因而，B_0^* 为正常返的非周期的不可约闭集，$S^N\setminus B_0^*$ 为非常返的状态集

$$\lim\limits_{n\to\infty} p\{x(n)=Y / x(0)=x_0\}=\begin{cases}\pi(Y), & Y\in B_0^* \\ 0, & Y\notin B_0^*\end{cases}$$

于是

$$\lim\limits_{n\to\infty} p\{x(n)\in B_0^* / x(0)=x_0\}=1$$

定理 5.4　GA-BFO 算法的优化解马尔可夫序列以概率 1 收敛到满意解集 B 的子集 B_0，$B_0=\{b=(b_1, b_2, \cdots, b_N); b_N\in M\}$，即 $\lim\limits_{n\to\infty} p\{x(n)\in B_0 / x(0)=x_0\}=1$。

证明：设 x' 是 $f(x')$ 的唯一最小值解，由定理 5.2 和引理 5.2 知 $P\{x, g\}$ 有如下性质。

(1)当 $x, g \in B_0$ 时，$P\{x, g\} > 0, P\{g, x\} > 0$，即 $x \leftrightarrow g$。

(2)当 $x \in B_0$，$g \notin B_0$ 时，$P\{x, g\} = 0$，即 $x \to g$。因而，B_0 为正常返的非周期的不可约闭集，$S^N \setminus B_0$ 为非常返的状态集

$$\lim_{n \to \infty} p\{x(n) = g / x(0) = x_0\} = \begin{cases} \pi(g), & g \in B_0 \\ 0, & g \notin B_0 \end{cases}$$

于是

$$\lim_{n \to \infty} p\{x(n) = g / x(0) = x_0\} = 1$$

推论 5.1 对于 GA-BFO 算法，如果 $\{x(n); n \geq 0\}$ 对于任意满意解集是收敛的，则必收敛到全局最优解集。

证明：因为对于 $\varepsilon > 0$ 有满意解集 $B(\varepsilon) = \{y; f(y) \leq f(x^*) + \varepsilon\}$，其中 x^* 表示最优解，即 $x^* \in G^*$，G^* 是全局最优解集(所有满意解集之交集)。由定理 5.3 知，GA-BFO 算法的马尔可夫链序列的优化解满意值序列是单调不增的，即全局最优解集 G^* 为最小满意解集，$G^* \subset B_0$。由定理 5.4 知

$$\lim_{n \to \infty} p\{x(n) = g / x(0) = x_0\} = 1$$

于是

$$\lim_{n \to \infty} p\{x(n) = x^* / x(0) = x_0\} = 1$$

在遗传算法的迭代中，我们利用适应度大小来区分染色体的优劣，针对不同的问题需要设计不同的评估函数来测定问题的适应度。从优化搜索的角度分析，遗传操作包括选择、交叉和变异三个基本算子，这些算子可使问题的解逐代优化，从而逼近最优解。

由于遗传算法处理的对象是染色体编码串，不能直接处理解空间中的解数据，必须通过编码将解空间表示成遗传空间的基因型串结构数据。根据网络路由的特点和遗传算法的编码原则，我们采用节点序列编码，即对于一条给定的从源到目的节点的路径，该路径上节点序列号即为染色体编码，一个节点序列就是一条染色体，即一条路径对应着一个个体，设为 α_i^t。对于每一个节点，以其物理 ID R 作为它的节点标识，网络中节点标识是事先给定的，并保持不变。这种编码自然、直观，交叉和变异都是对序列进行操作，比较简单，而且无须编/解码。这种序列虽然不定长，但该序列中节点数不可能超过网络的总节点数。也就是说，此序列中不可能有相同的节点，因此，有效地避免了循环路由的问题。设序列中节点数即个体 α_i^t 染色体长度为 L_i，节点序列号为 R_x^i，$x = 1, 2, \cdots, L_i$。

按 DSR 路由发现策略搜索到 N 条路径，以此作为初始群体 A^0，N 为群体规模，所以个体 α_i^t 的初始染色体表示为

$$\alpha_i^0 = [\alpha_1, \alpha_2, \cdots, \alpha_N] \tag{5.1}$$

其中，$i = 1, 2, \cdots, N$，N 为群体规模。

遗传算法中的选择操作一般可以分为以下几类：①排序选择；②适应度比例选择；③竞争选择。适应度比例选择方式包含轮盘赌选择法、期望值选择法以及其他方法等。轮盘赌选择法是最常用的选择方法，将个体的相对适应度作为该个体被选择的概率，因此个体的相对适应度越高，该个体被选择的概率越大。

我们采用轮盘赌选择法，又称适应度比例法，按照个体适应度在整个种群适应度中所占比例确定该个体被选择的概率 P_{α_i}。个体 i 的适应度为 $f(\alpha_i)$，则可计算出个体 α_i 被选择的概率 P_{α_i}。个体 α_i 被选择概率 P_{α_i} 的计算公式为

$$P_{\alpha_i} = \frac{f(\alpha_i)}{\sum_{i=1}^{N} f_{\alpha_i}} \tag{5.2}$$

DSR 路由协议采用最基本的最短路径算法选择路由，即选择最少跳数，这种选择可能导致选取的路由某些节点能量消耗过大，导致网络局部瘫痪，从而影响整个网络的数据传输，缩短网络的生命周期。所以需综合考虑路径跳数以及路径中的节点能量信息来确定使用度函数。

依照上述适应度比例法得到的个体 α_i 的最小跳数适应度为

$$\text{Fitness\_hops}(\alpha_i) = L(\alpha_i).\text{size} \tag{5.3}$$

其中，$L(\alpha_i).\text{size}$ 表示群体中个体 α_i 的跳数。

式 (5.4) 中考虑个体 α_i 即一条路径的跳数。一条路径的生存期还是被节点的能量制约，所以路径能量的评估以一条路径所有节点能量作为消耗路径能量考虑。也就是计算个体 α_i 中节点的能量适应度函数。计算公式如下

$$\text{Fitness\_En}(\alpha_i) = C_{\text{CST}} - \sum_{R_x^i}^{L_i} \text{Cost}_{R_x^i} \tag{5.4}$$

其中，L_i 为每条路径的节点总数；C_{CST} 表示一个任意常数；$\text{Cost}_{R_x^i}$ 表示节点 R_x^i 的代价。可以用无线传感网络节点能耗 $E_{\text{TX}}(k,d)$ 和 $E_{\text{RX}}(k,d)$ 表示，计算公式如下

$$\text{Cost}_{R_x^i} = E_{\text{TX}}(k,d) + E_{\text{RX}}(k,d) \tag{5.5}$$

其中，根据无线电能量消耗模型，节点每发送 k 比特的数据，其能耗如下

$$E_{\text{TX}}(k,d) = E_{\text{TX-elec}}(k,d) + E_{\text{TX-amp}}(k,d) = \begin{cases} kE_{\text{elec}} + kE_{\text{fs}} \times d^2, & d > d_0 \\ kE_{\text{elec}} + kE_{\text{mp}} \times d^4, & d \leq d_0 \end{cases} \tag{5.6}$$

其中，$d_0 = \sqrt{\dfrac{E_{\text{fs}}}{E_{\text{mp}}}}$；$k$ 为传输数据包字节数；d 为传输距离，当源节点和目的节点之间距离小于等于阈值 d_0 时，节点采用自由空间模式，当源节点和目的节点之间距离

大于阈值 d_0 时，节点采用多径衰减模式；E_{elec}(nj/bit) 为射频能耗系数；E_{fs} 和 E_{mp} 分别为自由空间模式和多径衰减模式下电路放大器的能耗系数。节点接收 k 比特消息的能耗计算公式如下

$$E_{RX}(k) = E_{RX\text{-}elec}(k) = kE_{elec} \tag{5.7}$$

综合上述利用适应度比例法计算得到的个体适应度函数，利用节点能量信息计算得到个体适应度函数，综合适应度函数计算公式如下

$$F^{\alpha_i} = \text{Fitness}(\alpha_i) = w_1 \times \text{Fitness\_hops}(\alpha_i) + w_2 \times \text{Fitness\_En}(\alpha_i) \tag{5.8}$$

其中，$w_1 = 1/2$，$w_2 = 1/2$，即均衡式选取适应度。在仿真实验中，针对不同的应用场景，不同的网络性能要求，可以设定不同的 w_1 和 w_2 参数。

遗传算法中的三大基本算子中，交叉算子是非常重要的遗传算子，也是起关键作用的遗传算子。交叉算子一般有均匀交叉算子、单点交叉算子、双点交叉算子以及多点交叉算子等。但传统的交叉策略不适用于本算法。针对 DSR 路由特性，我们选择如下交叉原则。

群体中随机选择两条路径 a1 和 a2，找出两条路径共同经过的节点(源节点和目的节点除外)作为备选交叉节点；从备选交叉节点中随机选取一点作为此次路径交叉的交叉节点；将 a1、a2 位于交叉节点后的子路径进行交换得到新的 a1、a2 路径。当两条路径之间没有备选交叉节点时，则不进行路径交叉，如强制进行交叉将破坏已有的模式，使遗传算法的收敛速度变慢。

遗传算法中使用变异算子使得遗传算法有局部的随机搜索能力，而且可以使遗传算法维持群体的多样性。下面是几种主要的变异算子：①基本变异算子；②均匀变异算子；③正态变异。均匀变异方法是针对实数编码方式的，我们采用均匀变异算子。均匀变异是指分别用符合某一范围内均匀分布的随机数，以某一较小的概率(变异概率)替换个体编码串中各个基因座上的原有基因值。设 L_i 为染色体个体长度，N 为种群中个体的数目，$p_{initial}$ 为初始变异概率，则可以计算出种群中个体 α_i 发生变异的概率，计算公式如下

$$P(\alpha_i) = 1 - (1 - p_{initial})^{L_i} \tag{5.9}$$

设定随机变量 $\psi \in [0,1]$，当 $P(\alpha_i) \geqslant \psi$ 时个体发生变异，$P(\alpha_i) < \psi$ 时不发生变异。

确定适应度函数，初始群体通过选择、交叉、变异产生较优解集，$Z(z) = \{\alpha_i^*\}$ 作为细菌觅食菌群的初始位置分布。整个菌群用 A^* 表示。$Z(z)$ 中路由个数 S 表示细菌种群大小，$i = 1,2,\cdots,S$。

5.2.3　BFO 算法原理

在 BFO 算法中，定义评价函数的适应值对应搜索空间中的细菌状态，求解过程为：产生初始解群体(通过遗传算法得到的较优解)，细菌对应较优个体 α_i^*，计算评

价函数的值，利用群体的相互影响和作用机制进行迭代优化、通过循环执行趋化、复制和迁徙 3 个主要算子来获得最优解。首先引入以下记号：j 表示趋向性操作，m 表示复制操作，l 表示迁徙操作。此外，令 S 表示细菌种群大小；N_c 表示细菌进行趋向性行为的次数；N_S 表示趋向性操作中在一个方向上前进的最大步数；N_{re} 表示细菌进行复制性行为的次数；N_{ed} 表示细菌进行迁徙性行为的次数；P_{ed} 表示迁徙概率；$C(\alpha_i^*)$ 表示向前游动的步长。

趋向性操作过程有两个基本运动：旋转和游动。旋转是找一个新的方向运动，而游动是指保持方向不变的运动。BFO 算法的趋向性操作就是对这两种基本动作的模拟。其操作方式如下：先朝某随机方向游动一步；如果该方向上的适应值比上一步所处位置的适应值低，则进行旋转，朝另外一个随机方向游动；如果该方向上的适应值比上一步所处位置的适应值高，则沿着该随机方向向前移动；如果达到最大尝试次数，则停止该细菌的趋向性操作，跳转到下一个细菌执行趋向性操作。

个体 α_i^* 的每一步趋向性旋转操作表示如下

$$F^{\alpha_i^*}(j+1,m,l) = F^{\alpha_i^*}(j,m,l) + C(\alpha_i^*)\varphi(\alpha_i^*) \tag{5.10}$$

$$\varphi(\alpha_i^*) = \frac{\Delta(\alpha_i^*)}{\sqrt{\Delta^{\mathrm{T}}(\alpha_i^*)}} \tag{5.11}$$

其中，$F^{\alpha_i^*}$ 表示菌群的适应值；$C(\alpha_i^*)$ 表示按选定的方向游动的步长；$\Delta(\alpha_i^*)$ 为变向中生成的任意方向的向量；$\varphi(i)$ 表示进行方向调整后选定的单位步长向量。

如果旋转的适应值改善，则按照旋转的方向进行游动，直至适应值不再改善或达到设定的最大移动步数 N_S（常数）。基于细菌感应机制的适应度用 J_{cc} 表示

$$
\begin{aligned}
J_{cc}(F^{A^*}, F^{\alpha_i^*}(j,m,l)) &= \sum_i^S J_{cc}^i(F^{A^*}, F^{\alpha_i^*}(j,m,l)) \\
&= \sum_i^S \left[-d_{\mathrm{attract}} \exp\left(-w_{\mathrm{attract}} \sum_{m=1}^D (F_m^{A^*} - F_m^{\alpha_i^*})^2 \right) \right] \\
&+ \sum_i^S \left[-h_{\mathrm{repellant}} \exp\left(-w_{\mathrm{repellant}} \sum_{m=1}^D (F_m^{A^*} - F_m^{\alpha_i^*})^2 \right) \right]
\end{aligned} \tag{5.12}
$$

其中，d_{attract} 为引力深度；w_{attract} 为引力宽度；$h_{\mathrm{repellant}}$ 为斥力高度；$w_{\mathrm{repellant}}$ 为斥力宽度；$F_m^{A^*}$ 为整个菌群中其他细菌的第 m 个分量；$F_m^{\alpha_i^*}$ 为细菌 α_i^* 的第 m 个分量；D 表示菌落的整个较优化解集的节点个数。

引入细菌感知机制后，细菌的适应度必须叠加细菌的感知适应度 J_{cc}。第 α_i^* 个细菌的适应度值的计算公式为

$$F^{\alpha_i^*}(j+1,m,l) = F^{\alpha_i^*}(j,m,l) + C(\alpha_i^*)\boldsymbol{\varphi}(\alpha_i^*) + J_{cc}(F^{A^*}(j+1,m,l), F^{\alpha_i^*}(j+1,m,l)) \quad (5.13)$$

趋化周期完成后，对每个细菌在生命周期内的适应度进行累加得到细菌健康度，按照细菌健康度进行排序，淘汰健康度获取能力差的半数细菌，对健康度获取能力较强的半数细菌进行再生。计算公式为

$$J_{\text{health}}^{\alpha_i^*} = \sum_{j=1}^{N_c} F^{\alpha_i^*}(j,m,l) \quad (5.14)$$

其中，$J_{\text{health}}^{\alpha_i^*}$ 为细菌 α_i^* 的健康度函数(或能量函数)，以此来衡量细菌所获得的能量。$J_{\text{health}}^{\alpha_i^*}$ 越大，表示细菌 α_i^* 越健康，其觅食能力越强。将细菌健康度 $J_{\text{health}}^{\alpha_i^*}$ 按从小到大的顺序排列，淘汰前 $S_r = S/2$ 个健康度值较小的细菌，复制后 S_r 个健康度值较大的细菌，使其又生成 S_r 个与原健康度值较大的母代细菌完全相同的子代细菌。

在算法中菌群经过若干代复制后，细菌以给定概率 P_{ed} 执行迁徙操作，被随机重新分配到新寻优区间。迁徙行为随机生成的这个新个体可能更接近全局最优解，从而更有利于趋向性操作跳出局部最优解，进而寻找全局最优解。

遗传算法具有大范围快速全局搜索能力，但对系统中的反馈信息利用不够，当求解到一定范围时往往做大量无为的冗余迭代并且交叉和变异算子不能保证产生的新个体是优良个体，从而求精确解效率低。而细菌觅食优化算法中的聚集操作可加强菌群中的信息反馈，并且四个操作可保证产生的新个体均为优良个体，从而求解精确度较高，但同时时间效率较低。鉴于此，我们将遗传算法和细菌觅食优化算法相结合，汲取两种算法的优点，克服各自的缺点，提出了遗传-细菌觅食混合优化算法，并期望该混合算法无论在时间效率上还是在求解精度上，均优于两种单一算法，即获得优化性能和时间性能的双赢。

5.2.4　GA-BFODSR 路由协议设计描述

根据上述计算等式及理论等描述我们提出的 GA-BFODSR 协议设计步骤如下。

(1)编码及初始群体的创建。

①对传统 DSR 路由协议中路由发现过程的路由最短距离算法进行改进。我们采用节点序列编码。将通过发送 RREQ 路由请求寻到的路由用遗传算法中的个体表示。每一条路由上的节点序列号记为染色体编码，一个节点序列就是一条染色体。初始种群记为 $A^0 = \{\alpha_1^t, \alpha_2^t, \cdots, \alpha_N^t\}$，其中，$\alpha_i^t$ 表示群体中第 i 个个体的染色体。个体 α_i^t 的初始化染色体表示如式(5.1)所示。

②初始群体的选择。我们采用适应度比例选择方法进行路由的选择。适应度比例选择方法根据个体的相对适应度，利用式(5.2)计算出个体被选取的概率。

(2)适应度函数的确定。根据上述适应度比例选取原则，利用式(5.3)计算路由的跳数适应度，考虑路由能量信息，利用式(5.4)计算路由能量信息适应度。并综合考虑这两种适应度，利用式(5.8)计算路由的综合适应度。

(3)交叉和变异操作。根据 DSR 路径特点，我们以两条随机路径共同经过的节点作为备选交叉节点；然后从备选节点中随机选择一个节点作为此次路径交叉的交叉节点。针对实数编码方式，使用均匀变异方式，利用式(5.9)计算出路由变异概率。

(4)根据上述步骤得出 S 条较优路由，作为细菌觅食优化算法的初始种群，大小为 S。细菌对应单个路由 α_i^*。

(5)趋向性操作。利用式(5.10)计算出使适应度得到改善的方向，利用式(5.12)使得适应度沿着该方向前进。利用式(5.13)计算经过趋向性操作之后新的适应度值。

(6)复制和迁徙操作。根据细菌的适应度，利用式(5.14)计算出细菌的健康度，淘汰前 $S_r = S / 2$ 个健康度值较小的细菌，复制后 S_r 个健康度值较大的细菌。为了跳出局部最优解，进而寻找全局最优解。复制完成后，细菌以给定概率 P_{ed} 执行迁徙操作，被随机重新分配到新寻优区间。

5.2.5　协议测试与分析

本实验借助 MATLAB 平台，对 GA-BFODSR 路由协议进行仿真分析。将我们设计的协议和经典的 DSR 协议及现有的 DSR-IMRP 协议、ILFA-DSR 协议进行对比。分别在不同的节点数据包发送速率、不同的节点运动速度、不同的网络节点数目，对节点之间平均端到端的时延、数据包分组交付率、路由拓扑控制开销进行仿真分析。仿真参数如表 5.2 所示，图 5.9 为网络仿真拓扑结构图。

表 5.2　仿真参数

节点分布范围	500m×500m
节点总个数	200
节点初始能量	1J
节点通信半径	100m
节点移动速度	$[0\ V_{max}], V_{max}$=40m/s
数据包发送速率	$[0\ S_{max}], S_{max}$=20 个/s
数据包长度	2000bit
节点通信距离阈值	87
电路能耗系数 E_{elec}	$5.0×10^{-8}$J/bit
信道传播模型能耗系数	E_{fs}: $1.0×10^{-11}$J/(bit · m²) E_{mp}: $1.3×10^{-15}$J/(bit · m⁴)
初始变异概率	0.5
N_c 趋向次数	40
N_S 游动步数	3
N_{re} 复制性行为的次数	4
N_{ed} 迁徙性行为的次数	2
P_{ed} 迁徙概率	0.25
$C(\alpha_i^*)$：向前游动的步长	10^{-5}

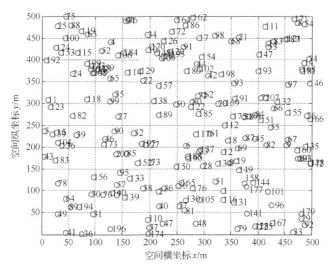

图 5.9　网络仿真拓扑结构图

仿真实验主要测量指标如下。

(1)平均端到端延时：从节点产生数据流或者接收到数据后开始，到该数据成功被下一跳节点接收的平均延时。

(2)数据包递交率：每个节点除了发送路由维护信息包之外，还需要发送自己的信息数据包，根据源节点发送的数据包数量和目的节点接收到的数据包数量计算出数据包成功递交率。

(3)拓扑控制开销：由于 DSR 为按需路由协议，路由请求普遍采用泛洪广播形式。路由一旦建立，除非出现路由不再使用或路由异常中断这两种情况，否则节点都会维护该路由。所以，对这些维护路由拓扑信息的数据包开销进行分析。

如图 5.10～图 5.12 所示为在节点速度不变、不同数据包发送速率的情况下，各种路由算法的网络性能。图 5.10 为平均端到端延时与数据包发送速率的关系，图 5.11 为数据包递交率与数据包发送速率的关系，图 5.12 为网络拓扑控制开销与数据包发送速率的关系。每个节点以 20m/s 的速度匀速运动，且运动方向随机。节点生成发送数据包的速率为 0～20 个/s，且每个数据包大小为 2000bit。

图 5.10 清晰地反映出数据包发送速率对节点之间数据包平均端到端时延的影响。随着数据包发送速率的增大，4 种算法的平均端到端延时呈上升的趋势。由 DSR 路由的按需路由的特性可知，只有需要的时候才开始寻找路由，而节点又是匀速随机运动的，可能导致路由断裂，又需要用一定量的数据包进行网络拓扑结构的维护，以便发现新的路由，删除断掉的路由，造成了端到端延时的缓慢递增。但是随着节点数据包生成速率的增加，所产生的数据包可能需要在节点缓冲区内排队，等待节点发送该数据包。随着等待的数据包的增加，延时急剧增大。仿真实验中，随着节

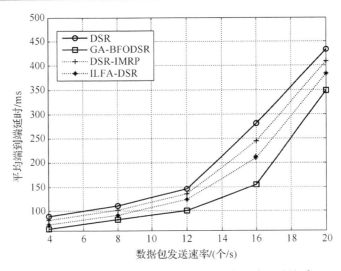

图 5.10 不同数据包发送速率与平均端到端延时关系

点数据包发送速率的增加，我们提出的 GA-BFODSR 算法，相比于其他几种算法延时改善明显。在节点数据包发送率最大时，GA-BFODSR 算法比 DSR 算法提高了大概 84ms，比 DSR-IMRP 提高约 59ms，比 ILFA-DSR 提高约 35ms。

由图 5.11 可知，在节点运动速度不变、运动方向随机的情况下。随着节点数据包发送速率的增大，4 种路由协议的数据包递交率呈略微下降趋势，这是因为当节点数据包发送速率较大时，会造成网络中数据量较大，进而造成网络拥塞，但影响不大。仿真实验中，随着节点数据包发送速率的增加，我们提出的 GA-BFODSR 算法下降约 0.5%，相比于其他几种算法，数据包递交率比较高。

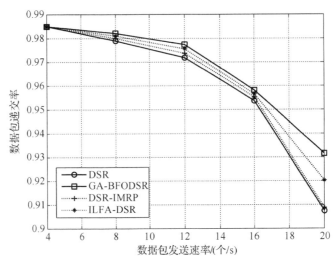

图 5.11 不同数据包发送速率与数据包递交率关系

如图 5.12 所示，在节点运动速度不变的情况下，随着节点数据包发送速率的增大，网络拓扑控制开销呈略微下降的趋势。这是由于在节点运动速度不变的情况下，网络拓扑结构变化是相同的，维护网络拓扑结构所需要的控制开销几乎是不变的。但是随着节点数据包发送速率的增大，所需维护网络拓扑的路由信息占网络中总数据信息的比例越来越小。所以随着节点数据包分组发送速率的增大，网络拓扑控制开销呈略微下降趋势。且 GA-BFODSR 算法的网络拓扑控制开销比 DSR、DSR-IMRP 和 ILFA-DSR 都高。

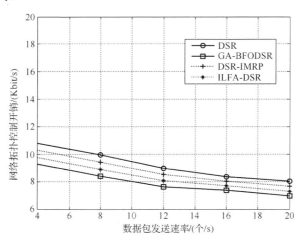

图 5.12　不同数据包发送速率与网络拓扑控制开销关系

图 5.13～图 5.15 为相同数据发送效率、不同节点移动速度场景下，4 种路由算法对网络性能的仿真。图 5.13 为平均端到端延时与节点移动速度的关系，图 5.14 为数据包递交率与节点移动速度的关系，图 5.15 为网络拓扑控制开销与节点移动速

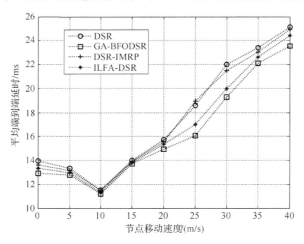

图 5.13　不同节点移动速度与平均端到端延时的关系图

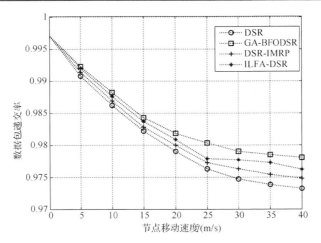

图 5.14　不同节点移动速度与数据包递交率关系

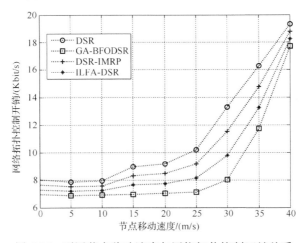

图 5.15　不同节点移动速度与网络拓扑控制开销关系

度的关系。节点移动速度在$[0, V_{max}]$上均匀分布，节点生成并发送数据包速率为 20 个/s，每个数据包大小为 2000bit。

　　如图 5.13 所示，4 种路由算法的网络的平均端到端延时都随着节点运动速度的增大而增大。这是因为节点运动速度越快，网络拓扑结构变化越大。由于 DSR 按需路由的特性，在节点静止及节点低速运动时，网络拓扑结构变化不大，数据包生成率相同时，网络拥塞程度基本相同，网络的平均端到端延时差别不大，且延时有下降趋势。当节点高速运动时，达到最大速度 V=40m/s 的情况下，平均端到端延时增长较明显，是由于对于按需动态路由，网络拓扑变化迅速，需要不断寻找新路由，造成传输延时较大。从图中可以看出，当节点以最大速度移动时，GA-BFODSR 相比于 DSR 和 DSR-IMRP 平均端到端延时改善约 2.5ms，相比于 ILFA-DSR 的延时提高约 1ms。

如图 5.14 所示，仿真结果显示 4 种路由算法中，网络节点的数据包递交率都随着节点运动速度的增大而减小。在节点静止状态下，由于网络拓扑结构不改变，需要进行网络拓扑结构维护的数据包数量较少，则总数据包中有效数据包分组的递交率就较高。随着节点运动速度的增加，网络拓扑结构变化加快，数据包递交率下降。当节点达到最大移动速度 $V=40m/s$ 时，GA-BFODSR 相比于 DSR 提高约 15%，比DSR-IMRP 提高约 10%，相比于 ILFA-DSR 提高约 5%。

如图 5.15 所示，4 种路由算法的网络拓扑控制开销都随着节点运动速度的增大而增大。这是因为节点运动速度越快，网络拓扑结构变化越大。对于按需路由来说，只有路由断裂才需要维护信息，节点速度较慢时，网络拓扑较稳定，需要进行拓扑维护的信息比例小，导致网络拓扑控制开销增长缓慢。当节点速度达到 $V=25m/s$ 时，从图中可以看出，网络拓扑控制开销增长较快，是因为网络拓扑变化迅速，出现断裂的路由比例增大，导致网络开销增长加快。从仿真结果可以得出，我们提出的GA-BFODSR 算法相比于 DSR 算法在节点高速移动时，控制开销有所改进。在节点静止的情况下，GA-BFODSR 相比于 DSR-IMRP 的控制开销下降约 3.3%，相比于ILFA-DSR 的控制开销下降约 6.1%。在节点高速移动 $(V=40m/s)$ 的情况下，GA-BFODSR 相比于 DSR-IMRP 的控制开销下降约 2.9%，相比于 ILFA-DSR 的控制开销下降 4.1%。由仿真结果可知，我们提出的 GA-BFODSR 相比于其他 3 种算法在控制网络开销上有很大的改进。

5.3　基于量子遗传算法的最优链路状态路由协议

5.3.1　简介

根据我们的分析可知，之前提出的量子遗传算法不具有通用性，仅能对特定问题进行求解，不适用于 MANET 的 OLSR 中 MPR 集合的选取及整个网络性能的提升。我们提出一种基于改进的量子遗传算法的 OLSR 协议 QG-OLSR(quantum genetic-OLSR)。该算法基于多状态因子比特方式来编码网络中的节点，利用量子交叉和非门实现基因链的交叉与变异，采取量子旋转门完成更新操作。针对 MPR 选择问题的 NP 完全性，使用改进的算法能获得全局收敛的较优解。因为 MPR 集合的计算是每个节点独自执行的，只参考两跳内的链路状态信息，所以当网络结构较为庞大、节点密度较高时，传输两跳以内的拓扑信息也不会消耗大量的能量，所以能达到较高的计算效率。理论及实验仿真证明提出的 QG-OLSR 协议能有效优化 MPR 集合的选取，减少网络中的冗余信息，减少拓扑控制开销，提高信息包交付率，减少端到端时延，并通过实验证实了该方法的正确性。

5.3.2 算法设计

定义 5.9(最优链路状态路由协议) 基于 Dijkstra 的最短路径优先层次式算法,拓扑中的路由器不发送"表项"给邻居,而是传输部分链路状况给邻居。该协议把路由器分成多个区域,收集各个区内全部链路信息,然后依据链路信息创建拓扑结构,最后每个路由器依照创建的拓扑结构规划路径。

定义 5.10(量子遗传) 基于量子的态矢量特征,应用到基因位编码中,并采用量子旋转门对基因链执行更新操作。

定义 5.11(量子交叉) 不同于传统的基因链交叉操作,根据种群的快速演化特性采用量子位进行种群交叉操作。随机选取某个体的第一个基因位作为子代的第一个基因位,取其相邻个体的第二个基因位作为子代的第二个基因位,循环执行,直到子代和父代有同样的个体数。

定义 5.12(量子非门变异) 一个量子位有 0 和 1 两种独立状态,分别用 α 和 β 表示这两种状态的概率振幅。量子非门就是让坍缩到状态 0 的概率振幅和坍缩到状态 1 的概率振幅互换。

QGA 是将量子计算理论和传统遗传算法相融合,基于比特和态叠加特征,并利用多态基因位编码方式和旋转门来探寻最优解,具有快速收敛和全局最优解等优点。

引理 5.3 基本遗传算法采用比例选择方法,交叉概率为 P_c,变异概率为 P_m 且取值最小,定义模式 H 的长度为 $\delta(H)$,阶为 $o(H)$,第 $t+1$ 代种群 $Q(t+1)$ 含有 H 中的元素个数为 $m(H,t+1)$,则以下不等式成立

$$m(H,t+1) \geqslant m(H,t) \times \frac{f(H)}{\overline{f}} \times (1 - P_c \times \frac{\delta(H)}{l-1} - P_m \times o(H))$$

证明:设 $Q(t)$ 为第 t 代中的个体总数,$m(H,t)$ 为模式 H 在 $Q(t)$ 中能够成功匹配的数目。采取轮盘赌选择法,在选取过程中按照其适应度 $f(x_i)$ 进行复制。则经过选择操作后模式 H 在第 $t+1$ 代中的样本 $m(H,t+1)$ 为 $m(H,t)Nf(H)/\sum_{i=1}^{N}f(i)$,其中,$f(H)$ 为模式 H 匹配的所有样本的平均适应度。设定群体适应度平均值 $\overline{f} = \sum_{i=1}^{N}f(i)/N$,则可以计算获得 $m(H,t+1) = m(H,t) \times (f(H)/\overline{f})$。

引理 5.4 在基本遗传算法中,若某一模式的长度较短、阶次较低且适应度超过平均值,则该模式的数据呈指数级增长,反之若长度较长、阶次较高且适应度低于平均值,则该模式的数据呈指数级减小。

证明:设 $q_i(i=1,2,\cdots,n)$ 表示第 i 个单位体的染色体基因链,设定种群为 $Q(t)$,在第 t 代时 H 成功匹配的样例数为 $W(H,t)$,设定选择单体的概率值为 $P_i = f/\sum_{i=1}^{n}f$,

其中 f 为 q 的适应度值。则计算得模式 H 在第 $t+1$ 代中的样本个数为 $m(H,t+1)=$ $m(H,t)\times\dfrac{f(H)}{f}$。假定 H 的适应度均值大于 Q 的适应度均值，且大于的那一部分可描述为 $k\times\overline{f}$，k 是常量，$\overline{f}$ 为 Q 的适应度均值，则由上述可得

$$m(H,t+1)=\ m(H,t)\times\frac{\overline{f}+k\times\overline{f}}{f}=m(H,t)\times(1+k)$$

设 $t=0$ 为初始化第一代，则由上述可得 $m(H,t)=m(H,0)\times(1+k)^t$。由上式可知，当 H 的均值适应度 f 大于 Q 的均值适应度时，H 呈指数级增加。同理可知，当 H 的均值适应度小于 Q 的均值适应度时，H 呈指数级减小。

QGA 的最小存储单位是单个只有两种状态的量子位（也称为量子比特）。一个量子位只有 0 和 1 两种独立状态，也可是两个状态的叠加，形式如下

$$|\psi\rangle=\alpha\,|0\rangle+\beta\,|1\rangle \tag{5.15}$$

其中，α 和 β 表示这两个相应状态的概率振幅。$|\alpha|^2$ 是状态为 0 时的概率，$|\beta|^2$ 是状态为 1 时的概率。在算法中利用基因位将单个位表示为一组 (α,β) 集合，表示为 $\begin{bmatrix}\alpha\\\beta\end{bmatrix}$，$\alpha$ 和 β 满足式（5.15），则单个包含 m 位的染色体表示为

$$\begin{bmatrix}\alpha_1 & \alpha_2 & \cdots & \alpha_m\\\beta_1 & \beta_2 & \cdots & \beta_m\end{bmatrix} \tag{5.16}$$

其中，$|\alpha|_i^2+|\beta|_i^2=1$，$i=1,2,\cdots,m$，这种表示方法的优点是能表示任何状态叠加。即若一个基因有 m 位，则在某一时刻可以表示 2^m 个状态。例如，对一个有三位的振幅表示如下

$$\begin{bmatrix}\dfrac{1}{\sqrt{2}} & 1.0 & \dfrac{1}{2}\\[2mm]\dfrac{1}{\sqrt{2}} & 1.0 & \dfrac{\sqrt{3}}{2}\end{bmatrix} \tag{5.17}$$

则系统基因状态可以表示为

$$\frac{1}{2\sqrt{2}}|000\rangle+\frac{\sqrt{3}}{2\sqrt{2}}|001\rangle+\frac{1}{2\sqrt{2}}|100\rangle+\frac{\sqrt{3}}{2\sqrt{2}}|101\rangle \tag{5.18}$$

上述结果说明基因链处于状态 001、000、101 和 100 的可能性分别为 3/8、1/8、3/8 和 1/8，即基因链包含三个比特向量可以同时表示四种状态。在式（5.3）中一个比特基因链可表示四个状态，但是传统方法需四个基因链来表示，即（000）、（001）、（100）和（101）。同时量子比特基因链也具有收敛性，由式（5.15）及 $|\alpha|_i^2+|\beta|_i^2=1$，$i=1,2,\cdots,m$ 可

知，随着 $|\alpha|^2$ 或 $|\beta|^2$ 的值趋向于 0 或 1，比特基因链收敛于一个独立的状态，种群多样性逐渐消失，即量子遗传算法能同时保持群体多样性和全局收敛的特点。

定理 5.5 量子遗传算法计算获得的最优解同时具有全局收敛性。

证明：假设种群中的单个个体表示为 $q_i^t = \begin{bmatrix} \alpha_1 & \alpha_2 & \cdots & \alpha_n \\ \beta_1 & \beta_2 & \cdots & \beta_n \end{bmatrix}$，$t$ 为种群代数，i 为第 t 代中的第 i 个单体，每条基因链含有 n 个基因位。由于 q_i^t 为连续取值且精度有限，所以种群有限。由于第 $t+1$ 代只与第 t 代相关，$\{q_t\}$ 是有限齐次马尔可夫链。假设 Q 表示最优解集合，M 表示任意解，设定 $a_n = P\{q_{t+1}^j \subset M \mid q_t^j \not\subset M\}$，$b_n = P\{q_{t+1}^j \subset M \mid q_t^j \subset M\}$。

$\{a_n\} \subset M, \{b_n\} \subset M$ 满足 $\sum_{n=1}^{\infty}(1-b_n) = \infty$ 和 $\lim\limits_{n \to \infty} \dfrac{a_n}{1-b_n} = 0$，则算法以概率 1 收敛到最优解 Q，即 $\lim\limits_{n \to \infty} P\{q_t(i) \not\subset M\} = 1$。设定 $P_0(i) = P[q_t(i) \subset M]$，根据贝叶斯公式可得

$$P_0(j) = P[q_{t+1}(j) \subset A]$$
$$= P[q_{t+1}(j) \subset M \mid q_t(i) \not\subset M] \times P[q_t(i) \not\subset M] + P[q_{t+1}(j) \subset M \mid q_t(i) \subset M] \times P[q_t(i) \subset M]$$
$$= a_n + b_n P_0(i) - a_n P_0(i) \leqslant a_n + b_n P_0(i)$$

上述等式简化可得 $P_0(j) \leqslant a_n + b_n P_0(i)$。同时，根据上述等式条件可知存在 $\varphi < 0$，使得 $\dfrac{a_n}{1-b_n} \leqslant \dfrac{\varphi}{2}$。对 $P_0(b)$ 进行变换可得

$$\left(P_0(j) - \frac{\varphi}{2} \right) - b_n \left(P_0(i) - \frac{\varphi}{2} \right) \leqslant P_0(j) - b_n P_0(i) - a_n \leqslant 0$$

$$P_0(j) - \frac{\varphi}{2} \leqslant b_n \left(P_0(i) - \frac{\varphi}{2} \right)$$

由上述可得 $P_0(j) \leqslant \dfrac{\varphi}{2} + \prod\limits_{k=1}^{n} b_n \left(P_n(i) - \dfrac{\varphi}{2} \right)$，由 $\sum\limits_{n=1}^{\infty}(1-b_n) = \infty$ 得 $\prod\limits_{k=1}^{n} b_n = 0$。所以存在任意 $\varphi > 0$ 使得 $\prod\limits_{k=1}^{n} b_n \leqslant \dfrac{n}{2}$ 成立。计算得 $P_0(j) \leqslant \varphi$，由于 φ 的任意性，得 $\lim\limits_{n \to \infty} P\{q_t(i) \subset M\} = \lim\limits_{n \to \infty} P_0(i) = 0$，则 $\lim\limits_{n \to \infty} P\{q_t(i) \not\subset M\} = 1$。

5.3.3 传统 QGA 改进算法的描述

QGA 采用量子位保存群体中个体的遗传基因链。在第 t 代时种群可以表示为 $Q(t) = \{q_1^t, q_2^t, \cdots, q_n^t\}$，其中，表示第 t 代时种群中个体总数，q_i^t 表示第 i 个个体，每个个体表示该节点的 MPR 集合，且个体 q_i^t 的染色体基因链表示如下

$$q_i^t = \begin{bmatrix} \alpha_1^t & \alpha_2^t & \cdots & \alpha_m^t \\ \beta_1^t & \beta_2^t & \cdots & \beta_m^t \end{bmatrix}, \quad i = 1, 2, \cdots, m \tag{5.19}$$

其中，m 是量子位的个数，即基因链的长度。

量子遗传算法描述见算法 5.1。

算法 5.1　量子遗传算法

procedure QGA	//量子遗传算法
begin	
t=0	
initialize Q(t)	//初始化节点基因链
make P(t) by observing Q(t) states	//在初始化种群中选取最优个体集合
evaluate P(t) according fitness	//对最优集合个体进行评估
store the best solution among P(t)	//保留最优个体集合
repair P(t)	//修复最优个体集合
while(not terminal condition)do	//循环操作
begin	
t=t+1	
make P(t) by observing	
Q(t-1) states	//从父代中选取最优集合作为子代
evaluate P(t) according fitness	//对最优集合个体进行评估
update P(t) using quantum rotation gates U(t)	
	//利用量子旋转门进行更新
store the best solution among P(t)	//保留更新后的最优个体集合
repair P(t)	//修复最优个体集合
end	
end	

在进化计算的进程中，有多种不同的编码方法对个体的基因链进行编码。经典的编码方式有序列编码、实数编码、自适应编码、符号编码等。针对我们提出的 OLSR 协议选取 MPR 集合，利用 0-1 编码方式对集合节点进行量子基因编码，并设定基因链长度等于拓扑中的终端总数。

在 initialize $Q(t)$ 中，对于节点 i 来说，它所有一跳邻居节点是否被选为 i 的 MPR 集合节点的概率是相同的，所以将群体 $Q(t)$ 中的所有个体 q_i^t 的染色体基因位的概率振幅的 α_i^t 和 β_i^t 都初始化为 $\frac{1}{\sqrt{2}}$。节点 i 的基因链初始表示如下

$$q_i^0 = \begin{bmatrix} \left(\dfrac{1}{\sqrt{2}}\right)_1^0 & \left(\dfrac{1}{\sqrt{2}}\right)_2^0 & \cdots & \left(\dfrac{1}{\sqrt{2}}\right)_m^0 \\ \left(\dfrac{1}{\sqrt{2}}\right)_1^0 & \left(\dfrac{1}{\sqrt{2}}\right)_2^0 & \cdots & \left(\dfrac{1}{\sqrt{2}}\right)_m^0 \end{bmatrix}, \quad i=1,2,\cdots,m \tag{5.20}$$

其中，m 为该网络拓扑结构中的节点总数。染色体基因链的量子位 $q_i^t\big|_{t=0}$ 是对全部概

率情况以相同概率的线性累加，形式如下

$$|\psi_{q_j^0}\rangle = \sum_{k=1}^{2^m} \frac{1}{\sqrt{2^m}}|S_k\rangle \qquad (5.21)$$

其中，S_k 是第 k 个状态，可以用二进制串 $<x_1,x_2,\cdots,x_n>$ 表示，x_i 是 0 或 1，$i=1,2,\cdots,m$；m 是基因链长度。

初始群体的选择首先采用启发式规则选取 i 的多点中继 MPR 集合，该规则主要依据自身的单跳及两跳邻居表。其次考虑节点能量信息，提出节点适应度函数对节点 i 的 MPR 集合进行适应度评估。综合上述两种规则，最优化选取节点的 MPR 集合，保证网络中较少的冗余信息以及较长的节点生存时间。

采用启发式规则选取 i 的 MPR，首先将网络拓扑中的终端分为三类：①节点 i；②i 的单跳邻居，并存入单跳邻居表 NB_table1 中，用 $N_1^1,N_2^1,\cdots,N_{n1}^1$ 表示，其中 n_1 为 i 的单跳邻居节点数目；③i 的两跳邻居，即必须经过两跳才可到达，且不包含表 NB_table1 中的那些，并存入 i 的两跳邻居表 NB_table2 中，表示为 $N_1^2,N_2^2,\cdots,N_{n2}^2$，$n_2$ 是终端节点 i 的两跳邻居数目。

对于 $P(t)$ 集合的选择，由于 $P(t)=\{q_1^t,q_2^t,\cdots,q_n^t\}$ 是 $Q(t)$ 的较优集，q_i^t 为节点 i 的 MPR 集合。依据 i 的表 NB_table2 中的各终端，表 NB_table1 中选择通信范围能抵达它们的那些端点，且将这些单跳邻居端点选入 i 的 MPR 集合中。在初始化 0-1 编码后的个体 i 的染色体基因链中，若 i 的第 j 个单跳邻居被选入 i 的 MPR 集合中，则对 i 的基因链对应的第 j 个位置的概率振幅，将状态 1 的概率振幅设置为 1，即 $\beta_j^t=1$，将状态 0 的概率振幅设置为 0，即 $\alpha_j^t=0$，其余的则继续遵循初始化原则，即 α_i^t 和 β_i^t 保持初始值。

该取值方式符合性质 $|\alpha|_i^2+|\beta|_i^2=1,i=1,2,\cdots,m$，并且具有启发式。因为每个终端都期望选入它们的 MPR 集合中的单跳邻居能涵盖更多两跳终端。事实上依照 NB_table2，在选择 i 的 MPR 时，i 的单跳邻居 j 覆盖的两跳终端越多，j 被选入的概率就越大，这样良性循环具有启发式效果。

采用适应度函数选择节点 i 的 MPR 集合，通常情况下 OLSR 中的最小 MPR 集合的选取是需要考虑的问题，但是仅依照最小化 MPR 集合标准，有可能导致 MPR 集合中某些节点能耗过大，进而导致部分节点瘫痪影响生存时间及信息传输成功率。所以综合最小化 MPR 集合及节点能量进行个体适应度评价，依照上述启发式规则得到集合中节点 j 的适应度距离计算公式如下

$$\text{Fitness\_NB}(i,j) = \text{NB\_table1.size} - q[j].\text{size} \qquad (5.22)$$

其中，NB_table1.size 表示 j 的单跳邻居数目；$q[j]$.size 表示群体 $Q(t)$ 中个体 j 所选择的 MPR 中的终端数目。

在式(5.22)中，求 j 的适应度是因为要选取 i 的 MPR 集合。j 为 i 的单跳邻居，

根据启发式规则选取覆盖两跳邻居较多的单跳邻居作为 MPR 中的个体，那么需要对 j 进行评估。式 (5.23) 同理，选取 i 的 MPR 集合中的节点 j，需要对 j 的能量适应度进行评估。

对于依照启发式规则选取 MPR 集合容易引起网络局部能耗过大等问题，我们提出依照节点能量信息计算节点能量适应度函数，计算公式如下

$$\text{Fitness\_ENE}(i,j) = C_{\text{cst}} - \sum_{i}^{N} \sum_{j}^{N_1} W_{ij} \times \text{Cost}_{ij} \times (\mu^j + c) \tag{5.23}$$

其中，N 是拓扑中终端总数目；N_1 是 j 的单跳邻居数目；$\text{Cost}_{ij} \times (\mu^j + c)$ 统计整个链路的代价，Cost_{ij} 表示边的代价，即 i 和 j 之间交互信息的能耗；μ 表示压缩比；C_{cst} 表示一个随机常数。终端间边的代价 Cost_{ij} 可以用无线电终端能耗 $E_{\text{TX}}(k, d_{ij})$ 和 $E_{\text{RX}}(k, d_{ij})$ 表示，计算公式如下

$$\text{Cost}_{ij} = E_{\text{TX}}(k, d_{ij}) + E_{\text{RX}}(k, d_{ij}) \tag{5.24}$$

根据无线电终端能耗算法，终端每发送 k 比特信息的能耗如下

$$E_{\text{TX}}(k, d) = E_{\text{TX-elec}}(k) + E_{\text{TX-amp}}(k, d) = \begin{cases} k E_{\text{elec}} + k E_{\text{fs}} \times d^2, & d \leqslant d_0 \\ k_{\text{elec}} + k E_{\text{mp}} \times d^4, & d > d_0 \end{cases} \tag{5.25}$$

其中，$d_0 = \sqrt{\dfrac{E_{\text{fs}}}{E_{\text{mp}}}}$；$k$ 为传输数据包字节数；d 为传输距离，当源节点和目的节点间距离小于等于阈值 d_0 时，采用自由空间模式；当源端和目的端距离大于阈值 d_0 时，激活多径衰减模式；E_{elec} 为射频能耗系数；E_{fs} 和 E_{mp} 分别为自由空间模式和多径衰减模式下电路放大器的能耗系数。节点接收 k 比特消息能耗计算如下

$$E_{\text{RX}}(k) = E_{\text{RX-elec}}(k) = k E_{\text{elec}} \tag{5.26}$$

其中，式 (5.23) 中加权系数 W_{ij} 的作用是保护剩余能量较少的节点，使其不必转发过多的数据。W_{ij} 计算公式如下

$$W_{ij} = \begin{cases} \dfrac{E_j}{\frac{1}{k}\sum\limits_{i=1}^{k} E_i} \times \dfrac{E_{\text{avg}}}{\frac{1}{k}\sum\limits_{i=1}^{k} E_i} \times (-2), & E_{\text{avg}}/E_j \leqslant 0.5 \\[3mm] \dfrac{E_j}{\frac{1}{k}\sum\limits_{i=1}^{k} E_i} \times \dfrac{E_{\text{avg}}}{\frac{1}{k}\sum\limits_{i=1}^{k} E_i} \times 2, & E_{\text{avg}}/E_j \geqslant 2 \\[3mm] \dfrac{E_j}{\frac{1}{k}\sum\limits_{i=1}^{k} E_i} \times \dfrac{E_{\text{avg}}}{\frac{1}{k}\sum\limits_{i=1}^{k} E_i}, & \text{其他} \end{cases} \tag{5.27}$$

其中，E_j为节点j的能量；E_{avg}为j的所有一跳邻居节点的平均能量；E_i为j的上级节点i的能量，上级节点即节点j的 MPR Selector 节点，由于j可能作为多个 MPR Selector 的 MPR 节点，设定参数k为j的 MPR Selector 总个数。同时为了使节点能耗更均衡，当j的能量超过它的单跳邻居平均能量的 2 倍时，即$E_{avg}/E_j \leq 0.5$，将权值乘以–2 以减少整个链路的代价，增大节点j的适应度，鼓励j成为其他节点i的 MPR 节点。当节点j的能量低于它的一跳邻居节点平均能量的一半时，即$E_{avg}/E_j \geq 2$，将权值乘以 2 以增大链路代价，减小节点j的适应度，遏制其成为其他节点i的 MPR 节点。

由上述公式可知，W_{ij}采用加权惩罚的方式保护能量较少的终端j，遏制其被选入其他终端i的 MPR 中，那么该节点j就不用转发较多的 TC 消息，节点的生存时间更长，延长了网络拓扑的生存周期。

综合上述利用启发式规则计算得到的节点适应度函数，利用节点能量信息计算得到的节点适应度函数，得到节点综合适应度函数计算公式如下

$$\text{Fitness}(i,j) = w_1 \times \text{Fitness\_NB}(i,j) + w_2 \times \text{Fitness\_ENE}(i,j) \tag{5.28}$$

其中，$w_1 = 1/2, w_2 = 1/2$，即均衡启发式规则和节点能量适应度。在仿真实验中针对不同的应用场景和不同的网络性能要求，可以设定不同的w_1和w_2参数。

依据节点综合适应度函数计算结果进行个体选择，是否选择节点j作为i的 MPR 集合中的节点，计算公式如下

$$\text{MPR}(i,j) = \frac{\text{Fitness}(i,j)}{\sum_{j=1}^{\text{gen\_size}} \text{Fitness}(i,j)} \tag{5.29}$$

其中，gen_size 为种群中个体总数，在本算法中 gen_size 等于拓扑中的终端总数目。得到节点j被选为节点i的 MPR 的选择概率为 $\text{MPR}(i,j)$。

关于基因交叉操作，传统方法有洗牌、多点、均匀和单点等。但传统交叉策略不适用于本算法，例如，单点交叉在生物进化过程中所产生子代交叉率较小，适用于环境变化缓慢的进化过程，不适用于拓扑变化较快的移动网络。针对网络拓扑高度动态性选择量子交叉策略，步骤如下：①将网络拓扑中的全部节点编号并排序；②随机选取某个体的一号基因位当作子代的基因一号位，选取与该个体相邻个体的二号基因位当作子代的基因二号位，以此循环，直到子代和父代的染色体位数相等；③以此循环，当子代形成新的种群的数目和父代数相等时循环终止。

因为将变异行为执行在单个体的随机染色体基因位上，它的变异概率非常小，在某些环境中单个体也许不发生任何变异，浪费了大量的系统资源。所以先判断单个体是否发生变异，再统计该单个体基因位变异的可能性。例如，在网络中节点j

突然离开，则选择 j 作为 MPR 的节点 i 的基因将发生变异，先判断 i 发生变异的概率，然后判断在这个概率基础上对个体基因位有变异影响的概率。类似地，在遗传生物技术方面的描述为，某个体感染某传染病的概率为多少，确定得病之后，其染色体发生变异的概率以及遗传给子代的概率为多少。

设 L 为基因链长，N 为种群的个体数量，$p_{initial}$ 是变异的初始化概率。种群中单个体 i 变异的可能性计算如下

$$p(i) = 1 - (1 - p_{initial})^L \tag{5.30}$$

其中，$i = 1, 2, \cdots, n$。设定随机变量 $\varphi \in [0,1]$，当 $p(i) \geqslant \varphi$ 时单个体变异，当 $p(i) < \varphi$ 时不发生单个体变异。由于单个体变异方式改变，单个体基因链发生突变的可能性也必须修改，这样可以确保群体的基因突变的期望值恒定。传统变异方法的次数的期望为 $n \times L \times p_{initial}$，设新的变异可能性为 p'，则新方法的次数的期望值为 $(n \times p(i)) \times (L \times p')$。期望值相等可得

$$n \times L \times p_{initial} = (n \times p(i)) \times (L \times p') \tag{5.31}$$

$$p' = p / p(i) = p_{initial} / (1 - p_{initial})^L \tag{5.32}$$

其中，$p' > p_{initial}$，基因链越短，p' 比 $p_{initial}$ 越小得多，即染色体长度越短发生变异的概率越小。当基因位长度 L 趋于无穷大时，两者相等，即 $p' = p_{initial}$。

比较两种变异，传统变异方式计算量为 $n \times L$，新变异方式计算量为 $n \times p(i) \times L$，两者差为 $n \times L \times (1 - p(i))$。所以新变异方式降低了计算量，且在新变异概率计算中染色体基因链越长，计算复杂度越低。利用非门以及计算得到的位突变概率 p' 对基因位振幅 α 和 β 的值以 p' 的可能性进行交换。量子变异本质上就是改变位的态叠加，设定原始坍缩到 1 的概率变为坍缩到 0 的概率，反向同理。并且这个变异规律对基因位的全部态叠加都有效。

针对基因链的更新，在 QGA 算法的 while 循环中，通过观察 $Q(t-1)$ 状态和之前的过程描述得到一个解的集合 $P(t)$，并且对每一个解用上述适应度函数进行评估。Update $Q(t)$ 中通过利用一些适当的门操作 $U(t)$ 对 $Q(t)$ 更新，这些基因链是对 $P(t)$ 进行更新获得的最优解。量子门作为演化执行机构，目前已有多种门，如非门、旋转门、Hadamard 门等。依据 QGA 的特性，我们选择旋转门执行操作，过程如下

$$\begin{vmatrix} \alpha_i' \\ \beta_i' \end{vmatrix} = \begin{vmatrix} \cos(\theta_i) & -\sin(\theta_i) \\ \sin(\theta_i) & \cos(\theta_i) \end{vmatrix} \times \begin{vmatrix} \alpha_i \\ \beta_i \end{vmatrix} \tag{5.33}$$

其中，$\begin{vmatrix} \alpha_i \\ \beta_i \end{vmatrix}$ 为基因链中第 i 位的概率振幅；θ_i 表示旋转角度，并且 θ_i 的选择如表 5.3 所示。

表 5.3　旋转角选择策略

旋转角选择中的相关参数及赋值				$S(\alpha_i, \beta_i)$			
x_i	b_i	$f(x)>f(b)$	$\Delta\theta_i$	$\alpha_i\times\beta_i>0$	$\alpha_i\times\beta_i<0$	$\alpha_i=0$	$\beta_i=0$
0	0	False	0	—	—	—	—
0	0	True	0	—	—	—	—
0	1	False	Delta	+1	−1	0	±1
0	1	True	Delta	−1	+1	±1	0
1	0	False	Delta	−1	+1	±1	0
1	0	True	Delta	+1	−1	0	±1
1	1	False	0	—	—	—	—
1	1	True	0	—	—	—	—

其中，$\theta_i = S(\alpha_i, \beta_i) \times \Delta\theta_i$，$\Delta\theta_i$ 是角度，$S(\alpha_i, \beta_i)$ 是方向。上述算法中的旋转门采用的方案是把当前测量的单个体 q_i^t 的适应度 $f(x_i)$ 和该单个体的适应度的目标值 $f(b_i)$ 进行比较，当 $f(x_i) > f(b_i)$ 时，将单个体 q_i^t 的概率振幅 (α_i, β_i) 向着 x_i 进行旋转；当 $f(x_i) < f(b_i)$ 时，将 q_i^t 的概率振幅 (α_i, β_i) 向着 b_i 进行旋转。表 5.3 中 Delta 是单次改变的角步长，若 Delta 的值太小则该算法的执行速度（收敛过程）较慢，若 Delta 的值太大则该算法可能会收敛到种群的局部最优解，或者计算出的结果是发散的。我们设计的算法采取动态自适应改变 Delta 值的方法，按照种群中繁衍代数的差异，设定 Delta 的值在 $0.05\pi \sim 0.1\pi$ 内自适应取值。

使用启发式方法维护终端 i 的 MPR 集合，对于 i 的 NB_table2 中的单个终端 j，若终端 j 没有被新个体的任意某个终端覆盖，则在 i 的 NB_table1 中指定某个单个体的通信区域覆盖 j 的，且通信区域能力最强的终端入选 i 的 MPR 集中。

5.3.4　QG-OLSR 协议描述

根据上述计算及理论等，描述 QG-OLSR 协议设计步骤如下。

（1）对传统的 QGA 进行改进，用量子基因链的每个基因位表示网络拓扑中的每个终端。初始种群用 $Q(t) = \{q_1^t, q_2^t, \cdots, q_n^t\}$ 表示，其中 q_i^t 表示种群中第 i 个个体的基因链，个体基因链的表示如式（5.19）所示。

（2）编码及初始化。在初始化群体 $Q(t)$ 时用 0-1 编码方式对基因链进行编码，将表示 0 和 1 状态的概率振幅 α 和 β 都初始化为 $\frac{1}{\sqrt{2}}$，则种群 $Q(t)$ 中第 i 个个体 q_i^t 的初始化基因链可以表示为式（5.20）。

（3）初始群体的选择。针对 OLSR 中 MPR 策略的特点，采取启发式规则和单体适应度函数选取各个终端的 MPR 集合。

①启发式规则。网络节点分为：节点 i；i 的单跳邻居存入表 NB_table1 中；i 的两跳邻居存入表 NB_table2 中。对于节点 i，依据 NB_table2 中各个节点在

NB_table1 中选择覆盖所有 NB_table2 的节点，且将 NB_table1 中的这些节点选入节点 i 的 MPR 集合中。并且将这些 MPR 集合中的节点在节点 i 的基因链的相应位置上的状态 1 的概率振幅修改为 1，状态 0 的概率振幅修改为 0，其余的保持不变。

②适应度规则。依据启发式规则并利用式(5.22)计算节点距离适应度，考虑节点能量等信息，利用式(5.23)计算节点能量适应度。综合考虑两种适应度规则，利用式(5.28)和式(5.29)计算节点综合适应度，判断 NB_table1 中节点 j 是否适合被选为节点 i 的 MPR 节点。

(4)基因链交叉和变异操作。为了防止陷入局部最优解，使用量子交叉进行基因链交叉操作，使用量子非门实现基因链变异操作，且考虑单个体层次突变的可能性，再判断它的染色体基因位突变的可能性。通过式(5.30)～式(5.32)计算基因位变异概率。

(5)基因链更新操作。通过量子旋转门对子代染色体基因位的振幅 α 和 β 进行更新，利用式(5.23)进行更新操作，更新旋转角 θ 的选择策略如表 5.3 所示。

5.3.5　协议测试与分析

本实验借助 MATLAB 平台，对 QG-OLSR 协议进行仿真分析。将我们设计的协议和经典的 OLSR 协议及已提出的 OLSR-NSSUA 协议和 CE-OLSR 协议进行对比。在不同的终端运动速度、不同的终端信息传输速率、不同的网络密度下，对拓扑控制开销、信息包交付率、端到端时延以及拓扑存活周期进行分析。图 5.16 是设定的网络仿真拓扑结构图，表 5.4 是设定的仿真参数。

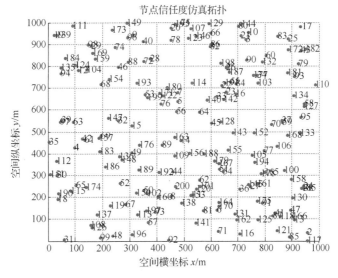

图 5.16　网络仿真拓扑结构图

表 5.4　仿真参数

节点分布范围	500m×500m，1000m×1000m
节点总个数	200
节点初始能量	1J
节点通信半径	100m
节点移动速度	$[0\ V_{\max}]$，$V_{\max}=40\text{m/s}$
数据包发送速率	$[0\ S_{\max}]$，$S_{\max}=20$ 个/s
数据包长度	2000bit
节点通信距离阈值	87
电路能耗系数 E_{elec}	$5.0×10^{-8}\text{J/bit}$
信道传播模型能耗系数	E_{fs}：$1.0×10^{-11}\text{J}(\text{bit}\cdot\text{m}^{-2})$　　E_{mp}：$1.3×10^{-15}\text{J}/(\text{bit}\cdot\text{m}^{-4})$
压缩比 μ	0.5
初始变异概率	0.5

仿真实验主要测量指标如下。

(1)拓扑控制开销：由于 OLSR 是表驱动的，必须周期性地发送信息分组维持到其他终端的路径信息，所以对这些维持路径信息的数据包开销进行分析。

(2)数据包递交率：每个节点除周期性地发送路由维护信息之外，还需发送自己的数据包，根据源节点发送数据包数量和目的节点接收数据包数量，计算数据包递交率。

(3)平均端到端时延：从源端产生信息流或者中继点接收到信息后开始，到该信息包成功被下一个终端接收的平均时延。

图 5.17～图 5.19 为不同的终端运动速率场景下，各类协议对网络拓扑机能的影响效果。图 5.17 为不同节点移动速度的拓扑控制开销，图 5.18 为不同节点移动速度的数据包递交率，图 5.19 为不同节点移动速度的端到端时延的均值。终端随机散布在 500m×500m 的范围内，运动速度在 $[0,V_{\max}]$ 服从均匀分布，终端数据包的生成速率都相等。

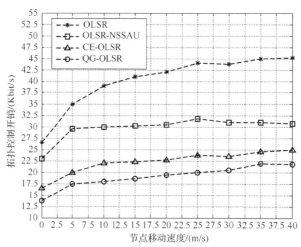

图 5.17　不同节点移动速度的拓扑控制开销

如图 5.17 所示，无论传统路由还是改进的路由，网络控制开销都伴随终端运动速率增大而增大。这是因为终端运动速率越快，网络结构改变越大，对于表驱动协议路由来说，需要进行结构维护的信息所占通信总信息的比例越大，导致网络拓扑控制开销增大。由图可知，我们提出的 QG-OLSR 相比于 OLSR 的控制开销有较大幅度的改进。在节点静止的情况下，QG-OLSR 比 OLSR-NSSAU 的控制开销下降约 9.2%，比 CE-OLSR 的控制开销下降约 2.7%。在节点高速移动的情况下（V=40m/s），QG-OLSR 比 OLSR-NSSAU 的控制开销下降约 8.9%，比 CE-OLSR 的控制开销下降 3.1%。

如图 5.18 所示，无论传统路由还是改进的路由算法，节点间数据包递交率都随着节点运动速度的增加而减少。在节点静止的状态下，由于网络拓扑结构不改变，需要进行拓扑结构维护的数据包数量较少，则总数据包中有效数据包分组的递交率较高。伴随着终端运动速率的增长，当终端高速运动时（V=40m/s），QG-OLSR 比 OLSR 提升约 0.15%，比 OLSR-NSSAU 提升约 0.09%，比 CE-OLSR 提升约 0.04%。

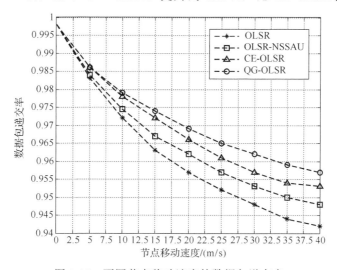

图 5.18 不同节点移动速度的数据包递交率

如图 5.19 所示，对于 OLSR、OLSR-NSSAU、CE-OLSR 和 QG-OLSR 路由算法。在节点静止及节点低速运动时差别不大。对于表驱动路由来说，每个节点都知道到其他各个节点的路径，当拓扑结构变化不大、节点的数据包生成率相同、网络拥塞程度基本相同时，终端之间传输信息的延时为定值。当终端运动速率 V=40m/s 时，信息包在端到端之间的时延相比于静止时增加较大，是由于对于表驱动路由来说需要不断计算路由表，造成传输时延较大。由图可知，当节点高速移动时，QG-OLSR 相比于 OLSR 和 OLSR-NSSAU，平均端到端时延提升约 2.5ms，相比于 CE-OLSR 的时延提升约 1ms。

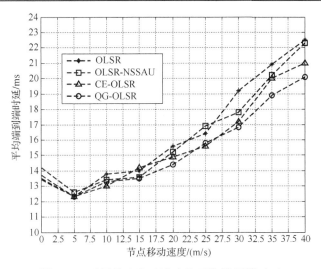

图 5.19　不同节点移动速度的平均端到端时延

　　图 5.20～图 5.22 为不同数据包发送速率情况下，各种路由算法对网络性能的影响情况，图 5.20 为网络拓扑控制开销，图 5.21 为数据包递交率，图 5.22 为端到端时延均值。终端随机散布在 500m×500m 的区域内，每个终端以 20m/s 的速度匀速运动，且终端的运动方向是任意的。终端产生并发出信息包的速度在 0～20 个/s 范围内，且单个信息包大小为 2000bit。

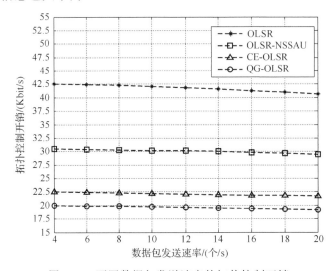

图 5.20　不同数据包发送速率的拓扑控制开销

　　如图 5.20 所示，在节点运动速度不变的情况下，伴随节点产生并发出信息包的速率的不断增加，拓扑控制开销呈略微下降趋势。这是由于在节点运动速度不变的情况下，拓扑结构振荡度是相同的，维护拓扑结构所需的控制开销是不变的。但随着节点发送数据速率的增大，所需维护拓扑的路由信息占网络中总数据信息的比例越来越小。所以伴随终端数据包分组发送速率的增大，拓扑控制开销呈略微下降趋势。且 QG-OLSR 算法的网络拓扑控制开销效率相比于 OLSR、OLSR-NSSAU 和 CE-OLSR 有较大提升。

由图 5.21 可知，在节点运动速度不变、运动方向随机的情况下，随着节点数据包发送速率的增大，对于多种路由协议来说，数据包递交率呈下降趋势。对于 QG-OLSR 下降约 0.2%。这是因为当节点数据包发送量较大时会造成网络中数据量较大，进而造成网络拥塞，但影响不大。且 QG-OLSR 相比于 OLSR、OLSR-NSSAU 及 CE-OLSR 的数据包递交率较高。

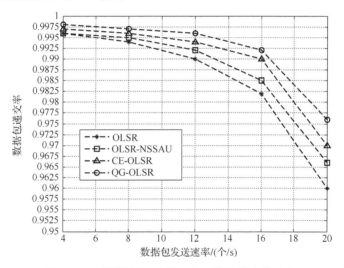

图 5.21　不同数据包发送速率下的数据包递交率

由图 5.22 可知，对于各种路由算法，伴随着数据包发送速率的增大，端到端时延均值呈现递增趋势。这是由于随着节点数据包生成速率的增加，所产生的数据包需要在节点缓冲区内排队，等待节点发送该数据包。且由于节点是随机运动的，需要用一定量的数据包进行拓扑结构的维护，以便维护节点间的路由信息，造成了端到端时延的增加。当节点以实验参数中最大数据包生成率发送数据时，QG-OLSR 路由比其他性能略好，比 OLSR 提升约 70ms，比 OLSR-NSSAU 提升约 50ms，比 CE-OLSR 提升约 15ms。

图 5.23～图 5.25 为 200 个节点在 500m×500m 和 1000m×1000m 的拓扑范围内的仿真分析，且终端运动速率是 20m/s，数据包生成率为 10 个/s。即在不同节点密度情况下，对各个路由协议的网络拓扑控制开销、数据包递交率、平均端到端时延进行分析。

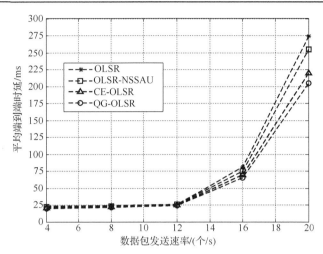

图 5.22　不同数据包发送速率下的平均端到端时延

如图 5.23 所示,对于不同的路由算法,节点在较小网络中的路由控制开销较小,这是由于在较大网络中,为了能使所有节点都收到其他节点的消息,根据移动自组织网络特性及 OLSR 路由特点,需要发送更多的数据包来维护高度动态的网络拓扑。对于不同的路由协议来说,网络拓扑控制开销都相应增加,OLSR 增加约 27%,OLSR-NSSAU 增加约 24%,CE-OLSR 增加约 22%,QG-OLSR 增加约 20%。相比较来说,QG-OLSR 协议对于网络拓扑范围增大所引起的拓扑维护控制开销增加的比例较小。

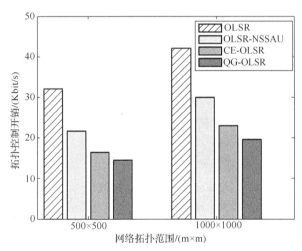

图 5.23　不同节点密度路由控制开销

图 5.24 为不同终端密度情况下,路由算法对数据包递交率的影响。由图可知,随着节点密度的减小,数据包递交率都有略微下降,但差别不大。主要是由于拓扑

范围变大，节点密度变小，节点间的有效路由变少。在两种拓扑范围中，OLSR 的数据包递交率下降了约 2.5%，CE-OLSR 下降了约 1%，OLSR-NSSAU 下降了约 1.5%，QG-OLSR 下降了约 0.6%。在仿真环境相同的场景下，QG-OLSR 相比于其他方法，在终端密度变小时对数据包递交率的影响最小。

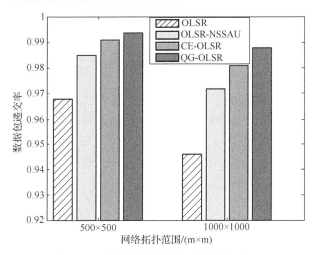

图 5.24　不同节点密度的数据包递交率

由图 5.25 可知，对不同的路由方法，当拓扑范围变大时，网络中端到端时延均值都有所上升。因为拓扑范围增大，节点密度减小，节点间数据传输路径变少，数据传输效率下降导致节点间端到端的数据包时延增大。由图可知，当网络拓扑范围变大时，OLSR 的时延增大约 53%，OLSR-NSSAU 增大约 46%，CE-OLSR 增大约 43%，QG-OLSR 增大约 41%。在终端密度变小的情形下，QG-OLSR 比其他算法的效率更好。

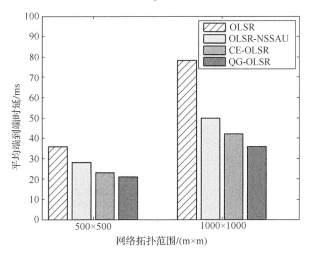

图 5.25　不同节点密度的平均端到端时延

5.4　本　章　小　结

我们结合遗传和细菌觅食优化算法的优点，提出了遗传-细菌觅食混合优化算法，该混合算法在求解路由的最优解时，在时间效率上和求解精度上都优于传统的最短路径算法。将该算法应用到 DSR 的寻优路径时，综合考虑节点能量信息，在路由发现过程中，不增加 DSR 路由数据信息的前提下，提高了路由寻找的效率，从而减少了节点间端到端的数据传输时延，并且延长了网络的生命周期。仿真实验结果表明，该改进策略确实提高了网络的综合效率。

同时，我们改进了传统 QGA 算法，针对 OLSR 协议特点，提出一种 QG-OLSR 路由算法。首先改进传统 QGA，利用量子基因位对网络中的节点进行编码及初始化，利用启发式规则和节点适应度规则选取各个节点的 MPR 集合。利用量子交叉进行基因链的交叉操作，计算基因变异概率时提前考虑个体发生变异的概率。利用量子旋转门对基因链执行更新操作，添加修复机制修复节点的 MPR 集合。仿真结果表明，将改进的量子遗传算法应用于 OLSR 中，提出的 QG-OLSR 路由协议能有效地减少网络拓扑控制开销，提高数据包递交率，缩短终端之间端到端的信息交互时延。

第6章　面向车联网的智能信息传输方法

6.1　概　　述

城市规模网络中的交通状况往往具有某些共同的全球模式。尽管方法有限，一些研究已经考虑了大型车联网中缺失数据的问题。解决数据缺失问题的方法大致可分为两类：函数估计和矩阵/张量完备化。在第一种情况下，通常假定缺失数据的问题局限于某些已知链接和时间间隔。这样，历史数据就可以用来获取目标道路与其邻近或过去道路之间的关系函数。例如，有学者利用历史数据建立相邻环路检测器之间的关系模型。这种关系函数用来归结故障探测器缺失值，训练神经网络并利用时间特征估计缺失值。有学者还使用了类似的方法和应用最小二乘支持向量机估计缺失值。函数估计技术需要完整的历史数据来得到关系模型。因此，如果历史数据有缺失值，这些方法将无法使用。在实际场景中，未损坏的历史数据可能不可用。另外，矩阵和张量补全方法不需要训练数据来执行插补。因此，这些方法在交通研究领域获得了很大的收益。

相邻道路的交通状态趋向于强相关。这些关系意味着道路网络可以用低维模型来表示。矩阵和张量完成方法利用这些模式来估计缺失值，通过获得不完全张量/矩阵的合适的低秩逼近。然而，以往关于交通数据集的矩阵/张量补全方法的研究大多集中在从几条道路或交叉口获得的数据上。例如，有学者用贝叶斯主成分分析法对交通流数据进行插补，他们分析了一个由50条道路组成的小网络。有学者用张量分解方法进行缺失数据插补，通过分析，他们认为四个路段和其代表的数据从每个道路得到3个张量。插补函数估计方法的应用受限于依赖未损坏的历史数据的大型网络。以前应用矩阵和张量完成方法的研究大多只考虑一个或几个交叉点的数据。这些研究通常不分析不同插补道路类型和一周内不同日子的性能。此外，还需要考虑方差、偏差以及低维模型的等级对插补性能的影响。

基于概率型的信标传播协议决定是否分发消息主要基于随机变量所呈现的结果，其分布可能取决于发送和接收车辆的(相对)位置。基于定时器的信标传播协议的原理是所选择的分发车辆是在所有接收到广播消息的车辆中设置最短定时器的一个，最受欢迎的分发协议之一被称为基于距离的分发(distance-based forwarding，DBF)方法。其核心思想是选择距离广播该消息的车辆 V 最远的某车辆作为分发车辆。参与该选择过程的是接收到来自 V 的消息的所有车辆。每个这样的车辆触发超时定时器使其激活，该定时器的超时等级被设置为其他车辆与车辆 V 的距离的递减函数的值。

目前，IOV 中数据传输方法的分组路由策略拥有几种方案。有学者采用随机道路网络图来表示，该路径图模拟道路地图结构和交通流量统计信息，如道路上的车辆密度和速度，并且路由算法的开发优于其他现有算法。基于道路网络模型，有学者提出了一种利用车辆轨迹信息的分组路由方案。我们将研究 IOV 中智能数据传输新方法，这涉及路由策略中通过考虑所给定的三个因素来最小化分组传送延迟，通过我们扩展的道路网络图模型来说明预定的车辆轨迹，该模型能够将路由问题表述为简单的马尔可夫决策理论，该决策过程试图将分组的预期延迟最小化。

6.2　面向智能车联网的缺失数据估计方法

6.2.1　车联网数据集与性能度量

我们针对大规模智能车联网系统中缺失数据的问题，通过在智能车联网中提取公共交通模式，比较了函数估计和张量分解等方法来估计这些缺失值的优劣后，提出了张量低秩近似估计新方法 VBPCA(value-based principal component analysis)，该方法在缺失数据的情况下获得流量模式，得到大规模路网的低秩表示。结果表明，该算法的性能对交通数据的日变化不敏感。此外，该方法还在加权相对误差(weighted relative error，WE)、均方根误差(mean squared error，MSE)、方差和偏差等方面具有更好的性能。我们将执行缺失的数据插补的大型公路网扩展到高速公路、干线公路、次干线道路和支路等情形。我们提出张量低秩近似估计新方法，可以从不完全数据中提取全局流量模式。我们将上述方法与加权最小二乘法和近似奇异值分解 FPCA(feature principal component analysis)等方法的性能进行比较，分析这些方法针对不同道路类别和每周天数的性能，以及这些方法在估算速度数据中的方差和偏差。

针对车联网数据集，我们用一组道路线段 S_i 的固定的 E 值来表示大小为 p 的测试道路网，例如，$E = \{S_i\}_{i=1}^{p}$。在这项研究中，我们考虑平均速度数据。在区间链路 S_i 上的平均速度 $(t_j - \Delta t, t_j)$ 由 $Z(S_i, t_j)$ 表示。采样间隔 Δt 是 3 分钟。对于每个链路 S_i，我们创建了一个速度剖面 $a_i \in R^n$，如 $a_i = [Z(s_i, t_1), \cdots, Z(s_i, t_n)]^T$。速度配置文件包含每个链接的一天速度数据。我们对照这些速度曲线来获得网络配置矩阵 $A \in R^{n \times p}$，如 $A = [a_1, \cdots, a_p]$。令 $D \in R^{n \times p}$ 是相应的不完全观测数据矩阵。集合 Ω 收录词条的位置在 D 的速度数据是可用的，集合 $\Theta = \Omega^C$ 表示在 D 丢失速度值的位置。

对张量的完成方法，我们创建的网络配置张量 $\underline{A} \in R^{n \times p \times q}$，通过叠放在一起的网络配置矩阵 $[A_1, A_2, \cdots, A_q]$ 从不同的日子形成 3 个张量。为此，我们使用 $q = 7 \sim 14$ 天的数据。在这种情况下，不完全张量由 $\underline{D} \in R^{n \times p \times q}$ 表示。

为了分析，我们考虑 4 个测试网络。每个网络中的道路属于天津的城市道路网，有足够的数据可供使用。由主/本地通路组成的网络称为表中的其他道路。速度数据由天津陆路交通管理局提供。

针对性能度量，下面我们描述不同的性能评估方法。

对于矩阵，我们定义加权相对误差实际 A 和估计 $\hat{A}$ 之间的网络分布为

$$\mathrm{WE} = \frac{\left\| \boldsymbol{W} \otimes (\boldsymbol{A} - \hat{\boldsymbol{A}}) \right\|_{\mathrm{F}}}{\left\| \boldsymbol{W} \otimes \boldsymbol{A} \right\|_{\mathrm{F}}} \tag{6.1}$$

其中，符号 $\otimes$ 代表两个矩阵之间的元素相乘。矩阵 $\boldsymbol{W} \in R^{n \times p}$ 值的权重矩阵

$$W_{ij} = \begin{cases} 0, & (i,j) \in \Omega \\ 1, & (i,j) \in \Theta \end{cases} \tag{6.2}$$

矩阵 $\boldsymbol{A} \in R^{n \times p}$ 的 Fresenius 范数 $\|\boldsymbol{A}\|_{\mathrm{F}}$ 定义为

$$\|\boldsymbol{A}\|_{\mathrm{F}} = \sqrt{\sum_{i=1}^{n} \sum_{j=1}^{p} a_{ij}^2} \tag{6.3}$$

同样，我们定义 WE 张量为

$$\mathrm{WE} = \frac{\left\| \underline{\boldsymbol{W}} \otimes (\underline{\boldsymbol{A}} - \hat{\underline{\boldsymbol{A}}}) \right\|_{\mathrm{F}}}{\left\| \underline{\boldsymbol{W}} \otimes \underline{\boldsymbol{A}} \right\|_{\mathrm{F}}} \tag{6.4}$$

张量 $\underline{\boldsymbol{W}} \in R^{n \times p \times q}$ 为带权值的张量

$$W_{ijk} = \begin{cases} 0, & (i,j,k) \in \Omega \\ 1, & (i,j,k) \in \Theta \end{cases} \tag{6.5}$$

张量 $\underline{\boldsymbol{A}} \in R^{n \times p \times q}$ 的 Fresenius 范数 $\|\underline{\boldsymbol{A}}\|_{\mathrm{F}}$ 定义为

$$\|\underline{\boldsymbol{A}}\|_{\mathrm{F}} = \sqrt{\sum_{i=1}^{n} \sum_{j=1}^{p} \sum_{k=1}^{q} a_{ijk}^2} \tag{6.6}$$

加权相对误差通常被用来评估矩阵和张量完成算法的性能。我们计算均方根误差(MSE)的估计算法如下

$$\mathrm{MSE}_{\mathrm{mat}} = \sqrt{\frac{1}{|\Theta|} \sum_{(i,j) \in \Theta} (a_{ij} - \hat{a}_{ij})^2} \tag{6.7}$$

$$\mathrm{MSE}_{\mathrm{ten}} = \sqrt{\frac{1}{|\Theta|} \sum_{(i,j,k) \in \Theta} (a_{ijk} - \hat{a}_{ijk})^2} \tag{6.8}$$

其中，$|\Theta|$ 代表集合 Θ 的大小。我们计算了估算速度数据中的偏差，如下

$$\mathrm{Bias}_{\mathrm{mat}} = \frac{1}{|\Theta|} \sum_{(i,j) \in \Theta} (a_{ij} - \hat{a}_{ij}) \tag{6.9}$$

$$\text{Bias}_{\text{ten}} = \frac{1}{|\Theta|} \sum_{(i,j,k)\in\Theta} (a_{ijk} - \hat{a}_{ijk}) \tag{6.10}$$

此外，我们计算了估计值的方差如下

$$\text{Variance}_{\text{mat}} = \frac{1}{|\Theta|} \sum_{(i,j)\in\Theta} (a_{ij} - \overline{a}_\Theta)^2 \tag{6.11}$$

$$\text{Variance}_{\text{ten}} = \frac{1}{|\Theta|} \sum_{(i,j,k)\in\Theta} (a_{ij} - \overline{a}_\Theta)^2 \tag{6.12}$$

其中，$\overline{a}_\Theta$ 分别代表式(6.11)和式(6.12)中 $\{\hat{a}_{ij}\}_{(i,j)\in\Theta}$ 和 $\{\hat{a}_{ijk}\}_{(i,j,k)\in\Theta}$ 的平均值。

6.2.2 缺失数据估计新方法

我们在讨论最小二乘法和固定点连续近似奇异值分解恢复不完整矩阵的丢失速度信息的补全算法的基础上，设计缺失数据估计的新方法。

1) 最小二乘法

在一个相互连接的网络中，速度等交通参数趋向相似。我们的目标是利用这些潜在的模式来恢复不完整矩阵 $\boldsymbol{D}$ 中丢失的速度信息。为此，我们首先考虑完成网络配置的矩阵 $\boldsymbol{A}$，运用主成分分析法，我们可以从网络配置矩阵 $\boldsymbol{A}$ 中得到一个低秩近似(秩为 r) $\hat{A} = \boldsymbol{WX} + \boldsymbol{M}$，其中 $\boldsymbol{W} \in R^{n\times r}$ 和 $\boldsymbol{X} \in R^{r\times p}$ 是两个低秩矩阵，$\boldsymbol{M} \in R^{n\times p}$ 是 $\boldsymbol{A}$ 的行平均值，这个分解可通过求解下面的最小二乘优化问题得到

$$\min_{\hat{A}} \sum_{i=1}^{n} \sum_{j=1}^{p} (a_{ij} - \hat{a}_{ij})^2 , \quad \hat{a}_{ij} = \boldsymbol{W}_i^{\mathrm{T}} \boldsymbol{X}_j + m_{ij} \tag{6.13}$$

在约束条件下，向量 $\{\boldsymbol{W}_i\}_{i=1}^{r}$ 保持正交。就不完整矩阵 $\boldsymbol{D}$ 来说，我们可以将问题用只观测速度数据 $\{d_{ij}\}_{(i,j)\in\Omega}$ 的重建误差最小化的形式来再次表示，其中 d_{ij} 代表在路段 s_j 时间 t_i 的速度值。因此，优化问题将成为

$$\min_{\hat{A}} \sum_{(i,j)\in\Omega} (d_{ij} - \hat{a}_{ij})^2 , \quad \hat{a}_{ij} = \boldsymbol{W}_i^{\mathrm{T}} \boldsymbol{X}_j + m_{ij} \tag{6.14}$$

我们用常用的梯度下降算法解决式(6.14)中的最优化问题。

2) 固定点连续近似奇异值分解

我们讨论另一种可选择的方法来估计丢失的交通信息。我们的目标是利用不同道路 $\{S_i\}_{i=1}^{p}$ 上的共同交通行为，在不完全数据矩阵 $\boldsymbol{D}$ 中恢复这些缺失的速度值。为此，我们需要得到一个合适的从不完整速度数据逼近的低秩矩阵 $\hat{A}$。此外，估计网络配置 $\hat{A}$ 也应该保护速度信息在具有一定的耐受极限 ε 的不完全数据矩阵 $\boldsymbol{D}$ 中可用，如 $\{|\hat{a}_{ij} - d_{ij}| < \varepsilon\}_{(i,j)\in\Omega}$。因此，我们可以设置如下优化问题

$$\text{minrank}(\hat{A})$$
$$\text{s.t. } \left| \hat{a}_{ij} - d_{ij} \right| < \varepsilon, \quad \forall (i,j) \in \Omega \tag{6.15}$$

上述优化问题试图恢复带有最小数目的潜在成分的丢失速度数据，同时保持所观察到的数据提供的速度信息 $\{ d_{ij} \}_{(i,j) \in \Omega}$。然而，这是一个非凸和 NP 困难问题。为了使问题易于处理，我们可以通过其凸包络替换 $\text{rank}(\hat{A})$，这原来是估计矩阵 $\hat{A}$ 的一个核范数 $\| \hat{A} \|_*$。这样，式 (6.15) 的问题可以改写为

$$\min \| \hat{A} \|_*$$
$$\text{s.t. } \left| \hat{a}_{ij} - d_{ij} \right| < \varepsilon, \quad \forall (i,j) \in \Omega \tag{6.16}$$

其中，秩为 r 的矩阵 $\hat{A}$ 的核范数定义为 $\| \hat{A} \|_* = \sum_{i=1}^{r} \sigma_i$，$\sigma_i$ 是第 i 个奇异值矩阵。我们考虑固定点连续近似奇异值分解解决式 (6.16) 定义的优化问题。

3) 缺失数据估计的新方法

在前面讨论最小二乘法和固定点连续近似奇异值分解恢复不完整矩阵的丢失速度信息的补全算法的基础上，我们设计缺失数据估计的新方法，即张量低秩近似估计方法。我们已经讨论了不同的矩阵补全方法提取道路网络中的底层交通模式。然而，这些方法不能有效地利用交通数据集中的多路径依赖关系。例如，考虑一周中不同时间道路交通的行为。当然，交通参数，如速度，往往遵循类似的日常模式。可以通过创建交通数据的多路结构这种更有效的方式提取这些时间关系。为此，我们用 3 个张量 $A \in R^{n \times p \times q}$ 的形式代表速度数据。这个张量分布是由堆叠在一起的从不同时间获得的网络分布矩阵 $\{ A_1, A_2, \cdots, A_q \}$ 得到的。典范分解通常用于获得张量的低秩近似。对于不完整张量配置 $\underline{D}$，我们可以通过以下方式对观测速度数据进行重建误差最小化，得到一个合适的低秩近似 $\underline{\hat{A}}$

$$\min_{\underline{A}} \frac{1}{2} \left\| \underline{W} \otimes (\underline{D} - \underline{\hat{A}}) \right\|_F^2, \quad \underline{\hat{A}} = \sum_{i=1}^{r} b_i^{(1)} \odot b_i^{(2)} \odot b_i^{(3)} \tag{6.17}$$

其中，$b_i^{(m)}$ 是现代因子矩阵 $B^{(m)}$ 的第 i 列向量；符号 $\odot$ 表示矢量外积；符号 $\otimes$ 代表两个张量之间元素相乘。因子矩阵 $B^{(1)}$、$B^{(2)}$ 和 $B^{(3)}$ 包含张量的不同模式下的公共通信模式。这些模式包括不同天和不同道路之间的公共交通行为。

我们应用 CP 加权优化从不完整的网络配置张量 $\underline{D}$ 中获得合适的估计 $\underline{\hat{A}}$。我们在展开张量方面利用 CP 加权优化法来研究插补性能多方表征的影响。为此，我们通过组合多天的速度数据创建另一个网络概要矩阵 $U \in R^{n \times pq} | U = [A_1, \cdots, A_q]$。这种网络配置矩阵 U 本质上是网络配置张量 $\underline{A}$ 的展开表示，在这种情况下，相应的不完全数据矩阵 D_u 由网络分布矩阵 U 表示。通过对观测速度数据的重建误差最小化，得到不完全速度数据 D_u 的矩阵 U 的低秩逼近 $\hat{U}$。

$$\min_{\hat{U}} \frac{1}{2} \left\| \boldsymbol{W} \otimes (\boldsymbol{D}_u - \hat{\boldsymbol{U}}) \right\|_{\mathrm{F}}^2, \quad \hat{\boldsymbol{U}} = \sum_{i=1}^{r} \boldsymbol{b}_i^{(1)} \odot \boldsymbol{b}_i^{(2)} \tag{6.18}$$

由此，我们运用 CP 加权优化法来得到估计网络分布矩阵 U，这一方法称为张量低秩近似估计方法。

基于以上分析，缺失数据估计的新方法——张量低秩近似估计方法的步骤可描述如下。

(1)设置初始参数值。用一组道路线段 s_i 的固定的 E 值来表示大小为 p 的测试道路网，即 $E = \{s_i\}_{i=1}^{p}$。在区间链路 s_i 上的平均速度 $(t_j - \Delta t, t_j)$ 由 $Z(s_i, t_j)$ 表示。设置采样间隔 Δt 是 5 分钟。对于每个链路 s_i，创建一个速度剖面 $\boldsymbol{a}_i \in R^n$，$\boldsymbol{a}_i = [Z(s_i, t_1), \cdots, Z(s_i, t_n)]^{\mathrm{T}}$。速度配置文件包含每个链接的一天速度数据。

(2)通过车联网传感器网络采集不同日期不同道路类型(高速公路、主干道、快速路、次干道等)中的相关参数数据(如速度、时间、道路、车辆数等)得到数据集。我们从数据集中抽取网络配置矩阵 $\boldsymbol{A} \in R^{n \times p}$，$\boldsymbol{A} = [\boldsymbol{a}_1, \cdots, \boldsymbol{a}_p]$。令数据矩阵 $\boldsymbol{D} \in R^{n \times p}$ 是相应的不完全观测数据矩阵。

(3)利用式(6.1)~式(6.6)来处理张量和范数,同时利用式(6.7)和式(6.8)来计算均方根误差,并且利用式(6.9)~式(6.12)来计算估计值的方差。

(4)基于式(6.17)对观测速度数据进行重建误差处理,得到一个合适的低秩近似 $\underline{\hat{\boldsymbol{A}}}$，应用 CP 加权优化从不完整的网络配置张量 $\underline{\boldsymbol{D}}$ 中获得合适的估计 $\hat{\boldsymbol{A}}$。

(5)利用式(6.18)得到不完全速度数据 $\boldsymbol{D}_u$ 的矩阵 U 的低秩逼近 $\hat{U}$，从而得到估计网络分布矩阵 U。

(6)基于测试数据集,评估考虑不同数量的潜在因素(秩)的缺失数据加权相对误差和不同道路网在一段时间内不同日子的算法加权相对误差。如果缺失数据估计精度的误差在预定的容忍范围内,则结束估计过程;否则,重返步骤(2)进行下一轮估计,直到符合要求。

上述算法的步骤可用伪代码描述如下:

(1) Set $E = \{s_i\}_{i=1}^{p}$, $\Delta t = 300\mathrm{s}$, $\boldsymbol{a}_i = [Z(s_i, t_1), \cdots, Z(s_i, t_n)]^{\mathrm{T}}$, $\boldsymbol{a}_i \in R^n$

(2) Extract $\boldsymbol{A} = [\boldsymbol{a}_1, \cdots, \boldsymbol{a}_p]$, $\boldsymbol{A} \in R^{n \times p}$, $\boldsymbol{D} \in R^{n \times p}$

(3) Calculate WE, $\|A\|$, MSE, Bias, Variance by equations (6.1)~(6.12)

(4) Get $\underline{\hat{\boldsymbol{A}}} = \sum_{i=1}^{r} \boldsymbol{b}_i^{(1)} \odot \boldsymbol{b}_i^{(2)} \odot \boldsymbol{b}_i^{(3)}$ by equation (6.17)

(5) Get $\hat{\boldsymbol{U}} = \sum_{i=1}^{r} \boldsymbol{b}_i^{(1)} \odot \boldsymbol{b}_i^{(2)}$ by equation (6.18)

(6) If Error E < Threshold δ then EXIT or QUIT else go to step (2)

6.2.3　实验与对比分析

我们讨论秩(潜在因素的数量)的选择对算法性能的影响。图 6.1 显示了从京津高速公路获得的速度数据选择等级引起的不同算法的重建性能变化,其中图 6.1(a)为 LS 方法,图 6.1(b) 为 FPCA,图 6.1(c) 为 VBPCA。图 6.2 显示了从京津公路主干道获得的速度数据的这些变化。我们讨论 LS、FPCA 和 VBPCA 这三种算法的性能,其中图 6.2(a) 为 LS 方法,图 6.2(b) 为 FPCA,图 6.2(c) 为 VBPCA。这三种方法试图通过对观测到的速度信息的均方误差最小化来提取数据中的公共模式。对于大量的缺失数据,这些算法的重建误差可以根据秩的选择而显著变化。此外,与高速公路相比,这些算法在干道上的波动性能更为显著(图 6.1 和图 6.2)。图 6.1 和图 6.2中右侧图谱颜色和数值代表的意义是加权相对误差(含义与图 6.3 中纵坐标的含义相同)。图 6.1 和图 6.2 中图谱颜色变化越频繁或颜色越深,表明性能波动越显著,相对误差越大。另外,对 FPCA 和 VBPCA 重构误差在不同的秩值处变化不显著。

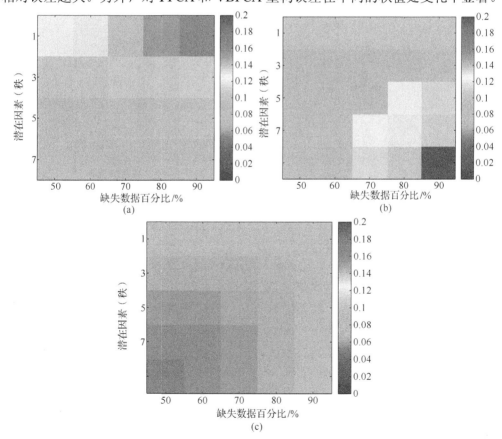

图 6.1　考虑不同数量的潜在因素(秩)的缺失数据加权相对误差(一)

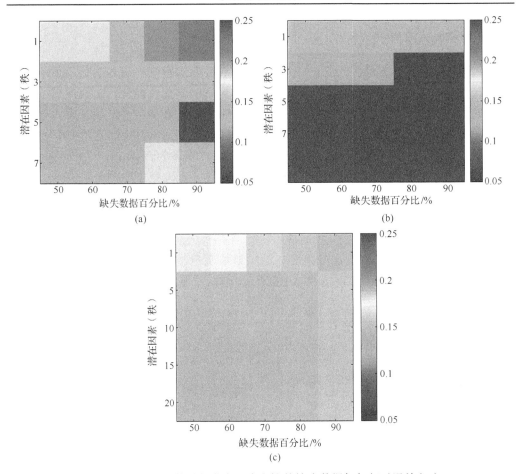

图 6.2　考虑不同数量的潜在因素(秩)的缺失数据加权相对误差(二)

从图 6.1 和图 6.2 中我们可以看出，我们设计的 VBPCA 方法可以自动选择最优数量的因素且可以在不完全数据矩阵 **D** 中估计缺失值。图 6.1(c)和图 6.2(c)为 VBPCA 的秩值，代表对可以用来重建估计网络分布矩阵的因素的最大数量的极限；同时，我们设定 VBPCA 对潜在因素最大限制的影响上限，鉴于此，我们可以得出这样的结论：如果等级合适的临界值不可用，那么 VBPCA 不会出现过拟合的现象。

我们分析了各种道路网络下相关方法的性能情况。我们分析不同的插补方法在一周内的表现。图 6.3 显示了这些方法对不同道路类型的插补精度。在高速公路的情景下，VBPCA 达到最低的加权相对误差并紧随 FPCA 之后。与其他道路类别相比，高速公路的插补误差较之所有算法都要低。对于主要和次要干道，VBPCA 相比其他方法提供了更好的性能。对于支路，VBPCA 也达到了更好的性能。在市区巷道的情况下，相关算法都存在较大的插补误差，但 VBPCA 的误差最小。

上述结果的原因分析如下：LS、FPCA 和 VBPCA 这三种算法都试图通过寻找那些可以减少观测速度数据 $\{(d_{ij}-\hat{a}_{ij})^2\}_{(i,j)\in\Omega}$ 的重建误差平方和的交通模式来填补缺失值。基于最小二乘法的方法中，多路径表示(张量法)趋向于达到最佳性能。此外，主干道和交流道、多路表示(张量方法)也达到了比其他方法(如 FPCA 和 VBPCA)更好的插补精度。然而，在高速公路方面，考虑多路表示的优势并不明显。看来，张量表示在小地方道路交通行为更不稳定的情况下更有用。在这种情况下，速度数据的多路表示是提取底层流量模式的一种有效方法。

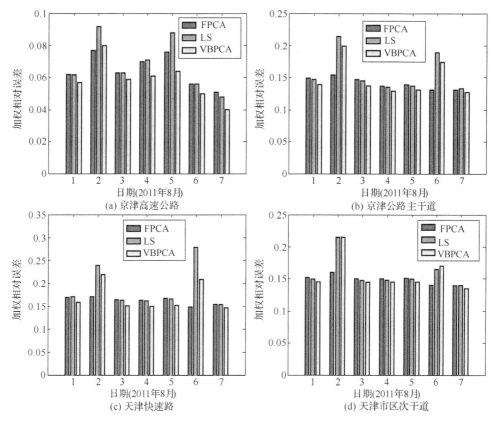

图 6.3　不同道路网在一周内不同日子的算法加权相对误差

图 6.3 所示为 LS、FPCA 和 VBPCA 这三种算法在一周的不同时间的插补误差，其中图 6.3(a)为京津高速公路，图 6.3(b)为京津公路主干道，图 6.3(c)为天津快速路，图 6.3(d)为天津市区次干道。结果显示了不同道路类别的速度数据，在这种情况下，丢失的数据百分比为 70%。对于高速公路，在大多数时间里 VBPCA 与其他方法相比具有较低的加权相对误差。正如预期的那样，VBPCA 对于高速公路的速度数据具有最低的总体估算误差。对于主干道，这三种方法在大部分时间内都有类似的性能。然而，在某些时间里，FPCA 和 LS 会具有较大的估计误差，但是 VBPCA

从一天到另一天的估计性能变化不显著。我们也在 LS、FPCA 和 VBPCA 对于快速路的性能上观察到类似的趋势。对于主干道和局部次干道，所有这三种方法在七天内都产生了较大的插补错误。图 6.3 中不同日期 VBPCA 算法效果有时并非最佳，造成这种现象的原因是重建数据出现了噪声或冗余，导致在去除噪声或冗余数据过程中插补性能受到了一定程度的扰动影响，这种现象在误差容忍范围内，因此是正常的。我们可以得出这样的结论：VBPCA 的插补性能与其他方法(如 LS、FPCA)相比较，在交通条件每日变化的条件下具有更强的鲁棒性。

表 6.1 显示了所提出的各种方法在恢复速度数据中引起的偏差，偏置的单位是 km/h。结果表明，在所有的测试用例中，当偏置值小于 1km/h 时，所提出的算法不会对估计数据添加显著的偏差。然而，由 FPCA 和 LS 得到的估计速度数据与其他方法得到的数据相比较有稍高的偏置($\approx$0.5km/h)。正如预期的那样，插补算法低估了估算数据的方差。例如，高速公路的速度数据的实际方差约为 $149 \mathrm{km}^2/\mathrm{h}^2$。然而，不同的插补方法获得的速度数据的方差为 $90 \sim 120 \mathrm{km}^2/\mathrm{h}^2$。此外，随着丢失数据百分比的增加，实际和预期的速度数据间的差异变得更大了。对于高速公路，VBPCA提供了速度数据方差的最佳估计。对于其他类型的道路，如主干道、快速路、次干道和巷道，由 VBPCA 得到的估算数据方差最接近实际速度数据的方差。

表 6.1　不同道路类型的估算速度偏差

道路类型	丢失数据	偏差		
		FPCA	LS	VBPCA
京津高速公路 平均速度=120km/h	10%	0.009	0.069	0.004
	20%	0.013	0.065	−0.007
	40%	0.009	0.068	−0.012
	60%	0.008	0.076	0.008
	90%	0.006	0.065	−0.002
京津公路主干道 平均速度=100km/h	10%	0.009	0.438	−0.003
	20%	0.009	0.409	0.006
	40%	0.005	0.468	0.016
	60%	−0.005	0.379	0.004
	90%	−0.007	0.378	0.005
天津快速路 平均速度=80km/h	10%	−0.009	0.479	0.0019
	20%	0.003	0.349	−0.007
	40%	0.002	0.418	−0.006
	60%	−0.005	0.419	0.008
	90%	−0.027	0.432	−0.007
天津市区次干道 平均速度=60km/h	10%	0.011	0.370	−0.013
	20%	0.011	0.385	−0.013
	40%	0.003	0.395	0.022
	60%	−0.003	0.418	0.013
	90%	−0.002	0.419	0.015

结果表明，VBPCA 方法的性能与 LS、FPCA 相比在秩的选择上高度敏感。VBPCA 由于它的性能对于日变化是最不敏感的，所以对于交通数据集的插补是特别有用的。此外，它还为不同道路类别的其他算法提供了更好的或类似的性能。

6.3　面向车联网应用环境的消息智能分发方法

6.3.1　简介

理想情况下，传播逻辑应该在给定的区域内识别负责分发消息的单个车辆，以尽量减少每辆车接收到的相同消息的副本数量。因此，在由链路无线电传输范围划定的区域内，在任何时候都应该采取单一分发行动。由多个附近车辆分发消息通常会导致性能下降。随着要传播的消息流率的增加，重复的分发操作(如果不加以抑制)会导致无线接口拥塞并导致性能崩溃。

实际上，信标协议使用的机制不能完全避免消息重复传输的发生。在低层协议的特定实施下操作，通常不能避免最后的杂散发射源。传播协议实现的有序消息分发结构可能发生虚假分发，特别是随着提供的消息速率增加。因此，有必要研究防止伪分发的解决办法。

鉴于此，我们提出一种面向车联网应用环境的消息智能分发新方法。该方法中设计了一个数学分析模型，用于计算和评估关键性能指标，智能地实现基于定时器的传播机制中的参数选择，通过蒙特卡罗模拟来验证所提出的模型；同时，我们提供一个间隔时间周期的下限(时间段应该不小于消息沿横跨高速公路的中继节点(relay node，RN)链中的两跳所花费的时间导出的统计界限)，该间隔时间周期应该被设置为由 RSU 传输到高速公路上的消息。通过这样的流量控制策略，可以减轻虚假分发现象对 IOV 系统性能的负面影响。

6.3.2　车联网消息传播的原理

基于 IOV 服务的消息以推送模式发送到所有在指定范围内对应于潜在感兴趣区域(region of interest，ROI)的车辆，这些车辆来自产生和传播这些消息的源节点。直接接收由源节点执行的消息(传输到驻留在离源节点有限距离内的车辆上)，这个范围通常为 1 米到数百米。为了在更广泛的区域传播信息，必须利用多跳车对车(V2V)通信联网方法。为了避免由广播风暴现象引起的信息传输退化，有效的传播协议是选择一个在 ROI 中作为 RN 进行传播的车辆节点的适当子集，RN 将分发消息的副本。传播过程的表现效率在很大程度上取决于选择车辆作为 RN 的机制的有效性。后面我们主要指在媒体访问控制/物理(MAC/PHY)层处理应用/网络层和帧时的消息，一个消息由单个帧承载。

分布式 RN 选举算法的处理过程如下。假设节点(车辆)A 发送新消息,直接(通过基础通信链路)成功接收到该消息的每个节点都认为自己是潜在的 RN。如果当选,则该节点将把该消息分发给在道路上行驶的其他车辆;否则,该节点将丢弃该消息。为了避免位于每个 RN 附近的 RN 之间的无效争用,必须将 RN 的选择瞄准为使得它们位于彼此适当的范围内。如果两个 RN 处于非常接近的地方,并且它们都选择自己为中继,那么它们的传输可能会相互冲突(互相干扰),或者无法有效扩大传播覆盖范围,因为它们的传输将基本上覆盖相同的空间区域。另外,两个选举的RN 必须位于通信范围内以确保成功接收中继消息。适当的范围取决于传输速率的规定值和目标比特误码率级别。在这样的限制下,通常期望实现使用最少数目的 RN 的中继配置布局,同时确保传播作为示例,参照图 6.4,考虑由车辆 A 发送的消息,显示了车辆 B 和 C 直接接收该消息。由于 B 和 C 达到的各个覆盖区域几乎完全重叠,所以使两辆车都不能充当 RN;图 6.4 显示了车辆 C 将其自己选为此消息的 RN。出于同样的原因,在考虑第三跳的设置时,较远的车辆 E 选择其自己作为 RN。

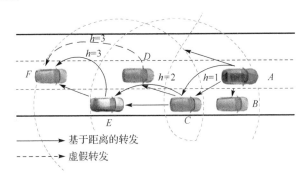

图 6.4　消息分发示例

图 6.4 中所需的分发车辆序列是 A-C-E,代表 D 发出消息副本是虚假分发。在传播协议的理想实现下,每个车辆(沿着线性道路行进)应接收不超过两次的给定消息,即从位于其源节点上的最接近的 RN,在其上游和下游方向接收该消息。生成和接收过多数量的消息副本与伪分发相关联。这种虚假分发的消息倾向于增加开销和系统流量负载。

通常使用两种基本方法来抑制虚假分发消息传输的发生:①概率传播,即接收新消息的节点以概率分发,概率值可能取决于发送和接收节点的位置;②基于定时器的传播,即接收新消息的节点设置定时器以延迟消息的分发,消息在定时器到期时被分发,并且如果第二副本是该消息在定时器到期之前被接收(禁止规则)。抑制规则的实施需要基于延迟的分发动作触发使用,基于计时器的分发规则原则上可以抑制消息重复的产生,因为设置了最低计时器值的车辆将首先分发消息,导致其他相邻车辆取消分发该消息的计划信息。例如，在考虑图 6.4 所示的场景时，假设由节点 C 激活的定时器在由节点 B 激活的定时器到期之前到期，一旦节点 B 接收到由节点 C 分发的消息，节点 B 将取消它自己的分发行为(图 6.5)。

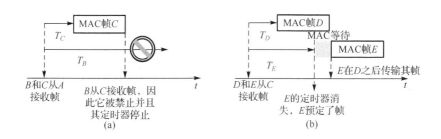

图 6.5　说明性禁止和虚假分发示例

当接收到给定消息的第二个副本(触发禁止的那个)失败或者只有在接收节点已经发送了它的消息副本后才被检测到，抑制虚假分发事件将失败。后一种结果是可能的，因为通常需要一些(非空)时间来在车辆之间传送消息。参考图 6.5，图 6.5 示意了说明性禁止和虚假分发，其中 T_X 表示由节点 X 设置的定时器值，图 6.5(a)中的节点 B 和 C 接收由 A 发送的帧(图 6.4)，T_C 首先经过，以便 C 在 B 之前发送帧，因此 B 被抑制；图 6.5(b)中的节点 D 和 E 接收由 C 发送的帧，首先经过 T_D，D 发送它的帧；然而，在该传输完成之前，经过 T_E，导致 E 指示其 MAC 实体进行帧的传输(虚假分发)。在完成由节点 E 发送的消息的传送所花费的时间期间，附近的节点 C、D 和 F 不知道该分发动作。这种"盲"期的持续时间取决于无线电链路的特性以及用于实施协议执行过程的机制。

6.3.3　面向车联网的消息智能分发方法设计

我们给出以下假设：每辆车都配备了一个 OBU，其中包含所使用的网络模块，一个用于监视其位置的 GPS 模块以及 IEEE 802.11p 无线电设备，所考虑的服务区域包括一条直线道路，信息流发源于一个单一的受约束车站，并有针对性地传播给沿路行驶的所有车辆，在分析中忽略了道路的宽度(指出宽度与链路通信范围的比例很低)，因此，节点的位置由单个坐标表示，假设 RSU 位于 $x = 0$ 处；车辆沿着道路按照空速泊松点过程进行分配；如果接收机处(接收时)的信号与干扰加噪声比(SINR)高于给定的阈值电平，则认为发送的帧正确接收；后者的设置取决于采用的调制/编码方案以及规定的目标 MAC 层误码率；发送属于广播流的连续消息的目标时间尺度比基础车辆移动性时间尺度短得多，因此，可以认为是有效的、固定的。

我们通过模拟运行来验证我们的模型和方法。模拟中包括现实的多车道高速公路上的车辆移动模型，这些模型已被用来表征车辆空间位置的分布，它们包括由涉及移动车辆间距的相互关系引起的效应。

1) 通信链路模型

我们使用一个常用的确定性传播模型，规定了一个路径增益，该增益取决于发射机与其预期接收机之间的距离。我们设置 $P_{rx} = G(d)P_{tx}$，其中 $G(d)$ 是距发射机距离 $d > 0$ 处的路径增益。对于数值评估，我们选择一个相应的模型，它是从高速公路测量得出的。它将增益表示为基于双指数的幂律函数，即

$$G(d) = \begin{cases} k\left(\dfrac{d_0}{d}\right)^2, & d_0 \leq d \leq d_1 \\ k\left(\dfrac{d_0}{d_1}\right)^2\left(\dfrac{d_1}{d}\right)^\rho, & d_1 \leq d \leq d_2 \\ k\left(\dfrac{d_0}{d_1}\right)^2\left(\dfrac{d_1}{d_2}\right)^\rho\left(\dfrac{d_2}{d}\right)^\delta, & d \geq d_2 \end{cases} \tag{6.19}$$

其中，两个指数的典型建议值分别为 ρ=2.08 和 δ=3.96；d_0=1.5m, d_1=50m, d_2=150m。我们还设置 k=2.9×10^{-5} 或 –45.25dB，并假设载波频率 f_c = 6000MHz。

对于通信链路模型，我们假设干扰和噪声信号被建模为高斯过程。因此，我们使用加性高斯白噪声型信道模型，从而采用香农信道容量公式。因此，链路容量 C_L 被计算为 $C_L = W\log_2(1 - \text{SING}/\Gamma)$，其中 W 是信道的带宽，SINR 是在接收机处监测的信噪比，Γ 是间隙因子。我们计算接收机监测的信噪比等级 $\text{SINR} = G(d)P_{tx}/(P_N + P_I)$，其中 P_I 表示多用户干扰功率，$P_N = N_0 W$ 是热噪声功率。噪声功率谱密度等级假设为 $N_0 = -160\text{dBm/Hz}$。按照传统假定的低消息速率操作，我们设置 $P_I = 0$。信噪比表示为 SNR，如专用短程通信标准所规定的，信道带宽被设置为 $W = 10\text{MHz}$。

当链路上的空中比特率 F_A 低于链路容量时，接收设备被称为执行正确的消息解码，即 $F_A \leq C_L$ 或 $\text{SNR} = G(d)P_{tx}/(N_0 W) \geq \Gamma(2^{F_A/W} - 1) \equiv \gamma_{th}$。给定由式 (6.19) 表示的路径增益模型，条件 $\text{SNR} \geq \gamma_{th}$ 等同于要求 $d \leq R_{th}$，其中 R_{th} 表示 $G(R_{th})P_{tx}/(N_0 W) = \gamma_{th}$ 时的唯一性。此后，我们假设，当以配置的空中比特率运行时，当覆盖范围低于计算的范围跨度 R_{th} 时，能够正确接收通过链路发送的消息。表 6.2 给出了路径损耗模型下，为了实现 IEEE 802.11p 规定的空中比特率，需要的 SNR 级别 γ_{th} 和连接范围 R_{th}；表 6.2 中还给出了实现 IEEE 802.11p 建议中规定的空中比特率所需的第 γ 个等级的示例值，其中三个值为发射功率电平 P_{tx}，间隙因子被设置为 Γ =12.3，对应于 10^{-5} 的符号错误概率；此外，还列出了在指定的空中比特率和功率水平下获得的有效链路范围覆盖 R_{th} 值。

表 6.2　相关参数

F_A / (Mbit/s)	γ_{th} / dB	$R_{th}[m]$(400mW)	$R_{th}[m]$(200mW)	$R_{th}[m]$(100mW)
5	4.60	816	712	587
9	9.12	672	565	426
12	14.30	603	509	405
18	28.10	511	416	326
27	63.23	409	328	287

2)MAC 层策略

MAC 层遵循 IEEE 802.11p 标准的规定，它基于冲突避免协议的载波侦听多路访问机制(carrier sense multiple access with collision detection，CSMA/CA)。我们只考虑广播帧，因此不使用确认帧(ACK)。竞争窗口大小被设置为 W_0 的恒定值，并且每个帧仅传输一次。当它有一个要发送的帧时，节点等待空闲时间等于分布式协调功能(distributed coordination function，DCF)帧间间隔(DIFS)的值。然后它设置一个倒数计数器，其持续时间从整数集合 $\{0,\cdots,W_0-1\}$ 中的均匀分布中绘制出来，然后等待那个空闲时隙的数量，每个时隙的持续时间为 σ。当计数器达到零值(当检测到空闲时隙倒数时)时，发送帧。MAC 帧的传输时间等于 $\tau_{tx}=\tau_{oh}+L/F_A$，其中 τ_{oh} 是传输嵌入式 MAC、PHY 开销符号和前导码所用的时间，L 是帧有效载荷大小(假定为所有帧都相同)，F_A 是空比特率。表 6.3 报告了基于 IEEE 802.11p 的典型配置的 C_{br} 参数值，帧的架空传输时间等于 $\tau_{oh}=H_{PHY}/C_{br}+H_{MAC}/F_A$，其中 C_{br} 是基本比特率，对于 $F_A=9\text{Mbit/s}$ 和 $C_{br}=3\text{Mbit/s}$，我们获得 $\tau_{oh}=81.9\mu s$，因此，假设 $L=1024\text{B}$，我们得到 $\tau_{tx}=1.4\text{ms}$。

表 6.3　IEEE 802.11p MAC 协议的主要参数值

符号	说明	数值
W_0	基数变换窗口	16
σ	倒计时时间	15μs
DIFS	DCF 帧间间隔	60μs
L	帧有效载荷大小	1024B
H_{MAC}	MAC 开销	32B
H_{PHY}	PHY 开销	128bit
F_A	空中比特率	5Mbit/s、9Mbit/s、12Mbit/s、18Mbit/s、27Mbit/s
C_{br}	基本比特率	3Mbit/s

3)定时器设置机制

为分发定时器设置一个值，使该值在 $[T_{min},T_{max}]$ 范围内。设定定时器的最大值和最小值时采用的标注标准在后面给出。我们考虑两个基于定时器的消息分发协议的示例，如 DBF、TBN(timer-based network)等。DBF 和 TBN 协议是分发方案的两个关键类别的代表。在第一类协议下，该方案试图让每个分发消息覆盖尽可能长的"跳跃"，同时将单跳传输到后续节点，以便在下一跳中继它。在第二类协议下设计的方案将每一跳的范围设置为一个优惠值，目的是将分发的消息的接收和中继由位于公路上的尽可能靠近优惠位置的节点执行。

在建模 DBF 协议时，我们将接收来自发送节点 S 的消息的节点 A 的定时器值设置为 $T = T_{\min} + (T_{\max} - T_{\min})(1 - d_{AS}/R_{\max})$，条件是 $d_{AS} \leqslant R_{\max}$，其中 $R_{\max}$ 被定义为最大跳程范围，并且 d_{AS} 是节点 S 和 A 之间的距离。如果 $d_{AS} > R_{\max}$，则车辆 A 不参与该跳的传播过程。因此，只有位于源车辆 S 的距离 $R_{\max}$ 内的车辆才有资格充当 RN。

在 TBN 分发协议下，为连续分发节点之间的距离设置目标值。这个等级被表示为 D。可以根据链路预算确定 D 的值，以最大化 IOV 的广播吞吐量。为了确保可行性，D 必须不大于 IOV 无线电设备传输范围的一半。位于道路上的 RN 的期望标称位置为 p_k，$k \in \mathbf{Z}$，其中 $d_{p_k p_{k+1}} = D$。令 $k(A) = \arg\min_{k \in \mathbf{Z}} d_{p_k, A}$。定时器设置为 $T = T_{\min} + (T_{\max} - T_{\min})2d_{p_{k(A)}, A}/D$。注意，$k(A)$ 是最靠近 A 的标称分发位置的索引，因此 $d_{p_{k(A)}, A} \leqslant D/2$。图 6.6 标示了不同协议下的消息分发示例，其中，与 RN_k 相关的圆圈表示第 k 个 RN，DBF（图 6.6(a)）是在每一跳选择 RN 作为覆盖范围内距离前一个 RN 最远的节点，TBN（图 6.6(b)）是在每一跳选择 RN 作为最接近名义位置的节点，这些位置沿公路均匀分布在距离 D 处。

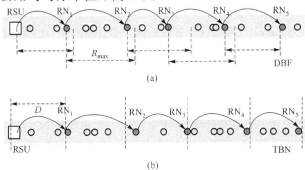

图 6.6　不同协议下的消息分发示例

在图 6.6 中，我们展示了按照 DBF 和 TBN 方案实现的消息分发流程的例子。箭头连接连续的 RN，标记为 RN_k。在图中，我们假定系统实现最大跳变范围 $R_{\max}$，设置等于无线电覆盖距离 R_{th}。

4）消息智能分发方法的设计

针对 DBF 方案下的消息智能分发方法，我们考虑位于 $x = x_0$ 处的通用 RN_A，其在时刻 $t = t_0$ 分发消息，消息传递到 MAC 层用于传输。由 A 发送的信号被位于距离 A 位置 R_{th} 内的接收机接收和正确解码。根据前面所述的协议规则，在分发过程中只涉及在范围 $R_{\max}$ 内的车辆。因此，由 A 的分发动作覆盖的路段跨越范围 $R \equiv \min\{R_{\max}, R_{\mathrm{th}}\}$，$R_{\max} < R_{\mathrm{th}}$。

假设在 $(x_0, x_0 + R)$ 中至少有一个其他节点,最远的下一跳节点的位置与 A 的距离为 $Y = R - V$,其中 V 为与节点间距离有关的"剩余寿命"类型随机变量。由于车辆在空间上根据泊松过程定位,所以随机变量 $\hat{V} = V/R$ 受以下概率密度函数控制

$$f_{\hat{V}}(v) = \frac{b\mathrm{e}^{-bv}}{1 - \mathrm{e}^{-b}}, \quad v \in [0, 1]$$

其中,$b = \lambda R$,λ 为每千米的车辆数。因此,A 和下一个分发节点之间的平均距离为

$$E(Y) = R(1 - E[\hat{V}]) = R\left(\frac{1}{1 - \mathrm{e}^{-b}} - \frac{1}{b}\right)$$

根据以上所述的 DBF 定时器公式,与 A 的距离为 x 的节点接收到来自 A 的消息,将其计时器值设置为

$$T \equiv T(x) = T_{\min} + (T_{\max} - T_{\min})(1 - x/R_{\max}) = T'_{\min} + (T_{\max} - T'_{\min})(1 - x/R)$$

其中,$T'_{\min} = T_{\min}(R/R_{\max}) + T_{\max}(1 - R/R_{\max})$。

假设 B 是距离 A 最远的 $(x_0, x_0 + R)$ 中的节点,即与 A 的距离 $Y = R(1 - \hat{V})$。它的计时器值设置为 $T_B = T'_{\min} + (T_{\max} - T'_{\min})(1 - Y/R) = T'_{\min} + (T_{\max} - T'_{\min})\hat{V}$。我们定义一个标准化的定时器级 $\hat{T}$ 为 $\hat{T} \equiv (T - T'_{\min})/(T_{\max} - T'_{\min})$。然后,$\hat{T}_B = \hat{V}$,使得归一化定时器的概率密度函数与 $\hat{V}$ 相同,即对于 $t \in [0, 1]$,$f_{\hat{T}_B}(t) = b\mathrm{e}^{-bt}/(1 - \mathrm{e}^{-b})$。

为了计算伪分发的概率,我们设置 Θ 来表示 MAC 延迟,即 MAC 层发送携带从网络层实体接收到的消息的 MAC 帧所需的时间。如果网络层实体 A 在时间 t_0 将消息发送给其 MAC 实体,跨越物理链路的相应帧传输过程将在时间 $t_0 + \Theta$ 完成,参见图 6.7。位置靠近 A 的定时器到期较晚的节点将不会知道由 A 发送的帧,直到时间 $t_0 + \Theta$。如果在时间间隔 $(t_0, t_0 + \Theta)$,它们的定时器到期,它们的网络层实体也将继续将它们的相同消息的副本传递给它们各自的 MAC 层实体,因此它

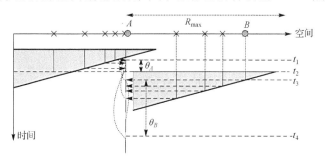

图 6.7 评估一连串分发车辆中的 MAC 延迟的示例

们将最终传送相同副本的这些节点识别为虚假分发器，那些已经调度了相同消息的分发并且其定时器在时间 $t_0 + \Theta$ 之后到期的节点将能够检测到通过节点 A 分发的相同消息。

假设 A 是虚假分发器，给定 A 处的 MAC 延迟为 Θ_A，节点 S 位于离 A 处相距 Δx 的范围内，则有 $\Delta T = (T_{\max} - T_{\min}) \Delta x / R \leqslant \Theta_A$，即 $\Delta x \leqslant R \Theta_A / (T_{\max} - T_{\min})'$。由于节点是泊松分布的，所以存在 $N = n$ 个虚假分发器的概率 P_n 为

$$P_n = \frac{\left(\dfrac{\lambda R \Theta_A}{(T_{\max} - T'_{\min})} \right)^n}{n!} \mathrm{e}^{\frac{\lambda R \Theta_A}{(T_{\max} - T'_{\min})}}, \quad n \geqslant 0 \tag{6.20}$$

发送 N 个伪随机分发器相关的待办事项的信息所需的时间等于 $N\tau_{\max} + \sigma S_N$，当 $N \geqslant 0$ 时，其中 S_N 是 N 个节点发送其 MAC 帧的空闲时隙的总数，以及 $\tau_{\mathrm{MAC}} = \tau_{\mathrm{tx}} + \mathrm{DIFS} + \sigma$，其中 τ_{tx} 如前面所定义。对于 $N \geqslant 1$，空闲时隙的数目表示为 $S_N = \max\{U_1, \cdots, U_N\}$，并且对于 $N = 0$，$S_N = 0$，U_j 表示在 $[0, W_0 - 1]$ 之后的均匀分布的离散随机变量。

在图 6.7 中，三角形显示了定时器空间坐标的信息。高速公路相关节点设置的定时器由三角形内的垂直线段来表示。最短的定时器由时间点 t_1 在节点 A 处来表示。然后，A 提交其 MAC 层发送一个包含该消息的帧 A 的传输在时间 t_2 完成，A 左侧最近的两个节点已经承诺 MAC 实体发送它们的帧，因为它们的定时器在 t_2 之前已经过期。节点 B 在时间 t_2 接收来自 A 的帧并启动其定时器。在时刻 t_3，它准备发送它的帧，但是信道必须与 A 左边的两个虚假分发节点竞争。在时刻 t_4，B 管理发送它的帧，从而导致 MAC 延迟 Θ_B。

以联合事件 $\{N = n, T_B = t\}$ 为条件的随机变量 Θ_B 表示为 $\Theta_B|_{\{n,t\}} = \tau_{\mathrm{MAC}}$。对于 $n\tau_{\mathrm{MAC}} + \mu_n\sigma \leqslant t$，还有 $\Theta_B|_{\{n,t\}} = \tau_{\mathrm{MAC}} + \sigma U_B + Z(n\tau_{\mathrm{MAC}} + \mu_n\sigma - t)$。对于 $n\tau_{\mathrm{MAC}} + \mu_n\sigma > t$，其中 U_B 是 $[0, W_0 - 1]$ 上的离散均匀随机变量，Z 是 $[0,1]$ 上的均匀随机变量。变量 Z 说明了 IEEE 802.11p DCF 实现的随机调度延迟，因此节点 B 必须等待清除虚假分发器积压所需的剩余时间的随机部分。

假设 $n(v)$ 是最小的整数，使得对于 $v \in (0,1)$，$n\tau_{\mathrm{MAC}} + \mu_n\sigma > T'_{\min} + (T_{\max} - T'_{\min})v$，则有

$$E[\Theta_B | T_B = T'_{\min} + (T_{\max} - T'_{\min})v] = E[\Theta_B | \hat{V} = v]$$
$$= \tau_{\mathrm{MAC}} + \frac{W_0 - 1}{2}\sigma \sum_{n=n(v)}^{\infty} P_n + \frac{1}{2}\sum_{n=n(v)}^{\infty} P_n g_n(v) \tag{6.21}$$

其中，$g_n(v) \equiv n\tau_{\mathrm{MAC}} + \mu_n\sigma - T'_{\min} - (T_{\max} - T'_{\min})v$。

我们通过消除 $\hat{V}$ 上的条件来获得 Θ_B 的平均值，即

$$E[\Theta_B] = \int_0^1 E\left[\Theta_B \mid \hat{V} = v\right] \frac{b\mathrm{e}^{-bv}}{1 - \mathrm{e}^{-b}} \mathrm{d}v \tag{6.22}$$

通过式(6.22)计算 $E[\Theta_B]$ 的值：①基于平稳性，使得 $\Theta_A \sim \Theta_B \sim \Theta$；②将式(6.20)中的量 Θ_A 替换为其平均值 $E[\Theta_A] = E[\Theta_B]$，这产生了一个基于非线性系统(6.20)～(6.22)的固定点方程。对于感兴趣的数值，我们已经找到了解决极端收敛速度极快的迭代数值过程。

通过计算至少一个节点驻留在所指定的分发节点之前的长度为 $\Delta x = RE[\Theta]/(T_{\max} - T'_{\min})$ 的区间中的概率来获得伪分发的概率

$$P_{sf} = 1 - \mathrm{e}^{-\lambda RE[\Theta]/(T_{\max} - T'_{\min})} = 1 - \mathrm{e}^{-E[N]}$$

从式(6.20)中获得的虚假分发器的平均数量 $E[N] = \lambda RE[\Theta]/(T_{\max} - T'_{\min})$。

在 TBN 方案的消息智能分发方法中，平均分发区间长度设定为 $E[Y] = D$。定时器值设为 $T = T_{\min} + (T_{\max} - T_{\min})2|X|/D$，其中 $X \in [-D/2, D/2]$ 是候选分发节点与长度为 D 的分发区间的中心之间的位移。虚假分发现象可以通过调用类似于前面提出的模型来分析，不同之处在于我们现在用 $a = \lambda D$ 替换参数 $b = \lambda R$，用 $\hat{T}$ 替换参数 $\hat{V}$。因此，虚假分发概率 $P_{sf} = 1 - \mathrm{e}^{-aE[\Theta]/(T_{\max} - T_{\min})}$，虚假分发器的平均数量 $E[N] = aE[\Theta]/(T_{\max} - T_{\min})$。

6.3.4　消息分发方法中的定时器参数的自适应选择策略

假设无法避免由非空 MAC 延迟级别引起的虚假分发现象，可以采用如下自适应管理策略。可以设置定时器参数，以便在下一跳传输事件开始之前，由虚假分发器发送的信息消失，这样，在相邻 RN 处的分发操作不会再现。提供给 RSU 传输过程的消息用于实现这种 RN 解耦效应。在后面的叙述中，我们使用前面介绍的分析模型来获得消息发送间隔 τ_{RSU} 的下限。为此，设 $H = T + \Theta$ 为消息遍历单个 RN(单跳遍历时间)所需的时间。我们得出消息遍历中继链所需时间的界限。使用基于许可的流量控制操作，来限制馈送到车载网络中的消息的速率。

考虑第 k 个 RN 被表示为 RN_k，通过扩展，我们将 RSU 表示为 RN_0。在 RN_k 处产生的 MAC 延迟 Θ_k 至少为 τ_{MAC}。当 RN_k 和 RN_{k-1} 的 MAC 操作之间不存在冲突时，实现这种等待时间，其中包含由 RN_{k-1} 触发的虚假分发器。通过将每个 RN 处的定时器设置为足够长的值以允许下一跳传输的触发时间之前完成(以高概率)在前一跳处执行的传输，可以获得该解耦操作。我们的目标是确定计时器的数值范围，因此，我们得到

$$P(\Theta_0 = \tau_{MAC}, \Theta_1 = \tau_{MAC}, \cdots, \Theta_r = \tau_{MAC}) \geq 1 - \varepsilon \tag{6.23}$$

对于一些合适的小 ε，如 $\varepsilon = 2 \times 10^{-3}$。通过调用一个更新流程属性，并通过假设的基础低消息速率制度来证明其合理性，我们有

$$P(\Theta_0 = \tau_{\mathrm{MAC}}, \Theta_1 = \tau_{\mathrm{MAC}}, \cdots, \Theta_r = \tau_{\mathrm{MAC}})$$

$$= P(\Theta_0 = \tau_{\mathrm{MAC}}) \prod_{j=1}^{r} P(\Theta_j = \tau_{\mathrm{MAC}} | \Theta_{j-1} = \tau_{\mathrm{MAC}})$$

$$= [P(\Theta_B = \tau_{\mathrm{MAC}} | \Theta_A = \tau_{\mathrm{MAC}})]^r \qquad (6.24)$$

在这里我们将两个连续的 RN 表示为 A 和 B。

因此，由式 (6.23) 所规定的要求转化为 $P(\Theta_B = \tau_{\mathrm{MAC}} | \Theta_A = \tau_{\mathrm{MAC}}) \geqslant (1-\varepsilon)^{1/r}$。注意 $P(\Theta_0 = \tau_{\mathrm{MAC}}) = 1$，因为 RSU 是消息的来源，并且由于其采用的消息同步规则，其 MAC 层不会产生额外的消息等待时间。一旦节点 A 完成其传输并且节点 B 已经接收到新消息，则 B 通过启动其定时器 T_B 来调度消息的分发；与此同时，与 A 有关的伪造虚假代理人打算发送其冗余副本(图 6.4)。后者用 $\tau_{\mathrm{MAC}} N_A + \nu(N_A)\sigma$ 来完成它们的传输，$\nu(N_A)$ 表示倒数小时隙的数量，直到完成所有 N_A 帧传输。

我们注意到，为了使每个消息不会过分干扰以前和随后发送的消息，则可以为连续发送的消息流提供顺畅的分发操作。由沿高速公路分布的 RN 执行的传输产生的干扰信号可以被调节从而不损害接收过程，只要任何第三个 RN 可以在任何给定时间内传输。换句话说，我们必须保证 RN 采用空间复用模式，因此三个连续 RN 中不能有一个处于活动状态。这可以通过在 RSU 上发出的消息进行调整，即在一个时间间隔 τ_{RSU} 处将消息间隔起来，该时间周期不短于消息穿过两跳所花费的时间的统计界限。

6.3.5 实验验证与对比分析

我们已经对多车道公路进行了模拟，以评估我们所设计方法的可行性。为此，我们将仿真系统配置为两个主要模块：模拟车辆移动性的微流动仿真器和通信过程仿真器。车辆在高速公路上的移动模式由微流动仿真器根据截断的高斯概率密度函数和车辆使用的车模来分配车辆目标速度来生成。这种方法被大多数目前的车用微流动仿真器使用，如 SUMO。通信过程使用 NS2 仿真器进行模拟。性能评估结果通过对每个场景执行 200 次模拟重复获得，每个模拟场景运行 90s。表 6.4 列出了用于配置模拟参数的数值。

表 6.4　模拟参数值

参数	数值
提供消息的速度	1
消息大小	1024B
D	500m
T_{max}	100ms, 200ms
T_{min}	0
$R_{\mathrm{th}} = R_{\mathrm{max}} = R$	850m

续表

参数	数值
传播模型	双径传播
载波频率	5.9GHz
传输功率	500mW
空中比特率	6Mbit/s
噪声基底	−104dBm
道路长度	20km
车道数	8
运输密度	10, 20, 30, 40, 50, 60, 70
平均目标速度	80, 100, 120

我们考虑一条 20km 长的道路，每个方向有 4 条车道，RSU 节点位于道路中间。车辆的泊松流从道路边界被注入每条车道。对车辆流量的强度进行调整，使得道路上的整体平均车辆密度等于平衡时 λ 的期望值。

通信过程中，NS2 仿真器接收作为输入的车辆随时间的位置，根据上述移动性模型产生。无线电信道路径损耗遵循 NS2 使用的双射线地面模型。增益 $G(d)$ 如式(6.19)所示。在 NS2 中，两个指数分别设置为 $\rho=2$ 和 $\delta=4$。我们调用消息广播操作模式，在此模式下 MAC 层不产生 ACK 帧。传播逻辑已经通过 NS2 中嵌入的 ad hoc 网络模块来实现。在应用层，提供给 RSU 的消息流被建模为恒定速率到达过程，以便消息以固定的时间间隔到达 RSU 的应用层，每个持续时间为 τ_{RSU} 秒。给定 L 比特的消息，RSU 提供的数据比特率等于 L/τ_{RSU}（比特/秒）。

图 6.8 是平均 MAC 延迟和假分发概率 P_{sf} 的仿真(点标记)和分析结果(线)之间的比较。在图 6.8 中，我们绘制了 v_{mean}（90km/h、110km/h 和 130km/h）的三个速度值的平均 MAC 延迟 $E[\Theta]$ 和作为平均车辆密度 λ 的函数的虚假分发 P_{sf} 的概率，并且定时器参数 T_{max} =100ms。其他参数如表 6.3 中所述设置。线对应于分析结果，而模拟结果报告为点标记。实线和方形点是指 DBF，虚线和三角形标记指 TBN。模拟的 95%置信区间不可见：$E[\Theta]$ 均小于 7×10^{-4}ms，P_{sf} 的均值小于 2×10^{-2}。

关于对车辆平均速度变化的影响，图 6.8 所示的曲线图是两种协议中 λ 和 T_{max} 获得的结果示例，这些结果不受 v_{mean} 水平变化的影响。我们的方法获得的结果与通过仿真获得的结果非常接近。在多车道公路的模拟中，我们仔细考虑了车速和车辆相互作用的随机变化的情形，特别是在高密度的情况下。然而，简单的泊松空间分布模型能够很好地近似计算这些指标，它们表征了系统在沿高速公路传播 RSU 流量方面的表现。总体来说，我们可以得出结论，图 6.8 和图 6.9 很好地验证了我们所设计的方法。

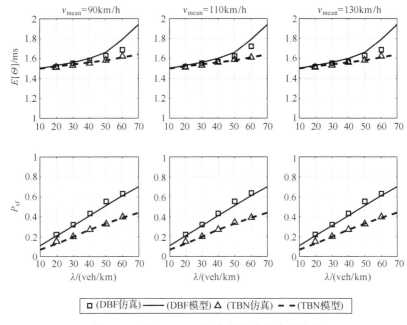

图 6.8　平均 MAC 延迟和假分发概率的比较

我们观察到 P_{sf} 和 $E[N]$ 的值随车辆密度 λ 单调增加。这与我们对所设计方法的期望是一致的：更高的密度意味着更近的车辆和更高的可能性，因此抑制规则无效。此外，性能指标表明，一方面，这种效应触发 MAC 延迟分量 Θ 的增加，另一方面，分发延迟计时器 T 的水平被降低。我们发现 DBF 方案产生更高的伪分发速率。当比较 DBF 和 TBN 协议时，除了 $E[Y]$ 之外，所有性能指标具有类似的值。

我们设定 $q = 0.995$ 来评估 J_{99}，即 J 不超过 99.5%的时间值。作为测试案例，我们设定 $\varepsilon = 2 \times 10^{-3}$，$l = 6km$，$R_{th} = R_{max} = 850m$（对应于空中比特率为 7Mbit/s）和消息大小 $L = 1024B$，于是可以得到 DBF 协议的相关性能结果。DBF（$R_{th} = R_{max} = 850m$）通过最小化双跳延迟 J 的第 99 个量获得 T_{min} 和 T_{max} 的最优值。结果表明，T_{min} 的最优值对车辆密度 λ 不敏感，而定时器 $T_{max} - T_{min}$ 的最佳范围与 λ 成比例。通过选择定时器参数，结果表明可达到的吞吐量对 λ 不敏感。相反，如果采用恒定参数设置，伪随机分发器的数量将随 λ 增加，从而降低吞吐量。同时产生了约 36msg/s 的稳定吞吐量，用于沿着距离 RSU 最远 5km 的道路进行运输。TBN 协议的评估过程也类似，故不再赘述。

图 6.9 描述了随机接收模式下的重复消息。显然，对于高达约 600m 的 R_{max} 值，在 S 和 A 执行传输之后，区间 $(0, R_{max})$ 内的车辆仅接收到单份消息的概率很小。实际上，$(0, R_{max})$ 中的车辆几乎肯定会收到两份消息：一份由 S 发送，另一份由 RN_A

发送。对于 $R_{\max}$ 的较高值，由于抑制功能不起作用导致重复的概率迅速增加。为了保持抑制规则的有效性，我们限制 $R_{\max}$ 的数值。

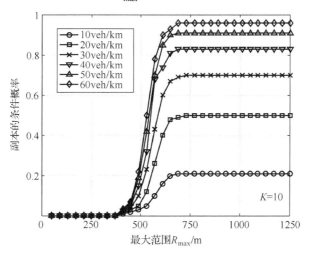

图 6.9　随机接收模式下的重复消息

随着提供的消息速率增加到临界水平以上，网络操作的吞吐量和延迟性能将导致系统崩溃。为了演示导致这种崩溃事件发生的条件，跟踪 DBF 协议的消息分发过程的时间-空间图，我们进行了如图 6.10 所示的实验，其中 RSU 位于道路中心，而横跨横轴。由 RSU 发布的消息用方形标记表示，而由 RN 按照 DBF 逻辑自行选举分发的消息用圆圈标记。所涉及的参数和模型与前面相同。

图 6.10 为 DBF 向路口两个方向传播消息流和 RSU 的时空示例，其中，消息对应于标记，横轴代表道路线，纵轴代表时间，向下增长。图 6.10 显示的图中控制消息速率为 $1/\tau_{\mathrm{RSU}}$。时间-空间图的规则方案通过设置选定速率的可行性来突出其有效性，

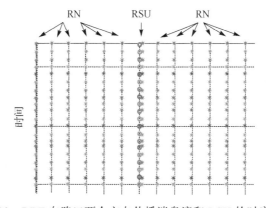

图 6.10　DBF 向路口两个方向传播消息流和 RSU 的时空示例

连续跳之间的相互作用可以忽略不计，因此，有序的 RN 链很少发生虚假分发事件。

由我们的实验可知，我们的模型提供了实现分布式无信号分发协议的途径，能使系统以稳定的方式运行，并保持较高的吞吐率。

6.4 车联网中的智能数据传输方法

6.4.1 简介

具有最小延迟的分组路由策略是 IOV 中智能数据传输方法需要研究的主要技术。首先，由于车辆只能沿着道路行驶，所以不同道路的车辆密度存在差异。显然，高密度的道路可以提供更多的无线多跳转播机会，从而减少路上的交付延迟。如图 6.11 所示，由于 B1 具有移动不确定性，转发到 B1 可能无法将分组传递到目标 AP（AP1）。然而，由于在 B2 的方向（AP2、AP3 和 AP4）上存在许多替代 AP，转发到 B2 可能是减少延迟的更好选择。具有已知轨道的车辆（如公交车等）可以帮助进一步减少延误。

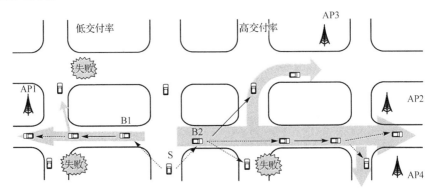

图 6.11 IOV 中影响延迟性能的重要因素

我们构建一种新的道路网络图模型，该模型能够智能地捕捉具有预定轨迹（如公交车）的车辆的影响，并且能够动态地制定路线；我们设计了一个延迟最小的数据传输路由算法，该算法智能地统计车辆数量、选播路由和选定最优车辆行车路线。

6.4.2 系统模型

我们考虑由车辆和 WiFi AP 构成的 IOV。沿着道路移动的车辆感应城市区域，周期性地产生感测数据包，并且通过携带或转发给其中一个 AP 将分组递送到另一个 AP。我们假设接入点仅在交叉点部署，因为在交叉点，接入点可以通过有线线路轻松连接到城市监控中心，该线路用于协调交通灯光控制。因此，感测数据包只需要被传送到其中一个 AP。有两种类型的车辆，包括具有预定轨迹的车辆（如公交车和警察巡逻车辆）以及具有不可预测轨迹的车辆（如出租车和私家汽车）。为了简化说明，具有预定轨迹的车辆我们称为"公交车"。例如，在真实城市中，我们假设 IOV 中的一部分车辆是公交车（具有预定路径的车辆）。我们假设车辆可以使用数字路标和它们的 GPS 信息，并且配备 IEEE 802.11 设备来与其他车辆或 AP 进行通信。我们还假设，一旦车辆将数据包转发给另一车辆，数据包将立即从发送方车辆中删除，因此网络中每个数据包始终最多只有一个副本。

车联网感知的城市区域或道路网络被抽象为图 $G = (I, R)$，其中 I 是交点的集合，R 是连接交叉点的路段的集合。网络 G 是一个有向图，因此，路段 $e_{ij} \in R$ 表示从交叉点 i 到（邻近）交叉点 j 的道路。用 $L_{AP} \subset L$ 表示 AP 所在位置的交集。在我们的设计中，设定有 N 辆车，定义 $V = \{0, 1, \cdots, M\}$ 作为一组车辆类型（$M < N$）。如果车辆的类型 $v \in V$ 为零，则意味着 v 型车辆是具有预定路线的车辆线路。

图 6.12 显示了路线图及其相应的有向路网图 G，图 6.12（b）是图 6.12（a）相应的有向路网图。在图 6.12（a）中，两个 AP 被放置在交叉点 i_7 和 i_9 处，并且公交车 A 的路径是交叉点序列 i_1、i_2、i_5、i_8 和 i_9。我们注意到数据包的路径是连续的道路段和交叉点的序列，因为数据包通过沿道路行驶的车辆进行传送和转发。与通常的通信网络不同，IOV 中始终存在一组固定的路线，"数据路径"上的链接由车辆的移动性形成；因此，它们并不总是存在。道路网络图 G 表示可以"潜在地"用于传送数据分组的网络，并且网络中的数据链路的存在是高度不确定的，因此，由于车辆的移动，数据包的传送就好像它们通过随机图路由一样。

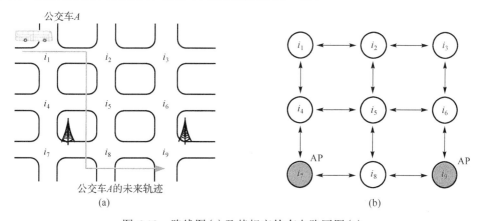

图 6.12　路线图（a）及其相应的有向路网图（b）

为了将预定路线的效果纳入图中，我们注意到公交车不仅可以将其分组携带到相邻交叉点，而且可以将其分组沿着其未来轨迹的每个交叉点在一定时间内以 100%

概率携带。因此，就好像有一条边直接连接了两个距离多个街区的交叉点。为了定义这些附加边，我们引入一个新的表示法 e_{ij}^{v}，表示由 v 型车辆形成的由 i 到 j 的边。我们用 L 表示一组新增加的边，用 $G'=(I, R')$ 表示新的道路网图，其中 $R'=R\cup L$。注意边 $e_{ij}^{0}\in R'$ 与图 G 的 $e_{ij}\in R$ 相同。令 R'_{s} 为 R' 中对应于 R 中"单"路段的边集合，即 $R'_{s}=\{e_{ij}^{v}\in R':\exists e_{ij}\in R\}$。

6.4.3 智能数据传输新方法的设计

我们设计的智能数据传输新方法中包含了设计一个路由策略，以尽可能减少任何一个 AP 的预期数据包延迟，特别是，我们将分组路由问题制定为马尔可夫决策过程，并找出解决马尔可夫决策过程的最佳路由策略。

我们设计的智能数据传输新方法中的数据包通过交通工具沿着增强的道路网络图 G' 中的交叉点和边缘进行递送。假设路由策略是使用车辆流量统计预先计算出来的，车辆只有一个可用于转发数据包的路由表，这将减少在线计算量，从而实现数据包的快速转发。我们的路由策略规定了每个交叉点和边的转发决策，具体如下。

(1) 针对交叉口，我们考虑到达此处的车辆，并假设它有数据包。显然，如果车辆遇到另一车辆前往相邻路口或者它移动到相邻路口，车辆可以将其分组转发到相邻路口。因此，分组交付到相邻交叉路口是高度不确定的并且完全取决于前往交叉路口的车辆的存在。我们优先考虑每个交叉点的输出边缘。因此，如果车辆没有沿着具有第一优先级的边缘或者沿着具有第一优先级的边缘与其他车辆会合，那么它将尝试向具有第二优先级的边缘转发分组，以此类推。我们设计了一种智能优化方法，以尽量减少数据包延迟。

(2) 针对边缘，我们将边缘上的分组转发 (如 e_{ij}^{v}) 分成两种情况。如果 j 是原始网络图 G 中的 i 的邻居交集 ($e_{ij}^{v}\in R'$)，则 e_{ij}^{v} 上的车辆将其分组转发到更靠近 j 的车辆。如果 j 不是 G 中 i 的邻居交集 ($e_{ij}^{v}\in R'\backslash R'_{s}$)，那么 e_{ij}^{v} 是类型为 v 的总线的增广边，在这些边上，具有相应类型的总线将数据包携带到 j。

1) 最佳路由策略的设计

根据预期数据传输延迟模型，我们将路由问题制定为马尔可夫决策过程，并设计一个具有最小预期传送延迟的路由策略。马尔可夫决策过程可以有效地智能捕获 IOV 中的路由，其中从一个交叉点到另一个交叉点的分组传递是概率性的，并且概率取决于路口处的路由决策。

我们设计的马尔可夫决策过程中状态集合表示交点 L 的集合，并且从 R' 中的边缘 e_{ij}^{v} 概率性地出现从一个状态到其他状态的转换。然后，马尔可夫决策过程中每个状态的控制决定对应于每个交叉点处的路由决策。注意从状态 i 到状态 j 的状态转移概率取决于车辆交通流量统计和交叉路口 i 的路径决策。用 u_{i} 表示交集 i 处的路

由决策。为了说明前面讨论的优先级，u_i 被定义为 $u_i = [u_i^1, u_i^2, \cdots, u_i^{k_i}]$，其中 $u_i^1, u_i^2, \cdots, u_i^{k_i} \in R'$ 是交集 i 的所有输出边，k_i 是 i 输出边的总数。u_i 中的元素的顺序表示优先级，即 u_i^k 表示对于最小分组延迟来自交集 i 的第 k 个最优选的下一跳。设 $u(i)$ 为交集 i 处所有可能的决策 u_i 的集合；那么 $u(i)$ 的大小由 $|u(i)| = k_i!$ 给出。路由决策 u_i 影响从交集 i 到其他交集的数据转发概率。假设 $p_{ij}^v(u_i)$ 是基于路由决策 u_i 类型 v 的车辆从交叉口 i 转发到 j 的概率。由 d_{ij}^v 表示在边 $e_{ij}^v \in L$ 上的预期数据延迟，这是沿着边 e_{ij}^v 承载和转发分组所花费的时间。可以使用平均车辆速度、密度以及从路口 i 到 j 的路段总长度来估计延迟 d_{ij}^v，后面将讨论 d_{ij}^v 估计的细节。

在路由策略 $u = [u_i, \forall i \in L]$ 中，令 $D_i(u)$ 为从交集 i 到任何 AP 的预期数据传递延迟。因此，对于放置 AP 的交叉口 $i(i \in L_{AP})$，对于任何路由策略 u，$D_i(u) = 0$，并且在 i 处不采取行动。另外，在没有 AP 的交叉点处，$D_i(u)$ 依赖于 d_{ij}^v，$D_i(u)$ 和 $p_{ij}^v(u_i)$ 对于来自 i 的每个输出边缘 e_{ij}^v。为了更好地理解，在图 6.13 中，我们举例说明了路由决策 u_i 和相关参数，其中图 6.13(a) 为交点 i 处的外出边缘，图 6.13(b) 为图 6.13(a) 的 MDT 模型。

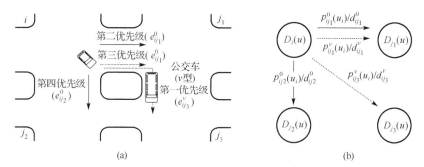

图 6.13　路由问题的 MDT 模型

假设存在四个可能的转发候选，这些转发候选由 u_i 从中择优选出，如图 6.13(a) 所示。基于路由场景，图 6.13(b) 中的 MDT 模型具有四个对应于转发候选的传出边缘，并且规定转发概率为 $p_{ij}^v(u_i)$，边缘延迟为 d_{ij}^v。显然，$D_i(u)$ 可以计算为

$$D_i(u) = p_{ij_1}^0 \times (d_{ij_1}^0 + D_{j_1}(u)) + p_{ij_2}^0 \times (d_{ij_2}^0 + D_{j_2}(u))$$
$$+ p_{ij_1}^v \times (d_{ij_1}^v + D_{j_1}(u)) + p_{ij_3}^v \times (d_{ij_3}^v + D_{j_3}(u)) \tag{6.25}$$

通常，$D_i(u)$ 可以表示如下

$$D_i(u) = \sum_{v \in V} \sum_{j \in L} p_{ij}^v(u_i) \cdot (d_{ij}^v + D_j(u)), \quad i \in L \tag{6.26}$$

因此，我们的智能数据传输中的路由问题可以表述为

$$\min_u D_i(u), \quad \forall i \tag{6.27}$$

式 (6.27) 的最优解决方案包含了路由策略,该路由策略使得从任何交集 i 到任何一个 AP 的预期延迟最小化。路由问题可以使用值迭代方法来解决,见算法 6.1。

算法 6.1　智能数据传输中最优路由策略的描述

输入:初始值 $\boldsymbol{D}^0 = [D_i^0, \forall i \in L]$, $\varepsilon = 0.05$, $p = 0.8$

输出:最优路由策略 $\boldsymbol{u}^* = [u_i^*, \forall i \in L]$

局部变量:$k = 0$

重复

$$D_i^{k+1} = \min_{u_i \in u(i)} \sum_{v \in V} \sum_{j \in L} p_{ij}^v(u_i) \cdot (d_{ij}^v + D_j^k), \quad \forall i \in L \tag{6.28}$$

$$k = k + 1$$

直到 $\max_{i \in L} \left| D_i^k - D_i^{k-1} \right| < \varepsilon$

$$u_i^* = \arg\min_{u_i \in u(i)} \sum_{v \in V} \sum_{j \in L} p_{ij}^v(u_i) \cdot (d_{ij}^v - D_j^k), \quad \forall i \in L \tag{6.29}$$

返回 u^*

对于给定的初始延迟矢量 $\boldsymbol{D}^0$,如式 (6.28) 中更新来自交叉点 i 的预期延迟。如果两个连续延迟矢量 $\boldsymbol{D}^k$ 和 $\boldsymbol{D}^{k-1}$ 足够接近,则迭代终止,即

$$\max_{i \in L} \left| D_i^k - D_i^{k-1} \right| < \varepsilon \tag{6.30}$$

其中,ε 是预定的阈值,我们设其值为 5%。众所周知,对于每一个 i,由式 (6.28) 中的迭代生成的序列 $\{D_i^k\}$ 在迭代次数足够多的时候收敛于其最优值 $D_i^* = D_i(u^*)$。然后,如式 (6.29) 所示,使用估计的最优延迟向量 $\boldsymbol{D}^k = [D_i^k, \forall i \in L]$ 计算最优路由策略 $\boldsymbol{u}^* = [u_i^*, \forall i \in L]$。

2) 数据转发概率的计算

我们讨论如何计算数据转发概率 $p_{ij}^v(u_i)$。首先,如果一个 AP 被放置在交叉点 i,$p_{ij}^v(u_i) = 0$。令 $o(i)$ 是从交集 i 出发的边集。在没有 AP 的交叉路口,车辆沿着 $o(i)$ 中的一个边缘将分组转发或携带到相邻路口。因此,$p_{ij}^v(u_i)$ 是概率 Q_{ij}^v 和 C_{ij}^v 的函数,其中 Q_{ij}^v 为车辆在 i 上移动到边缘 e_{ij}^v 的概率;C_{ij}^v 为接触车辆前往 e_{ij}^v 的概率。我们根据 Q_{ij}^v 和 C_{ij}^v 找到 $p_{ij}^v(u_i)$ 的表达式,然后描述如何使用车辆流量统计来估计 Q_{ij}^v 和 C_{ij}^v。计算 $p_{ij}^v(u_i)$ 的完整描述如下。

(1) 考虑在路由决策 u_i 下,交集 i 中的数据包通过边 e_{ij}^v 被转发到 j 的事件。很明显,如果一辆车在 i 处有数据包与另一辆车驶向 e_{ij}^v 或者它驶向 e_{ij}^v,则可能发生此转发事件。转发事件发生的附加条件是,在 i 处的车辆不会遇到移动到具有比 u_i 中的 e_{ij}^v 更高优先级的边缘的车辆,并且它不会移动到这些边缘上。

这些条件 (图 6.14) 由三个事件定义如下:在 i 处的车辆不符合车辆移动到比边

缘 e_{ij}^v 更高优先级的车辆的事件；在本车辆遇到另一辆车驶向 e_{ij}^v 并且没有移动到比 e_{ij}^v 更高优先级的边缘的事件；车辆驶向 e_{ij}^v 的事件。

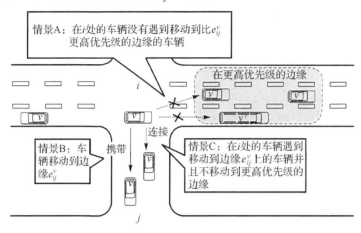

图 6.14　从 i 到 j 转发数据包的条件

那么，$p_{ij}^v(u_i)$ 描述如下

$$p_{ij}^v(u_i) = \Pr[A \bigcap(B \bigcup C)] = \Pr(A) \times \Pr(B \bigcup C) \tag{6.31}$$

其中，$\Pr(E)$ 表示发生事件 E 的概率。相等是由于车辆的运动方向与其他方向无关。使用 Q_{ij}^v 和 C_{ij}^v，式 (6.31) 可以改写如下

$$\begin{aligned}
p_{ij}^v(u_i) &= \Pr(A) \times \big[\Pr(B) + \Pr(C) - \Pr(B \bigcap C)\big] \\
&= \Pr(A) \times \big[\Pr(B) + \Pr(C) - \Pr(B/C)\Pr(C)\big] \\
&= \left[\prod_{e_{ik}^w \in H(u_i, e_{ij}^v)} 1 - C_{ik}^w\right] \times \left[C_{ij}^v\left(1 - \sum_{e_{ik}^w \in H(u_i, e_{ik}^v)} Q_{ik}^w\right) + Q_{ij}^v - C_{ij}^v Q_{ij}^v\right]
\end{aligned} \tag{6.32}$$

其中，$H(u_i, e_{ij}^v)$ 是在路由决策 u_i 中比 e_{ij}^v 具有更高优先级的边的集合。式 (6.32) 中的第一个乘积项对应于 $\Pr(A)$，即在路由决策 u_i 中，i 处车辆不符合比边缘 e_{ij}^v 移动到更高优先级边缘的车辆的概率。第二个乘积项等于 $\Pr(B \bigcup C)$，即车辆在 i 处携带或转发其数据包到边缘 e_{ij}^v 上的概率。

(2) 针对 Q_{ij}^v 和 C_{ij}^v 的估计如下：Q_{ij}^v 是交叉口 i 上的车辆移动到边缘 e_{ij}^v 上的概率，C_{ij}^v 是接触车辆移动到 e_{ij}^v 上的概率。显然 Q_{ij}^v 和 C_{ij}^v 由车辆密度和移动趋势等参数决定。以下参数用来表示 Q_{ij}^v 和 C_{ij}^v：q_{ij}^0 为到达 i 的所有车辆中移动到相邻路口 j 的 0 型车辆的比例；p_{ij}^0 为在 i 移动到 j 时遇到 0 型车辆的概率；q_i^v 为到达 i 的所有车辆中的 v 型车辆的比例；p_i^v 为在 i 处遇到 v 型车辆的可能性。这些参数可以从车辆流量统计中提取。

为了计算 Q_{ij}^v 和 C_{ij}^v，我们考虑车辆类型 v 的两种情况。首先，对于不可预测的车辆（$v=0$），Q_{ij}^v 和 C_{ij}^v 分别被估计为 q_{ij}^0 和 p_{ij}^0。然而，在 $v>0$ 时，估计 Q_{ij}^v 和 C_{ij}^v 更复杂，因为在交集 i 处，由 v 型车辆创建的输出边缘变为全部可用或全部不可用。如果 v 型车辆到达 i，则所有相应的输出边沿都可用，在这种情况下，只使用具有最高优先级的边沿（在决策 u_i 下）。例如，如果从 i 到 l 的边缘在 v 型车辆的所有边缘中具有最高优先级，则车辆将数据包携带到 l；因此，对于其他边缘（到 j、k、m 的边缘）的 Q_{ij}^v 和 C_{ij}^v 变为零。这表明，对于 $v>0$，Q_{ij}^v 和 C_{ij}^v 依赖于路由决策 u_i。因此，如果 e_{ij}^v 是 v 型车辆的所有增广边缘中的最佳边缘，则 $v>0$ 时的 Q_{ij}^v 和 C_{ij}^v 分别等于 q_i^v 和 p_i^v。否则，Q_{ij}^v 和 C_{ij}^v 是零。为了将此描述为一个等式，我们引入一个新的记法 $>u_i$，使得 $e_{ij}^v >u_i e_{ik}^w$，如果 e_{ij}^v 在路由决策 u_i 下具有比 e_{ik}^w 更高的优先级。以下总结了所有类型车辆的 Q_{ij}^v 和 C_{ij}^v 的计算公式

$$Q_{ij}^v(u_i) = \begin{cases} q_{ij}^v, & v=0 \\ q_i^v, & v>0 \text{且} e_{ij}^v >u_i e_{ik}^w, \ \forall e_{ik}^w \in o(i) \text{ s.t. } w=v \\ 0, & \text{其他} \end{cases} \tag{6.33}$$

$$C_{ij}^v(u_i) = \begin{cases} p_{ij}^v, & v=0 \\ p_i^v, & v>0 \text{且} e_{ij}^v >u_i e_{ik}^w, \ \forall e_{ik}^w \in o(i) \text{ s.t. } w=v \\ 0, & \text{其他} \end{cases} \tag{6.34}$$

（3）我们给出一个数值计算的例子来找出转发概率 $p_{ij}^v(u_i)$。图 6.15 显示了增强的道路网络图的一个例子。在该图中，到达交叉点 1 的分组可以被转发到交叉点 2、3 或 5。在路由决策 u_1 下，通过 v 型车辆转发到交叉点 5 的包是交叉点 1 处的最高优先级，并且将分组转发到交叉点 3 和 2 分别是第二和第三优先事项。我们假设来自交叉点 1 的所有输出边的 $Q_{1j}^v(u_1)$ 和 $C_{1j}^v(u_i)$ 具有图 6.15 中描述的值。然后，将概率转发到交叉点 2 和 5 可以根据式（6.32）计算为

$$p_{15}^v(u_1) = C_{15}^v + (1-C_{15}^v) \times Q_{15}^v = 0.1 + (1-0.1) \times 0.3 = 0.37 \tag{6.35}$$

$$\begin{aligned} p_{12}^0(u_1) &= (1-C_{15}^v) \times (1-C_{13}^0) \times [C_{12}^0(1-Q_{15}^v-Q_{13}^0)+(1-C_{12}^0)Q_{12}^0] \\ &= (1-0.1) \times (1-0.6) \times [0.4 \times (1-0.3-0.5)+(1-0.4) \times 0.2] \\ &= 0.072 \end{aligned} \tag{6.36}$$

等式（6.35）表示来自交叉点 1～5 的两个可能的分组转发事件，即当交叉点 1 处的车辆接触 v 型车辆移动至 5 或者当交叉点 1 处的车辆是类型 v 并移动至 5。式（6.36）可以被类似地解释，但是与式（6.35）的区别在于，式（6.36）也考虑将数据传送到具有更高优先级的交叉点的机会。

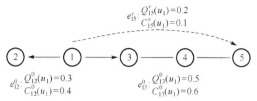

图 6.15　在路由决策 u_i 下的路口 1 处的数据转发

3) 时间延迟的计算

d_{ij}^v 是在边缘 $e_{ij}^v \in L$ 上的预期数据延迟。可以使用平均车辆密度和 e_{ij}^v 上的速度以及 e_{ij}^v 的长度来估计延迟 d_{ij}^v，这可以很容易地从车辆流量统计中获得。注意，如果 e_{ij}^v 对应于 R 中的一组多重路段($e_{ij}^v \in R' \backslash R_s'$)，则在 e_{ij}^v 上，相应的总线将数据包一直"传送"到交叉点 j。另外，如果 e_{ij}^v 对应于 R 中的单个路段($e_{ij}^v \in R_s'$)，则在 e_{ij} 上允许 IOV 分组转发。因此，根据边缘中的跳数来估计边缘上的延迟。

(1) 针对 $e_{ij}^v \in R_s'$ 上的 d_{ij}^v 计算方法如下：在这些类型的边缘上，数据包将被转发到其他车辆前方。显然，这种 IOV 转发可以显著减少延迟。延迟 d_{ij}^v 取决于 e_{ij}^v 上的车辆密度 ρ_{ij}，因为如果密度很高，那么 IOV 转发的可能性很高。注意，如果 WiFi 传输范围 R 很长，那么 IOV 转发的可能性也很大。然而，如果 e_{ij}^v 上的车辆在变速器范围内没有遇到另一辆车辆，则它必须将其数据包一直运送到十字路口 j。这些因素可以通过几种方式进行整合。我们采用的延迟模型如下

$$d_{ij}^v = (1 - e^{-R \cdot \rho_{ij}}) \cdot \frac{l_{ij} \cdot C}{R} + e^{-R \cdot \rho_{ij}} \cdot \frac{l_{ij}}{s_{ij}}, \quad v = 0 \tag{6.37}$$

其中，l_{ij}、s_{ij} 和 C 分别是路段 e_{ij} 的长度、e_{ij} 上的平均车速和无线传输延迟。式(6.37)中的第一项是 IOV 转发带来的预期延迟，第二项是预期的携带延迟。式(6.37)表明延迟随着变速器范围 R、车辆密度或车速 s_{ij} 的增加而减小。

(2) 针对 $R' \backslash R_s'$ 的 e_{ij}^v 上的 d_{ij}^v 计算方法如下：在这种情况下，数据包一直由总线承载。设 $B(e_{ij}^v)$ 为沿 v 型公交线路的交叉点 i 和 j 之间的路段集合。e_{ij}^v 上的数据包延迟仅取决于 v 型车辆的平均速度 s_{ij}^v 和 $B(e_{ij}^v)$ 中的路段长度。因此，边缘 e_{ij}^v 上的预期延迟可以通过以下公式来估计

$$d_{ij}^v = \sum_{e_{mn} \in B(e_{ij}^v)} \frac{l_{mn}}{s_{mn}^v}, \quad v > 0 \tag{6.38}$$

4) 算法的复杂度分析

算法 6.1 中，D_i^k 与其最优值之间的差距随着迭代次数的增加呈指数级下降，因此，迭代终止于 $c\log_2(1/\varepsilon)$，其中 c 是一个有界常数，其数值一般设定为 0.5。因此，如果每次迭代可以在多项式时间内完成，那么算法 6.1 是一个多项式时间算法。下面我们讨论迭代的计算复杂度。

用 V 和 S 分别表示交点的交点数量和行动空间的大小(路由决策的数量)。那么很明显,最小化问题式(6.28)可以在 $O(SV^2)$ 时间内解决。S 取决于入射到节点的输出边的数量。在增强的道路网络图中,每种类型的车辆给出每个交叉点的 $O(V)$ 输出边缘,因此,每个交叉点都有 $O(V!)$ 个可能的路由决策。但是,对于每个 v 型车辆,只有边中具有最高优先级的边增加了 v 个事项,因为这些边一次或全部都不可用。换句话说,对于边 e_{ij}^v,$O[(V-1)!]$ 路由决策导致完全相同的延迟 D_i^{k+1}。因此,每个车辆类型本质上只给出交叉口处的 $O(V)$ 路由决策。除去这样的冗余路由决策,动作空间的大小 S 变为 $O(V^M)$,而不是 $O(V!)$,其中 M 是车辆类型的数量。最后,每次迭代的计算复杂度为 $O(SV^{M+2})$,因此,每次迭代终止于 V 的多项式时间。由于路由策略是由流量计算出来的,所以这种复杂性在实践中是可以接受的。

5)智能数据转发方式

下面我们讨论 IOV 中的智能数据转发 OVDF(optimized vehicle data forwarding)方式。由算法 6.1 推导出的最优路由策略是每个交集处的一组路由决策,并且每个路由决策给出对应交集的所有输出边的优先级。因此,交叉口附近的车辆数据应该被转发到最高优先级边缘的车辆。然而,在实践中,很难充分利用每一次向该车辆发送数据的机会,主要是出于以下两个原因:①我们无法确定到达交叉路口的车辆将在不知道车辆未来轨迹的情况下移动到哪个边界;②即使车辆没有移动到高优先级边缘,其也可以接触移动到该边缘上的另一车辆,并且因此可以作用于该边缘上的车辆的(多跳)数据转发的中间节点。因此,交叉点车辆的当前移动方向与下一个交付数据的交叉点不紧密相关。

为了设计 OVDF 方式,我们使用车辆的地理位置,它类似于 L-VADD(location-vehicle address dynamic data)。在 OVDF 路由协议中,我们假设出租车和公交车知道每个最优路由策略 u^* 和沿边缘的延迟 $[d_{ij}^v, \forall e_{ij}^v \in R']$ 的预期延迟 $[D_i(u^*), \forall i \in L]$,并且它们基于交叉点的最佳延迟、边缘延迟以及它们在路线图中的位置来周期性地计算它们的路线度量。每辆车定期探测附近的车辆并比较其路线指标。如果车辆具有至少一个较低路线度量的相邻车辆,则该车辆将其数据转发至具有最低路线度量的相邻车辆。基于接近的这种贪婪的数据转发方法不需要来自整个网络的全局信息,所以贪婪的数据转发可以成为车载网络的实用解决方案。

我们将车辆的 OVDF 路由度量定义为从车辆当前位置到任何 AP 的最小预期数据转发延迟。图 6.16 描述了路由图中的 OVDF 路由度量。横轴表示车辆在路线图中的地理位置,粗线表示相应位置的车辆的度量。我们用 b_i 和 b_j 分别表示从交叉点 i 和 j 到车辆的距离(注意 $b_j = l_{ij} - b_i$,其中 l_{ij} 是路段 e_{ij} 的长度)。考虑一个位于交叉点 i 和 j 之间的不可预测的车辆(如出租车),有两种可能的数据转发方向(朝向 i 或 j),在这种情况下,出租车的 OVDF 路由度量是从出租车的当前位置朝向数据转发方向的预期数据传递延迟的最小值。

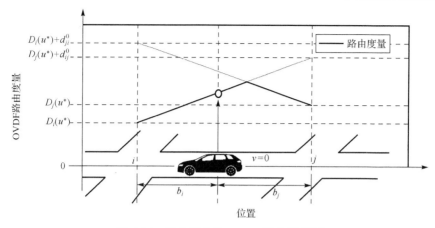

图 6.16　路线图中的 OVDF 路由度量图

6.4.4　性能评估

为了验证我们的数据传输最优路由算法，我们在天津使用 800 辆出租车和 300 辆公交车的 GPS 轨迹，其中每辆车的位置信息 30 天的时间里在天津 30km×30km 的范围内每 45s 记录一次。关注市区感知情景，我们选择范围为 4.5km×4.0km 的天津市区，由 50 个交叉路口和 106 个路段组成。一条路段的平均车道数为 3。选定的区域被建模为道路网络图。我们选择 GPS 误差相对较低的车辆进行评估，车辆平均速度为 8m/s。我们在无线网络模拟器 GloMoSim 上使用 802.11a 介质访问控制（MAC）层协议实现 IOV。在实验中，我们基于标准生成传感数据。

假定车辆在满足以下至少一个条件时生成感测数据：①车辆移动 120m 而不产生数据；②车辆在 40s 内没有数据产生的情况下移动；③车辆到达 90 个交叉点中的一个。因此，车辆基于其移动距离、时间和地理位置来生成感测数据。在实验中，车辆在 2h 内产生的平均感应数据数为 600 项。我们假设单个感应数据的大小为 100 字节，车辆发送包含多个感测数据（最多 50 个感测数据）的 1024 位数据包。所有车辆和 AP 周期性地发送信标包，以便每秒钟检测彼此。如果它们互相检测到，就会尝试根据它们的路由算法发送数据包。表 6.5 列出了相关参数设置。

表 6.5　参数设置

参数	数值
车辆的有效数量	$15(10), 20(15), \cdots, 150(100)$
仿真时间	2h
无线设备	802.11a
数据包大小	1024 位
AP 与车辆间的通信范围	120m

我们通过与车载网络设计的两种现有路由算法 VADD(vehicle-assisted data delivery)和 TBD(time-based data)进行比较来评估我们的路由算法(OVDF)的性能。VADD 和 TBD 都通过给定道路网络的交通统计数据估计到达目的地的预期数据传输延迟来进行分组路由决策。在 TBD 中,每辆车还利用其未来的轨迹来计算其路线度量。它们专为单播路由而设计,但可以轻松扩展到任意播。即在交叉点处,通过每个邻居交叉点对 AP 的预期延迟估计为假定单播。对于任播路由,在每个交叉点处,路由路径上的预期延迟被假定为所有 AP 的估计延迟的最小值。虽然这种方法试图最小化预期延迟的最小值,但它并没有充分利用多个目的地的影响,因为实际的最优解通过最小化对所有 AP 的最小延迟的期望来获得。这可能导致性能明显下降,下面我们讨论一下这些性能的情况。

(1)数据传输性能。我们首先用数据传输延迟的累积分布函数(cdf)评估上述三种算法(VADD、TBD 和 OVDF)的传输延迟性能。当有 220 辆有效车辆(包括 150 辆出租车和 70 辆 5 种不同类型的公交车)时与各种数量的接入点(1、3 和 5)的交付延迟的 cdf。显然,对于所有数量的 AP,OVDF 在测试算法中具有最佳数据传输延迟性能。在 10 分钟内,OVDF 比 VADD 和 TBD 分别多提供了 30%和 20%的数据。随着 AP 数量的增加,测试算法中数据传输性能的差距似乎减小了。这是因为,在 AP 数量较多的情况下,在其中一个 AP 的短距离范围内会创建更多数据;因此,这些数据很容易在短时间内(在向 AP 进行少量转发之后)传送给 AP 以用于任意一个算法。因此,路由算法对接近 AP 的数据的影响相对较小。另外,边缘区域中的数据的延迟性能可以根据路由算法而显著变化。接下来,我们研究测试算法的空间传感覆盖率,并展示边缘区域的延迟性能。

(2)感知范围内的数据传输率。IOV 路由中最重要的性能指标之一是在一定期限内的交付比率。在我们的模拟中,传感数据的截止时间固定为创建开始 20 分钟。为了显示空间覆盖性能,我们将 5.0km×5.0km 的天津市区划分为 400 个 0.25km×0.25km 的方格,并测量每个方格的每个算法的投放比率。有效车辆数量(包括 100 辆公交车)有 500 辆,有三个 AP,并且三个 AP 位于市区。在生成的所有传感数据中,超过 90%的来自 100 个方格。与 VADD 和 TBD 相比,OVDF 在大多数地区显示出更高的数据传输率:220 个正方形(100 个有效方块中的)在 OVDF 下的输送率比在 VADD 下的输送率高至少 50%。对于所有有效的方格,OVDF 比 VADD 的输送率增益平均为 90%。

显然,就所有测试路由算法中的数据传输率而言,OVDF 显示出最佳的传感覆盖率。正如我们前面所讨论的那样,在创建数据足够接近以便在少量跳数内转发到 AP 的中心区域,所有测试算法的数据传输率都很高,算法之间没有明显差异。但是,在创建数据很难延迟的边缘区域,与 VADD 和 TBD 相比,OVDF 大大提高了数据传输率。

(3)平均数据延迟。如图 6.17 所示,我们示意了路由算法的延迟性能。在传送感测数据的过程中，OVDF 平均传送延迟要比 VADD、TBD(timer-based data) 和 VDF(VDF 为次优数据转发方法) 低。与它们相比，OVDF 的平均延迟时间分别缩短约 25、23%、20%。OVDF 大幅降低了边缘地区的平均交付延迟。简言之，我们的路由算法实现了比现有算法更快的传感数据传输。

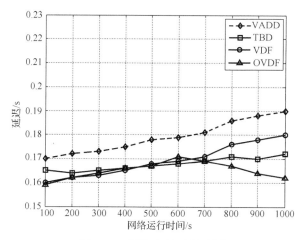

图 6.17　平均交付延迟示例

(4) 距离接入点的性能。为了更详细地验证边缘区域的延迟性能，我们研究了数据的传输率和平均延迟，以及位于离区域最近的 AP 生成数据。交付率 (20 分钟内) 和数据与距离的平均延迟估计如下：考虑在城市地区 X 处产生的感测数据，并且令 Y 为距离 X 最近的 AP 的位置。如果 X 和 Y 之间的距离在 $x_1 \sim x_2$ km 范围内，那么数据的交付有助于改善与最近的 AP 距离 $x_1 \sim x_2$ km 的地区的投递率和平均延迟。

图 6.18 显示了对于 AP 的无线通信范围内的区域，传送率为 100%。虽然 VADD 的交付率随着区域和 AP 之间距离的增加而明显下降，但 TBD 和 OVDF 在远离 AP 的区域表现出相对较好的交付率，因为使用了预定的车辆轨迹。特别是，OVDF 在 1.5~1.8km 和 1.8~2.1km 的距离范围内分别具有 90% 和 70% 的交付率。OVDF 在这些距离范围内的交付性能比 VADD 高出 70% 和 80%。而且，在这些距离范围内，OVDF 的性能比 TBD 高出 60% 和 90%。注意：OVDF 平均比 VADD 和 TBD 高出 30% 和 38%。这是因为 OVDF 充分利用了车辆的预定轨迹并考虑了任播路由的影响，并且 OVDF 即使在远离 AP 的区域产生数据，也能在短时间内向其中一个 AP 实现强大的数据传送功能。

(5) 针对车辆数量的性能。我们还通过改变车辆的有效数量 (车辆密度) 来检查路由算法。我们把城市分为密集区域和稀疏区域。密集区域包括 220 个有效方块中具有相对较高车辆密度的 100 个方块，稀疏区域包括在有效方块中具有较低车辆密度的 40 个方块。在密集区域，数据包通过多跳传输很容易传送到其中一个接入点，但在稀疏区域，数据包的传送高度依赖于如何利用车辆轨迹和接触机会。

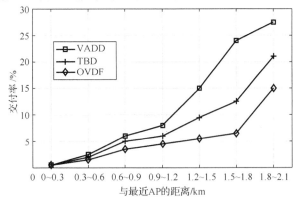

图 6.18　交付率与距离最近 AP 的距离关系

图 6.19 显示了不同车辆密度下的平均交付延迟。测试表明，OVDF 在所有算法中具有最佳传输率和平均延迟性能，而不管密集区域和稀疏区域中的车辆密度如何，所有测试算法随着车辆密度的增加而趋于更好地执行。尤其是，随着车辆密度的增加，稀疏区域 OVDF 的性能增加远高于 VADD 和 TBD。这意味着 OVDF 比 VADD 和 TBD 能更好地利用车辆轨迹和接触机会。

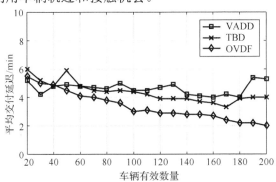

图 6.19　不同车辆密度下平均交付延迟的对比图

6.5　本 章 小 结

针对丢失数据这个车联网中面临的常见问题，我们比较了 3 种方法来估计在大型车联网的数据集中丢失的情形，提出了张量低秩近似估计新方法，该方法在缺失数据的情况下获得流量模式，得到大规模路网的低秩表示。不同的道路车联网实验测试表明我们的新方法的估计精度、数据集的偏差达到了较好的效果。

　　我们提出的面向车联网应用环境的消息智能分发方法中设计了新的数学分析模型，它能够描述虚假分发过程的行为，能够计算和评估关键性能指标；能够智能地实现基于定时器的传播机制中的参数选择，通过设计的流量控制策略减轻虚假分发现象对 IOV 系统性能的负面影响。通过大量的蒙特卡罗模拟实验测试了我们所提出的方法。实验表明，我们的方法提高了分布式消息分发的性能，抑制了广播风暴现象的发生，有效地促进了车联网应用的智能水平。

　　针对车联网的智能数据传输问题，我们考虑了车辆密度、车辆速度、数据传输率和数据传输延迟等重要参数，基于网络模型和延迟函数，提出了基于马尔可夫决策理论的数据传输最优路由方法。该研究对基于车联网的智能交通应用具有重要的理论意义和实用价值。

第 7 章　多参数离散分数变换的理论框架

7.1　概　　述

变换域分析法是移动物联网中信号处理最常用的方法之一，其中尤以傅里叶变换应用最为广泛，几乎涵盖了科学研究与工程技术的所有领域。分数傅里叶变换作为傅里叶变换的一般形式，能够在时-频平面上对信号进行分析与处理，因而受到信号处理领域研究学者的高度关注，被广泛应用于雷达、通信、声呐、信息安全等众多领域。

随着对分数傅里叶变换研究的不断深入，人们发现，改变其特征值和特征函数的取值方式，可以赋予分数傅里叶变换新的内涵，从而衍生拓展出一系列新型的分数变换，主要包括：分数正弦变换、分数余弦变换、分数 Hartley 变换、分数 Hilbert 变换、分数阿达马变换、分数梅林变换、分数 Zak 变换、分数角变换等，以及在这些变换的基础上而衍生拓展的多参数形式和随机形式等。这些变换共同构建了分数域信号处理的理论体系，为非平稳信号的分析与处理提供了新的视角和研究工具，已被广泛应用于目标检测和参数估计、信息与通信安全、图像处理等各个领域。

然而，当前对各种分数变换的研究还处于初级推广阶段，研究之间往往是孤立的、单一的，方法上存在一定的重复和交叉。本章我们将首先分析建立离散分数变换统一框架的必要性和可行性，并基于离散分数变换的统一数学模型和计算方法，提出多参数离散分数变换的理论框架，以进一步丰富并发展分数域信号处理的理论体系。

7.2　离散分数变换统一框架研究的必要性及可行性分析

7.2.1　必要性分析

前面我们简单介绍了离散分数傅里叶变换的定义和性质，以及常见的余弦类离散分数变换。通过离散分数傅里叶变换、离散分数余弦变换、离散分数正弦变换和离散分数 Hartley 变换的定义式可以看出，它们模型相同，区别仅在于特征值和特征向量的具体定义不同，这反映出分数变换具有多样性的特征，被视为分数变换的本质属性。引起这种多样性的根本原因是：阶次选择的多样性和特征向量构造的多样性。

1）基于阶次选择的多样性而生成的分数变换

忽略离散分数 Hartley 变换所代表的物理意义，仅从数学的角度来考虑，离散分数 Hartley 变换式可视为典型的、由于阶次选择自由性而由离散分数傅里叶变换式衍生的新型变换。

另外，Lang 利用一个参数 M 和 M 维向量 $\boldsymbol{N} = (n_0, n_1, \cdots, n_{M-1}) \in \mathbb{Z}^M$，从离散分数傅里叶变换中衍生出一种加权型的多参数离散分数傅里叶变换，具体定义如下

$$\boldsymbol{F}_M^a = \boldsymbol{V}\boldsymbol{D}^a\boldsymbol{V} = \begin{cases} \sum\limits_{k=0}^{N-1} \exp\{(-\mathrm{j}2\pi/M)[a(\mathrm{mod}(k,M) + n_{\mathrm{mod}(k,M)}M)]\}\boldsymbol{v}_k\boldsymbol{v}_k^{\mathrm{T}}, & N\text{奇} \\ \sum\limits_{k=0}^{N-2} \exp\{(-\mathrm{j}2\pi/M)[a(\mathrm{mod}(k,M) + n_{\mathrm{mod}(k,M)}M)]\}\boldsymbol{v}_k\boldsymbol{v}_k^{\mathrm{T}} \\ + \exp\{(-\mathrm{j}2\pi/M)[a(\mathrm{mod}(N,M) + n_{\mathrm{mod}(N,M)}M)]\}\boldsymbol{v}_N\boldsymbol{v}_N^{\mathrm{T}}, & N\text{偶} \end{cases} \tag{7.1}$$

由式（7.1）可以看出，虽然该多参数离散分数傅里叶变换还是单阶次（阶次为 a），但本质上，它是由阶次选择的多样性而衍生出来的新型分数变换。Lang 详细证明了这种变换所具有的连续性、边界性、周期性和阶次可加性等性质。

Pei 在相关文献中通过将离散分数傅里叶变换式（1.11）的单阶次 a 拓展为一个 N 维向量 $\bar{\boldsymbol{a}}$，而衍生出多参数离散分数傅里叶变换，定义如下

$$\boldsymbol{F}^{\bar{a}} = \boldsymbol{V}\boldsymbol{D}^{\bar{a}}\boldsymbol{V}^{\mathrm{T}} \tag{7.2}$$

其中，$\bar{\boldsymbol{a}}$ 为由 N 个相互独立的参数构成的 N 维向量。Pei 详细论证了这种变换所具有的边界性、阶次可加性、线性等诸多性质。

Liu 在相关文献中详细分析了离散分数傅里叶变换特征值的选择特点，并指出对于任何一个特征函数来说，其相应的特征值都是在单位圆上选取的，并且可以有无限种选择方式。这实际上在理论上证明了分数变换阶次选择的多样性。基于此理论，他将分数傅里叶变换的特征值取为随机数，构造了一种随机化傅里叶变换，定义如下

$$\boldsymbol{R} = \boldsymbol{V}\boldsymbol{D}_{\lambda}^{R}\boldsymbol{V}^{\mathrm{T}} \tag{7.3}$$

其中，$\boldsymbol{V}$ 与离散傅里叶变换的特征向量相同；对角矩阵 $\boldsymbol{D}_{\lambda}^{R}$ 对角线上的元素由式（7.4）计算

$$\lambda_n^R = \exp[-\mathrm{j}\pi\mathrm{Rand}(n)] \tag{7.4}$$

其中，$\mathrm{Rand}(n)$ 为独立于 n 的随机数。

实际上，若是将 Pei 定义的阶次向量的元素取相互独立的随机值，就会得到跟 Liu 所提出的式（7.3）同样的结果。这也就是说，Liu 所提出的随机化傅里叶变换和 Pei 所提出的多参数离散分数傅里叶变换在本质上是一样的，只是提出的角度和论证方式不同。这是由于之前关于分数变换的研究大都是孤立的、单一的，没有从其

共性特征的角度来考虑问题，不可避免地就产生了研究工作的重复和交叉问题。

2) 基于特征值和特征向量共同的多样性而衍生的分数变换

忽略离散分数正弦/余弦变换所代表的物理意义,仅从数学的角度来考虑,式(1.40)可视为典型的、由于阶次选择自由性和特征向量选择灵活性,而由离散分数傅里叶变换式(1.11)衍生出的新型变换。

另外,Liu 通过将与离散傅里叶变换矩阵 F 可交换的实对称矩阵 M 替换为一个实对称随机矩阵 Q,并用随机矩阵 Q 的特征向量替换离散分数傅里叶变换的特征向量,就可以得到一个随机分数变换,具体定义如下

$$R^\alpha = V_R D_{R\alpha} V_R^T \tag{7.5}$$

其中, $V_R = [v_{R1}, v_{R2}, \cdots, v_{RN}]$ 为实对称随机矩阵 Q 的特征向量; $D_{R\alpha}$ 为其对应的特征值矩阵,为了保持分数变换的性质,Liu 采用的特征值与分数傅里叶变换相似,为

$$D_{R\alpha} = \mathrm{diag}\left\{1, \exp\left(-\mathrm{j}\frac{2\pi\alpha}{M}\right), \exp\left(-\mathrm{j}\frac{4\pi\alpha}{M}\right), \cdots, \exp\left(-\mathrm{j}\frac{2(N-1)\pi\alpha}{M}\right)\right\} \tag{7.6}$$

进而,Liu 详细论证了这种随机分数变换所具有的边界性、阶次可加性、线性、周期性等诸多性质。随后,他又将随机离散分数变换的特征值替换为离散余弦或正弦变换相似的形式,而提出了随机离散分数余弦/正弦变换。

2009 年,Pei 分析了分数傅里叶变换随机化方法的不足,并将相关文献的优势相结合,通过将离散分数傅里叶变换的特征值和特征向量都随机化,而提出一种随机离散分数傅里叶变换,定义如下

$$F_H^{\bar{a}} = RD^{\bar{a}}R^T = \sum_{k=0}^{N-1} \lambda_k^{a_k} r_k r_k^T \tag{7.7}$$

其中, H 是正交随机矩阵,与离散傅里叶变换矩阵 F 可交换; r_k 是矩阵 H 的特征向量; $\lambda_k^{a_k}$ 是其对应的特征值; $\bar{a} \equiv [a_0, a_1, \cdots, a_{N-1}]$ 中的元素为相互独立的随机值。

有学者通过将阿达马变化的特征值阶次进行分数化,而得到了 a 阶离散分数阿达马变换,其定义为

$$Ha_n^a = V_H \Lambda^a V_H^T = \sum_{k=0}^{2^n-1} \mathrm{e}^{-\mathrm{j}\pi ak} z_k z_k^T \tag{7.8}$$

其中, $z_k = v_{n,k}/\|v_{n,k}\|_2$, $v_{n,k}$ 是一个阶次为 2^n 的归一化阿达马矩阵, $\|\cdot\|_2$ 表示欧氏范数。

在此基础上,Tao 通过与 Pei 完全类似的方法,提出了多参数离散分数阿达马变换,定义为

$$Ha_n^{\bar{a}} = V_H \Lambda^{\bar{a}} V_H^T = \sum_{k=0}^{2^n-1} \mathrm{e}^{-\mathrm{j}\pi \bar{a}k} z_k z_k^T \tag{7.9}$$

通过以上分析可以看出，以上提到的各种衍生变换具有相似的特征分解形式，而且各种变换彼此之间还具有非常密切的联系。可以看出，由于之前相关研究工作的孤立性和单一性，而不可避免地引起了相似工作的重复和交叉问题。

因此，总结凝练各种分数变换及其衍生变换的共性特征，尽可能完整地涵盖所有衍生的分数变换，揭示它们之间所具有的内在联系，构建离散分数变换的统一框架，分析其共有的性质特征，能够避免相关研究工作的重复，提高研究效率。这是包含多种分数变换的分数域信号处理领域必然要考虑的研究课题。同时，统一框架的建立也有利于指导生成新的离散分数变换，为信号处理和信息科学等领域提供新的研究工具，能够进一步丰富并发展分数域信号处理的理论和应用体系。所以，研究离散分数变换的统一框架是十分必要且有意义的。

7.2.2　可行性分析

通过观察不难发现，以上介绍的几种典型离散分数变换，如离散分数傅里叶变换、离散分数余弦变换、离散分数正弦变换、离散分数 Hartley 变换等都可以看作从离散傅里叶变换矩阵 $\boldsymbol{F}$ 衍生出来的，其特征分解形式都是可对角化的周期分数矩阵。这个事实使我们能够从数学的角度来分析离散分数变换共有的性质和特点。Pei 分析了任意周期矩阵的可交换矩阵所具有的特点，并讨论了其特征向量的形式。基于 Pei 的工作，Tao 深入讨论了周期分数矩阵线性求和与矩阵周期、矩阵大小的关系，提出了一般性的计算方法，并解释了其物理意义，为我们提出多参数离散分数变换的理论框架提供了可行途径。接下来，我们首先回顾这些结论。

假设 7.1　令 $\boldsymbol{L}$ 表示一个大小为 $N \times N$ 的周期矩阵，满足 $\boldsymbol{L}^p = \boldsymbol{I}$，它的特征分解形式如下

$$\boldsymbol{L} = \boldsymbol{V} \boldsymbol{D} \boldsymbol{V}^{\mathrm{H}} \tag{7.10}$$

其中，$\boldsymbol{I}$ 表示单位矩阵；$\boldsymbol{V} = \begin{bmatrix} \boldsymbol{v}_0 | \boldsymbol{v}_1 | \cdots | \boldsymbol{v}_{N-2} | \boldsymbol{v}_{N-1} \end{bmatrix}$ 是一个酉矩阵，$\boldsymbol{v}_k$ 表示矩阵 $\boldsymbol{L}$ 的特征向量；P 是矩阵 $\boldsymbol{L}$ 的周期；$\boldsymbol{D}$ 是一个对角矩阵，其对角线元素是 $\boldsymbol{L}$ 的特征值；H 表示矩阵的共轭转置。

假设 7.2　将式 (7.10) 的特征值进行分数化，可以得到 a 阶 $N \times N$ 的周期分数矩阵为

$$\boldsymbol{L}^a = \boldsymbol{V} \boldsymbol{D}^a \boldsymbol{V}^{\mathrm{H}} \tag{7.11}$$

满足 $\boldsymbol{L}^{a+b} = \boldsymbol{L}^a \times \boldsymbol{L}^b$，$\boldsymbol{L}^1 = \boldsymbol{L}$ 和 $\boldsymbol{L}^0 = \boldsymbol{I}$，其中 a 是一个实数。

基于 Pei 所提出的离散分数傅里叶变换的快速计算方法，Tao 等证明了关于周期分数矩阵的一般化结论。

假设 7.3　令 $\boldsymbol{L}$ 表示一个大小为 $N \times N$ 的周期矩阵，满足 $\boldsymbol{L}^p = \boldsymbol{I}$，其特征分解形式为 $\boldsymbol{L} = \boldsymbol{V} \boldsymbol{D} \boldsymbol{V}^{\mathrm{H}}$。那么，当 $N = P$ 时，周期分数矩阵 $\boldsymbol{L}^a$ 与式 (7.12) 所定义的线性和 $\boldsymbol{L}_S^a$

等价

$$L_S^a = \sum_{n=0}^{N-1} C_{n,a} L^n \tag{7.12}$$

其中，加权系数定义为

$$C_{n,a} = \frac{1}{N} \cdot \frac{1 - \exp[j2\pi(n-a)]}{1 - \exp[j(2\pi/N)(n-a)]} \tag{7.13}$$

证明：显然，故证明略。

假设 7.4 令 L 表示大小为 $N \times N$ 的周期矩阵，满足 $L^P = I$，且其特征分解形式为 $L = VDV^H$。令 $b = P/N$，K 表示一个周期为 N、大小为 $N \times N$ 的周期分数矩阵，即

$$K = L^b = L^{P/N} = VD^{P/N}V^H \tag{7.14}$$

如果 $N \neq P$，那么周期分数矩阵 L^a 可以表示为

$$L^a = K^{a/b} = K_S^{a/b} = \sum_{n=0}^{N-1} C_{n,a/b} K^n \tag{7.15}$$

证明：显然，故证明略。

以上假设所蕴含的物理意义为：任意阶次的周期分数矩阵可以用 N 个特殊阶次的周期分数矩阵的线性组合来计算。

以上假设中的周期分数矩阵可以理解为只具有数学意义的算子，当对其特征值和特征向量赋予具体的形式后，它才含有具体的物理意义。基于以上前提，我们能够从离散分数变换的一般化数学模型入手，总结凝练其共同特点，分析其共有的性质等。因此，从这个意义上说，建立离散分数变换的一般性理论框架是完全可行的。

7.3 多参数离散分数变换的理论框架

在 7.2 节我们简单介绍了 Lang 和 Pei 等所提出的离散分数傅里叶变换和离散分数阿达马变换的多参数形式。以上几种多参数化的思想是有趣的，它们可以看作其相应的离散分数变换的进一步一般化。由于多参数离散分数变换所具有的独特优势，其已经被广泛应用于通信和信息安全等领域。

受多参数离散分数变换这种一般化方法的启发，基于可对角化的周期矩阵，我们从数学的角度建立了多参数离散分数变换的理论框架，它能够涵盖离散分数变换及其部分衍生变换共有的性质和特征。并且，在所提的理论框架下，还可以构造新型离散分数变换，用于解决信号处理和信息安全领域所遇到的问题。下面我们首先给出 I 型和 II 型多参数离散分数变换算子的定义及其高维算子形式。

7.3.1　多参数离散分数变换算子的定义

多参数离散分数变换的理论框架由两种类型的算子构成，分别称为Ⅰ型和Ⅱ型多参数离散分数变换算子，它们都是将单阶次的离散分数变换拓展到 N 阶参数，下面我们将分别介绍这两种算子的定义。

令 L 表示一个大小为 $N \times N$ 的周期矩阵，满足 $L^p = I$，并且其特征分解形式是 $L = VDV^H$。用 λ_k 和 v_k 表示矩阵 L 的特征值和特征向量。当 $N = P$ 时，式(7.11)所定义的周期分数矩阵(分数变换)可以表示为

$$L^a = VD^aV^H = \sum_{k=0}^{N-1} \lambda_k^a v_k v_k^H, \quad k = 0, \cdots, N-1 \tag{7.16}$$

其中，$V = [v_0, v_1, \cdots, v_{N-1}]$ 为 L^a 的特征向量矩阵；$D^a = \mathrm{diag}\{\lambda_0^a, \lambda_1^a, \cdots, \lambda_{N-1}^a\}$ 为对应的特征值矩阵。将特征值的阶次 a 拓展为一个阶次向量 $\bar{a} = \{a_0, a_1, \cdots, a_{N-1}\}$，我们就可以得到如下定义。

定义 7.1　Ⅰ型多参数离散分数变换算子定义为

$$L_{\mathrm{I}}^{\bar{a}} = VD^{\bar{a}}V^H = \sum_{k=0}^{N-1} \lambda_k^{a_k} v_k v_k^H \tag{7.17}$$

阶次向量 $\bar{a}$ 中的 N 个参数是相互独立的。

定义 7.2　令 L 表示一个大小为 $N \times N$ 的周期矩阵，满足 $L^p = I$，其特征分解形式是 $L = VDV^H$。当 $N = P$ 时，Ⅱ型多参数离散分数变换算子定义为

$$L_{\mathrm{II}}^{\bar{a}} = L_S^{\bar{a}} = \sum_{n=0}^{N-1} C_{n,a_n} L^n \tag{7.18}$$

其中，$C_{\bar{a}} = \{C_{0,a_0}, C_{1,a_1}, \cdots, C_{N-1,a_{N-1}}\}$ 是一个 $1 \times N$ 的系数向量($a_n \neq n$)，计算公式如下

$$C_{n,a_n} = \frac{1}{N} \cdot \frac{1 - \exp[\mathrm{j}2\pi(n-a_n)]}{1 - \exp[\mathrm{j}(2\pi/N)(n-a_n)]} \tag{7.19}$$

容易发现，以上定义的Ⅰ型和Ⅱ型多参数离散分数变换算子是在 $N = P$ 的前提下。然而，在实际应用中，信号的长度 N(矩阵的大小)并不总是与矩阵的周期 P 一致。事实上，信号的长度 N 往往要比矩阵的周期大。当 $N \neq P$ 时，我们定义Ⅰ型和Ⅱ型多参数离散分数变换算子如下。

定义 7.3　令 L 表示一个大小为 $N \times N$ 的周期矩阵，满足 $L^p = I$，其特征分解形式为 $L = VDV^H$。令 $b = P/N$，并且 $K = L^b = L^{P/N} = VD^{P/N}V^H$。当 $N \neq P$ 时，Ⅰ型多参数离散分数变换算子定义为

$$L_{\mathrm{I}}^{\bar{a}} = K^{\bar{a}/b} = VD^{\bar{a}N/P}V^H = \sum_{k=0}^{N-1} \lambda_k^{a_k/b} v_k v_k^H \tag{7.20}$$

定义 7.4　令 L 表示一个大小为 $N \times N$ 的周期矩阵，满足 $L^p = I$，其特征分解形式为 $L = VDV^H$。令 $b = P/N$，并且 $K = L^b = L^{P/N} = VD^{P/N}V^H$。当 $N \neq P$ 时，II 型多参数离散分数变换算子定义为

$$L_{II}^{\bar{a}} = K_S^{\bar{a}/b} = \sum_{n=0}^{N-1} C_{n,a_n/b} K^n \tag{7.21}$$

由定义 7.2 和定义 7.4 可以看出：如果 $N = P$，那么 II 型多参数离散分数变换算子可以表示为一系列加权系数不同的周期矩阵序列 $\{I, L, \cdots, L^{N-1}\}$ 之和。当 $N \neq P$ 时，II 型多参数离散分数变换算子则可以由一系列加权系数不同的周期矩阵序列 $\{I, K, \cdots, K^{N-1}\}$ 之和来计算。

下面以定理的形式来讨论周期分数矩阵特征值的取值特点，以及两种算子之间的关系。

定理 7.1　周期矩阵 L 和分数矩阵 K 的特征值都位于单位圆上。

证明：假设 v_k 是周期矩阵 L 的特征向量，其对应的特征值为 λ_k，因此

$$Lv_k = \lambda_k v_k \tag{7.22}$$

我们有

$$L^P v_k = \lambda_k^P v_k \tag{7.23}$$

因为 L 为周期矩阵，即 $L^P = I$，可以得到

$$v_k = \lambda_k^P v_k \tag{7.24}$$

因此 $\lambda_k^P = 1$，则 $\lambda_k \in \{\varsigma^k, k = 0, 1, \cdots, P-1\}$，其中 $\varsigma = \exp[-j(2\pi/P)]$。这就证明周期矩阵 L 的特征值 λ_k 位于单位圆上。

同样，分数矩阵 K 的特征值为 $\lambda_k^b \in \{\varsigma^{bk}, k = 0, 1, \cdots, N-1\}$，其中，$\varsigma^b = \exp[-j(2\pi/N)]$。故分数矩阵 K 的特征值也位于单位圆上。

定理 7.2　I 型和 II 型多参数离散分数变换算子是完全不同的。

证明：首先，将式 (7.18) 定义的加权系数作如下计算

$$
\begin{aligned}
C_{n,a} &= \frac{1}{N} \cdot \frac{1 - \exp[j2\pi(n-a)]}{1 - \exp[j(2\pi/N)(n-a)]} = \frac{1}{N} \cdot \sum_{k=0}^{N-1} \exp[j(2\pi/N)(n-a)k] \\
&= \frac{1}{N} \cdot \sum_{k=0}^{N-1} \exp[-j(2\pi/N)ak] \cdot \exp[j(2\pi/N)nk] \\
&= \mathrm{IDFT}\{\exp[-j(2\pi/N)ak]\}_{n=0,1,\cdots,N-1}
\end{aligned} \tag{7.25}
$$

其中，IDFT{·} 表示离散傅里叶逆变换。接下来，我们定义两个矩阵 λ 和 C

$$\boldsymbol{\lambda} = \left[\boldsymbol{\lambda}^{a_0}, \boldsymbol{\lambda}^{a_1}, \cdots, \boldsymbol{\lambda}^{a_{N-1}} \right] = \begin{pmatrix} \lambda_0^{a_0} & \lambda_0^{a_1} & \cdots & \lambda_0^{a_{N-1}} \\ \lambda_1^{a_0} & \lambda_1^{a_1} & \cdots & \lambda_1^{a_{N-1}} \\ \vdots & \vdots & & \vdots \\ \lambda_{N-1}^{a_0} & \lambda_{N-1}^{a_1} & \cdots & \lambda_{N-1}^{a_{N-1}} \end{pmatrix}$$

$$\boldsymbol{C} = \left[\boldsymbol{C}_{a_0}, \boldsymbol{C}_{a_1}, \cdots, \boldsymbol{C}_{a_{N-1}} \right] = \begin{pmatrix} C_{0,a_0} & C_{0,a_1} & \cdots & C_{0,a_{N-1}} \\ C_{1,a_0} & C_{1,a_1} & \cdots & C_{1,a_{N-1}} \\ \vdots & \vdots & & \vdots \\ C_{N-1,a_0} & C_{N-1,a_1} & \cdots & C_{N-1,a_{N-1}} \end{pmatrix}$$

其中，$\lambda_m^{a_k} = \exp[-\mathrm{j}(2\pi/N)a_k m]$，$C_{m,a_k}$ 的定义见式 (7.19)。

由式 (7.25) 可知矩阵 $\boldsymbol{\lambda}$ 和矩阵 $\boldsymbol{C}$ 的关系满足：矩阵 $\boldsymbol{\lambda}$ 的列向量是矩阵 $\boldsymbol{C}$ 列向量的离散傅里叶变换，即

$$\boldsymbol{\lambda}^{a_k} = \mathrm{DFT}\{C_{m,a_k}\}_{m=0,1,\cdots,N-1} \tag{7.26}$$

式 (7.26) 所定义的 I 型多参数离散分数变换算子，其特征值是从矩阵 $\boldsymbol{\lambda}$ 中抽取的对角线上的元素，这些元素是由矩阵 $\boldsymbol{C}$ 的列向量的离散傅里叶变换计算得到的。然而，式 (7.26) 所定义的 II 型多参数离散分数变换算子，其加权系数是从矩阵 $\boldsymbol{C}$ 中抽取的对角线上的元素，这些元素的离散傅里叶逆变换与矩阵 $\boldsymbol{\lambda}$ 毫无关系。这也就证明，I 型和 II 型多参数离散分数变换算子是完全不同的。这个结论也将被后面关于一维矩形信号的仿真结果所证明。

7.3.2 高维多参数离散分数变换算子

7.3.1 节定义的一维多参数离散分数变换算子 $\boldsymbol{L}_{\mathrm{I}}^{\bar{a}}$ 和 $\boldsymbol{L}_{\mathrm{II}}^{\bar{a}}$，可以通过张量积运算而拓展到二维及高维情形。其中，二维多参数离散分数变换算子定义如下

$$\boldsymbol{LL}_{\mathrm{I}}^{\bar{a},\bar{b}} = \boldsymbol{L}_{\mathrm{I}}^{\bar{a}} \otimes \boldsymbol{L}_{\mathrm{I}}^{\bar{b}} \tag{7.27}$$

$$\boldsymbol{LL}_{\mathrm{II}}^{\bar{a},\bar{b}} = \boldsymbol{L}_{\mathrm{II}}^{\bar{a}} \otimes \boldsymbol{L}_{\mathrm{II}}^{\bar{b}} \tag{7.28}$$

其中，$\bar{a}$ 和 $\bar{b}$ 是二维算子相互独立的分数阶次向量；$\otimes$ 表示张量积。类似地，高维多参数离散分数变换算子的核函数可定义为

$$\boldsymbol{LL}_{\mathrm{I}}^{\bar{a},\bar{b},\cdots,\bar{m}} = \boldsymbol{L}_{\mathrm{I}}^{\bar{a}} \otimes \boldsymbol{L}_{\mathrm{I}}^{\bar{b}} \otimes \cdots \otimes \boldsymbol{L}_{\mathrm{I}}^{\bar{m}} \tag{7.29}$$

$$\boldsymbol{LL}_{\mathrm{II}}^{\bar{a},\bar{b},\cdots,\bar{m}} = \boldsymbol{L}_{\mathrm{II}}^{\bar{a}} \otimes \boldsymbol{L}_{\mathrm{II}}^{\bar{b}} \otimes \cdots \otimes \boldsymbol{L}_{\mathrm{II}}^{\bar{m}} \tag{7.30}$$

通过以上定义的算子表达式可以看出，二维和高维多参数离散分数变换算子具有可分离的变换核。因此，后面介绍的一维算子的多种性质和结论都可以被容易地推广到二维及高维形式。

离散信号 x 的一维 $\bar{a}$ 阶多参数离散分数变换计算公式为

$$X_{\mathrm{I}}^{\bar{a}} = L_{\mathrm{I}}^{\bar{a}} x \tag{7.31}$$

$$X_{\mathrm{II}}^{\bar{a}} = L_{\mathrm{II}}^{\bar{a}} x \tag{7.32}$$

二维数字图像 P 的 $(\bar{a}, \bar{b})$ 阶多参数离散分数变换计算公式为

$$P_{(\bar{a}, \bar{b})} = LL_{\mathrm{I}}^{\bar{a}, \bar{b}}(P) = L_{\mathrm{I}}^{\bar{a}} \cdot P \cdot L_{\mathrm{I}}^{\bar{b}} \tag{7.33}$$

$$P_{(\bar{a}, \bar{b})} = LL_{\mathrm{II}}^{\bar{a}, \bar{b}}(P) = L_{\mathrm{II}}^{\bar{a}} \cdot P \cdot L_{\mathrm{II}}^{\bar{b}} \tag{7.34}$$

在本节我们定义了 I 型和 II 型多参数离散分数变换算子，讨论了两者之间的关系，定义了其高维形式，这两个变换算子构成了多参数离散分数变换的理论框架。当前已提出的几种特殊的多参数离散分数变换，如多参数离散分数傅里叶变换、多参数离散分数阿达马变换、随机分数傅里叶变换都属于该理论框架的具体变换形式。另外，前面介绍的余弦类离散分数变换也可以看作 I 型和 II 型算子取单阶次时的具体形式。接下来，我们将介绍 I 型和 II 型多参数离散分数变换算子所具有的性质及特点。

7.4　理论框架的性质及特点

7.4.1　理论框架的性质

式 (7.16) 建立了信号的长度 N 和矩阵周期 P 不相等时分数矩阵 L^b 和 K 之间的对应关系，因此，简单起见，我们只需要证明 $N = P$ 时 I 型和 II 型多参数离散分数变换算子所具有的性质，所得结论通过变量代换可以容易地推广到 $N \neq P$ 的情况。接下来，我们将讨论式 (7.16) 所定义的 I 型和 II 型多参数离散分数变换算子所具有的性质。

单位矩阵：如果将阶次向量取为 $\bar{a} = \bar{0} = (0, 0, \cdots, 0)$，那么 I 型和 II 型多参数离散分数变换算子都将退化为单位矩阵。

证明：对于 I 型多参数离散分数变换算子，有

$$L_{\mathrm{I}}^{\bar{0}} = VD^{\bar{0}}V^{\mathrm{H}} = VV^{\mathrm{H}} = I \tag{7.35}$$

对于 II 型多参数离散分数变换算子，根据式 (7.16) 和定理 7.1，可以得到

$$L^n = \sum_{k=0}^{N-1} \exp[-\mathrm{j}(2\pi/P)k \cdot n] v_k v_k^{\mathrm{H}} = V\Lambda_n V^{\mathrm{H}} \tag{7.36}$$

其中

$$\Lambda_n = \mathrm{diag}\left\{ \exp\left(-\mathrm{j}\frac{2\pi}{P} 0 \cdot n \right), \exp\left(-\mathrm{j}\frac{2\pi}{P} 1 \cdot n \right), \cdots, \exp\left(-\mathrm{j}\frac{2\pi}{P} (N-1) \cdot n \right) \right\}$$

那么

$$
\begin{aligned}
\boldsymbol{L}_{\text{II}}^{\bar{0}} &= \sum_{n=0}^{N-1} C_{n,0} \boldsymbol{L}^n \\
&= \sum_{n=0}^{N-1} C_{n,0} \sum_{k=0}^{N-1} \exp[-\mathrm{j}(2\pi/P)k \cdot n] \boldsymbol{v}_k \boldsymbol{v}_k^{\mathrm{H}} \\
&= \sum_{k=0}^{N-1} \left(\sum_{n=0}^{N-1} C_{n,0} \exp[-\mathrm{j}(2\pi/P)k \cdot n] \right) \boldsymbol{v}_k \boldsymbol{v}_k^{\mathrm{H}} \\
&= \boldsymbol{V} \cdot \boldsymbol{D}^{\bar{0}} \cdot \boldsymbol{V}^{\mathrm{H}} \\
&= \boldsymbol{I}
\end{aligned}
\tag{7.37}
$$

(1) 退化为基本周期矩阵：用向量 $\bar{\boldsymbol{a}} = \bar{1}$ 替换式 (7.16) 中的阶次向量 $\bar{\boldsymbol{a}} = \bar{0}$，可得

$$
\boldsymbol{L}_{\text{II}}^{\bar{1}} = \boldsymbol{V} \cdot \boldsymbol{D}^{\bar{1}} \cdot \boldsymbol{V}^{\mathrm{H}} = \boldsymbol{L}_{\text{I}}^{\bar{1}} = \boldsymbol{L}
\tag{7.38}
$$

(2) 退化为基本分数矩阵：如果令 $\bar{\boldsymbol{a}} = \boldsymbol{a} = (a, a, \cdots, a)$，根据式 (7.16)，Ⅰ型和Ⅱ型多参数离散分数变换算子将退化为基本分数矩阵 $\boldsymbol{L}^a$，即

$$
\boldsymbol{L}_{\text{II}}^a = \boldsymbol{V} \cdot \boldsymbol{D}^a \cdot \boldsymbol{V}^{\mathrm{H}} = \boldsymbol{L}_{\text{I}}^a = \boldsymbol{L}^a
\tag{7.39}
$$

这个性质表明，Ⅰ型和Ⅱ型多参数离散分数变换算子都是式 (7.16) 所定义的基本分数变换的一般化形式。此时Ⅰ型和Ⅱ型变换算子等价。

(3) 阶次可加性 (旋转相加性)：假设 $\bar{\boldsymbol{a}}_1$ 和 $\bar{\boldsymbol{a}}_2$ 是两个 $1 \times N$ 的阶次向量，对于Ⅰ型多参数离散分数变换，有

$$
\begin{aligned}
\boldsymbol{L}_{\text{I}}^{\bar{a}_1} \cdot \boldsymbol{L}_{\text{I}}^{\bar{a}_2} &= (\boldsymbol{V} \boldsymbol{D}^{\bar{a}_1} \boldsymbol{V}^{\mathrm{H}})(\boldsymbol{V} \boldsymbol{D}^{\bar{a}_2} \boldsymbol{V}^{\mathrm{H}}) \\
&= \boldsymbol{V} \boldsymbol{D}^{\bar{a}_1 + \bar{a}_2} \boldsymbol{V}^{\mathrm{H}} \\
&= \boldsymbol{L}_{\text{I}}^{\bar{a}_1 + \bar{a}_2}
\end{aligned}
\tag{7.40}
$$

Ⅰ型多参数离散分数变换满足阶次可加性，被视为从周期分数矩阵 (式 (7.16)) 中直接继承而来。

但是，Ⅱ型多参数离散分数变换算子不满足此性质，事实上

$$
\begin{aligned}
\boldsymbol{L}_{\text{II}}^{\bar{a}_1} \cdot \boldsymbol{L}_{\text{II}}^{\bar{a}_2} &= \left(\sum_{m=0}^{N-1} C_{m,a_m^1} \boldsymbol{L}^m \right) \cdot \left(\sum_{n=0}^{N-1} C_{n,a_n^2} \boldsymbol{L}^n \right) \\
&= \sum_{m=0}^{N-1} \sum_{n=0}^{N-1} C_{m,a_m^1} C_{n,a_n^2} \boldsymbol{L}^m \boldsymbol{L}^n
\end{aligned}
\tag{7.41}
$$

其中，$\boldsymbol{L}^m$ 和 $\boldsymbol{L}^n$ 分别是 m 阶和 n 阶周期矩阵。因此

$$
\boldsymbol{L}^m \cdot \boldsymbol{L}^n = \boldsymbol{L}^{m+n}, \quad 0 \leqslant m+n \leqslant 2(N-1)
\tag{7.42}
$$

因为 $\boldsymbol{L}^P = \boldsymbol{L}^0 = \boldsymbol{I}$，式 (7.41) 可以重写为

$$\boldsymbol{L}_{\mathrm{II}}^{\bar{a}_1} \cdot \boldsymbol{L}_{\mathrm{II}}^{\bar{a}_2} = \sum_{n=0}^{N-1} \zeta_n \boldsymbol{L}^n \tag{7.43}$$

令

$$\boldsymbol{\zeta} = (\zeta_0, \zeta_1, \cdots, \zeta_{N-1})^{\mathrm{T}} \tag{7.44}$$

标记 $\boldsymbol{C}_{\bar{a}_2} = (C_{0,a_0^2}, C_{1,a_1^2}, \cdots, C_{N-1,a_{N-1}^2})$，并且令 $\mathrm{cir}^l(\boldsymbol{C}_{\bar{a}_2})$ 表示 $\boldsymbol{C}_{\bar{a}_2}$ 的 l 右循环移位，也就是

$$
\begin{aligned}
\mathrm{cir}^0(\boldsymbol{C}_{\bar{a}_2}) &= (C_{0,a_0^2}, C_{1,a_1^2}, \cdots, C_{N-1,a_{N-1}^2}) \\
\mathrm{cir}^1(\boldsymbol{C}_{\bar{a}_2}) &= (C_{N-1,a_{N-1}^2}, C_{0,a_0^2}, \cdots, C_{N-2,a_{N-2}^2}) \\
&\vdots \\
\mathrm{cir}^l(\boldsymbol{C}_{\bar{a}_2}) &= (C_{N-l,a_{N-l}^2}, C_{N-l+1,a_{N-l+1}^2}, \cdots, C_{N-l-1,a_{N-l-1}^2}) \\
&\vdots
\end{aligned} \tag{7.45}
$$

那么，ζ 可以表示为

$$\boldsymbol{\zeta} = (\mathrm{cir}^0(\boldsymbol{C}_{\bar{a}_2}), \mathrm{cir}^1(\boldsymbol{C}_{\bar{a}_2}), \cdots, \mathrm{cir}^{N-1}(\boldsymbol{C}_{\bar{a}_2})) \cdot \boldsymbol{C}_{\bar{a}_1} \tag{7.46}$$

定理 7.2 指出，对于 II 型多参数离散分数变换算子，其加权系数的离散傅里叶变换与特征值矩阵 $\boldsymbol{\lambda}$ 无关，即

$$C_{n,a_n} \neq \mathrm{IDFT}\{\exp[-\mathrm{j}(2\pi/N)a_n k]\}_k \tag{7.47}$$

因此

$$\boldsymbol{\zeta} \neq \boldsymbol{C}_{\bar{a}_1 + \bar{a}_2} \tag{7.48}$$

所以

$$\boldsymbol{L}_{\mathrm{II}}^{\bar{a}_1} \cdot \boldsymbol{L}_{\mathrm{II}}^{\bar{a}_2} \neq \boldsymbol{L}_{\mathrm{II}}^{\bar{a}_1 + \bar{a}_2} \tag{7.49}$$

式 (7.49) 说明 II 型多参数离散分数变换算子不满足阶次可加性。引起这一结果的根本原因是向量 $\bar{a}_1$、$\bar{a}_2$ 中元素的选择是任意的，这保证了加权系数的选择具有最大的自由度，使我们能够在分数域上自由地表达信号，但所付出的代价就是不再满足阶次可加性。然而，在一些实际应用场合，阶次可加性是十分必要的。在这些情况下，我们只需对加权系数施加一些限制，就可使其满足该性质。例如，令向量 $\bar{a}_1$ 中的元素取值满足

$$a_k = \begin{cases} n_0 N, & k = 0 \\ \dfrac{a(k + n_k N)}{k}, & k = 1, 2, \cdots, N-1 \end{cases} \tag{7.50}$$

其中，a 表示变换的阶次，且 $(n_0, n_1, \cdots, n_{N-1}) \in \mathbb{Z}^N$。此时，加权系数的离散傅里叶变换将等于特征值矩阵 $\boldsymbol{\lambda}$，因此阶次可加性成立。这一观点已经被 Lang 详细论证。

（4）阶次可交换性：Ⅰ型和Ⅱ型多参数离散分数变换算子都满足阶次可交换性。

证明：对于Ⅰ型多参数离散分数变换算子，我们有

$$
\begin{aligned}
\boldsymbol{L}_1^{\bar{a}_1} \cdot \boldsymbol{L}_1^{\bar{a}_2} &= \boldsymbol{V} \boldsymbol{D}^{\bar{a}_1+\bar{a}_2} \boldsymbol{V}^{\mathrm{H}} \\
&= \boldsymbol{V} \boldsymbol{D}^{\bar{a}_2+\bar{a}_1} \boldsymbol{V}^{\mathrm{H}} \\
&= \boldsymbol{L}_1^{\bar{a}_2} \cdot \boldsymbol{L}_1^{\bar{a}_1}
\end{aligned}
\tag{7.51}
$$

其中，$\bar{a}_1$ 和 $\bar{a}_2$ 是两个 $1 \times N$ 的阶次向量。

尽管Ⅱ型多参数离散分数变换不满足阶次可加性，但其阶次可交换性仍然成立。为了证明该性质，我们首先给出Ⅱ型多参数离散分数变换算子的矩阵相乘形式。将加权系数矩阵 $\boldsymbol{C}_{\bar{a}}$ 表示为

$$
\boldsymbol{C}_{\bar{a}} = \mathrm{diag}\{C_{0,a_0} \cdot \boldsymbol{E}, C_{1,a_1} \cdot \boldsymbol{E}, \cdots, C_{N-1,a_{N-1}} \cdot \boldsymbol{E}\}
\tag{7.52}
$$

其中，$\boldsymbol{E}$ 是一个 $N \times N$ 的单位矩阵。周期分数矩阵 $\boldsymbol{L}_{NN \times NN}$ 标记为

$$
\boldsymbol{L}_{NN \times NN} = \mathrm{diag}\{\boldsymbol{L}^0, \boldsymbol{L}^1, \cdots, \boldsymbol{L}^{N-1}\}
\tag{7.53}
$$

容易看出，矩阵 $\boldsymbol{C}_{\bar{a}}$ 和 $\boldsymbol{L}_{NN \times NN}$ 的大小都为 $NN \times NN$，令 $\boldsymbol{E}_{N \times NN} = \{\boldsymbol{E}, \boldsymbol{E}, \cdots, \boldsymbol{E}\}$。就可以将Ⅱ型多参数离散分数变换算子重写为如下矩阵形式

$$
\boldsymbol{L}_{\mathrm{II}}^{\bar{a}} = \boldsymbol{E}_{N \times NN} \cdot \boldsymbol{C}_{\bar{a}} \cdot \boldsymbol{L}_{NN \times NN} \cdot \boldsymbol{E}_{N \times NN}^{\mathrm{T}}
\tag{7.54}
$$

因此

$$
\begin{aligned}
\boldsymbol{L}_{\mathrm{II}}^{\bar{a}_1} \cdot \boldsymbol{L}_{\mathrm{II}}^{\bar{a}_2} &= (\boldsymbol{E}_{N \times NN} \cdot \boldsymbol{C}_{\bar{a}_1} \cdot \boldsymbol{L}_{NN \times NN} \cdot \boldsymbol{E}_{N \times NN}^{\mathrm{T}}) \cdot (\boldsymbol{E}_{N \times NN} \cdot \boldsymbol{C}_{\bar{a}_2} \cdot \boldsymbol{L}_{NN \times NN} \cdot \boldsymbol{E}_{N \times NN}^{\mathrm{T}}) \\
&= \boldsymbol{E}_{N \times NN} \cdot \boldsymbol{C}_{\bar{a}_1} \cdot \boldsymbol{L}_{NN \times NN} \cdot \boldsymbol{C}_{\bar{a}_2} \cdot \boldsymbol{L}_{NN \times NN} \cdot \boldsymbol{E}_{N \times NN}^{\mathrm{T}} \\
&= \boldsymbol{E}_{N \times NN} \cdot \boldsymbol{L}_{NN \times NN} \cdot \boldsymbol{C}_{\bar{a}_1} \cdot \boldsymbol{C}_{\bar{a}_2} \cdot \boldsymbol{L}_{NN \times NN} \cdot \boldsymbol{E}_{N \times NN}^{\mathrm{T}} \\
&= \boldsymbol{E}_{N \times NN} \cdot \boldsymbol{L}_{NN \times NN} \cdot \boldsymbol{C}_{\bar{a}_2} \cdot \boldsymbol{C}_{\bar{a}_1} \cdot \boldsymbol{L}_{NN \times NN} \cdot \boldsymbol{E}_{N \times NN}^{\mathrm{T}} \\
&= \boldsymbol{E}_{N \times NN} \cdot \boldsymbol{C}_{\bar{a}_2} \cdot \boldsymbol{L}_{NN \times NN} \cdot \boldsymbol{C}_{\bar{a}_1} \cdot \boldsymbol{L}_{NN \times NN} \cdot \boldsymbol{E}_{N \times NN}^{\mathrm{T}} \\
&= (\boldsymbol{E}_{N \times NN} \cdot \boldsymbol{C}_{\bar{a}_2} \cdot \boldsymbol{L}_{NN \times NN} \cdot \boldsymbol{E}_{N \times NN}^{\mathrm{T}}) \cdot (\boldsymbol{E}_{N \times NN} \cdot \boldsymbol{C}_{\bar{a}_1} \cdot \boldsymbol{L}_{NN \times NN} \cdot \boldsymbol{E}_{N \times NN}^{\mathrm{T}}) \\
&= \boldsymbol{L}_{\mathrm{II}}^{\bar{a}_2} \cdot \boldsymbol{L}_{\mathrm{II}}^{\bar{a}_1}
\end{aligned}
\tag{7.55}
$$

即Ⅱ型多参数离散分数变换算子也满足阶次可交换性。

（5）特征值和特征向量：对于Ⅰ型多参数离散分数变换算子，有

$$
\boldsymbol{L}_1^{\bar{a}} \boldsymbol{v}_k = \left(\sum_{k=0}^{N-1} \lambda_k^{a_k} \boldsymbol{v}_k \boldsymbol{v}_k^{\mathrm{H}} \right) \boldsymbol{v}_k = \lambda_k^{a_k} \boldsymbol{v}_k
\tag{7.56}
$$

也就是说，周期分数矩阵 $\boldsymbol{L}^a$ 的第 k 阶特征向量 $\boldsymbol{v}_k$ 也是Ⅰ型多参数离散分数变换算子的特征向量，且其所对应的特征值为 $\lambda_k^{a_k}$。

对于Ⅱ型多参数离散分数变换算子，根据式（7.56），我们有

$$L^n v_k = \left[\sum_{k=0}^{N-1} \exp\left(-\mathrm{j}\frac{2\pi}{P}kn \right) v_k v_k^{\mathrm{H}} \right] \cdot v_k$$

$$= \exp\left(-\mathrm{j}\frac{2\pi}{P}kn \right) v_k \tag{7.57}$$

联合式(7.56)和式(7.57)，可得

$$L_{\mathrm{II}}^{\bar{a}} v_k = \left[\sum_{n=0}^{N-1} C_{n,a_n} \exp\left(-\mathrm{j}\frac{2\pi}{P}nk \right) \right] \cdot v_k \tag{7.58}$$

因此，周期分数矩阵 L^a 的第 k 阶特征向量 v_k 也是 II 型多参数离散分数变换算子的特征向量，其所对应的特征值为

$$\sum_{n=0}^{N-1} C_{n,a_n} \exp\left[-\mathrm{j}\frac{2\pi}{P}nk \right]$$

(6)线性特性：I 型和 II 型多参数离散分数变换算子均继承了分数变换的线性特性，即满足叠加原理

$$L_{\mathrm{I}}^{\bar{a}} \left\{ c_1 x + c_2 y \right\} = c_1 L_{\mathrm{I}}^{\bar{a}} \cdot x + c_2 L_{\mathrm{I}}^{\bar{a}} \cdot y \tag{7.59}$$

$$L_{\mathrm{II}}^{\bar{a}} \left\{ c_1 x + c_2 y \right\} = c_1 L_{\mathrm{II}}^{\bar{a}} \cdot x + c_2 L_{\mathrm{II}}^{\bar{a}} \cdot y \tag{7.60}$$

其中，x 和 y 均为 $N \times 1$ 的数据向量；$L_{\mathrm{I}}^{\bar{a}}$、$L_{\mathrm{II}}^{\bar{a}}$ 是 N 点 I 型和 II 型多参数离散分数变换算子的核函数。

7.4.2 理论框架的特点说明

说明 1：N 点 I 型和 II 型多参数离散分数变换算子都有 N 个相互独立的阶次参数，并且它们都是原始分数变换的一般化形式。

说明 2：I 型多参数离散分数变换算子基于这样的思想，即将不同的分数阶次分配给不同的特征向量；II 型多参数离散分数变换算子则通过将相互独立的加权系数分配给不同阶次的周期分数矩阵来进行计算。

说明 3：如果 I 型多参数离散分数变换算子的变换阶次改变，则其核函数 $L_{\mathrm{I}}^{\bar{a}}$ 也将发生变化，需要重新计算，这一过程是非常耗时的。然而，对于 II 型多参数离散分数变换算子，其特殊阶次的核函数可以被预先计算并存储，当变换阶次发生变化的时候，我们仅需要重新计算加权系数即可。因此，相比于 I 型算子，II 型多参数离散分数变换算子的计算时间将大大缩短。

说明 4：II 型多参数离散分数变换算子通过增加存储空间来换取计算时间的降低，从 I 型和 II 型算子的定义式不难看出，其计算复杂度都是 $O(N^2)$。

说明 5：I 型多参数离散分数变换算子满足分数变换的所有性质，但是它的计

算时间较长。Ⅱ型多参数离散分数变换算子并不总是满足阶次可加性，这取决于 N 个自由参数的选择方法。然而，Ⅱ型算子具有能够在数字设备上快速计算的优点，并且其在图像加密中也具有很好的安全性。在工程应用中，我们可以根据实际需求来选择合适的参数和算子。

说明 6：根据式 (7.31)，信号 $\boldsymbol{x}$ 的 $\overline{\boldsymbol{a}}$ 阶Ⅱ型多参数离散分数变换可以用如下并联结构来计算

$$X_{\text{II}}^{\overline{a}} = C_{0,a_0}\boldsymbol{x} + C_{1,a_1}\boldsymbol{L}\cdot\boldsymbol{x} + \cdots + C_{N-1,a_{N-1}}\boldsymbol{L}^{N-1}\boldsymbol{x} \tag{7.61}$$

如果信号在特殊阶次 $\boldsymbol{L}^n\boldsymbol{x}, n=0,1,\cdots,N-1$ 的分数变换已知，利用式 (7.61) 能够简化计算，提高效率。

根据式 (7.61) 可以将Ⅱ型多参数离散分数变换算子重写为如下级联形式

$$X_{\text{II}}^{\overline{a}} = \boldsymbol{L}(\cdots(\boldsymbol{L}(\boldsymbol{L}\cdot C_{N-1,a_{N-1}}\boldsymbol{x} + C_{N-2,a_{N-2}}\boldsymbol{x}) + C_{N-3,a_{N-3}}\boldsymbol{x}) + \cdots) + C_{0,a_0}\boldsymbol{x} \tag{7.62}$$

如果信号在某一阶次的离散分数变换 $\boldsymbol{L}\boldsymbol{x}$ 能够被预先高效计算，那么Ⅱ型多参数离散分数变换就可以利用式 (7.62) 给出的级联方法来进行高效计算。由于该级联方法的计算结构很规则，可以用图 7.1 所示的 VLSI(very large-scale integration) 结构来实现。

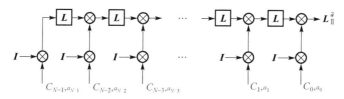

图 7.1　Ⅱ型多参数离散分数变换的 VLSI 实现

7.5　几种特殊的多参数离散分数变换

在我们所提出的理论框架的指导下，可以构造各种新的、在实际应用中可能有效的多参数离散分数变换，这对于进一步丰富并发展分数域信号处理的理论体系具有非常重要的意义。

前面简单介绍了一些典型的周期矩阵，如离散傅里叶变换、Ⅰ型离散余弦变换、Ⅰ型离散正弦变换、离散 Hartley 变换，以及它们所对应的分数形式。接下来，在我们所提出的多参数离散分数变换理论框架的指导下，我们进一步拓展这些余弦类离散分数变换，使其具有 N 个自由参数。并且给出了它们对一维矩形信号的仿真结果，以及它们在处理二维数字图像时的运行时间情况。

7.5.1　多参数离散分数傅里叶变换

离散分数傅里叶变换矩阵 $\boldsymbol{F}$ 的特征分解形式为 $\boldsymbol{F} = \boldsymbol{V}\boldsymbol{D}\boldsymbol{V}^{\text{T}}$，$\boldsymbol{F}$ 为一个周期为

4 的矩阵，它的分数形式定义为

$$\boldsymbol{F}^a = \boldsymbol{V}\boldsymbol{D}^a\boldsymbol{V}^{\mathrm{T}} = \begin{cases} \sum_{k=0}^{N-1} \exp\left[-\mathrm{j}\frac{\pi}{2}ak\right]\boldsymbol{v}_k\boldsymbol{v}_k^{\mathrm{T}}, & N \text{ 奇} \\ \sum_{k=0}^{N-2} \exp\left[-\mathrm{j}\frac{\pi}{2}ak\right]\boldsymbol{v}_k\boldsymbol{v}_k^{\mathrm{T}} + \exp\left[-\mathrm{j}\frac{\pi}{2}aN\right]\boldsymbol{v}_k\boldsymbol{v}_k^{\mathrm{T}}, & N \text{ 偶} \end{cases} \tag{7.63}$$

其中，T 表示矩阵转置；向量 $\boldsymbol{v}_k$ 是 k 阶离散 Hermite-Gaussian 特征向量；对角矩阵 $\boldsymbol{D}^a$ 由相应的分数傅里叶变换的特征值组成。

由式 (7.63) 可以看出，离散分数傅里叶变换没有闭合表达式，对固定点数的信号 $\boldsymbol{x}$，均需首先计算离散分数傅里叶变换的核函数，再与 $\boldsymbol{x}$ 相乘。一旦阶次发生变化，就需要重新计算变换核函数，且不具有像快速傅里叶变换那样的快速算法，运算量较大。在一些实际应用中，如 Chirp 信号的检测与参数估计、分数傅里叶域最优滤波等，都需要计算不同阶次下信号的离散分数傅里叶变换，即必须反复计算变换核及其与输入向量的乘积，运算非常复杂。为了解决这一问题，Pei 提出一种离散分数傅里叶变换的快速计算方法，该方法可以通过若干特殊阶次的分数傅里叶变换的线性组合来求解任意阶次的分数傅里叶变换。具体线性组合的表达式如下

$$\boldsymbol{X}_a = \begin{cases} \sum_{n=0}^{N-1} B_{n,a}\boldsymbol{X}_{nb}, & N \text{ 奇} \\ \sum_{n=0}^{N} B_{n,a}\boldsymbol{X}_{nb}, & N \text{ 偶} \end{cases} \tag{7.64}$$

其中，$\boldsymbol{X}_{nb}$ 表示信号 $\boldsymbol{x}$ 的 nb 阶离散分数傅里叶变换；当 N 为奇数时，$b = 4/N$；当 N 为偶数时，$b = 4/(N+1)$。加权系数 $B_{n,a}$ 的计算公式如下

$$B_{n,a} = \begin{cases} \mathrm{IDFT}\{\exp[-\mathrm{j}(\pi/2)ak]\}_{k=0,1,2,\cdots,N-1}, & N \text{ 奇} \\ \mathrm{IDFT}\{\exp[-\mathrm{j}(\pi/2)ak]\}_{k=0,1,2,\cdots,N}, & N \text{ 偶} \end{cases} \tag{7.65}$$

其中，IDFT{·} 表示离散傅里叶逆变换。

根据式 (7.63) 可将 a 阶分数傅里叶变换的核函数 $\boldsymbol{F}^a$ 写为 N 个均匀阶次核函数 $\boldsymbol{F}^{nb}$ 的线性组合

$$\boldsymbol{F}^a = \begin{cases} \sum_{n=0}^{N-1} B_{n,a}\boldsymbol{F}^{nb}, & N \text{ 奇} \\ \sum_{n=0}^{N} B_{n,a}\boldsymbol{F}^{nb}, & N \text{ 偶} \end{cases} \tag{7.66}$$

在我们所提理论框架的指导下，Ⅰ型 MPDFRFT 定义如下

$$\boldsymbol{F}_{\mathrm{I}}^{\bar{a}} = \begin{cases} \boldsymbol{V} \cdot \mathrm{diag}\left\{ \mathrm{e}^{-\mathrm{j}\frac{\pi}{2} \cdot 0 \cdot a_0}, \mathrm{e}^{-\mathrm{j}\frac{\pi}{2} \cdot 1 \cdot a_1}, \cdots, \mathrm{e}^{-\mathrm{j}\frac{\pi}{2} \cdot (N-1) \cdot a_{N-1}} \right\} \cdot \boldsymbol{V}^{\mathrm{T}}, & N \text{ 奇} \\ \boldsymbol{V} \cdot \mathrm{diag}\left\{ \mathrm{e}^{-\mathrm{j}\frac{\pi}{2} \cdot 0 \cdot a_0}, \mathrm{e}^{-\mathrm{j}\frac{\pi}{2} \cdot 1 \cdot a_1}, \cdots, \mathrm{e}^{-\mathrm{j}\frac{\pi}{2} \cdot (N-2) \cdot a_{N-2}}, \mathrm{e}^{-\mathrm{j}\frac{\pi}{2} \cdot N \cdot a_N} \right\} \cdot \boldsymbol{V}^{\mathrm{T}}, & N \text{ 偶} \end{cases} \tag{7.67}$$

Ⅱ型 MPDFRFT 定义如下

$$\boldsymbol{F}_{\mathrm{II}}^{\bar{a}} = \begin{cases} \displaystyle\sum_{n=0}^{N-1} B_{n,a_n}^f \boldsymbol{F}^{nb}, & b = 4/N, & N \text{ 奇} \\ \displaystyle\sum_{n=0}^{N} B_{n,a_n}^f \boldsymbol{F}^{nb}, & b = 4/(N+1), & N \text{ 偶} \end{cases} \tag{7.68}$$

也就是说，利用 N 个均匀分布的、特殊阶次的离散分数傅里叶变换可以计算Ⅱ型 MPDFRFT。其中，加权系数 B_{n,a_n}^f 计算公式如下

$$B_{n,a_n}^f = \frac{1}{N} \cdot \frac{1 - \exp[\mathrm{j}(\pi/2) \cdot N \cdot (nb - a_n)]}{1 - \exp[\mathrm{j}(\pi/2)(nb - a_n)]} \tag{7.69}$$

离散分数傅里叶变换可以视为信号在时频平面的旋转。基于此，可以将特殊阶次的分数傅里叶变换核函数 $\boldsymbol{F}^{nb}$ 以及Ⅱ型 MPDFRFT 核函数 $\boldsymbol{F}_{\mathrm{II}}^{\bar{a}}$（$N=7$），用时频平面的旋转来表达(图 7.2)，括号中为对应通道的加权系数。注意，Ⅰ型 MPDFRFT 不能用时频平面的旋转来表达，这是由Ⅰ型算子为不同的特征向量分配了不同的变换阶次而引起的。

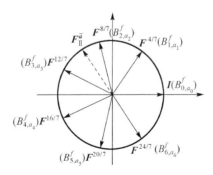

图 7.2 Ⅱ型多参数离散分数傅里叶变换的时频表示

Lang 和 Ran 所提出的多参数离散分数傅里叶变换与我们所定义的Ⅱ型 MPDFRFT，除了在加权系数和整数 N 的定义方法上不同外，从形式上来说是极其相似的。采用变量代换方法，我们就可以容易地建立起它们之间的数学关系。这也就说明,Lang 和 Ran 所提出的多参数离散分数傅里叶变换是我们所提Ⅱ型算子的两种特殊情形。

7.5.2 余弦类多参数离散分数变换

我们给出四类离散余弦变换的核函数,并指出Ⅰ型离散余弦变换具有对称结构,周期为 2,符合我们所给出的周期分数矩阵的概念。将Ⅰ型离散余弦变换的核函数重写为

$$C_N^{\mathrm{I}} = \sqrt{\frac{2}{N-1}}\left[k_m k_n \cos\left(\frac{mn\pi}{N-1}\right)\right]$$

$$= \sum_{k=0}^{N-1}\exp[-\mathrm{j}\pi k]\hat{\boldsymbol{v}}_k\hat{\boldsymbol{v}}_k^{\mathrm{T}} \tag{7.70}$$

其中, $m,n = 0,1,\cdots,N-1$; k_m 定义为

$$k_m = \begin{cases} \dfrac{1}{\sqrt{2}}, & m=0,\ m=N \\ 1, & \text{其他} \end{cases} \tag{7.71}$$

$\hat{\boldsymbol{v}}_k$ 是 N 点Ⅰ型离散余弦变换的特征向量,来源于一个 $2N-2$ 点离散傅里叶变换核函数的偶向量 $\boldsymbol{v} = [v_0, v_1, \cdots, v_{N-2}, v_{N-1}, v_{N-2}, \cdots, v_1]$, 选取方法如下

$$\hat{\boldsymbol{v}}_k = [v_0, \sqrt{2}v_1, \cdots, \sqrt{2}v_{N-2}, v_{N-1}]^{\mathrm{T}} \tag{7.72}$$

基于这个前提,有学者使用离散傅里叶变换的 Hermite-Gaussian 特征向量来定义 N 点离散分数余弦变换,具体操作如下

$$\boldsymbol{C}^a = \widehat{\boldsymbol{V}}\widehat{\boldsymbol{D}}^a\widehat{\boldsymbol{V}}^{\mathrm{T}} = \sum_{k=0}^{N-1}\exp[-\mathrm{j}\pi ak]\hat{\boldsymbol{v}}_k\hat{\boldsymbol{v}}_k^{\mathrm{T}} \tag{7.73}$$

其中, $\widehat{\boldsymbol{V}} = [\hat{\boldsymbol{v}}_0|\hat{\boldsymbol{v}}_2|\cdots|\hat{\boldsymbol{v}}_{2N-2}]$, $\hat{\boldsymbol{v}}_k$ 是由式(7.72)定义的 k 阶离散 Hermite-Gaussian 特征向量得来的。使用类似于相关文献的计算方法,式(7.73)可以重写为

$$\boldsymbol{C}^a = \sum_{k=0}^{N-1}\left(\sum_{n=0}^{N-1}B_{n,a}^C\exp[-\mathrm{j}(2\pi/N)nk]\right)\hat{\boldsymbol{v}}_k\hat{\boldsymbol{v}}_k^{\mathrm{T}}$$

$$= \sum_{n=0}^{N-1}B_{n,a}^C\left(\sum_{k=0}^{N-1}\exp[-\mathrm{j}(2\pi/N)nk]\hat{\boldsymbol{v}}_k\hat{\boldsymbol{v}}_k^{\mathrm{T}}\right) = \sum_{n=0}^{N-1}B_{n,a}^C\boldsymbol{C}^{nb} \tag{7.74}$$

其中, $b = 2/N$, 加权系数为

$$B_{n,a}^C = \frac{1}{N}\cdot\frac{1-\exp[\mathrm{j}\pi\cdot N\cdot(nb-a)]}{1-\exp[\mathrm{j}\pi(nb-a)]} \tag{7.75}$$

式(7.75)表明,与离散分数傅里叶变换一样,任意阶次的离散分数余弦变换也可以由 N 个均匀分布的特殊阶次的离散余弦变换来计算。

基于我们所提出的Ⅰ型和Ⅱ型多参数离散分数变换算子的定义,将其特征值和

特征向量赋予离散分数余弦变换的具体形式，可得 Ⅰ 型多参数离散分数余弦变换（multi-parameter discrete fractional cosine transform，MPDFRCT）为

$$\boldsymbol{C}_{\mathrm{I}}^{\bar{a}} = \widehat{\boldsymbol{V}} \cdot \mathrm{diag}\{\mathrm{e}^{-\mathrm{j}\pi 0 \cdot a_0}, \mathrm{e}^{-\mathrm{j}\pi 1 \cdot a_1}, \cdots, \mathrm{e}^{-\mathrm{j}\pi(N-1)\cdot a_{N-1}}\} \cdot \widehat{\boldsymbol{V}}^{\mathrm{T}} \tag{7.76}$$

Ⅱ 型 MPDFRCT 定义为

$$\boldsymbol{C}_{\mathrm{II}}^{\bar{a}} = \sum_{n=0}^{N-1} B_{n,a_n}^C \boldsymbol{C}^{nb}, \quad b = \frac{2}{N} \tag{7.77}$$

其中，加权系数 B_{n,a_n}^C 计算公式如下

$$B_{n,a_n}^C = \frac{1}{N} \cdot \frac{1 - \exp[\mathrm{j}\pi \cdot N \cdot (nb - a_n)]}{1 - \exp[\mathrm{j}\pi(nb - a_n)]} \tag{7.78}$$

与离散余弦变换情况类似，离散正弦变换也有四种定义，其中，Ⅰ 型离散正弦变换矩阵具有对称结构且周期为 2，符合周期分数矩阵的概念。在此将 Ⅰ 型离散正弦变换的核函数重写为

$$\boldsymbol{S}_N^{\mathrm{I}} = \sqrt{\frac{2}{N+1}} \left[\sin\left(\frac{mn\pi}{N+1}\right) \right]$$

$$= \sum_{k=1}^{N} \exp[-\mathrm{j}\pi k] \tilde{\boldsymbol{v}}_k \tilde{\boldsymbol{v}}_k^{\mathrm{T}} \tag{7.79}$$

其中，$m,n = 1,2,\cdots,N$；$\tilde{\boldsymbol{v}}_k$ 是 N 点 Ⅰ 型离散正弦变换的特征向量，来源于一个 $2(N+1)$ 点离散傅里叶变换的奇向量 $\boldsymbol{v} = [0, v_1, v_2, \cdots, v_N, 0, -v_N, -v_{N-1}, \cdots, -v_1]$，选取方法如下

$$\tilde{\boldsymbol{v}}_k = \sqrt{2}[v_1, v_2, \cdots, v_N]^{\mathrm{T}} \tag{7.80}$$

与离散分数余弦变换相似，离散分数正弦变换的特征向量也可以由离散 Hermite-Gaussian 特征向量来计算。N 点离散分数正弦变换的核函数定义为

$$\boldsymbol{S}^a = \tilde{\boldsymbol{V}} \tilde{\boldsymbol{D}}^a \tilde{\boldsymbol{V}}^{\mathrm{T}} = \sum_{k=1}^{N} \exp[-\mathrm{j}\pi ak] \tilde{\boldsymbol{v}}_k \tilde{\boldsymbol{v}}_k^{\mathrm{T}} \tag{7.81}$$

其中，$\tilde{\boldsymbol{V}} = [\tilde{\boldsymbol{v}}_1 | \tilde{\boldsymbol{v}}_3 | \cdots | \tilde{\boldsymbol{v}}_{2N-1}]$；$\tilde{\boldsymbol{v}}_k$ 是由 k 阶离散 Hermite-Gaussian 特征向量得到的。用类似于相关文献所提的离散分数傅里叶变换的计算方法，式 (7.81) 可以重写为加权线性组合的形式

$$\boldsymbol{S}^a = \sum_{k=1}^{N} \left(\sum_{n=1}^{N} B_{n,a}^S \exp[-\mathrm{j}(2\pi/N)nk] \right) \tilde{\boldsymbol{v}}_k \tilde{\boldsymbol{v}}_k^{\mathrm{T}}$$

$$= \sum_{n=1}^{N} B_{n,a}^S \left(\sum_{k=1}^{N} \exp[-\mathrm{j}(2\pi/N)nk] \tilde{\boldsymbol{v}}_k \tilde{\boldsymbol{v}}_k^{\mathrm{T}} \right)$$

$$= \sum_{n=1}^{N} B_{n,a}^S \boldsymbol{S}^{nb} \tag{7.82}$$

其中，$b = 2/N$；加权系数 $B_{n,a}^S$ 的计算方式和式 (7.78) 所定义的 $B_{n,a}^C$ 一致。

基于我们定义的 I 型和 II 型多参数离散分数变换算子，将式 (7.82) 的特征值和特征函数赋予离散分数正弦变换的具体形式，可得 I 型多参数离散分数正弦变换 (multi-parameter discrete fractional sine transform，MPDFRST) 定义为

$$S_{\mathrm{I}}^{\bar{a}} = \tilde{V} \cdot \mathrm{diag}\{\mathrm{e}^{-\mathrm{j}\pi 0 \cdot a_0}, \mathrm{e}^{-\mathrm{j}\pi 1 \cdot a_1}, \cdots, \mathrm{e}^{-\mathrm{j}\pi(N-1) \cdot a_{N-1}}\} \cdot \tilde{V}^{\mathrm{T}} \tag{7.83}$$

II 型 MPDFRST 定义为

$$S_{\mathrm{II}}^{\bar{a}} = \sum_{n=1}^{N} B_{n,a_n}^S S^{nb}, \quad b = \frac{2}{N} \tag{7.84}$$

加权系数 B_{n,a_n}^S 的计算方法和式 (7.78) 所定义的 $B_{n,a}^C$ 一致。

前面已经介绍过，离散 Hartley 变换矩阵 H 的周期为 2，满足我们所定义的周期分数矩阵的形式，其元素为

$$H = \frac{1}{\sqrt{N}}\left[\cos\left(\frac{2\pi mn}{N}\right) + \sin\left(\frac{2\pi mn}{N}\right)\right] = \sum_{k=0}^{N-1} \exp[-\mathrm{j}\pi k]\breve{v}_k\breve{v}_k^{\mathrm{T}} \tag{7.85}$$

其中，$m, n = 0, 1, \cdots, N-1$；$\breve{v}_k$ 是一个从离散傅里叶变换的特征向量得到的 N 点离散 Hartley 变换的特征向量，其具体形式为

$$\breve{v}_k = [v_0, v_1, \cdots, v_{N-1}]^{\mathrm{T}} \tag{7.86}$$

与离散分数余弦/正弦变换分数化思想相似，N 点离散分数 Hartley 变换定义为

$$H^a = \breve{V}\breve{D}^a\breve{V}^{\mathrm{T}} = \sum_{k=0}^{N-1} \exp[-\mathrm{j}\pi ak]\breve{v}_k\breve{v}_k^{\mathrm{T}} \tag{7.87}$$

其中，$\breve{V} = [\breve{v}_0 | \breve{v}_1 | \cdots | \breve{v}_{N-1}]$；$\breve{v}_k$ 是由 k 阶离散 Hermite-Gaussian 特征向量得到的。用类似的离散分数傅里叶变换的计算方法，式 (7.87) 可以重写为如下线性组合的形式

$$\begin{aligned}
H^a &= \sum_{k=0}^{N-1}\left(\sum_{n=0}^{N-1} B_{n,a}^{\mathrm{H}} \exp[-\mathrm{j}(2\pi/N)nk]\right)\breve{v}_k\breve{v}_k^{\mathrm{T}} \\
&= \sum_{n=0}^{N-1} B_{n,a}^{\mathrm{H}}\left(\sum_{k=0}^{N-1} \exp[-\mathrm{j}(2\pi/N)nk]\breve{v}_k\breve{v}_k^{\mathrm{T}}\right) = \sum_{n=0}^{N-1} B_{n,a}^{\mathrm{H}} H^{nb}
\end{aligned} \tag{7.88}$$

其中，$b = 2/N$，加权系数 $B_{n,a}^{\mathrm{H}}$ 和式 (7.78) 所定义的 $B_{n,a}^C$ 一致。

基于我们定义的 I 型和 II 型多参数离散分数变换算子，将其特征值和特征函数赋予离散分数 Hartley 变换的具体形式，可得 I 型多参数离散分数 Hartley 变换 (multi-parameter discrete fractional Hartley transform，MPDFRHT) 为

$$H_{\mathrm{I}}^{\bar{a}} = \breve{V} \cdot \mathrm{diag}\{\mathrm{e}^{-\mathrm{j}\pi 0 \cdot a_0}, \mathrm{e}^{-\mathrm{j}\pi 1 \cdot a_1}, \cdots, \mathrm{e}^{-\mathrm{j}\pi(N-1) \cdot a_{N-1}}\} \cdot \breve{V}^{\mathrm{T}} \tag{7.89}$$

II 型 MPDFRHT 为

$$H_{\mathrm{II}}^{\bar{a}} = \sum_{n=0}^{N-1} B_{n,a_n}^{\mathrm{H}} H^{nb}, \quad b = \frac{2}{N} \tag{7.90}$$

加权系数 B_{n,a_n}^{H} 的计算方法和式 (7.78) 所定义的 B_{n,a_n}^{C} 一致。

与离散分数傅里叶变换不同，离散分数余弦变换、离散分数正弦变换、离散分数 Hartley 变换等都不能视为信号在时频平面的旋转，这是由其自身的物理意义决定的，可以视为不同分数变换的特殊性。因此，这些分数变换所对应的多参数形式也不可以用时-频平面的旋转来表示。

7.5.3　其他多参数离散分数变换

除了以上提到的几种余弦类多参数离散分数变换外，在我们所提的理论框架下，还可以将形如式 (7.78) 的周期分数矩阵拓展为多参数形式。例如，a 阶离散分数阿达马变换定义为

$$
\begin{aligned}
\mathrm{Ha}_n^a &= V_H \Lambda^a V_H^{\mathrm{T}} \\
&= \sum_{k=0}^{2^n-1} \exp(-\mathrm{j}\pi ak) z_k z_k^{\mathrm{T}}
\end{aligned}
\tag{7.91}
$$

其中，$z_k = v_{n,k} / \|v_{n,k}\|_2$，$v_{n,k}$ 是一个阶次为 2^n 的归一化阿达马矩阵，$\|\cdot\|_2$ 表示欧氏范数。

前面介绍了 Tao 所提出的 I 型多参数离散分数阿达马变换，在此，我们仅给出 II 型多参数离散分数阿达马变换的定义

$$
\mathrm{Ha}_{\mathrm{II}}^{\bar{a}} = \sum_{n=0}^{N-1} B_{n,a_n}^{\mathrm{Ha}} \mathrm{Ha}^{nb}, \quad b = \frac{2}{N}
\tag{7.92}
$$

其中

$$
\mathrm{Ha}^{nb} = \sum_{k=0}^{N-1} \exp[-\mathrm{j}(2\pi/N)nk] z_k z_k^{\mathrm{T}}
\tag{7.93}
$$

加权系数 B_{n,a_n}^{Ha} 的计算方法与式 (7.78) 所定义的 B_{n,a_n}^{C} 相同。

除了以上介绍的已经存在的周期分数矩阵外，我们也可以根据需要来构造形如式 (7.87) 的周期分数矩阵，进而可以在我们所提的理论框架下定义其多参数形式，以满足实际应用的需求。

例如，有学者构造了一种新颖的离散分数角变换，其特征向量可以由一个角通过递归的方式得到，将该离散分数角变换的特征值取为 $\lambda_N^a = \{\exp(-\mathrm{j}\pi ak)\}_{k=0,1,\cdots,N-1}$。在我们的理论框架下，I 型和 II 型多参数离散分数角变换可以定义如下

$$
A_{\mathrm{I},N}^{\bar{a},\beta} = V_N^\beta \cdot D^{\bar{a}} \cdot (V_N^\beta)^{\mathrm{T}}
\tag{7.94}
$$

$$
A_{\mathrm{II},N}^{\bar{a},\beta} = \sum_{n=0}^{N-1} B_{n,a_n}^A A_N^{nb,\beta}
\tag{7.95}
$$

其中，$\bar{a}$ 是 $1 \times N$ 的阶次向量；角度 β 是用来构造特征向量矩阵 V_N^{β} 的主要变量；加权系数 B_{n,a_n}^A 与式 (7.78) 所定义的 B_{n,a_n}^C 一致。

7.5.4　数值仿真

例 7.1　设一维离散矩形信号定义为

$$x(n) = \begin{cases} 1, & 100 < n \leqslant 155 \\ 0, & \text{其他} \end{cases} \tag{7.96}$$

下面使用此矩形信号来仿真实现以上提出的 I 型和 II 型余弦类多参数离散分数变换。在实验中，采样点数取 256，可得到该信号的 I 型和 II 型多参数离散分数傅里叶变换、多参数离散分数余弦变换、多参数离散分数正弦变换和多参数离散分数 Hartley 变换。图 7.3～图 7.6 是其相应的仿真结果。为了简便，阶次向量 $\bar{a}$ 取由 MATLAB 的内部函数 $\text{linspace}(\varsigma, \upsilon)$ 生成的 N 个呈线性关系的实数，其中 $\varsigma, \upsilon \in (0,1)$。在仿真结果中，实部用实线表示，虚部用星号表示。该仿真结果可以认为是从实验的角度证明定理 7.2 的结论，即一维离散矩形信号的 I 型和 II 型多参数离散分数变换是不同的。

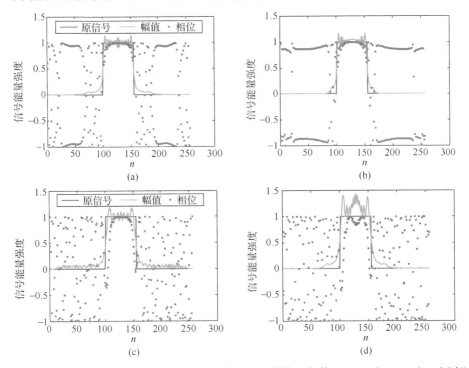

图 7.3　(a) 矩形信号的 I 型多参数离散分数傅里叶变换，参数 $\text{linspace}(0.05, 0.1)$；(b) 矩形信号的 II 型多参数离散分数傅里叶变换，参数 $\text{linspace}(0.05, 0.1)$；(c) 矩形信号的 I 型多参数离散分数傅里叶变换，参数 $\text{linspace}(0.1, 1)$；(d) 矩形信号的 II 型多参数离散分数傅里叶变换，参数 $\text{linspace}(0.1, 1)$

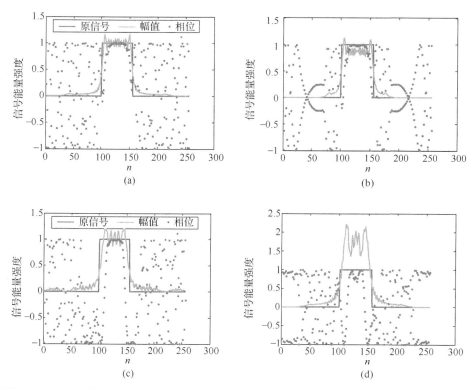

图 7.4　(a)矩形信号的 I 型多参数离散分数 Hartley 变换，参数 linspace(0.05,0.1)；(b)矩形信号的 II 型多参数离散分数 Hartley 变换，参数 linspace(0.05,0.1)；(c)矩形信号的 I 型多参数离散分数 Hartley 变换，参数 linspace(0.1,1)；(d)矩形信号的 II 型多参数离散分数 Hartley 变换，参数 linspace(0.1,1)

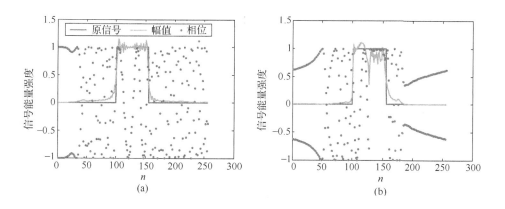

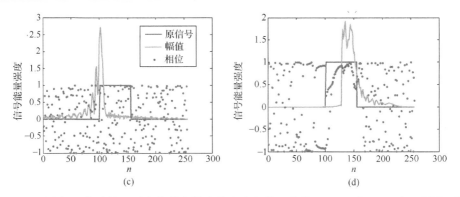

图 7.5　(a)矩形信号的Ⅰ型多参数离散分数余弦变换，参数 linspace(0.05,0.1)；(b)矩形信号的Ⅱ型多参数离散分数余弦变换，参数 linspace(0.05,0.1)；(c)矩形信号的Ⅰ型多参数离散分数余弦变换，参数 linspace(0.1,1)；(d)矩形信号的Ⅱ型多参数离散分数余弦变换，参数 linspace(0.1,1)

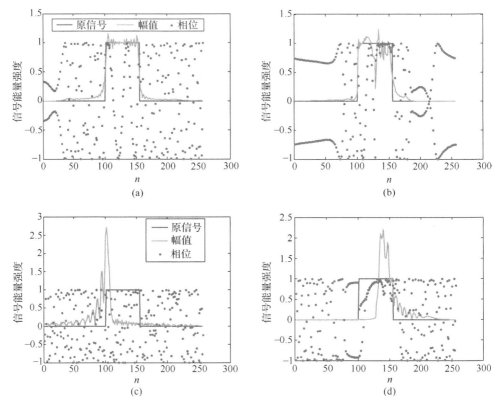

图 7.6　(a)矩形信号的Ⅰ型多参数离散分数正弦变换，参数 linspace(0.05,0.1)；(b)矩形信号的Ⅱ型多参数离散分数正弦变换，参数 linspace(0.05,0.1)；(c)矩形信号的Ⅰ型多参数离散分数正弦变换，参数 linspace(0.1,1)；(d)矩形信号的Ⅰ型多参数离散分数正弦变换，参数 linspace(0.1,1)

例 7.2 当变换阶次发生变换时，I 型多参数离散分数变换算子需要重新计算核函数，运算量较大。而 II 型算子 N 个均匀阶次的核函数可以预先计算并存储，能够大大降低在数字设备上的运算时间。为了定量分析比较原始余弦类分数变换和我们定义的 I 型、II 型余弦类多参数离散分数变换的运行时间，我们用大小为 $N \times N$ 的二维图像 P 来进行测试，并执行如下操作

$$\boldsymbol{Q} = \text{LL}^{a,b}(\boldsymbol{P})$$
$$\boldsymbol{Q}_{\text{I}} = \text{LL}_{\text{I}}^{\bar{a},\bar{b}}(\boldsymbol{P})$$
$$\boldsymbol{Q}_{\text{II}} = \text{LL}_{\text{II}}^{\bar{a},\bar{b}}(\boldsymbol{P})$$

(7.97)

其中，a 和 b 表示二维原始分数变换相互独立的分数阶次；$\bar{a}$ 和 $\bar{b}$ 表示 I 型和 II 型多参数离散分数变换的阶次。在我们的仿真实验中，使用的计算机为 Intel i5, 3.2GHz 的 CPU，8GB 的内存，Windows 7 操作系统，并在 MATLAB 的 R2012b 的环境下执行仿真，分数阶次取 $a = 0.3, b = 0.5$。为了简便，参数 $\bar{a}$ 取由 MATLAB 的内部函数 linspace(0.1,0.3) 生成的 N 个呈线性关系的阶次向量，$\bar{b}$ 则取 linspace(0.5,0.8)，$N = 128, 256, 512$。图像大小分别为 128×128，256×256，512×512。表 7.1~表 7.3 分别记录了相应的余弦类离散分数变换的运行时间(单位：秒)。从表中可以看出原始分数变换和 I 型多参数分数变换的运算时间相当，与之相比，II 型多参数分数变换的运算时间降低了 2/3 以上，且随着图像尺寸的增加，这种优势更加明显。证明了 II 型算子在数字设备上执行时，能够大大降低运算时间。需注意，这里 II 型多参数分数变换运算时间的缩短，是以占用更多存储空间为代价的(其所占用的存储空间是 I 型算子的 N 倍)。

表 7.1 余弦类离散分数变换运行时间

方法 大小	离散分数 傅里叶变换	离散分数 余弦变换	离散分数 正弦变换	离散分数 Hartley 变换
128×128	0.4212	0.4682	0.3808	0.4680
256×256	4.2276	4.2588	3.2762	4.1964
512×512	74.413	72.385	63.961	71.417

表 7.2 I 型余弦类多参数离散分数变换的运行时间

方法 大小	I 型多参数离散 分数傅里叶变换	I 型多参数离散 分数余弦变换	I 型多参数离散 分数正弦变换	I 型多参数离散 分数 Hartley 变换
128×128	0.4992	0.4680	0.3560	0.4056
256×256	4.4148	4.4772	4.2963	4.2432
512×512	73.367	72.166	67.081	71.027

表 7.3　Ⅱ型余弦类多参数离散分数变换的运行时间

方法 大小	Ⅱ型多参数离散 分数傅里叶变换	Ⅱ型多参数离散 分数余弦变换	Ⅱ型多参数离散 分数正弦变换	Ⅱ型多参数离散 分数 Hartley 变换
128×128	0.2652	0.2964	0.2808	0.2808
256×256	1.9524	1.9188	1.9344	1.8876
512×512	8.6956	8.3056	8.8048	8.4616

7.6　多参数离散分数变换域特征提取

信号的特征能够反映其所携带的重要信息，对信号的特征进行有效提取是人们进行信号处理的根本目的。傅里叶变换在信号特征提取中应用十分广泛，主要得益于傅里叶分析发展史上的两大发现。首先是频谱分析，奠定了傅里叶变换在信号特征提取中的理论基础；其次是快速傅里叶变换算法的提出，推动了将傅里叶变换用于信号特征提取的实用阶段。

研究发现，在信号的傅里叶表示中，相位谱和幅度谱往往发挥着不同的作用。人们普遍接受这样的观点，即信号的重要特征一般蕴含在其相位谱中，而不在其幅度谱中，即使忽略了幅度谱信息，仅用傅里叶变换的相位谱信息也可以相对较好地恢复出原信号的重要特征。基于这一结论，利用傅里叶相位谱信息进行信号特征提取已经被广泛应用于语音信号处理、图像处理、模式识别、超导材料等诸多领域。

分数傅里叶变换作为傅里叶变换的一种广义形式，其幅度谱和相位谱信息的重要性也已经得到广泛研究。Alieva 分析了利用分数傅里叶变换的幅度谱和相位谱进行一维矩形信号重构和二维数字图像恢复的效果，并指出信号的重要特征可以利用几乎所有阶次的分数傅里叶变换的相位信息来进行提取。Gao 利用分数傅里叶变换的相位谱来重构人脸图像的面部重要特征，并用其训练 FLDA(Fisher's linear discriminant analysis)分类器来进行人类面部表情识别，得到了较好的结果。

多参数离散分数傅里叶变换是离散分数傅里叶变换的进一步推广，同时能够反映出信号的时域和频域信息，并且具有多个可以灵活调整的变换阶次。目前关于多参数离散分数傅里叶变换相位谱的重要性尚未广泛研究，其用于信号特征提取的效果也尚不明确。接下来，我们从仿真实验的角度分析Ⅰ型和Ⅱ型 MPDFRFT 的相位谱用于二维图像特征提取时所反映出的信号特征。

7.6.1　算法描述

在本节，我们将初步讨论多参数离散分数变换域相位谱信息在二维数字图像特征提取时所起的作用。令 $P(x,y)$ 表示二维数字图像，那么其Ⅰ型和Ⅱ型多参数离散分数变换为

$$Q_{\mathrm{I}}(u,v) = \mathrm{LL}_{\mathrm{I}}^{\bar{a},\bar{b}}(P(x,y))$$
$$Q_{\mathrm{II}}(u,v) = \mathrm{LL}_{\mathrm{II}}^{\bar{a},\bar{b}}(P(x,y)) \tag{7.98}$$

由定理 7.1 可知，周期分数矩阵的特征值都是在单位圆上取值。因此，多参数离散分数变换的输出结果 $Q_{\mathrm{I}}(u,v)$ 和 $Q_{\mathrm{II}}(u,v)$ 往往都是复值数据，将其表示为极坐标形式，可得

$$Q_{\mathrm{I}}(u,v) = \left|Q_{\mathrm{I}}(u,v)\right| \mathrm{e}^{\mathrm{j}\varphi_{\mathrm{I}}(u,v)}$$
$$Q_{\mathrm{II}}(u,v) = \left|Q_{\mathrm{II}}(u,v)\right| \mathrm{e}^{\mathrm{j}\varphi_{\mathrm{II}}(u,v)} \tag{7.99}$$

其中，$\left|Q_{\mathrm{I}}(u,v)\right|$、$\left|Q_{\mathrm{II}}(u,v)\right|$ 和 $\varphi_{\mathrm{I}}(u,v)$、$\varphi_{\mathrm{II}}(u,v)$ 分别表示 I 型和 II 型多参数离散分数变换的幅度谱和相位谱。

令 $P_m(x,y)$ 表示仅包含图像幅度谱信息的二维信号，并将其定义为 I 型和 II 型多参数离散分数变换的幅度谱 $\left|Q_{\mathrm{I}}(u,v)\right|$、$\left|Q_{\mathrm{II}}(u,v)\right|$，即

$$\mathrm{LL}_{\mathrm{I}}^{\bar{a},\bar{b}}(P_m(x,y)) = \left|Q_{\mathrm{I}}(u,v)\right|$$
$$\mathrm{LL}_{\mathrm{II}}^{\bar{a},\bar{b}}(P_m(x,y)) = \left|Q_{\mathrm{II}}(u,v)\right| \tag{7.100}$$

相应地，令 $P_p(x,y)$ 表示仅包含图像相位谱的二维信号，并将其定义为 I 型和 II 型多参数离散分数变换的相位谱，即

$$\mathrm{LL}_{\mathrm{I}}^{\bar{a},\bar{b}}(P_p(x,y)) = M_{\mathrm{I}}(u,v)\mathrm{e}^{\mathrm{j}\varphi_{\mathrm{I}}(u,v)}$$
$$\mathrm{LL}_{\mathrm{II}}^{\bar{a},\bar{b}}(P_p(x,y)) = M_{\mathrm{II}}(u,v)\mathrm{e}^{\mathrm{j}\varphi_{\mathrm{II}}(u,v)} \tag{7.101}$$

其中，$M_{\mathrm{I}}(u,v)$、$M_{\mathrm{II}}(u,v)$ 通常取单位矩阵，或是一个一般化的幅度函数，有时也可以用来表示一类函数，但它并不表示某一个特定函数的信息。

7.6.2　数值仿真

下面通过数值仿真来考察多参数离散分数变换域相位谱信息的重要性。在仿真实验中，我们采用的原始图像如图 7.7 所示。其中，图 7.7(a) 是我们选取的 MATLAB 内部图像；图 7.7(b) 是从常用的人脸面部表情数据库 JAFFE(Japanese female facial expression) 中随机选择的表情图像；图 7.7(c) 的测试图像是从网上搜索的真实飞机图像。

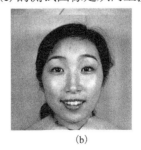

(a)　　　　　　　　　(b)　　　　　　　　　(c)

图 7.7　多参数离散分数变换域图像特征提取原始图像：(a) 硬币；(b) 人脸表情图像；(c) 飞机图像

图 7.8 所示为仅用离散分数傅里叶变换的相位谱信息重构得到的输出结果,可以看出此时能够较好地反映原图像的边缘轮廓等重要特征,这将作为我们对比实验的基础。

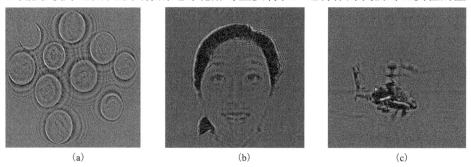

(a)　　　　　　　　(b)　　　　　　　　(c)

图 7.8　离散分数傅里叶变换相位谱恢复图像:(a)硬币;(b)人表情图像;(c)飞机图像

简单起见,在多参数离散分数变换域图像特征提取的仿真实验中,阶次向量取 $\bar{\boldsymbol{a}} = \bar{\boldsymbol{b}}$,并且由 MATLAB 的内部函数 linspace(0.12,0.17) 来生成,幅度谱取单位矩阵(也就是将式(7.101)中的 $M_{\mathrm{I}}(u,v)$、$M_{\mathrm{II}}(u,v)$ 取为单位矩阵)。图 7.9 所示为仅用 I 型和 II 型 MPDFRFT 的相位谱信息重构得到的图像特征。

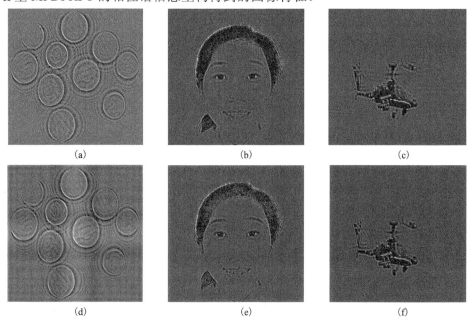

(a)　　　　　　　　(b)　　　　　　　　(c)

(d)　　　　　　　　(e)　　　　　　　　(f)

图 7.9　I 型多参数离散分数傅里叶变换相位谱恢复:(a)硬币,(b)人表情图像,(c)飞机图像;
II 型多参数离散分数傅里叶变换相位谱恢复:(d)硬币,(e)人表情图像,(f)飞机图像

通过比较图 7.8 和图 7.9 可以发现,采用 I 型和 II 型多参数离散分数傅里叶变换的相位谱信息所重构的图像边缘特征,比采用离散分数傅里叶变换相位谱恢复的结

果要锐化一些(如人脸图像中的眼睛、嘴唇,以及飞机图像中的旋翼等)。这是因为图像的 I 型和 II 型多参数离散分数傅里叶变换不仅同时包含时域和频域信息,而且具有多个阶次参数,可以在实验的过程中自由进行调整,因此能够获得更好的特征提取效果。由以上讨论可以得到如下实验结论,即如果忽略二维数字图像 I 型、II 型多参数离散分数傅里叶变换的幅度谱信息,仅利用其相位谱信息,信号的许多重要边缘特征还能够被有效恢复。

　　进一步仿真实验发现,相同的结论对于 I 型和 II 型多参数离散分数 Hartley 变换也成立。如图 7.10 所示,除了一些细节信息与图 7.9 不同之外,它们的输出结果基本相似,这一现象在一维矩形信号的仿真实验中也得到了体现(图 7.3 和图 7.4)。引起这一结果的根本原因是,虽然 I 型和 II 型多参数离散分数 Hartley 变换的特征值与多参数离散分数傅里叶变换不同,但它们的特征向量是完全相同的。因此,今后在进行信号的特征提取时,也可以考虑使用多参数离散分数 Hartley 变换。

　　然而,I 型和 II 型多参数离散分数正弦/余弦变换的图像特征恢复效果与图 7.9 和图 7.10 的实验结果相比要差很多。这是由它们的特征值和特征向量与多参数离散分数傅里叶变换都不同所引起的。

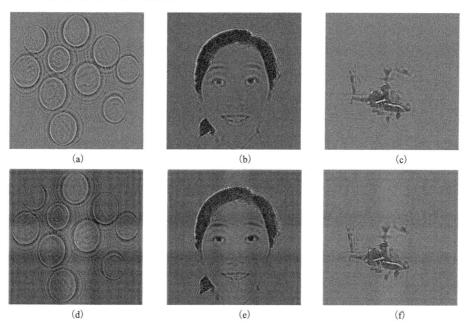

(a)　　　　　　　　　(b)　　　　　　　　　(c)

(d)　　　　　　　　　(e)　　　　　　　　　(f)

图 7.10　I 型多参数离散分数 Hartley 变换相位谱恢复:(a)硬币,(b)人表情图像,(c)飞机图像;II 型多参数离散分数 Hartley 变换相位谱恢复:(d)硬币,(e)人表情图像,(f)飞机图像

　　信号的特征提取是信号处理和模式识别中的一个基本问题,在进行目标检测、图像配准、图像融合时,往往都需要利用信号的重要特征。当前关于这方面的研究

大都是在傅里叶域进行分析。通过我们的研究工作，希望可以将这些问题拓展到Ⅰ型和Ⅱ型多参数离散分数变换域中，通过调整多个自由参数，期待能够获得比傅里叶域更好的效果。另外，利用傅里叶域相位谱信息来进行信号特征分析和重构，也是当前语音处理和超导材料领域的研究热点，作者认为在这些领域，Ⅰ型和Ⅱ型多参数离散分数傅里叶变换也将有很多研究空间。

7.7　保实多参数离散分数变换框架

由定理 7.1 可知，周期分数矩阵的特征值是在单位圆上取值，这就使得信号的多参数离散分数变换结果往往是复值数据，既含有幅度信息又含有相位信息，给数据的获取、存储、传输和显示都带来了不便。在一些实际应用中(如数字信号处理、数字图像处理、信息安全等领域)，对于实值的输入，人们往往期待能够获得实值的输出。Venturini 等构造了一种保实分数余弦和保实分数正弦变换，其不仅具有实值输出，而且能够保留分数变换的主要性质。Xin 将 Venturini 的方法拓展到分数傅里叶变换中，并将其用于图像加密处理。我们在以上方法的基础上作进一步拓展，定义Ⅰ型和Ⅱ型多参数离散分数变换算子的保实形式，具体操作如下。

令 $\boldsymbol{x} = \{x_1, x_2, \cdots, x_N\}^{\mathrm{T}}$ 表示一个 N 维实信号，$\widetilde{\boldsymbol{L}}_{\mathrm{I}}^{\bar{a}}$ 和 $\widetilde{\boldsymbol{L}}_{\mathrm{II}}^{\bar{a}}$ 分别表示 $N/2$ 维的Ⅰ型和Ⅱ型多参数离散分数变换算子，采取如下步骤。

(1)假设 $\hat{\boldsymbol{x}} = \{x_1 + i \times x_{N/2+1}, x_2 + i \times x_{N/2+2}, \cdots, x_{N/2} + i \times x_N\}^{\mathrm{T}}$ 为由实信号 $\boldsymbol{x}$ 构造的 $N/2$ 维复信号。

(2) $\hat{\boldsymbol{x}}$ 的Ⅰ型和Ⅱ型多参数离散分数变换为

$$\begin{cases} \widehat{\boldsymbol{y}}_{\mathrm{I}} = \boldsymbol{L}_{\mathrm{I}}^{\bar{a}}\hat{\boldsymbol{x}} \\ \widehat{\boldsymbol{y}}_{\mathrm{II}} = \boldsymbol{L}_{\mathrm{II}}^{\bar{a}}\hat{\boldsymbol{x}} \end{cases} \tag{7.102}$$

那么保实多参数离散分数变换的输出定义为

$$\begin{cases} \boldsymbol{y}_{\mathrm{I}} = \{\mathrm{Re}(\widehat{\boldsymbol{y}}_{\mathrm{I}}), \mathrm{Im}(\widehat{\boldsymbol{y}}_{\mathrm{I}})\}^{\mathrm{T}} \\ \boldsymbol{y}_{\mathrm{II}} = \{\mathrm{Re}(\widehat{\boldsymbol{y}}_{\mathrm{II}}), \mathrm{Im}(\widehat{\boldsymbol{y}}_{\mathrm{II}})\}^{\mathrm{T}} \end{cases} \tag{7.103}$$

以Ⅰ型多参数离散分数变换为例，将上述步骤用矩阵表示为

$$\begin{aligned} \widehat{\boldsymbol{y}}_{\mathrm{I}} = \boldsymbol{L}_{\mathrm{I}}^{\bar{a}}\hat{\boldsymbol{x}} &= \{\mathrm{Re}(\boldsymbol{L}_{\mathrm{I}}^{\bar{a}}) + i \times \mathrm{Im}(\boldsymbol{L}_{\mathrm{I}}^{\bar{a}})\}\{\mathrm{Re}(\hat{\boldsymbol{x}}) + i \times \mathrm{Im}(\hat{\boldsymbol{x}})\} \\ &= \{\mathrm{Re}(\boldsymbol{L}_{\mathrm{I}}^{\bar{a}})\mathrm{Re}(\hat{\boldsymbol{x}}) - \mathrm{Im}(\boldsymbol{L}_{\mathrm{I}}^{\bar{a}})\mathrm{Im}(\hat{\boldsymbol{x}})\} \\ &\quad + i \times \{\mathrm{Im}(\boldsymbol{L}_{\mathrm{I}}^{\bar{a}})\mathrm{Re}(\hat{\boldsymbol{x}}) + \mathrm{Re}(\boldsymbol{L}_{\mathrm{I}}^{\bar{a}})\mathrm{Im}(\hat{\boldsymbol{x}})\} \end{aligned} \tag{7.104}$$

因此

$$\begin{aligned} \boldsymbol{y} &= \begin{bmatrix} \mathrm{Re}(\boldsymbol{L}_{\mathrm{I}}^{\bar{a}})\mathrm{Re}(\hat{\boldsymbol{x}}) - \mathrm{Im}(\boldsymbol{L}_{\mathrm{I}}^{\bar{a}})\mathrm{Im}(\hat{\boldsymbol{x}}) \\ \mathrm{Im}(\boldsymbol{L}_{\mathrm{I}}^{\bar{a}})\mathrm{Re}(\hat{\boldsymbol{x}}) + \mathrm{Re}(\boldsymbol{L}_{\mathrm{I}}^{\bar{a}})\mathrm{Im}(\hat{\boldsymbol{x}}) \end{bmatrix} = \begin{bmatrix} \mathrm{Re}(\boldsymbol{L}_{\mathrm{I}}^{\bar{a}}) & -\mathrm{Im}(\boldsymbol{L}_{\mathrm{I}}^{\bar{a}}) \\ \mathrm{Im}(\boldsymbol{L}_{\mathrm{I}}^{\bar{a}}) & \mathrm{Re}(\boldsymbol{L}_{\mathrm{I}}^{\bar{a}}) \end{bmatrix}\begin{bmatrix} \mathrm{Re}(\hat{\boldsymbol{x}}) \\ \mathrm{Im}(\hat{\boldsymbol{x}}) \end{bmatrix} \\ &= \mathrm{RL}_{\mathrm{I}}^{\bar{a}}\boldsymbol{x} \end{aligned} \tag{7.105}$$

即 I 型保实多参数离散分数变换算子定义为

$$RL_I^{\bar{a}} = \begin{bmatrix} \mathrm{Re}(L_I^{\bar{a}}) & -\mathrm{Im}(L_I^{\bar{a}}) \\ \mathrm{Im}(L_I^{\bar{a}}) & \mathrm{Re}(L_I^{\bar{a}}) \end{bmatrix} \tag{7.106}$$

同理，II 型保实多参数离散分数变换算子定义为

$$RL_{II}^{\bar{a}} = \begin{bmatrix} \mathrm{Re}(L_{II}^{\bar{a}}) & -\mathrm{Im}(L_{II}^{\bar{a}}) \\ \mathrm{Im}(L_{II}^{\bar{a}}) & \mathrm{Re}(L_{II}^{\bar{a}}) \end{bmatrix} \tag{7.107}$$

以上定义的一维保实算子也可以通过张量积拓展到二维情形，即 I 型和 II 型二维保实多参数离散分数变换定义为

$$RL_I^{(\bar{a},\bar{b})} = RL_I^{\bar{a}} \otimes RL_I^{\bar{b}}$$
$$RL_{II}^{(\bar{a},\bar{b})} = RL_{II}^{\bar{a}} \otimes RL_{II}^{\bar{b}} \tag{7.108}$$

其中，$\otimes$ 表示张量积；$\bar{a}$ 和 $\bar{b}$ 为相互独立的阶次向量。对于一个大小为 $M \times N$ 的二维图像 P，其保实多参数离散分数变换为

$$RL_I^{(\bar{a},\bar{b})}(P) = RL_I^{\bar{a}} \cdot P \cdot RL_I^{\bar{b}}$$
$$RL_{II}^{(\bar{a},\bar{b})}(P) = RL_{II}^{\bar{a}} \cdot P \cdot RL_{II}^{\bar{b}} \tag{7.109}$$

7.8　本　章　小　结

本章首先分析了由离散分数傅里叶变换衍生出的其他分数变换的定义，指出相关研究工作存在孤立性和单一性的问题，论证了建立离散分数变换统一框架的必要性和可行性。然后从离散分数变换的一般形式(可对角化的周期矩阵)入手，基于其自身特性，定义了 I 型和 II 型多参数离散分数变换算子及其高维形式。进而，推导并证明了这两种算子所具有的性质特征，包括边界性、阶次可加性、阶次交换性、线性等，分析了两种算子的计算效率和计算复杂度，给出了 II 型多参数离散分数变换算子的实现方式。接下来，在我们所提理论框架的指导下，构建了多种特殊的多参数离散分数变换，包括 I 型和 II 型分数余弦类变换、II 型分数阿达马变换、I 型和 II 型分数角变换等，给出了矩形信号余弦类多参数离散分数变换的数值仿真结果及二维图像的运行时间比较；从实验的角度分析了余弦类多参数离散分数变换的相位谱信息在图像特征提取中的作用。最后给出了保实多参数离散分数变换的定义，建立了多参数离散分数变换的理论框架。通过本章的研究，进一步丰富和发展了以分数傅里叶变换为核心的分数域信号处理的理论体系。

第 8 章　多参数离散分数变换域图像加密

8.1　概　　述

移动物联网中的图像由于能够直观、生动地反映其所携带的信息，而成为人类表达和传递消息的手段之一。近年来，随着多媒体技术、网络技术和通信行业的飞速发展，对图像数据的获取、传输和处理日益便捷，使其被广泛应用于金融、军事、电子商务、远程医疗等各个领域，为人们的生活和工作带来了极大的便捷。然而，随着图像信息的广泛传播，其也暴露出日益严峻的安全问题，如高端武器装备图的窃取、远程医疗患者病历信息的泄露、私人照片的泄露和造假等，这些问题已经逐渐发展成威胁国家安全、侵犯个人隐私的重要问题。所以有必要对那些涉及国家安全、商业机密以及个人隐私的图像数据采取相应的保护措施。但是，图像信息存在数据量大、相邻像素相关性强、冗余度高，以及颜色丰富等特点，现有的文本加密技术(如数据加密标准、高级加密标准、国际数据加密算法等)，不再适用于图像信息的保护，探索并提出高效的图像加密方法是保护图像信息的有效手段。

近年来，一些典型的图像加密方法被相继提出，如基于双随机相位编码的加密方法、基于相位恢复算法的图像加密系统、基于菲涅尔变换的图像加密系统以及基于分数傅里叶变换的加密方法等。其中，由于分数傅里叶变换具有灵活的变换阶次，能够扩大加密系统的密钥空间，还可以方便地用光学装置进行实现，而受到图像加密领域研究人员的青睐，已经取得了丰硕的研究成果。并且，在分数傅里叶变换基础上而衍生拓展的其他分数变换，如分数余弦变换、分数 Hartley 变换、多参数分数傅里叶变换、随机分数傅里叶变换、分数梅林变换等，由于所具有的独特优势，也已引起图像加密领域学者的广泛关注，而成为该领域的研究热点。

然而，图像的分数变换本身一般不能实现直接加密的效果，要达到这一目的往往需要结合一些其他的随机化方法。目前最常用的分数域随机化方法有两种，一是随机相位掩模，二是混沌系统所生成的随机序列。本章将分别基于这两种随机化策略提出多参数离散分数变换域的图像加密方法，以进一步丰富并发展分数域信号处理的应用体系。

8.2 多参数离散分数变换域的双随机相位编码

最早提出双随机相位编码方法的是 Refregier，这种方法可以将原始图像加密为平稳的高斯白噪声，被认为是目前研究和应用最为广泛的图像加密方法之一。傅里叶域的双随机相位编码可以用图 8.1 所示的标准光学 4-f 系统来实现，其基本原理为：将一块随机相位掩模放置于 4-f 系统的输入平面，将另一块与之统计特性相互独立的随机相位掩模放置于傅里叶平面，这样就能够实现原始图像在空域和频域的随机扰乱，从而使输出图像呈现出白化谱的密度分布，达到加密的效果，容易看出，此时密图和原图都处于空域。解密时只需将两块随机相位掩模替换为其各自的复共轭即可。由于该加密系统具有操作简单、光学设备容易实现的优点，吸引了很多学者的广泛关注，许多研究成果都是在此基础上进行拓展的。

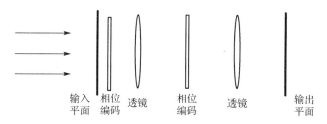

输入 相位 透镜 相位 透镜 输出
平面 编码 编码 平面

图 8.1 傅里叶域双随机相位编码的光学实现

2000 年，Unnikrishnan 依据光的波前传播规律，通过将 Refregier 方法中的傅里叶变换替换为分数傅里叶变换，而提出了分数傅里叶域的双随机相位编码方法。该方法的密钥空间除了两个随机相位掩模之外，还包括分数傅里叶变换的阶次信息，被视为将分数傅里叶变换用于图像加密的最早的研究工作。其后，Hsue 定义了特征分解型的离散分数傅里叶变换的多参数形式，并将其应用于数字图像的双随机相位编码中，进一步扩大了系统的密钥空间，取得了比分数傅里叶域更好的加密效果。

本节将讨论多参数离散分数变换域的双随机相位编码方法，并用余弦类多参数离散分数变换进行仿真实验，分析比较其加密的安全性。本节的研究工作能够为图像加密领域引入新的工具，进一步推进分数域信号处理方法在该领域的应用。

8.2.1 算法描述

受 Unnikrishnan 所提出的分数傅里叶域双随机相位编码算法的启发，我们将其中的分数傅里叶变换替换为 I 型和 II 型多参数离散分数变换，即可得到多参数离散分数变换域的双随机相位编码算法，其加密过程如图 8.2 所示。

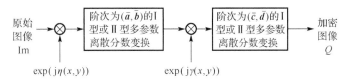

图 8.2　多参数离散分数变换域的双随机相位编码算法

将图 8.2 所示的加密过程用数学关系来表达，令 Im 表示输入图像，Q 表示输出加密图像，则有

$$Q_{\mathrm{I}} = \mathrm{LL}_{\mathrm{I}}^{\bar{c},\bar{d}} \{(\mathrm{LL}_{\mathrm{I}}^{\bar{a},\bar{b}} (\mathrm{Im} \otimes (\exp[\mathrm{j}\,\eta(n,m)]))) \otimes (\exp[\mathrm{j}\gamma(n,m)])\}$$
$$Q_{\mathrm{II}} = \mathrm{LL}_{\mathrm{II}}^{\bar{c},\bar{d}} \{(\mathrm{LL}_{\mathrm{II}}^{\bar{a},\bar{b}} (\mathrm{Im} \otimes (\exp[\mathrm{j}\,\eta(n,m)]))) \otimes (\exp[\mathrm{j}\gamma(n,m)])\}$$

(8.1)

其中，$\exp(\mathrm{j}\eta(n,m))$ 和 $\exp(\mathrm{j}\gamma(n,m))$ 分别表示两个大小为 $N \times M$ 的随机相位掩模，且 $\eta(n,m)$ 和 $\gamma(n,m)$ 独立同分布于 $[0,2\pi]$，$1 \leqslant n \leqslant N$，$1 \leqslant m \leqslant M$。符号 $C = A \otimes B$ 表示矩阵 A 和 B 中的元素是点点相乘的，也就是矩阵 C 的第 (n,m) 个元素为 $C_{n,m} = A_{n,m}B_{n,m}$。

从图 8.2 可以看出，算法中使用的两块统计上相互独立的随机相位掩模分别位于输入平面和多参数分数变换平面，能够达到随机扰乱原始图像的空域信息和多参数离散分数变换域信息的作用，从而达到加密的目的。由该加密系统所得到的密图将位于多参数离散分数变换域中。

8.2.2　数值仿真

下面通过仿真实验来分析并讨论多参数离散分数变换域双随机相位编码方法的加密效果。在实验过程中，将图 8.3 所示的大小为 256×256 的灰度图像 Lena 和 Peppers 作为原始图像，它们的空域直方图如图 8.4 所示。

(a)　　　　　　　　　　　　　　(b)

图 8.3　双随机相位编码原始图像：（a）Lena；（b）Peppers

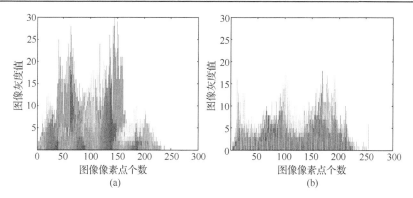

图 8.4　双随机相位编码原始图像直方图：(a) Lena；(b) Peppers

所提算法关于阶次向量的选取是任意的，在实验过程中，将采用 MATLAB 的内部函数 linspace () 来生成 N 个呈线性关系的阶次向量。不失一般性，令阶次向量 $\overline{a} = \overline{b}$，由 linspace (0.2, 0.7) 来生成，阶次向量 $\overline{c} = \overline{d}$，由 linspace (0.1, 0.5) 来生成，两个随机相位掩模则由 MATLAB 的内部随机数生成器来产生。简便起见，我们下面仅给出使用 I 型和 II 型多参数离散分数傅里叶变换所得到的仿真结果，通过执行式 (8.2) 来对两幅原始灰度图像进行加密处理

$$Q_{\mathrm{I}} = \mathrm{FF}_{\mathrm{I}}^{\overline{b}, \overline{b}} \{ (\mathrm{FF}_{\mathrm{I}}^{\overline{a}, \overline{a}} (\mathrm{Im} \otimes (\exp[\mathrm{j}\, \eta(n, m)]))) \otimes (\exp[\mathrm{j}\, \gamma(n, m)]) \}$$
$$Q_{\mathrm{II}} = \mathrm{FF}_{\mathrm{II}}^{\overline{b}, \overline{b}} \{ (\mathrm{FF}_{\mathrm{II}}^{\overline{a}, \overline{a}} (\mathrm{Im} \otimes (\exp[\mathrm{j}\, \eta(n, m)]))) \otimes (\exp[\mathrm{j}\, \gamma(n, m)]) \}$$
(8.2)

该方法所得加密图像分别如图 8.5 和图 8.6 所示。可以看出，两幅原始图像均被加密为类随机噪声的密图，我们无法通过肉眼分辨两幅密图的不同，也无法得到关于原始图像的任何信息，这说明多参数离散分数变换域的双随机相位编码方法具有一定的安全性。下面从抗统计分析能力和对变换阶次的敏感性两个方面来分析所提方法的安全性。

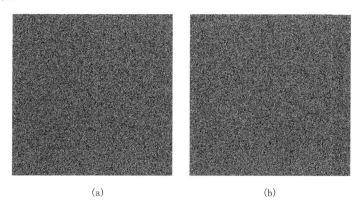

图 8.5　I 型多参数离散分数傅里叶变换加密结果：(a) Lena；(b) Peppers

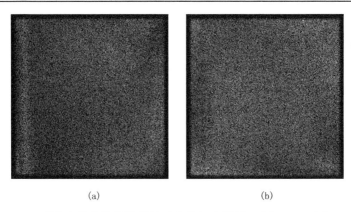

(a)　　　　　　　　　　　　　　　　　(b)

图 8.6　Ⅱ型多参数离散分数傅里叶变换加密结果：(a) Lena；(b) Peppers

8.2.3　性能分析

　　图像的解密过程如图 8.7 所示，为加密算法的逆过程。其中，阶次向量 $\bar{a}$、$\bar{b}$、$\bar{c}$、$\bar{d}$ 和随机相位掩模是图像解密过程中所需要的安全密钥。

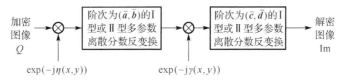

图 8.7　多参数离散分数变换域双随机相位编码算法的逆过程

　　首先分析多参数离散分数傅里叶变换域双随机相位编码方法对阶次向量变化的敏感性。图 8.8(a)、图 8.8(b) 和图 8.9(a)、图 8.9(b) 为使用完全正确的密钥来执行解密操作的实验结果，可以看出，此时能够完全恢复原始图像。

　　下面在保持随机相位掩模正确的同时，使用式(8.3)所定义的错误的阶次向量 $\bar{a}'$、$\bar{b}'$、$\bar{c}'$、$\bar{d}'$ 来进行图像解密

$$\bar{a}' = \bar{a}, \quad \bar{b}' = \bar{b}, \quad \bar{c}' = \bar{c} + \bar{\delta}, \quad \bar{d}' = \bar{d} + \bar{\delta} \tag{8.3}$$

其中，$\bar{\delta}$ 是一个均匀分布于 $[0, 0.05]$ 的向量，这样就可以使解密时所用的错误密钥位于正确密钥附近。图 8.8(c)、图 8.8(d) 和图 8.9(c)、图 8.9(d) 所示为使用错误的阶次向量 $\bar{a}'$、$\bar{b}'$、$\bar{c}'$、$\bar{d}'$ 进行解密的结果，可以看出，我们无法从视觉上得到关于原始图像的任何信息。这就证明加密图像对于阶次向量的变化是敏感的，一旦阶次向量发生微小变化，就无法正确解密原图像。事实上，与 Refregier 所提出的傅里叶域双随机相位编码方法不同(该方法得到的加密图像仍位于空域)，使用我们提出的多参数离散分数变换域双随机相位编码方法所得到的加密图像将位于某个多参数分数域。当使用错误的阶次信息进行解密操作时，相当于将加密图像映射到另外一个多

参数分数域，这一过程实际上完成的是对原始图像的二次加密，所以此时不可能解密得到原始图像的任何信息，这一特点被认为是使用分数变换进行图像加密的独特优势。

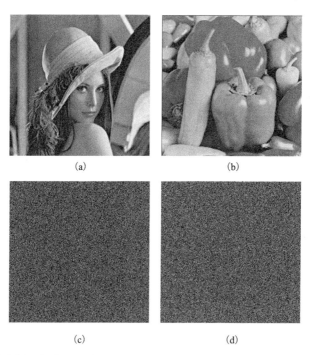

(a)　　　　　　　　　　　　(b)

(c)　　　　　　　　　　　　(d)

图 8.8　Ⅰ型多参数离散分数傅里叶变换的解密结果：(a)正确解密的 Lena 图像；(b)正确解密的
Peppers 图像；(c)阶次参数错误解密的 Lena 图像；(d)阶次参数错误解密的 Peppers 图像

下面通过解密图像和原始图像的均方误差来定量分析余弦类多参数离散分数变换对于阶次向量变化的敏感性程度。均方误差定义如下

$$\text{MSE} = \frac{\sum\limits_{m=1}^{M}\sum\limits_{n=1}^{N}\left\|\left|D(m,n)\right| - \left|O(m,n)\right|\right\|^2}{M \times N} \tag{8.4}$$

(a)　　　　　　　　　　　　(b)

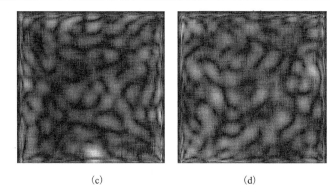

(c)　　　　　　　　　　　　　　(d)

图 8.9　Ⅱ型多参数离散分数傅里叶变换的解密结果：(a)正确解密的 Lena 图像；(b)正确解密的 Peppers 图像；(c)阶次参数错误解密的 Lena 图像；(d)阶次参数错误解密的 Peppers 图像

其中，$M \times N$ 是图像的大小；$D(m,n)$ 和 $O(m,n)$ 分别是解密图像和原始图像的像素值。图 8.10 给出了加密图像的原始分数余弦类变换和其Ⅰ型、Ⅱ型余弦类多参数离散分数变换的均方误差。x 轴的 β 表示在解密时采用的变换阶次与正确阶次向量的偏差距离，其区间范围为 [−0.008,0.008]，步长为 0.0008。为了使实验结果具有可比性，在各分数变换的加密过程中使用了相同的随机相位掩模。从图 8.10 所示的实验结果可以看出，我们所提的Ⅰ型多参数离散分数变换域的双随机相位编码方法的均方误差与原始分数域的计算结果较为接近。而Ⅱ型多参数离散分数变换域的双随机相位编码方法对于阶次向量的变化更加敏感，这也就说明在Ⅱ型多参数离散分数变换域进行图像加密将取得更高的安全性水平。通过图 8.10 还可以横向比较各种分数余弦类变换之间的加密安全情况，为我们在多参数离散分数变换域选取合适的变换工具进行图像加密提供了实验依据。

在图像处理中，直方图是一个非常重要的分析工具，能够直观地反映出图像的统计特性。我们通过仿真实验分析了多参数离散分数变换域双随机相位编码方法的抗统计攻击能力。图 8.4(a)和图 8.4(b)给出了原始空域图像 Lena 和 Peppers 的直方图，图 8.11～图 8.14 是基于余弦类多参数离散分数变换得到的加密图像的直方图。通过观察可以发现，原始空域图像的直方图和变换域加密图像的直方图是完全不同的。在Ⅰ型和Ⅱ型多参数离散分数变换域中，不同加密图像的统计特征可以拓展到整个空间。而且不同图像的Ⅰ型余弦类多参数离散分数变换的密文直方图是非常相似的，我们并不能单从直方图来判定两幅加密图像所对应的原始图像是否一致。同时，不同分数余弦类变换的加密图像非常相似，我们无法单从密文图像的直方图来判定具体是用哪个变换来实施加密过程的。以上结论对Ⅱ型余弦类多参数离散分数变换也成立。通过使用大量不同图像进行测试实验，可以得到如下结论，即执行我们所提的多参数离散分数变换域的双随机相位编码方法，不同的原始图像将具有相似的直方图，且不同的变换得到的密文直方图也相似，一个密码破译者无法通过密文图像直方图所反映的统计特性来推算出关于密钥的任何信息。也就是说，我们所提的图像加密方法能够有效抵抗统计攻击，安全性水平较高。

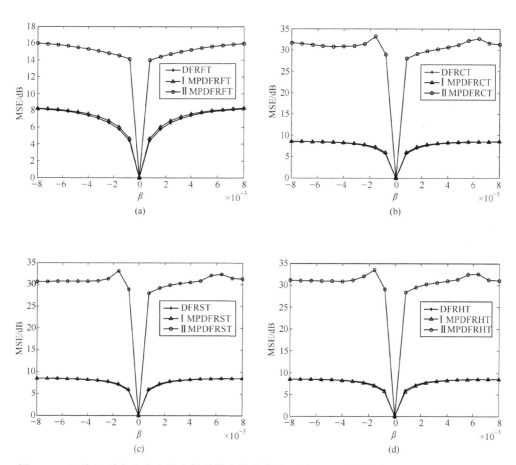

图 8.10　Ⅰ型/Ⅱ型余弦多参数离散分数变换的均方误差：(a)多参数离散分数傅里叶变换；(b)多参数离散分数余弦变换；(c)多参数离散分数正弦变换；(d)多参数离散分数 Hartley 变换

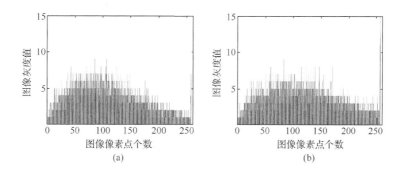

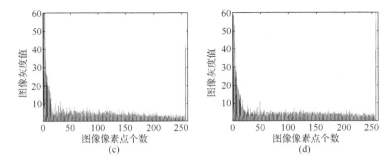

图 8.11 Ⅰ型多参数离散分数傅里叶变换的密图直方图：（a）Lena，（b）Peppers；
Ⅱ型多参数离散分数傅里叶变换的密图直方图：（c）Lena，（d）Peppers

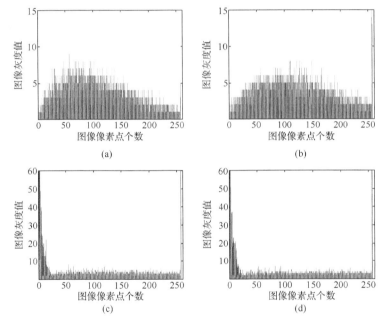

图 8.12 Ⅰ型多参数离散分数 Hartley 变换的密图直方图：（a）Lena，（b）Peppers；
Ⅱ型多参数离散分数 Hartley 变换的密图直方图：（c）Lena，（d）Peppers

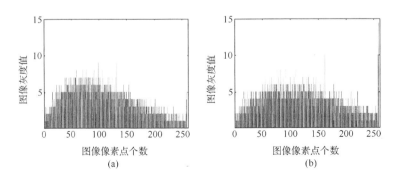

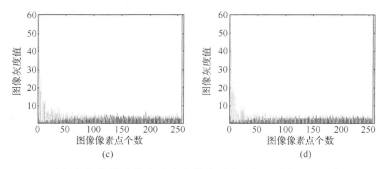

图 8.13　Ⅰ型多参数离散分数余弦变换的密图直方图：（a）Lena，（b）Peppers；
Ⅱ型多参数离散分数余弦变换的密图直方图：（c）Lena，（d）Peppers

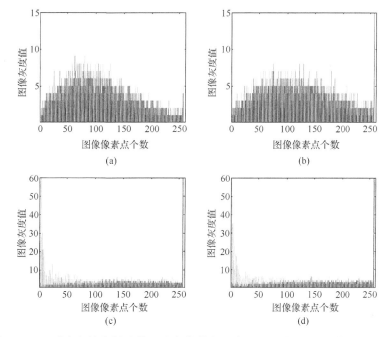

图 8.14　Ⅰ型多参数离散分数正弦变换的密图直方图：（a）Lena，（b）Peppers；
Ⅱ型多参数离散分数正弦变换的密图直方图：（c）Lena，（d）Peppers

8.3　基于混沌理论的 N 维置乱算子

　　图像的分数变换本身往往不能实现直接加密的效果，要达到这一目的往往需要结合一些其他的随机化方法。8.2 节介绍了双随机相位编码方法，由于其操作简单、易于光学实现、安全性较高，而成为分数域图像加密时常用的随机化方法。另外一种常用的分数域随机化策略就是本节将要介绍的混沌系统，这类系统对于初始参数的设置非常敏感，初始条件的微小变化就会产生完全不同的非周期、非收敛的随机迭代序列，这一特点非常适合用来进行图像加密。本节首先对混沌理论和常用的混沌系统进行简单介绍，并基于 CSM（Chirikov standard map）混沌系统构造了一个 N 维随机置乱算子，该算子将被用在 8.4 节提出的保实多参数离散分数变换域的彩图加密算法中，来隐藏彩色图像的颜色信息。

8.3.1 混沌理论

混沌现象是自然界普遍存在的一种复杂运动形式，它最早是由美国气象学家 Lorenz 发现的。1963 年，Lorenz 在求解洛伦兹模型方程时发现了对初始参数设置非常敏感的"蝴蝶效应"现象，从而开辟了混沌理论发展的新纪元。当前研究人员普遍认为，所谓混沌，是指由于确定性系统内在的随机性而引起的外在复杂表现，即会产生一种貌似随机的外在现象。因此，混沌理论建立了确定论与概率论之间的联系，使人们认识到客观事物的运动不只是存在定常的、周期的或准周期的规律，而且存在着一种更为普遍的形式，即无序的混沌。进一步研究发现，混沌是近代非线性动力学的重要组成部分，是非线性系统的固有属性，这一理论的发现使得非线性科学得到蓬勃发展。

混沌系统非常复杂，其奇异性和复杂性尚未被人们彻底了解和掌握。因此，迄今为止，尚无一个被科学界普遍接受的、精确的、完善的定义。1975 年，Li 和 Yorke 从区间映射的角度出发，赋予混沌以相对严格的定义，被认为是目前最常用的定义方式，具体内容如下。

对于闭区间 $J \subset R$，设连续自映射 $F: J \to J$，如果存在不可数集 $S \subset J$，满足

(1) S 不含有周期点；

(2) 对任意两点 $p, q \in S, p \neq q$，有

$$\limsup_{n \to \infty} \left| F^n(p) - F^n(q) \right| > 0$$
$$\liminf_{n \to \infty} \left| F^n(p) - F^n(q) \right| = 0 \tag{8.5}$$

(3) 对任意 $p \in S$ 及周期点 $q \in J$（$p \neq q$），有

$$\limsup_{n \to \infty} \left| F^n(p) - F^n(q) \right| > 0 \tag{8.6}$$

则称连续自映射 F 在集合 S 上是混沌的。

研究人员从混沌现象的普遍适用性出发解释了混沌的物理意义，指出混沌系统一般必须具有如下四个特性。

(1) 来源于确定性系统。

(2) 满足有界性条件。

(3) 具有非周期性。

（4）对于初始参数的设置极端敏感。

混沌系统具备以上四个特征，因此非常适合用于信息安全领域。混沌系统来源于确定性系统，且满足有界性的特点，使其具有可控性、可观测性和可实现性。混沌系统具有非周期性的特点，意味着其频带很宽，并且具有类噪声的特点，因此可以有效地隐藏待传输的保密信息，使这些信息呈现出类噪声的特点，难于提取。混沌系统对于初始参数设置极端敏感的特点，能够实现其长期的不可预测性，这刚好符合保密通信领域的要求。因此，混沌理论一经提出就吸引了信息安全领域研究学者的广泛关注，成为该领域的研究热点。Matthews 和 Wheeler 最先讨论了将混沌理论应用于密码学领域。Dachselt 分析了混沌系统和密码学之间的关系。有学者讨论了将混沌理论应用于密码学所遇到的问题。Friedrich 提出利用混沌系统所生成的随机序列来置乱图像的像素位置，以达到人类视觉无法辨识密文图像的效果，由于该方法在图像加密时的有效性，得到一些学者的广泛沿用和拓展研究。有学者利用混沌系统生成的随机序列来生成一个二进制数组，并用其来隐藏原始图像的像素值。下面介绍几种常见的混沌系统。

8.3.2　几种常见的混沌系统

混沌系统，又称混沌函数或混沌映射，一般指满足以上四个特征的、能够产生随机迭代值的函数，并且无论经过多少次迭代，混沌函数所生成的迭代序列都不会出现收敛现象。常用的混沌系统有如下几种。

1）Logistic 映射函数

Logistic 映射是一个经典的、研究极其广泛的非线性混沌系统，最初用于人口统计学的研究。它的数学表达式十分简单，却能够反映出非常复杂的动力学行为，已被广泛应用于信息安全领域。其系统方程定义如下

$$f(x) = p \cdot x \cdot (1-x) \tag{8.7}$$

它的迭代形式为

$$x_{n+1} = px_n(1-x_n) \tag{8.8}$$

其中，p（$0 \leqslant p \leqslant 4$）是系统参数，又称为分支参数；$x_0$ 为该系统的初始值，$x_n \in (0,1)$ 是系统的迭代值。研究发现，当 $3.5699456 \leqslant p \leqslant 4$ 时，Logistic 映射将呈现出一种混沌状态，初始值 x_0 和分支参数 p 的细微变化都会产生完全不同的、非周期性的、非收敛的随机迭代序列。

Logistic 映射函数所产生的迭代序列的概率分布函数为

$$\rho(x) = \frac{1}{\pi\sqrt{1-x^2}}, \quad x \in (-1,1) \tag{8.9}$$

该概率分布函数 $\rho(x)$ 并不依赖于初始参数的设置。利用 $\rho(x)$ 可计算 Logistic 映射所产生的混沌序列 $\{x_i\}$ 的其他统计特性。

(1)数学期望

$$\bar{x} = \lim_{N \to \infty} \frac{1}{N} \sum_{i=0}^{N-1} x_i = \int_{-1}^{1} x\rho(x)\mathrm{d}x = 0 \tag{8.10}$$

(2)自相关函数

$$R(\tau) = \lim_{N \to \infty} \frac{1}{N} \sum_{i=0}^{N-1} (x_i - \bar{x})(x_{i+\tau} - \bar{x})$$

$$= \int_{-1}^{1} x f^{\tau}(x)\rho(x)\mathrm{d}x - \bar{x}^2 = \begin{cases} 0.5, & \tau = 0 \\ 0, & \tau \neq 0 \end{cases} \tag{8.11}$$

(3)互相关函数

$$B(\tau) = \lim_{N \to \infty} \frac{1}{N} \sum_{i=0}^{N-1} (x_{i_1} - \bar{x})(x_{(i_2+\tau)} - \bar{x})$$

$$= \int_{-1}^{1} \int_{-1}^{1} x_1 f^{\tau}(x_2)\rho(x_1)\rho(x_2)\mathrm{d}x_1\mathrm{d}x_2 - \bar{x}^2 = 0 \tag{8.12}$$

通过以上统计特性可以看出，由 Logistic 映射产生的迭代序列的遍历特性为零均值白噪声。

2)Henon 映射函数

1976 年，Henon 在研究球状星云团时定义了 Henon 二维非线性映射，它被认为是在高维混沌映射中最简单的一种非线性映射，迭代形式为

$$\begin{cases} x_{n+1} = 1 + y_n - ax_n^2 \\ y_{n+1} = bx_n \end{cases} \tag{8.13}$$

当参数 $a \in (1.07, 1.4)$，$b = 0.3$ 时，迭代序列将呈现非周期、非收敛的混沌状态。特别地，该二维混沌系统还存在由单值确定的逆映射，定义为

$$\begin{cases} x_n = y_{n+1} \\ y_n = \dfrac{1}{b}(x_{n+1} + ay_{n+1}^2 - 1) \end{cases} \tag{8.14}$$

3)CSM 映射函数

CSM 映射函数是一种具有两个正则动态变量的可逆、保面积的二维混沌系统，它的迭代形式定义如下

$$\begin{cases} \alpha_{i+1} = (\alpha_i + \beta_{i+1}) \bmod 2\pi \\ \beta_{i+1} = (\beta_i + \delta \sin \alpha_i) \bmod 2\pi \end{cases} \tag{8.15}$$

其中，$\delta > 0$ 是一个控制参数；α_i 和 β_i 都是取自区间 $[0, 2\pi)$ 的实数值。该二维混沌系统经过一定次数的迭代之后，生成的序列将呈现出完全随机的结果。

4）Lorenz 映射函数

1963 年，Lorenz 在研究大气运动时，提出用来描述热对流不稳定性的非线性动力学方程，即三维 Lorenz 混沌系统，其定义如下

$$\begin{cases} \dot{x}_1 = a(x_2 - x_1) \\ \dot{x}_2 = cx_1 - x_1 x_3 - x_2 \\ \dot{x}_3 = x_1 x_2 - bx_3 \end{cases} \tag{8.16}$$

其中，a、b、c 为系统参数，当 $a = 10$，$b = 8/3$，$c = 28$ 时，Lorenz 系统呈现出混沌状态。

8.3.3　基于混沌系统的 N 维置乱算子定义

前面我们简单介绍了混沌理论的定义及特征，并给出了几种常用的混沌映射的表达式。由于混沌系统能够将一个有序的动态系统转变为一种完全随机的状态，且生成的迭代序列具有有界性、非周期性、对于初始条件极端敏感的特点，它被广泛应用于信息安全领域。本节将基于 CSM 二维混沌系统，通过递归的方法构造一个 N 维置乱算子，该置乱算子将被用于保实多参数离散分数变换域的彩图加密算法中，以隐藏彩色图像的颜色信息。

由 CSM 映射函数的定义式 (8.15) 可知，该系统所生成的迭代值可以看作 $[0, 2\pi)$ 内的角度序列。利用该角度混沌序列可以构造一系列形如式 (8.17) 和式 (8.18) 的二维和三维角矩阵

$$V_2^{\alpha_i} = \begin{bmatrix} \cos\alpha_i & \sin\alpha_i \\ -\sin\alpha_i & \cos\alpha_i \end{bmatrix}, \quad V_2^{\beta_i} = \begin{bmatrix} \cos\beta_i & \sin\beta_i \\ -\sin\beta_i & \cos\beta_i \end{bmatrix} \tag{8.17}$$

$$V_3^{\alpha_i} = \begin{bmatrix} \cos\alpha_i & \sin\alpha_i & 0 \\ 0 & 0 & 1 \\ -\sin\alpha_i & \cos\alpha_i & 0 \end{bmatrix}, \quad V_3^{\beta_i} = \begin{bmatrix} \cos\beta_i & \sin\beta_i & 0 \\ 0 & 0 & 1 \\ -\sin\beta_i & \cos\beta_i & 0 \end{bmatrix} \tag{8.18}$$

容易验证，$V_2^{\alpha_i}$、$V_2^{\beta_i}$、$V_3^{\alpha_i}$、$V_3^{\beta_i}$($i = 0, 1, 2, \cdots$) 都是正交矩阵，且可以用来表示坐标的旋转变换。基于如下假设，可以利用式 (8.17) 和式 (8.18) 来构造任意维度的正交角矩阵。

假设 8.1　令 V_N 表示一个正交矩阵，满足 $V_N V_N^{\mathrm{T}} = I$，那么二维矩阵

$$V_{2N} = \frac{1}{\sqrt{2}} \begin{bmatrix} V_N & V_N \\ -V_N^z & V_N^z \end{bmatrix} \tag{8.19}$$

和三维矩阵

$$V_{2N+1} = \frac{1}{\sqrt{2}} \begin{bmatrix} V_N & V_N & V_0^{\mathrm{T}} \\ V_0 & V_0 & \sqrt{2} \\ -V_N^z & V_N^z & V_0^{\mathrm{T}} \end{bmatrix} \tag{8.20}$$

也必然是正交矩阵。其中，矩阵 V_N^z 由 V_N 上下翻转得到，V_0 是一个 $1 \times N$ 的零向量。

将式(8.17)和式(8.18)作为基本矩阵，按照假设8.1所规定的迭代方法，就可以递归得到其他任意维度的角正交矩阵 V_N^α 和 $V_N^\beta (N > 3)$。例如，当 $N = 53$ 或 $N = 85$ 时，可以通过如下过程来计算 V_{53}^β 和 V_{85}^α

$$\begin{aligned} V_3^\beta \xrightarrow{\text{Eq.(8.17)}} V_6^\beta \xrightarrow{\text{Eq.(8.18)}} V_{13}^\beta \xrightarrow{\text{Eq.(8.17)}} V_{26}^\beta \xrightarrow{\text{Eq.(8.18)}} V_{53}^\beta \\ V_2^\alpha \xrightarrow{\text{Eq.(8.18)}} V_5^\alpha \xrightarrow{\text{Eq.(8.17)}} V_{10}^\alpha \xrightarrow{\text{Eq.(8.18)}} V_{21}^\alpha \xrightarrow{\text{Eq.(8.17)}} V_{42}^\alpha \xrightarrow{\text{Eq.(8.18)}} V_{85}^\alpha \end{aligned} \tag{8.21}$$

定义 8.1　令 V_N^α、V_N^β 和 V_N^γ 表示利用上述递归方法生成的 N 维正交角矩阵，且沿着 x、y 和 z 轴旋转的角度分别为 α、β、γ，定义大小为 $N \times N (N > 3)$ 的像素置乱算子 $T_N(\alpha、\beta、\gamma)$ 如下

$$T_N[\alpha, \beta, \gamma] = V_N^\alpha \cdot V_N^\beta \cdot V_N^\gamma \tag{8.22}$$

其中，α、β 和 γ 由 CSM 混沌映射来生成。该置乱算子能够将原始图像从 RGB 彩色空间旋转到由 α、β、γ 决定的 R'G'B'彩色空间，从而达到隐藏颜色信息的目的。

8.4　基于 N 维置乱算子和保实多参数离散分数变换的彩图加密

在 8.2 节的仿真实验中，通过两幅灰度图像来考察多参数离散分数变换域双随机相位编码算法的加密性能，并没有考虑图像的颜色信息。然而，由于颜色能够反映一幅图像的色彩、亮度，甚至是情绪等信息，使其表达的内容更加生动和逼真，因此随着科学技术的发展，现在的图像采集设备一般都会采取有效的手段来保留图像的颜色信息。对于一幅携带重要内容的彩色图像来说，保护其颜色信息是非常重要的，已经发展成为图像安全领域一个重要的研究方向。其中，由于分数变换具有灵活的变换阶次，能够扩大密钥空间，增强加密系统的安全性，吸引了大批学者研究分数域的彩图加密方法。

Joshi 提出利用非线性变换在分数傅里叶域加密一幅彩色图像的算法。之后又基于分数傅里叶域的双随机相位编码方法，设计了一种利用字节地址同时加密一幅彩色和一幅灰度图像的方法。Keshari 使用传统的对数算子，结合混沌函数和 4-加权的分数傅里叶变换来加密一幅彩色图像。Zhou 将原始图像的颜色信息通过三个旋转角投影到其他颜色空间，实现了颜色信息的隐藏，然后利用保实分数梅林变换的非线性特征来加密一幅彩色图像。Lang 将 Zhou 所提方法拓展到了保实多参数分数傅里叶域，并使用一个随机角矩阵来旋转原始图像的颜色信息。此外，结合不同的置乱技术，分数 Hartley 域和分数余弦变换域的彩色图像加密方法也已得到了广泛研究。

　　然而，这些分数域的彩图加密方法往往都是将 R、G、B 三个颜色分量分别进行编码，并且每个分量通常都是作为一个整体，利用同样的分数阶次来进行处理，忽略了图像不同部分所蕴含的不同纹理特征，会使加密图像的局部相关性较高，从而降低加密系统的安全性能。

　　本节提出一种新的基于置乱算子和保实多参数离散分数 Hartley 变换的彩图加密方法。首先，分析不同阶次的分数 Hartley 变换对图像不同纹理特征所起的不同作用；其次，将一幅彩色图像的三个颜色分量划分为多个子图，并基于 Logistic 映射所产生的混沌序列将子图进行随机排列；然后，用 8.3 节定义的 N 维置乱算子来处理子图，使原始图像从 RGB 彩色空间映射到 R'G'B' 彩色空间，达到隐藏颜色信息的目的；最后，输出子图被变换到不同的保实多参数分数 Hartley 域，并基于混沌序列作进一步置乱。在本节所提的算法中，N 维置乱算子的参数、保实多参数分数 Hartley 变换的阶次以及混沌系统的初始参数都将被用作解密时的安全密钥，从而扩大了加密系统的密钥空间，下面介绍算法的具体实施过程。

8.4.1　算法描述

　　如图 8.15(a) 所示，可以看到，每一幅图像的不同部分蕴含着不同的纹理特征，有的地方包含的细节信息比较多，反映图像的高频信息，而有的地方则是平滑区域，反映图像的低频信息。图 8.15(b) 和图 8.15(c) 分别表示彩色图像 Lena 的 0.1 阶和 0.2 阶分数 Hartley 变换。可以看到该阶次的分数 Hartley 变换对于图像的细节纹理，如眼睛、边缘、嘴唇等部位的作用较大，而对于图像的平滑区域，如肩膀、背景等的作用要小一些。这从实验的角度说明，相同阶次的分数 Hartley 变换对于图像的不同纹理所起的作用是不同的。类似的实验结果在其他余弦类分数变换中也存在。然而，当前提出的分数域图像加密算法往往都是将整个图像（或整个颜色分量）作为一个整体，用同样的分数阶次来进行处理，并没有充分考虑图像的局部纹理特征。这样就可能引起变换后图像的局部相关性较高，而降低加密图像的安全性。

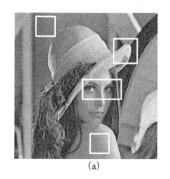 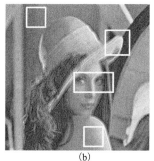 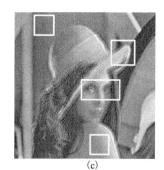

　　　　　　(a)　　　　　　　　　　　　(b)　　　　　　　　　　　　(c)

图 8.15　原始图像及不同阶次 Hartley 变换图像：(a) 原始图像 Lena；(b) 0.1 阶次的分数 Hartley 变换；(c) 0.2 阶次的分数 Hartley 变换

　　下面介绍基于置乱算子和保实多参数离散分数 Hartley 变换的彩色图像加密方法。该方法将图像的不同部分映射到不同的分数域，能够实现图像纹理特征的局部处理，提高加密图像的安全性水平。具体加密过程如下。

　　第一步：划分彩色子图。

　　假设 S 表示一幅大小为 $M \times N \times 3$ 的彩色图像，令 S_R、S_G、S_B 分别表示原图像的三个颜色分量，将各分量的列向量和行向量分别进行 L 和 K 次划分，可以得到 $K \times L \times 3$ 个彩色子图。具体的划分方法如下

$$[S_{R_{m,n}}]_{k,l} = [S_R]_{(m-1)M/L+k,(n-1)N/K+l}$$
$$[S_{G_{m,n}}]_{k,l} = [S_G]_{(m-1)M/L+k,(n-1)N/K+l} \qquad (8.23)$$
$$[S_{B_{m,n}}]_{k,l} = [S_B]_{(m-1)M/L+k,(n-1)N/K+l}$$

其中，子图序列表示为 $\{S_{R_{m,n}}, S_{G_{m,n}}, S_{B_{m,n}}\}_{m,n=0,1,2,\cdots}$，为了方便，可将该子图序列标记为 $s = \{s_1, s_2, \cdots, s_{3KL}\}$，具体的对应关系如图 8.16 所示。

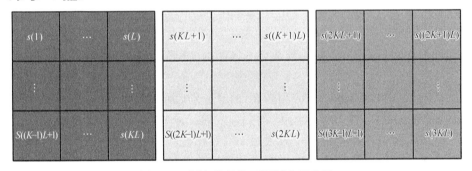

图 8.16　颜色分量的子图划分示意图

　　接下来，基于 Logistic 映射生成的混沌序列，将子图序列中的元素以一种随机的方式进行排列，这一步骤可以视为对原始彩色图像的第一次加密处理。8.3 节已经介绍过，Logistic 映射函数的迭代形式定义为

$$x_{n+1} = kx_n(1-x_n) \qquad (8.24)$$

其中，k（$0 \leqslant k \leqslant 4$）是分支参数；$x_n \in (0,1)$ 是迭代产生的序列值。当 $3.5699456 \leqslant k \leqslant 4$ 时，迭代值将呈现混沌状态，初始参数 x_0 的细微变化都会产生完全不同的、非周期性的、非收敛的随机迭代序列。

　　下面基于 Logistic 系统生成的伪随机序列，将前面划分的彩色子图进行随机排列。

　　设定分支参数 p 和初始值 x_0，利用式(8.24)生成一个 $L \times K \times 3$ 的随机迭代序列，记为 X。

　　将序列 X 中的元素升序排列，得到序列 X'，然后将 X' 中第 n 个元素所对应于 X

中 的 位 置 $d(n)$ 记 录 下 来 ， 就 可 以 得 到 一 个 伪 随 机 地 址 序 列 ， 记 为 $\boldsymbol{D} = \{d(1), d(2), \cdots, d(L \times K \times 3)\}$ 。

将原始图像划分得到的彩色子图序列 $\boldsymbol{s} = \{s_1, s_2, \cdots, s_{3KL}\}$ ，按照伪随机地址序列 $\boldsymbol{D}$ 中记录的位置信息进行重新排列，得到随机排列的子图序列 $\boldsymbol{s}' = \{s_1', s_2', \cdots, s_{3KL}'\}$ （图 8.17），满足

$$s_n' = s_{d(n)}, \quad n = 1, 2, \cdots, K \times L \times 3 \tag{8.25}$$

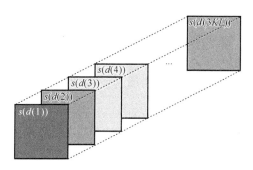

图 8.17　彩色子图随机排列示意图

为了方便，将该随机排列的彩色子图序列用维度大小为 $(M/L) \times (N/K) \times 3KL$ 的多维数据 $\boldsymbol{S}_d = \{s_{d(1)}, s_{d(2)}, \cdots, s_{d(K \times L \times 3)}\}$ 来表示。容易发现，此时多维数据 $\boldsymbol{S}_d$ 中的像素值与原始图像 $\boldsymbol{S}$ 中的像素值完全相同。换句话说，该步骤完成的功能仅仅是置乱彩色子图的位置顺序，而没有改变原始图像的像素取值。

在该步骤中，子图划分的数目 L、K，Logistic 混沌系统的分支参数 p 和初始值 x_0 是加密系统的安全密钥。

第二步：RGB 彩色空间变换。

前面已经介绍过，对于一幅彩色图像来说，颜色信息是十分重要的。所以在图像加密领域，保护彩图的颜色一直都是一个非常重要的研究方向。在前面的步骤中，虽然对各个子图的位置进行了置乱，但是原始图像的颜色信息仍然是裸露的。接下来利用 8.3 节定义的 N 维置乱算子，将各个子图从 RGB 彩色空间旋转到 R'G'B' 彩色空间，达到隐藏原始图像颜色信息的目的。

设定 CSM 混沌映射的三个初始参数值 $\{\alpha_0^1, \beta_0^1, \delta^1\}$、$\{\alpha_0^2, \beta_0^2, \delta^2\}$、$\{\alpha_0^3, \beta_0^3, \delta^3\}$，根据式 (8.15) 生成三个大小为 $1 \times (MN/LK)$ 的随机序列，记为

$$\boldsymbol{x} = \{\alpha_0^1, \beta_0^1, \alpha_1^1, \beta_1^1, \alpha_2^1, \beta_2^1, \cdots, \alpha_{MN/2LK}^1, \beta_{MN/2LK}^1\}$$

$$\boldsymbol{y} = \{\alpha_0^2, \beta_0^2, \alpha_1^2, \beta_1^2, \alpha_2^2, \beta_2^2, \cdots, \alpha_{MN/2LK}^2, \beta_{MN/2LK}^2\}$$

$$\boldsymbol{z} = \{\alpha_0^3, \beta_0^3, \alpha_1^3, \beta_1^3, \alpha_2^3, \beta_2^3, \cdots, \alpha_{MN/2LK}^3, \beta_{MN/2LK}^3\}$$

将 $\boldsymbol{x}$、$\boldsymbol{y}$、$\boldsymbol{z}$ 转换为三个维度大小为 $(M/L) \times (N/K)$ 的随机角矩阵 $\boldsymbol{x}'$、$\boldsymbol{y}'$、$\boldsymbol{z}'$。将其中

的第 (m,n) 个角度 $x'(m,n)$、$y'(m,n)$ 和 $z'(m,n)$ 代入式(8.22)中，就可以得到一系列 $3KL$ 维像素置乱算子 $T_{3KL}[x'(m,n),y'(m,n),z'(m,n)]$，其中 $m=0,1,\cdots,M/L$，$n=0,1,\cdots,N/K$。

通过执行如下操作

$$
\begin{bmatrix} s'_{d(1)}(m,n) \\ s'_{d(2)}(m,n) \\ \vdots \\ s'_{d(3KL)}(m,n) \end{bmatrix} = T_{3KL}\big[x'(m,n),y'(m,n),z'(m,n)\big] \begin{bmatrix} s_{d(1)}(m,n) \\ s_{d(2)}(m,n) \\ \vdots \\ s_{d(3KL)}(m,n) \end{bmatrix} \tag{8.26}
$$

多维数据 S_d 中处于RGB空间的原始彩色分量将被旋转到由CSM混沌序列决定的 R'G'B'颜色空间中，记为 $S'_d = \{s'_{d(1)}, s'_{d(2)}, \cdots, s'_{d(K \times L \times 3)}\}$。这样就可以实现隐藏彩图中颜色信息的目的，这一步骤可以用图 8.18 来形象地表示。

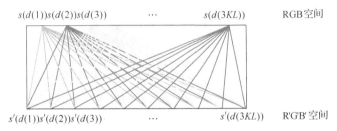

图 8.18　基于 N 维置乱算子的彩色信息隐藏示意图

在这一步骤中，CSM 混沌系统的初始参数值 $\{\alpha_0^1, \beta_0^1, \delta^1\}$，$\{\alpha_0^2, \beta_0^2, \delta^2\}$，$\{\alpha_0^3, \beta_0^3, \delta^3\}$ 可用作加密系统的安全密钥。

第三步：保实多参数离散分数 Hartley 域的图像加密。

前面的定理证明了周期分数矩阵的特征值都是在单位圆上取值，这就使得多参数离散分数变换的输出结果往往是复值数据，既含有幅度信息又含有相位信息，给图像的存储和显示都带来了不便。我们定义了保实多参数离散分数变换算子，并通过张量积将其拓展到了二维形式，重写为

$$
RL_{I}^{(\bar{a},\bar{b})} = RL_{I}^{\bar{a}} \otimes RL_{I}^{\bar{b}}
$$

$$
RL_{II}^{(\bar{a},\bar{b})} = RL_{II}^{\bar{a}} \otimes RL_{II}^{\bar{b}}
$$

我们讨论了多参数离散分数变换域双随机相位编码算法，由其实验结果可知（图 8.10），II 型算子的加密安全性比 I 型算子要高。因此，这里选用 II 型保实多参数离散分数 Hartley 变换 $RH_{II}^{(\bar{a},\bar{b})}$ 来实现对彩色子图 $S'_d = \{s'_{d(1)}, s'_{d(2)}, \cdots, s'_{d(K \times L \times 3)}\}$ 的加密处理。对多维数据 S'_d 中的元素执行如下操作

$$
s''_{d(k)} = RH_{II}^{(\bar{a}_k,\bar{b}_k)}(s'_{d(k)}) = RH_{II}^{\bar{a}_k} \cdot s'_{d(k)} \cdot RH_{II}^{\bar{b}_k} \tag{8.27}
$$

得到的加密子图表示为 $S''_d = \{s''_{d(1)}, s''_{d(2)}, \cdots, s''_{d(3KL)}\}$。在这里，我们用不同阶次的

保实多参数离散分数 Hartley 变换来处理不同的子图，这也就意味着原始图像的不同部分被变换到了不同的分数域中(图 8.19)，实现了子图的多分数域加密。

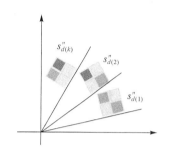

图 8.19　多分数域子图加密示意图

换句话说，这一步骤实现了基于图像不同部分的纹理特征来施加不同阶次的分数变换的操作，可以避免加密图像局部相关性较高，能够提高系统的安全性能。这一思想是新颖的，与当前的其他单分数域图像加密方法完全不同。

通过执行第一步的逆过程，将大小为 $(M/L) \times (N/K) \times 3KL$ 的多维加密图像 $\boldsymbol{S}_d''$ 转换为大小为 $M \times 3N$ 的二维图像 $\boldsymbol{S}_d'''$。并使用以下定义的二维 Logistic 混沌系统来对加密图像进行置乱，可以进一步平衡分数域加密图像的能量

$$\begin{cases} x_{n+1} = \mu_1 x_n (1-x_n) + \gamma_1 y_n^2 \\ y_{n+1} = \mu_2 y_n (1-y_n) + \gamma_2 (x_n^2 + x_n y_n) \end{cases} \tag{8.28}$$

其中，μ_1、μ_2、γ_1、γ_2 是系统的分支参数；$x_n, y_n \in (0,1)$，$n = 0,1,2,\cdots$ 是生成的随机迭代值。当 $2.75 < \mu_1 < 3.4$，$2.75 < \mu_2 < 3.45$，$0.15 < \gamma_1 < 0.27$，$0.13 < \gamma_2 < 0.15$ 时，二维 Logistic 系统将呈现出非周期、非收敛的混沌状态。

下面介绍保实多参数离散分数 Hartley 域的像素置乱算法。

(1)设定系统参数 μ_1、μ_2、γ_1、γ_2 和初始参数 x_0、y_0，利用式(8.28)生成两个随机序列 $\xi_x = \{\xi_x(n) | n = 1,2,\cdots,MN/2 + K_x\}$ 和 $\xi_y = \{\xi_y(n) | n = 1,2,\cdots,MN/2 + K_y\}$。

(2)从混沌序列 ξ_x、ξ_y 中丢弃前 K_x、K_y 个值，并将剩下的元素降序排列，得到 ξ_x'、ξ_y'，以及两个地址序列 $\boldsymbol{D}_x = \{d_x(1),\cdots,d_x(MN/2)\}$，$\boldsymbol{D}_y = \{d_y(1),\cdots,d_y(MN/2)\}$，满足

$$\xi_x'(n) = \xi_x[d_x(n)]$$
$$\xi_y'(n) = \xi_y[d_y(n)] \tag{8.29}$$

将 $\boldsymbol{D}_y$ 中的元素隔行插入 $\boldsymbol{D}_x$ 中，得到一个随机地址矩阵 $\boldsymbol{D}_{xy}$。

(3)根据随机地址矩阵 $\boldsymbol{D}_{xy}$，将 $\boldsymbol{S}_d'''$ 中的元素进行置乱，可以得到维度为 $M \times 3N$ 的二维置乱图像。将该二维数据转换成大小为 $M \times N \times 3$ 的三维矩阵，即可得到最终的加密图像。

该步操作能够将原始图像的空域信息转换到多个分数域中，实现了原始图像不同纹理的不同域加密，因此是我们所提算法的核心步骤。在这一步骤中，变换的阶次参数 $\{\overline{a}_k, \overline{b}_k\}_{k=1,2,\cdots,3KL}$，混沌系统的初始参数 μ_1、μ_2、γ_1、γ_2、x_0、y_0 和整数 K_x、K_y 可用作加密系统的安全密钥。

保实多参数离散分数变换域的彩图加密算法流程图如图 8.20 所示。该算法结合了混沌系统空域置乱的能量扩散特性，以及保实多参数离散分数变换密钥空间大的双重优点，并且每一步中引入的密钥决定了该加密系统的安全性水平。解密处理是加密步骤的逆过程。

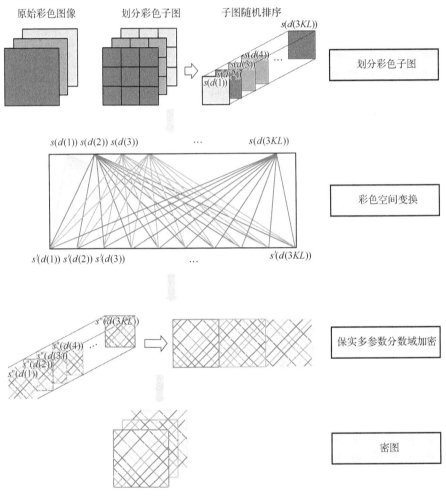

图 8.20　基于置乱算子和保实多参数离散分数变换的彩图加密流程图

8.4.2　数值仿真

下面通过数值仿真来验证我们所提彩图加密算法的有效性。在仿真过程中，选用大小为 $512 \times 512 \times 3$ 的彩色图像 Lena 作为原始图像（图 8.21（a））。第一步中引入的密钥设为 $L=4, K=4$，Logistic 映射的系统参数为 $p=3.9788$ 和 $x_0=0.2175$。第二步中 CSM 混沌系统的初始值设为

$$\begin{cases} \alpha_0^1 = 0.2135, & \beta_0^1 = 0.4251, & \delta^1 = 0.3456 \\ \alpha_0^2 = 0.3516, & \beta_0^2 = 0.7251, & \delta^2 = 0.2365 \\ \alpha_0^3 = 0.7821, & \beta_0^3 = 0.3244, & \delta^3 = 0.4512 \end{cases}$$

第三步中引入的保实多参数离散分数 Hartley 变换的参数 $\{\overline{a}_k, \overline{b}_k\}_{k=1,2,\cdots,3KL}$，由 MATLAB 的内部随机数生成器来产生，二维 Logistic 混沌系统的置乱密钥设为

$$\mu_1 = 3.1356, \ \mu_2 = 2.9654; \ \gamma_1 = 0.2104, \ \gamma_2 = 0.1432$$
$$x_0 = 0.7131, \ y_0 = 0.3421; \ K_x = 57, \ K_y = 57$$

图 8.21(b) 和图 8.21(c) 分别为加密图像和密钥全部正确时得到的解密图像。由图 8.21(b) 可以发现，加密图像呈现出类平稳白噪声的特性，我们无法通过肉眼观察来得到原始图像的任何信息。接下来，我们将从子图划分个数与密图安全性的关系、密图对分数变换阶次的敏感性、加密系统的抗统计特性、对数据丢失的容忍程度以及对信道噪声的容忍程度几个方面来分析我们所提算法的有效性。

　　　　　(a)　　　　　　　　　　　　　(b)　　　　　　　　　　　　　(c)

图 8.21　保实多参数离散分数域图像加密/解密结果：(a)原始图像；(b)加密图像；(c)解密图像

8.4.3　性能分析

1. 子图划分个数与密图安全性的关系

在我们所提的保实多参数离散分数变换域彩图加密算法中，原始图像的三个颜色分量被划分为若干子图，并被变换到不同阶次的保实多参数分数 Hartley 域，实现了针对图像不同纹理特征的多分数域加密。这是一种新颖的加密思路，完全不同于其他分数域图像加密算法。下面将通过数值仿真来分析子图划分个数与密图安全性的关系。在此，通过均方误差(MSE)来衡量加密图像和原始图像之间的偏差程度，均方误差定义如下

$$\text{MSE} = \frac{1}{3}\left(\sum_{i=1}^{3}\sum_{m=1}^{M}\sum_{n=1}^{N} \frac{\| E_i(m,n) | - | O_i(m,n) \|^2}{M \times N} \right) \tag{8.30}$$

其中，$M \times N$ 为单个彩色分量的大小；$E_i(m,n)$ 和 $O_i(m,n)$ 分别为加密图像和原始图像三个彩色分量的像素值。

表 8.1 记录了不同子图划分个数的均方误差情况，可以看到，随着子图划分个数的增加，均方误差也在相应地增大，即加密图像的安全性在相应地提高。该结论证明：针对图像的局部纹理特征，将图像的不同部分映射到不同的分数域中，能够大大提高加密图像的安全性水平。与其他同类算法在不进行子图划分时所得到的加密图像的均方误差情况相比，我们的算法具有较高的安全性水平。

表 8.1   我们的算法的密图均方误差

子图个数	1×1×3	2×2×3	4×4×3	8×8×3	16×16×3
MSE	1.1014×10^4	1.4915×10^4	2.0311×10^4	2.3819×10^4	2.5940×10^4

图 8.22 则反映出随着子图划分个数的增加，所用的计算时间(单位：秒)将会相应地减少。然而，这并不能说明划分子图数目越多，运行越快，这取决于原始图像的大小，事实上，超过一定的临界点之后，运行时间反而会增加。例如，对一幅大小为 512×512×3 的彩色图像来说，最优的子图划分个数为 8×8×3。

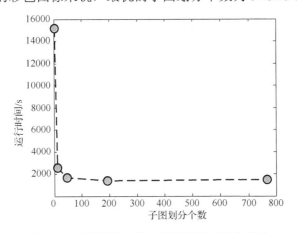

图 8.22   子图划分个数与算法运行时间的关系

2. 加密图像对变换阶次的敏感性分析

为了测试加密图像对变换阶次的敏感性程度，我们分别计算了三个彩色分量在分数阶次变化时，解密图像与原始图像的均方误差，如图 8.23 所示。在仿真过程中，假设错误阶次位于正确阶次的附近，x 轴 β 表示该偏差程度(位于 [−0.1, 0.1] 区间，步长为 0.01)，其他密钥则全部保持正确。从图中可以看出，当分数阶次正确时，均方误差值几乎为零，即此时可以正确无误地解密出原图像。当解密时所用阶次密钥稍微偏离正确阶次时，均方误差就会急剧增大，这个结果证明加密图像对于阶次的变化是非常敏感的。引起这一结果的根本原因是，加密图像位于多个保实分数Hartley 域中，而不是处于空域，当用错误的分数阶次进行解密时，等价于将密图进行二次加密处理，所以其解密结果仍然为密图，而不能得到原始图像的任何信息。

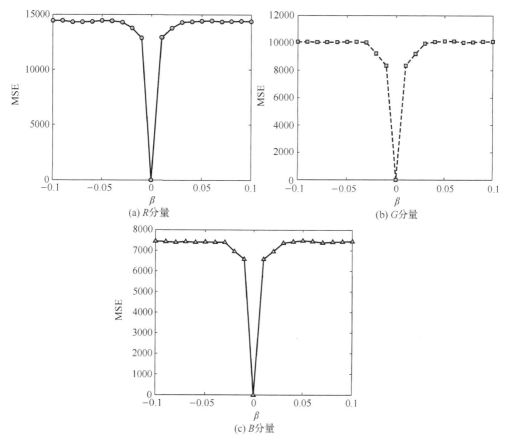

图 8.23 密图彩色分量对应于阶次变化时的均方误差

表 8.2 给出了当混沌映射的参数错误时(与正确参数的距离 $<10^{-3}$)，计算得到的解密图像的均方误差情况，结果表明，我们所提算法对于混沌参数的变化是非常敏感的。

表 8.2 混沌参数错误时解密图像的均方误差

错误参数	Step1 1D Logistic	Step2 CSM	Step3 2D Logistic
MSE	7.2372×10^{3}	8.3152×10^{3}	1.0969×10^{4}

3. 抗统计特性分析

图像直方图是分析图像统计特性的一个非常重要的工具，常用来考察图像加密算法的抗统计分析能力。图 8.24 所示为原始图像和相应的加密图像三个彩色分量的直方图。通过实验结果可以发现，在同样的颜色通道中，原始图像和加密图像的直方图是完全不同的，而且，同一幅加密图像的三个颜色通道的直方图完全相似，仅通过直方图并不能判定该分量属于哪个颜色通道。这是因为所提算法将原始图像从空域变换到了保实多参数分数 Hartley 域中，而并不仅仅是在同一个域中像素的简单置乱。这一特点可以视为经典加密算法的"扩散性"，即将原始图像的统计特性扩散到了整个空间。经过大量的仿真实验后，我们发现不同原始图像的密图具有相似的直方图，因此，密码破译者不能根据加密图像的直方图来获取关于密钥的任何信息。即我们所提的加密算法能够抵抗统计攻击，具有很好的安全性。

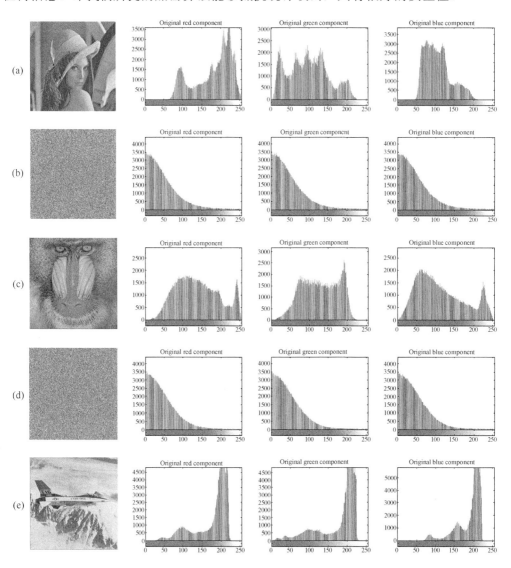

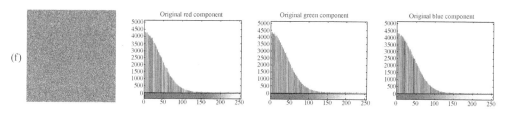

图 8.24　原始图像及其对应的加密图像三个色彩通道的加密直方图：(a) Lena 原图；
(b) Lena 密图；(c) Baboon 原图；(d) Baboon 密图；(e) Plane 原图；(f) Plane 密图

4. 对密图数据丢失的容忍度分析

当加密图像在不安全的通信信道中进行传输时，一些信息可能丢失。为了验证我们所提算法对密图数据丢失的容忍度，我们分别测试了遮挡加密图像 25%、50%、62.5% 和 75% 的像素时，所得解密图像的效果。图 8.25(a) 和图 8.25(e) 模拟实现的是数据随机丢失 25% 和 62.5% 的情况，图 8.25(b) 和图 8.25(f) 分别对应这两种情况下用正确密钥进行解密的图像。图 8.25(c) 和图 8.25(g) 模拟实现的是数据连续丢失 50% 和 75% 的情况，其对应的用正确密钥解密的图像如图 8.25(d) 和图 8.25(h) 所示。从仿真结果可以看出，即使在密图数据丢失 75% 的情况下，解密图像在视觉上还是依稀可辨的，说明我们所提算法对于密图数据丢失具有一定的容忍能力。这是由于我们所提算法将原始图像每个像素点的能量"扩散"到加密图像

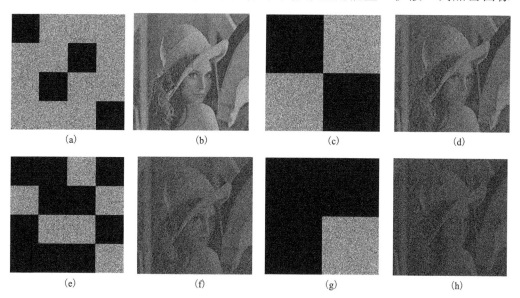

图 8.25　密图数据丢失时的解密图像：(a)(b) 密图数据随机丢失 25% 及其解密图像；
(c)(d) 密图数据连续丢失 50% 及其解密图像；(e)(f) 密图数据随机丢失 62.5% 及
其解密图像；(g)(h) 密图数据随机丢失 75% 及其解密图像

的整个空间中，当其中一部分数据丢失时，剩下的数据中仍然携带了原始图像所有像素点的信息。但是，密图数据丢失会引起解密图像信噪比下降。此时，可以通过一定的图像去噪、图像增强等后处理方法进行恢复，提高此情况下解密图像的质量。

5. 抗噪声能力分析

当加密图像在信噪比较低的信道中传输时，往往会受到噪声污染，而加性高斯白噪声是其中最常见的噪声形式。为了测试我们所提算法对加性噪声的容忍能力，仿真过程中对密图加入了不同程度的、均值为零的高斯白噪声。假设噪声对密图的影响满足

$$E' = E(1+\sigma G) \tag{8.31}$$

其中，E 和 E' 分别表示理想加密图像和被噪声污染的加密图像的彩色分量；参数 σ 表示噪声强度或噪声密度的加权系数；G 表示均值为零的高斯白噪声。图 8.26 所示为 σ 分别等于 0.01、0.1、0.2、0.5 时的解密图像。显然，当密图在噪声信道内传输时，其解密图像仍依稀可辨。因此，我们所提算法具有一定的抗噪声攻击能力。由于噪声信道所引起的解密图像信噪比下降的情况，可以通过图像去噪、图像增强等后处理方法进行恢复，提高这种情况下解密图像的质量。

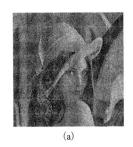   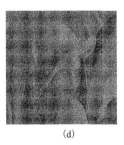

   (a)   (b)   (c)   (d)

图 8.26　噪声环境下的解密图像：(a) σ=0.01；(b) σ=0.1；(c) σ=0.2；(d) σ=0.5

8.5　本章小结

本章针对图像信息的安全通信问题，提出在多参数离散分数变换域的双随机相位编码算法以及保实多参数离散分数变换域的彩图加密方法。首先，基于我们构造的余弦类多参数离散分数变换，进行了多参数分数域双随机相位编码算法的数值仿真，研究了所提算法应用于图像加密时的效果，分析了其密钥空间的构成，以及密图对变换阶次的敏感性和抗统计特性的能力。其次，提出保实多参数分数变换域的彩图加密方法。该方法将彩色图像的三个颜色分量划分为多个子图序列，并将其随

机排列；利用我们定义的 N 维置乱算子将 RGB 彩色空间旋转到 R'G'B'彩色空间，实现了颜色信息的隐藏；针对图像的局部纹理特征，用不同阶次的保实多参数离散分数 Hartley 变换进行处理，并用二维混沌系统对密图进行了置乱，实现了彩色图像的多分数域加密。该算法结合了混沌系统空域置乱的能量扩散特性，以及保实多参数离散分数变换密钥空间大的双重优点，保密性能良好。仿真实验从几个不同的角度验证了所提算法的安全性。本章所提两种加密算法为图像信息的安全传输和存储提供了新思路，能够促进离散分数变换在信息安全领域的应用，进一步丰富和完善了分数域信号处理的应用体系。

第9章 随机离散分数傅里叶变换

9.1 概　　述

分数变换本身(如分数傅里叶变换、分数余弦变换、分数正弦变换、分数 Hartley 变换、分数阿达马变换等)，一般不能直接实现图像加密的效果，要达到这一目的往往需要结合一些其他的随机化方法或像素置乱方法。在第 8 章，首先借助随机相位掩模，提出了多参数离散分数变换域的双随机相位编码方法；其次借助混沌系统，提出了保实多参数离散分数 Hartley 域的彩图加密方法。本章将焦点集中于分数傅里叶变换本身，分析由于其内在多样性而衍生出的各种随机离散分数傅里叶变换的优缺点，进而提出能够直接实现图像加密效果的随机离散分数傅里叶变换。

Pei 教授定义了特征分解型的离散分数傅里叶变换，由于该离散化方法得到的计算结果能够逼近其连续形式，并且满足分数傅里叶变换的所有性质，而受到该领域研究人员的广泛关注。一些学者深入分析了这一定义方式，发现若将其中的特征值或特征向量进行特殊的随机化处理，就能够衍生拓展出各种不同的随机离散分数变换。下面我们简单介绍这些随机变换的基本思想，并分析其各自的优缺点。

2005 年，Liu 定义了一种随机离散分数变换，其特征值与分数傅里叶变换相似，特征向量则取自一个对称随机矩阵的特征向量。该随机分数变换能够继承分数傅里叶变换的线性、酉性、周期性、能量守恒等性质，且在大多数情况下信号的输出结果会呈现出随机化的状态，非常适合图像加密领域。基于同样的随机化思想，他又提出了随机分数正弦变换和随机分数余弦变换，并证明了这两种变换是随机离散分数变换的特殊形式。然而，Liu 提出的这种随机化方法不能用光学装置来实现，同时由于其保留了分数傅里叶变换的周期性，使得在进行图像解密时具有阶次密钥不唯一的缺点。另外，在阶次变化的时候，其核函数需要重新计算，时间代价比较大，不能用于实时处理。

2009 年，Pei 定义了一种随机离散分数傅里叶变换，它具有随机化的特征值和特征向量，且特征向量的获得方式与 Liu 的方法类似。该随机变换满足边界性和阶次可加性，所得信号的输出幅值和相位都是随机的，所以能够直接用于二维图像的加密处理，具有较大的密钥空间，安全性比较高。然而，该变换仍然存在因阶次变化而引起的需反复计算变换核函数的问题。并且在光学系统中将特征函数进行随机化是困难的，因此它不能像分数傅里叶变换那样用光学装置来实现。

为了能用光学设备实现随机分数傅里叶变换，相关文献分析了傅里叶变换特征值的分布特点，并证明对于某一个特征函数，其相应的特征值可以有无限多种选择，进而提出一种随机化方法，设计了其光学实现装置。然而，该随机变换对于能量集中于边界或角落的一些特殊的二维图像，不能实现直接加密的目的。有学者借助一对相互共轭的随机相位掩模来随机化分数傅里叶变换的核函数。该方法便于光学实现，但是当将其用于图像加密时，密钥空间相对较小，在数字设备上实现时，也存在运行时间较长的问题。

我们综合考虑了以上各种分数傅里叶变换随机化方法存在的优缺点，同时借助随机相位掩模和混沌序列设计了一种多通道随机离散分数傅里叶变换，下面将详细描述这一设计过程。

9.2 多通道随机离散分数傅里叶变换的定义

我们已经介绍过，a 阶 $N \times N$ 离散分数傅里叶变换的核函数为

$$\boldsymbol{F}^a = \boldsymbol{V}\boldsymbol{D}^a\boldsymbol{V}^{\mathrm{T}} = \begin{cases} \displaystyle\sum_{k=0}^{N-1}\exp\left[-\mathrm{j}\frac{\pi}{2}ak\right]\boldsymbol{v}_k\boldsymbol{v}_k^{\mathrm{T}}, & N \text{ 奇} \\ \displaystyle\sum_{k=0}^{N-2}\exp\left[-\mathrm{j}\frac{\pi}{2}ak\right]\boldsymbol{v}_k\boldsymbol{v}_k^{\mathrm{T}} + \exp\left[-\mathrm{j}\frac{\pi}{2}aN\right]\boldsymbol{v}_k\boldsymbol{v}_k^{\mathrm{T}}, & N \text{ 偶} \end{cases} \tag{9.1}$$

其中，$\boldsymbol{v}_k$ 是 k 阶离散傅里叶变换的 Hermite-Gaussian 特征向量；当 N 是奇数时，$\boldsymbol{V} = [\boldsymbol{v}_0|\boldsymbol{v}_1|\cdots|\boldsymbol{v}_{N-2}|\boldsymbol{v}_{N-1}]$，当 N 是偶数时，$\boldsymbol{V} = [\boldsymbol{v}_0|\boldsymbol{v}_1|\cdots|\boldsymbol{v}_{N-2}|\boldsymbol{v}_N]$；$\boldsymbol{D}^a$ 是一个对角矩阵，其对角项为矩阵 $\boldsymbol{V}$ 中特征向量所对应的特征值；T 表示矩阵的转置。

可以看出，该定义下的离散分数傅里叶变换没有闭合表达式，一旦变换阶次发生变化，就需要重新计算核函数，且不具有像快速傅里叶变换那样的快速算法，运算量较大。在此定义基础上衍生的随机分数变换也延续了这一不足之处。

Yeh 深入研究了这一定义的特点，提出一种离散分数傅里叶变换的快速计算方法。假设 $\boldsymbol{x}$ 是一个 N 点的离散信号，那么 $\boldsymbol{x}$ 的 a 阶离散分数傅里叶变换是

$$\boldsymbol{X}_a = \begin{cases} \displaystyle\sum_{n=0}^{N-1}B_{n,a}\boldsymbol{X}_{nb}, & N \text{ 奇} \\ \displaystyle\sum_{n=0}^{N}B_{n,a}\boldsymbol{X}_{nb}, & N \text{ 偶} \end{cases} \tag{9.2}$$

当 N 是奇数时，$b = 4/N$，当 N 是偶数时，$b = 4/(N+1)$；$\boldsymbol{X}_{nb}$ 是信号 $\boldsymbol{x}$ 的 nb 阶离散分数傅里叶变换；加权系数 $B_{n,a}$ 定义为

$$B_{n,a} = \begin{cases} \text{IDFT}\{\exp[-\text{j}(\pi/2)ak]\}_{k=0,1,2,\cdots,N-1}, & N \text{ 奇} \\ \text{IDFT}\{\exp[-\text{j}(\pi/2)ak]\}_{k=0,1,2,\cdots,N}, & N \text{ 偶} \end{cases} \qquad (9.3)$$

其中， $\text{IDFT}\{\cdot\}$ 表示离散傅里叶逆变换。

考虑到 N 为奇数或是偶数在本质上是相同的，因此为了简便，我们只分析其为奇数的情况。根据式(9.1)和式(9.3)，可将 a 阶 $N \times N$ 离散分数傅里叶变换的核函数写为如下线性组合形式

$$\begin{aligned} \boldsymbol{F}^a &= \sum_{k=0}^{N-1} \exp[-\text{j}(\pi/2)ak] \boldsymbol{v}_k \boldsymbol{v}_k^{\text{T}} \\ &= \sum_{k=0}^{N-1} \left\{ \sum_{n=0}^{N-1} B_{n,a} \exp[-\text{j}(2\pi/N)nk] \right\} \boldsymbol{v}_k \boldsymbol{v}_k^{\text{T}} \\ &= \sum_{n=0}^{N-1} B_{n,a} \left\{ \sum_{k=0}^{N-1} \exp[-\text{j}(2\pi/N)nk] \boldsymbol{v}_k \boldsymbol{v}_k^{\text{T}} \right\} = \sum_{n=0}^{N-1} B_{n,a} \boldsymbol{F}^{nb} \end{aligned} \qquad (9.4)$$

其中， $b = 4/N$ ； $\boldsymbol{F}^{nb}$ 为 nb 阶的 $N \times N$ 离散分数傅里叶变换矩阵。

在第 1 章已经介绍过，分数傅里叶变换的物理意义可以解释为时频平面的旋转。因此，变换核函数 $\boldsymbol{F}^{nb}$ 和 $\boldsymbol{F}^a$ 可以用图 9.1 所示的时频关系来表示，括号中为相应通道的加权系数。

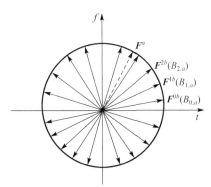

图 9.1　分数傅里叶变换核函数 $\boldsymbol{F}^{nb}$ 和 $\boldsymbol{F}^a$ 的时频表示

由式(9.4)可知， a 阶离散分数傅里叶变换核函数 $\boldsymbol{F}^a$ ，可以用 N 个均匀分布的离散分数傅里叶变换核函数 $\boldsymbol{F}^{nb}$ 的线性组合来计算，我们称该形式为多通道离散分数傅里叶变换。

在前面所介绍的各种随机化方法的启发下，本节提出一种多通道随机离散分数傅里叶变换。该变换由如下三个步骤完成：首先，将每个通道的加权系数进行随机化；然后，基于混沌映射提出一种通道选择方法来随机选取几个通道；进而，用一组随机相位掩模来处理所选通道的核函数。我们所提方法同时结合了随机相位掩模

和混沌理论的优点，随机化程度较高，能够直接用于二维图像的加密处理，安全性高。下面介绍各个步骤的具体实现。

第一步：随机化加权系数。

通过分析式(9.4)可以发现，分数傅里叶变换核函数 $\boldsymbol{F}^a$ 的特征值被分解为每个通道的加权系数 B_n^a 和核函数 $\boldsymbol{F}^{nb}$ 的特征值。由相关分析可知，对于每一个特征函数来说，其对应的特征值可以有无限种选择，这也就意味着分数傅里叶变换的特征值可以用一种完全随机的方式来选取。因此，我们将每个通道的加权系数按照如下策略来进行随机化处理

$$B_n^{R_n} = \mathrm{IDFT}\{\exp[-\mathrm{j}(\pi/2)k \cdot \mathrm{Rand}(n)]\}_k \tag{9.5}$$

其中，$\mathrm{Rand}(n) \in [0,1]$，$n = 0,1,\cdots,N-1$ 的值是独立于 n 的随机数，在此用符号 $\boldsymbol{B} = \{B_n^{R_n}, n = 0,1,\cdots,N-1\}$ 来表示随机系数向量。

第二步：随机化通道核函数。

根据式(9.4)可得，第 nb 个通道的变换核函数 $\boldsymbol{F}^{nb}$ 的特征分解形式为

$$\begin{aligned}\boldsymbol{F}^{nb} &= \sum_{k=0}^{N-1} \exp[-\mathrm{j}(\pi/2)k \cdot nb]\boldsymbol{v}_k \boldsymbol{v}_k^{\mathrm{T}} \\ &= \boldsymbol{V}\boldsymbol{\Lambda}_n \boldsymbol{V}^{\mathrm{T}}\end{aligned} \tag{9.6}$$

其中，特征值矩阵 $\boldsymbol{\Lambda}_n$ 为

$$\boldsymbol{\Lambda}_n = \mathrm{diag}\left\{\exp\left[-\mathrm{j}\frac{\pi}{2}nb \cdot 0\right],\cdots,\exp\left[-\mathrm{j}\frac{\pi}{2}nb \cdot (N-1)\right]\right\} \tag{9.7}$$

利用两个统计上相互独立的随机相位掩模，按照如下策略来随机化通道的变换核函数

$$\boldsymbol{R}_n = \boldsymbol{P}_n^1 \cdot \boldsymbol{F}^{nb} \cdot \boldsymbol{P}_n^2 \tag{9.8}$$

其中，$\boldsymbol{P}_n^i = \exp[-\mathrm{j}2\pi P_n^i(v)]$，$i = 1,2$ 表示两个随机相位掩模，用来扰乱相应通道的核函数 $\boldsymbol{F}^{nb}$。$P_n^i(v), i = 1,2$ 是两个相互独立的高斯白噪声矩阵，且均匀分布于 $[0,1]$。

这一过程可以用图 9.2 所示的单通道随机化光学示意图来表示，即将一块随机相位掩模放置于该通道的输入平面，将另一块与之统计特性相互独立的随机相位掩模放置于分数傅里叶平面，能够实现原始图像在空域和分数域的随机扰乱。

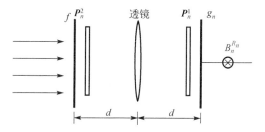

图 9.2　单通道随机化光学示意图

由第一步和第二步的随机化方法可知，多通道随机离散分数傅里叶变换定义如下

$$F^R = \sum_{n=0}^{N-1} B_n^{R_n} \boldsymbol{R}_n \tag{9.9}$$

注意到，在式(9.9)中，N 个通道的随机离散分数傅里叶变换就需要生成 $2N$ 个随机相位掩模，这一操作是烦琐的、耗费光学器材的，且很多时候也是不必要的。因此驱使我们寻找一种优化方法，该方法能够随机选取几个通道的核函数，然后将其按照式(9.8)的方法来进行随机化，其余的通道核函数则保持不变。下面给出一种基于 Logistic 混沌系统的选择策略。

第三步：一种通道随机选择策略。

下面基于一维 Logistic 混沌映射生成的伪随机地址序列，提出一种通道随机选择策略。Logistic 映射是一种非线性的混沌函数，其一维迭代形式定义为

$$x_{n+1} = p \cdot x_n \cdot (1 - x_n) \tag{9.10}$$

其中，$0 \le p \le 4$，是一个系统参数，一般称为分支参数；x_0 为初始值，$x_n \in (0,1)$ 表示迭代值。当 $p \in [3.5699456, 4]$ 时，该动态系统将处于一种混沌状态，产生的迭代序列将具有非周期、非收敛的特点。

下面基于 Logistic 混沌映射的上述特点提出一种通道随机选择方法。

(1) 设定系统参数 p 和初始值 x_0，利用式(9.10)生成一个 N 维伪随机迭代序列 $X = \{x(n) | n = 0, 1, \cdots, N-1\}$。

(2) 将序列 X 中的元素按照升序排列，得到 $X' = \{x[d(n)] | n = 0, 1, \cdots, N-1\}$。其中符号 $d(n)$ 表示地址编码。也就是说，X 中元素的值不变而其位置发生改变，即在 X' 中的第 n 个元素对应 X 中的第 $d(n)$ 个元素。

(3) 给定一个整数 K，丢掉随机序列 X' 中的前 K 个元素，得到序列

$$X'' = \{x[d(m)] | m = 0, 1, \cdots, N-1-K\}$$

(4) 执行上述步骤，可以得到一个伪随机地址序列 $\{d(m) | m = 0, 1, \cdots, N-1-K\}$。

(5) 选择第 $d(m)$ 通道的核函数 $\boldsymbol{F}^{d(m)b}$ $(m = 0, 1, \cdots, N-1-K)$，并将其按照式(9.8)的方法进行随机化。

令符号 Rand 表示由第三步所生成的随机化通道核函数的线性组合，即

$$\text{Rand} = \sum_{m=0}^{N-1-K} B_{d(m)}^{R_{d(m)}} \boldsymbol{R}_{d(m)} \tag{9.11}$$

用 Fr 表示剩余通道核函数的线性组合，计算如下

$$\text{Fr} = \sum_{n} B_n^{R_n} \boldsymbol{F}^{nb} \tag{9.12}$$

其中，$n \in \{n | \{0, 1, \cdots, N-1\} \setminus \{d(m) | m = 0, 1, \cdots, N-1-K\}\}$。

那么，式(9.9)定义的多通道随机离散分数傅里叶变换就可以优化为

$$F^R = \text{Rand} + \text{Fr} \tag{9.13}$$

因此，一维信号 x 的多通道随机离散分数傅里叶变换可以计算如下

$$X_R = F^R x \tag{9.14}$$

二维多通道随机离散分数傅里叶变换的核函数定义如下

$$F^{R_1,R_2} = F^{R_1} \otimes F^{R_2} \tag{9.15}$$

其中，$\otimes$ 表示张量积；R_1 和 R_2 是二维核函数中相互独立的分数阶次。

对于二维数字图像 P，它的多通道随机离散分数傅里叶变换可以计算如下

$$P_R = F^{R_1,R_2}(P) = F^{R_1} \cdot P \cdot F^{R_2} \tag{9.16}$$

我们定义的多通道随机离散分数傅里叶变换，是以分数傅里叶变换本身具有多样性的特征为前提的，可以看作 II 型多参数离散分数傅里叶变换研究工作的进一步延伸和扩展。它同时结合了随机相位掩模和混沌系统的双重优点，随机化程度较高。其他各种分数变换(分数正弦变换、分数余弦变换、分数 Hartley 变换、分数阿达马变换、分数角变换等)，也可以按照同样的随机化策略进行拓展。

9.3　多通道随机离散分数傅里叶变换的性质特点

本节首先讨论多通道随机离散分数傅里叶变换所具有的性质特点。由于所提算法各通道的核函数可以预先计算并存储，而使它具有用计算机快速计算的优点，我们通过记录其对二维图像的运行时间证明了这一结论。另外，基于 Lohmann 所设计的分数傅里叶变换的单透镜光学实现装置，给出了多通道随机离散分数傅里叶变换的光学实现。

9.3.1　性质特点

(1)我们所提的多通道随机离散分数傅里叶变换由三个随机化步骤完成，每一步都会引入随机参数，即随机系数向量 B、$2(N-K)$ 个随机相位掩模，以及逻辑映射的初始参数 x_0、p 和整数 K。这些参数决定了多通道随机离散分数傅里叶变换的随机化程度，也将被用作图像加密时的私有密钥。换句话说，当我们所提的多通道随机离散分数傅里叶变换被用于图像加密时，总共会有 $2(N-K)+4$ 个私有密钥。

(2)当 $K=0$ 时，所有通道的核函数都将被随机化。此时，多通道随机离散分数傅里叶变换将退化为式(9.9)。

(3)当 $K=N$ 时，只有加权系数参与随机化过程，也就是只有分数傅里叶变换的特征值被随机化处理了。此时，我们所提的多通道随机离散分数傅里叶变换将退化

为相关文献所提的随机化的傅里叶变换。此时，也可以理解为 I 型(或 II 型)多参数离散分数傅里叶变换的特征值(或加权系数)取随机值。

(4)线性。我们所提的多通道随机离散分数傅里叶变换满足叠加原理，是一个线性变换，即

$$\boldsymbol{F}^R\{c_1 f(x) + c_2 f(y)\} = c_1 \boldsymbol{F}^R\{f(x)\} + c_2 \boldsymbol{F}^R\{f(y)\} \tag{9.17}$$

证明：结合离散分数傅里叶变换的线性性质，以及多通道随机离散分数傅里叶变换的构造方法，可以容易地证明该性质成立。

(5)Parseval 定理

$$\sum_{n=0}^{N-1}\left|\boldsymbol{x}(n)\right|^2 = \sum_{k=0}^{N-1}\left|\boldsymbol{X}_R(k)\right|^2 \tag{9.18}$$

证明：因为 $\mathrm{DFT}\{B_n^{R_n}\} = \exp[-\mathrm{j}(\pi/2)k \cdot \mathrm{Rand}(n)]$ 是在单位圆上随机选取的，而式 (9.8)中的随机相位掩模是纯相位信息，结合第 1 章介绍的分数傅里叶变换的能量守恒定律，我们所提的多通道随机离散分数傅里叶变换也满足 Parseval 定理。

9.3.2 计算复杂度分析

前面已经分析过，特征分解型的离散分数傅里叶变换没有闭合表达式，并且其变换阶次一旦发生变化，就需要重新计算核函数，时间代价比较大，限制了分数傅里叶变换的工程化应用。但是，当在计算机上执行我们所提的多通道随机离散分数傅里叶变换时，各通道的核函数 $\boldsymbol{F}^{nb}, n = 0, 1, \cdots, N-1$ 可以被预先计算并存储，当变换阶次或者随机化参数变化时，仅需要重新计算每一个通道的加权系数，以及通道核函数与相应随机相位掩模的乘法，这能够大大降低计算量。因此，与其他由分数傅里叶变换衍生的随机化方法相比，我们提出的多通道随机离散分数傅里叶变换能够大大节省计算时间。然而所提算法是以占用存储空间为代价来换取运算时间的降低。由于它的线性和仍然有 $O(N^2)$ 次乘法，其计算复杂度仍然为 $O(N^2)$。

下面定量比较我们所提的多通道随机离散分数傅里叶变换与其他分数傅里叶变换拓展算法的计算时间。用大小为 $N \times N$ 的二维图像 $\boldsymbol{P}$ 来执行如下操作

$$\boldsymbol{Q} = \boldsymbol{L}^a \cdot \boldsymbol{P} \cdot \boldsymbol{L}^b \tag{9.19}$$

其中，$N = 128, 256, 512$；$\boldsymbol{L}^a$ 和 $\boldsymbol{L}^b$ 分别表示多通道随机离散分数傅里叶变换或者其他分数傅里叶变换拓展算法的核函数。通过比较可以发现，我们所提的方法能够大大缩短计算时间。

9.3.3 光学实现

前面简单介绍了分数傅里叶变换与 Wigner 分布的关系,Lohmann 根据这一关系

分析了光的波前传播规律，并利用光的空间传播和透镜的组合，设计了分数傅里叶变换的单透镜和双透镜光学实现方式。我们采用 Lohmann 提出的单透镜结构来设计多通道随机离散分数傅里叶变换的光电实现装置。对于一个具有双光路、能够迭代实现的光电混合系统。放置于两个输入平面的空间光调制器可以用来产生复值数据，在实验时，用其来生成迭代结果 $Fr_n(x, y)$ 和 $Rand_{d(m)}(x, y)$。由计算机控制的 RPOM1 和 RPOM2 用来生成随机相位掩模 $\boldsymbol{P}_{d(m)}^1$ 和 $\boldsymbol{P}_{d(m)}^2$。分光镜用来分裂或合成光束。在输出平面，采用全息技术来存储计算结果，并将其输送到计算机，在计算机中结合其他参数来进行后处理，提取幅值和相位信息，并将结果输送到空间光调制器进行下一次迭代。

9.4　多通道随机离散分数傅里叶变换的数值仿真及性能分析

本节将通过数值仿真来执行一维离散矩形信号和二维数字图像的多通道随机离散分数傅里叶变换。一维信号的实验结果证明，信号的多通道随机离散分数傅里叶变换的幅值和相位都是随机的。二维图像的多通道随机离散分数傅里叶变换则可以视为一种安全性增强的图像加密方法，与其他随机分数傅里叶变换算法相比，其具有较大的密钥空间，且加密图像对于私有密钥是非常敏感的。

9.4.1　数值仿真

在数值实验过程中，我们使用型号为 Intel i5 的计算机，3.2 GHz 的 CPU，8GB 的内存，Windows 7 系统，并在 MATLAB 的 2012b 环境下来执行仿真程序。式(9.13) 定义的多通道随机离散分数傅里叶变换算子的参数将按照如下策略进行选取，其中，式(9.5)中定义的加权系数由 Logistic 映射函数来生成，取初始参数 $x_{01} = 0.3412$，分支参数 $p_1 = 3.9537$。式(9.11)中定义的随机化通道的加权和 Rand，通过初始参数 $x_{02} = 0.2135$、分支参数 $p_2 = 3.9898$ 和整数 $K = 249$ 来计算。也就是说，在实验中选取 7 个通道进行核函数的随机化处理，7 组随机相位掩模由 MATLAB 内部的随机数生成函数来产生。实验中采用同样的参数来执行所有的数值仿真，这些参数也将被用作图像解密时的安全密钥。

本节用如下定义的离散矩形函数进行一维信号的仿真测试

$$x(n) = \begin{cases} 1, & 100 < n \leqslant 155 \\ 0, & \text{其他} \end{cases} \tag{9.20}$$

在此，采样点数取 256。通过执行式(9.14)的操作，就可以得到一维矩形函数的多通道随机离散分数傅里叶变换，其仿真结果如图 9.3 所示(其中图 9.3(a)为幅度，图 9.3(b)为相位)。可以观察到，我们所提算法的幅度和相位的输出都是随机的。

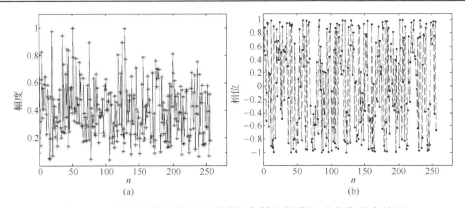

图 9.3　一维矩形信号的多通道随机离散分数傅里叶变换仿真结果

　　由于式(9.15)定义的二维算子是可分离的，通过一维信号的仿真结果容易推断，二维数字图像的多通道随机离散分数傅里叶变换的幅度和相位的输出也将是随机的，即所提变换可以直接用于数字图像的加密处理。密图的安全性由随机系数向量 $\boldsymbol{B}$，Logistic 混沌映射初始参数 x_0、p，整数 K，以及 $2(N-K)$ 个随机相位掩模来共同决定。在仿真过程中，采用大小为 256×256 的灰度图像 Lena 来执行式(9.16)的操作，实现原始图像的加密处理(图 9.4(b))。在图像解密过程中，除了用正确的密钥进行解

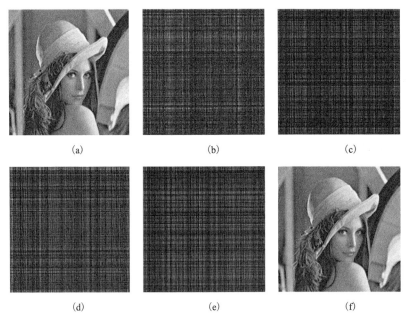

图 9.4　多通道随机离散分数傅里叶变换的图像加密和解密结果：(a)原始图像；(b)加密图像；(c)加权系数为 p_1=0.9562，其他密钥正确时的解密图像；(d)Logistic 混沌映射参数为 x_{02}=0.2112，其他密钥正确时的解密图像；(e)一组随机相位掩模错误，其他密钥正确时的解密图像；(f)正确解密图像

密外(图 9.4(f)),我们还分别测试了当某个步骤的密钥不正确,而其他步骤参数正确时,所得到的解密图像(图 9.4(c)～图 9.4(e))。实验结果表明,密钥的微小变化会对解密图像产生很大的破坏,使我们无法从视觉上分辨出原始图像的任何信息。

9.4.2 性能分析

为了定量分析错误密钥对加密系统安全性的影响,下面通过均方误差来考察在密钥错误时,所得到的解密图像与原始图像的偏差程度。均方误差的定义参见式(8.4)。

在实验过程中,假设错误密钥位于正确密钥的附近($<10^{-2}$)。表 9.1 和表 9.2 列出了当密钥错误时计算得到的均方误差情况。从表中可以看出,此时均方误差(解密图像与原始图像的偏差程度)的数量级为 10^6～10^{10},说明我们所提算法对于所有的 $2(N-K)+4$ 个密钥都是敏感的,其中,对于随机系数的敏感性最高。

表 9.1 随机系数和 Logistic 混沌映射参数错误时的均方误差

错误参数	系数	x_0	p	K
均方误差	3.51×10^{10}	1.21×10^8	1.48×10^8	1.12×10^9

表 9.2 随机相位掩模错误时的均方误差

掩模错误的通道个数	1	2	3	4	5	6	7
均方误差	2.87×10^7	4.97×10^6	1.41×10^6	5.67×10^6	4.97×10^6	7.87×10^6	1.32×10^6

9.4.3 与其他方法的比较

可以直接用于图像加密的随机分数傅里叶变换有 Pei 提出的随机离散分数傅里叶变换(RDFrFT)、Liu 提出的随机分数傅里叶变换(RFrFT),以及我们提出的多通道随机离散分数傅里叶变换(MRFrFT)。这些变换本身的随机性,使得其对于二维图像的输出也具有随机性,因此可以直接视为密文图像。

其中,Pei 提出的 RDFrFT 将特征分解型的离散分数傅里叶变换的特征值和特征向量都进行了随机化,其安全密钥由 1 个随机化的特征值向量和 1 个 $N \times N$ 的随机矩阵组成。Liu 提出的 RFrFT 利用一对相互共轭的随机相位矩阵来随机化分数傅里叶变换的核函数,其安全密钥为 1 个 $N \times N$ 的随机相位矩阵。我们提出的 MRFrFT 在三个步骤中都引入了安全密钥,由 1 个随机系数向量、3 个混沌系统的初始参数和 $2(N-K)$ 个随机相位矩阵组成。因此,与同类算法相比,我们所提的多通道随机离散分数傅里叶变换具有较大的密钥空间。

图 9.5 从对变换阶次敏感性的角度比较了我们所提算法与其他随机化算法的加密安全性。其中,x 轴 δ 表示仿真时所使用的解密密钥与正确密钥的偏差距离,δ 位于区间 [$-0.0008, 0.0008$] 内,步长取 0.00008。可以看出,当偏差距离 $\delta = 0$ 时,均方误差几乎为零,所有算法都能够正确解密原图像。当与正确阶次偏差相距 0.00008

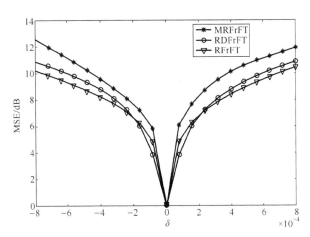

图 9.5　我们所提算法与其他随机化算法的均方误差比较

时，均方误差迅速增大，无法解密原图像，并且我们所提算法对于变换阶次的变化更加敏感，这种优势随着偏差距离的增大可以一直保持。该实验结果说明，与同类算法相比，我们所提的多通道随机离散分数傅里叶变换在用于图像加密时，具有更好的安全性水平。

9.5　基于随机离散分数变换的双图加密算法

前面提出的多通道随机离散分数傅里叶变换是随机化思想的拓展和深化，从实验结果可以看出，取得了很好的随机化效果。与之相对应的还有另一种常用的随机化方法，即将分数傅里叶变换的特征向量用一个对称随机矩阵的特征向量来替换，其基本思想是：对称矩阵的随机性使得到的特征向量也具有随机性，从而达到将分数傅里叶变换随机化的目的。这种思想最早是由 Liu 提出的，后来，他又基于该思想提出了随机分数正弦变换和随机分数余弦变换，并证明了这两种变换是随机分数变换的特殊形式。2009 年，Pei 也基于同样的思想，提出一种随机离散分数傅里叶变换(该变换的特征值也进行了随机化处理)，只是其对称随机矩阵的构造方式与 Liu 的方法稍有不同。

在随机化思想的启发下，本节利用混沌系统构造了一个对称随机矩阵，并用其特征向量来替换离散分数傅里叶变换的 Hermite-Gaussian 特征向量，提出一种随机离散分数变换算法，其安全密钥由混沌系统的初始参数组成。在进行密图通信时，只需同时传输混沌系统的有限个初始参数即可，能够提高信道的传输效率。进而，基于所提的随机离散分数变换，本节设计了一种双图加密算法，并通过数值仿真验证了所提算法的安全性。

9.5.1　算法提出

前面已经介绍过，关于分数傅里叶变换拓展算法的研究大都是基于特征分解的定义形式，通过改变其特征值和特征向量可以给它赋予新的内涵，构成了分数变换的多样性。本节所提算法也是基于这一思路，现将特征分解型分数傅里叶变换的定义重写如下：a 阶 $N \times N$ 离散分数傅里叶变换的核函数为

$$F^a = VD^aV^T = \sum_{k=0}^{N-1} \exp[-j(\pi/2)ak]v_kv_k^T \tag{9.21}$$

其中，v_k 是 k 阶离散分数傅里叶变换的 Hermite-Gaussian 特征向量；当 N 是奇数时，$V = [v_0|v_1|\cdots|v_{N-2}|v_{N-1}]$，当 N 是偶数时，$V = [v_0|v_1|\cdots|v_{N-2}|v_N]$；$D^a$ 是一个对角矩阵，其对角项为矩阵 V 中特征向量所对应的特征值；T 表示矩阵的转置。

下面基于前面介绍的 Logistic 混沌系统以及相关文献的研究工作，提出一种新的随机离散分数变换算法。

1) 对式(9.21)的特征值进行随机化

设置 Logistic 混沌映射的系统参数 p_1 和初始参数 x_1，利用式(9.10)迭代生成一个长度为 $N + K_1$ 的随机序列 $S_1 = \{s_1(n)|n = 0,1,\cdots,N+K_1-1\}$，其中 K_1 为任意常数。丢弃 S_1 中的前 K_1 个值，得到随机序列 $S_1' = \{s_m^1|m=0,1,\cdots,N-1\}$，用 S_1' 来随机化公式的特征值矩阵，得到

$$D^{S_1'} = \begin{bmatrix} e^{-j\frac{\pi}{2}ks_0^1} & 0 & \cdots & 0 \\ 0 & e^{-j\frac{\pi}{2}ks_1^1} & \cdots & 0 \\ \vdots & \vdots & & \vdots \\ 0 & 0 & \cdots & e^{-j\frac{\pi}{2}ks_{N-1}^1} \end{bmatrix} \tag{9.22}$$

2) 对式(9.21)的特征向量进行随机化

首先，设置 Logistic 混沌映射系统参数 p_2、p_3 和初始参数 x_2、y_3，并生成两个随机序列 $S_2 = \{s_2(n)|n = 0,1,\cdots,(N/2)\times N+K_2\}$，$S_3 = \{s_3(n)|n = 0,1,\cdots,(N/2)\times N+K_3\}$，分别丢弃 S_2、S_3 中的前 K_2、K_3 个值，得到随机序列 S_2'、S_3'。然后将 S_3' 隔行插入 S_2' 中，形成如下随机矩阵 R

$$R = \begin{bmatrix} s_0^2 & s_1^2 & s_2^2 & \cdots & s_{N-2}^2 & s_{N-1}^2 \\ s_0^3 & s_1^3 & s_2^3 & \cdots & s_{N-2}^3 & s_{N-1}^3 \\ s_N^2 & s_{N+1}^2 & s_{N+2}^2 & \cdots & s_{2N-2}^2 & s_{2N-1}^2 \\ s_N^3 & s_{N+1}^3 & s_{N+2}^3 & \cdots & s_{2N-2}^3 & s_{2N-1}^3 \\ \vdots & \vdots & \vdots & & \vdots & \vdots \\ s_{(N/2-1)N}^2 & s_{(N/2-1)N+1}^2 & s_{(N/2-1)N+2}^2 & \cdots & s_{(N/2)N-2}^2 & s_{(N/2)N-1}^2 \\ s_{(N/2-1)N}^3 & s_{(N/2-1)N+1}^3 & s_{(N/2-1)N+2}^3 & \cdots & s_{(N/2)N-2}^3 & s_{(N/2)N-1}^3 \end{bmatrix} \tag{9.23}$$

令 F 表示傅里叶变换矩阵，矩阵 $K = F^2$，借助 K 和随机矩阵 R 构造如下随机对称矩阵

$$E = \frac{R + KRK}{2} \tag{9.24}$$

$$G = \frac{E + E^{\mathrm{T}}}{2} \tag{9.25}$$

进而构造一个可与傅里叶变换矩阵相交换的矩阵 H

$$H = G + FGF^{-1} \tag{9.26}$$

为了增大所提变换的随机化程度，我们用分布于 $[-1,1]$ 的随机矩阵 $\mathbf{RM}$ 来进一步随机化 H

$$H' = \frac{\mathbf{RM} + \mathbf{RM}^{\mathrm{T}}}{2} \cdot H \tag{9.27}$$

用矩阵 D^{S_i} 替换式 (9.21) 的特征值矩阵，用矩阵 H' 的特征向量替换式 (9.21) 的特征向量，即可得到一维随机离散分数变换算子如下

$$F^R = V_{H'} D^{S_i} V_{H'}^{\mathrm{T}} \tag{9.28}$$

利用张量积将上述一维算子拓展到二维形式，可得

$$F^{(R_1, R_2)} = F^{R_1} \otimes F^{R_2} \tag{9.29}$$

令 $f(x, y)$ 表示大小为 $N \times N$ 的原始图像，由式 (9.29) 可得其随机离散分数变换为

$$C = F^{R_1} \cdot f \cdot F^{R_2} \tag{9.30}$$

基于式 (9.29) 所定义的二维随机离散分数变换，我们设计了一种双图加密方法，具体步骤如下。

(1) 输入两幅携带重要信息的原始图像 I_1 和 I_2。

(2) 设定参数 p_0、x_0、K_0 生成混沌序列来随机化特征值；设定参数 $\{p_i, x_i, K_i\}_{i=1,2,3}$，生成三个可与傅里叶变换矩阵相交换的矩阵 H_1、H_2、H_3，利用式 (9.28) 得到随机分数矩阵 F^{R_1}、F^{R_2}、F^{R_3}。将 F^{R_1}、F^{R_2} 分别作用于两幅原始图像，得到 C_1、C_2

$$\begin{cases} C_1 = F^{R_1} I_1 F^{R_1} \\ C_2 = F^{R_2} I_2 F^{R_2} \end{cases} \tag{9.31}$$

(3) 将两幅输出图像 C_1、C_2 的幅值分别取出，并按照如下策略形成一幅新图像

$$I = \mathrm{Am}_1 \cdot \mathrm{e}^{\mathrm{jAm}_2} \tag{9.32}$$

其中

$$\mathrm{Am}_i = |C_i|, \quad i = 1, 2 \tag{9.33}$$

$$\mathrm{Ph}_i = \mathrm{e}^{\mathrm{j\cdot angle}(\boldsymbol{C}_i)}, \quad i = 1,2 \tag{9.34}$$

输出图像 $\boldsymbol{C}_1$、$\boldsymbol{C}_2$ 的相位信息 Ph_1、Ph_2 将作为解密时的安全密钥。

(4)将式(9.32)得到的合成图像 $\boldsymbol{I}$ 用随机分数矩阵 $\boldsymbol{F}^{R_3}$ 进行如下处理

$$\boldsymbol{C}_3 = \boldsymbol{F}^{R_3} \cdot \boldsymbol{I} \cdot \boldsymbol{F}^{R_3} \tag{9.35}$$

(5)取输出图像 $\boldsymbol{C}_3$ 的幅值作为密文,其相位则可作为解密时的安全密钥。

具体算法流程如图9.6所示。

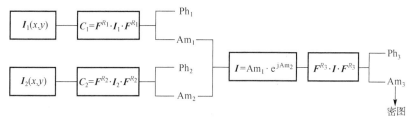

图9.6 基于随机离散分数变换的双图加密流程图

9.5.2 仿真实验及性能分析

下面通过仿真实验,用两幅大小为 256×256 的灰度图像 Cameraman 和 House(图9.7(a)和图9.7(b))来执行9.5.1节提出的随机离散分数变换的双图加密算法。令加密时生成特征值矩阵 $\boldsymbol{D}^{S_i}$ 的混沌参数取 $p_0 = 3.9888$, $x_0 = 0.2101$, $K_0 = 5$,生成与傅里叶变换矩阵可交换的随机矩阵 $\boldsymbol{H}_1$、$\boldsymbol{H}_2$、$\boldsymbol{H}_3$ 的混沌映射参数取

$$\begin{cases} p_{11} = 3.9898, \ x_{11} = 0.2131, \ K_{11} = 3; \quad p_{12} = 3.9654, \ x_{12} = 0.3421, \ K_{12} = 6 \\ p_{21} = 3.8877, \ x_{21} = 0.3265, \ K_{21} = 4; \quad p_{22} = 3.9622, \ x_{22} = 0.3479, \ K_{22} = 8 \\ p_{31} = 3.9897, \ x_{31} = 0.3125, \ K_{31} = 2; \quad p_{32} = 3.8622, \ x_{32} = 0.3476, \ K_{32} = 7 \end{cases}$$

加密结果如图9.7(c)所示。

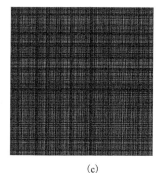

(a)   (b)   (c)

图9.7 双图加密仿真结果:(a)原图 Cameraman;(b)原图 House;(c)加密图像

我们所提双图加密算法可以将两幅图像加密为一幅图像,能够提高加密效率和信道利用率。为了测试加密图像对于相位密钥的敏感性,我们采用由 MATLAB 内部的随机数生成器而产生的随机相位矩阵,替换正确的相位密钥来进行解密。图 9.8(a)和图 9.8(b)是相位模板 Ph_1 错误,而 Ph_2、Ph_3 正确时的解密图像,可以看到,此时能够正确解密出 House 图像,而无法解密 Cameraman 图像。图 9.8(c)和图 9.8(d)是相位模板 Ph_2 错误,而 Ph_1、Ph_3 正确时的解密图像,可以看到,此时可以正确解密出 Cameraman 图像,而无法正确解密 House 图像。图 9.8(e)和图 9.8(f)是相位模板 Ph_3 错误,而 Ph_1、Ph_2 正确时的解密图像,此时两幅图像均无法正确解密。该实验结果说明,所提算法能够实现对两幅原始图像的梯度加密,相位模板 Ph_1、Ph_2 为局部密钥,Ph_3 是全局密钥。

图 9.8　相位模板错误时的解密图像

为了测试所提双图加密算法的普适性,我们用两幅大小为 256×256 的灰度图像 Lena 和 Peppers 进行加密处理。实验结果如图 9.9 所示。从图 9.8(c)和图 9.9(c)可以看出,如果密码破译方仅获取了加密图像,无法从视觉上得到关于原始图像的任何信息,这说明所提算法具有一定的安全性。

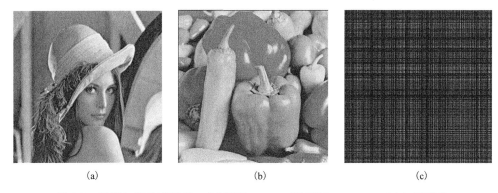

图 9.9　双图加密仿真结果：(a)原图 Lena；(b)原图 Peppers；(c)加密图像

9.6　本章小结

　　本章在对分数傅里叶变换的各种随机化方法进行深入分析的基础上，提出了一种多通道随机离散分数傅里叶变换。首先，将特征分解型的离散分数傅里叶变换写为 N 个通道的线性组合形式，并将每个通道的加权系数进行随机化处理；其次，基于 Logistic 混沌映射，设计了一种选择方法来随机选取几个通道；进而，用一组随机相位掩模将所选通道的核函数进行随机化。所提方法各通道的核函数可以预先计算并存储，因此，它具有在数字设备上快速计算的优点。另外，本章还为所提算法设计了一种双光路、能够迭代实现的光电混合系统。然后，将所提算法进行了仿真实验，一维信号的数值仿真证明，信号的多通道随机分数傅里叶变换的幅值和相位都是随机的，二维图像的多通道随机分数傅里叶变换可视为一种安全性增强的加密图像，其具有较大的密钥空间，且对私有密钥非常敏感。另外，本章还基于用对称随机矩阵的特征向量替换分数傅里叶变换 Hermite-Gaussian 特征向量的思想，定义了另一种形式的随机分数变换，并提出一种双图加密算法。该算法能够将两幅原始图像加密为一幅图像，可以提高加密效率和信道利用率，最后通过数值仿真验证了所提算法的普适性和对相位密钥的敏感性。

第 10 章　总结与展望

10.1　总　　结

10.1.1　关于认知无线电网络的资源分配方法

基于下一代无线通信网络在能效上相比于 4G 网络有明显提升,我们研究了基于 FBMC 的面向多用户频谱共享的 CRN 资源分配问题。

首先着眼于功率分配,为提高整个网络的能效,引入跨层干扰限制来保护网络中的次用户免受过多的干扰;建立虚拟队列,并以该队列中的排队时延代替用户竞争信道时额外产生的分组时延。以系统能效为目标函数,以时延和传输功率为约束条件,提出一个非线性约束下的非线性规划问题。通过等价变换将该问题转换为凸多项式非线性规划问题,进而采用拉格朗日对偶方法迭代求其全局最优解。我们给出最优功率分配算法(EEPA)和次优功率分配算法(SEEPA)。通过 EEPA、SEEPA、EDPA 和 GPA 四种方法的实验仿真对比,EEPA 在提高能效方面具有较高性能,每个用户的功率分配更为合理,具有一定的实用价值;SEEPA 降低了计算复杂度,但也在某些方面损失了部分性能,适用于部分特定场景。

其次由于 FBMC 技术不要求子载波相互正交,子载波之间存在竞争。我们利用演化博弈思想减少子载波间的冲突。建立多用户频谱共享的 CRN 模型,我们创新地引入信道状态矩阵以显示当前子载波的质量好坏,以系统总功耗、单个子载波上的功耗、总时延、干扰温度限和单个子载波上的次用户数等为约束条件,以能效为目标函数,建立一个多约束条件下的分式规划问题。设计演化博弈算子,为每个次用户建立效用函数,当每个次用户的效用函数达到最优时,系统整体达到最优。在演化博弈开始阶段各博弈主体从各自的策略空间中随机选择一个策略构成初始策略组合。在第 t 回合中策略组合中的成员分别进行更新,若第 t 回合的策略组合优于旧策略组合,则该策略组合将被更新。在找到使效用函数最大的策略组合后结束循环。直到博弈达到 Nash 均衡点算法结束,此时的策略组合被认为是能效最优的资源分配方法。通过与 EESA-EDP 和 UDRSA 算法的对比,我们给出的 EESA-EG 算法能效最优,且给出了最为合理的子载波分配方案。

10.1.2　关于 VANET 中的关键技术

VANET 作为一种无线自组织网络，虽然有着部署灵活、代价低的优点，但由于车辆节点移动速度过快，其所组成的网络拓扑变化频繁，节点间链路极其不可靠，设计可靠路由算法一直是 VANET 研究的重点与难点问题。另外，分簇算法作为一种分层次架构，虽然能够有效地进行簇结构的管理，但是，在 VANET 中受车辆自身特点的影响，所成簇的稳定性和可靠性很差。我们针对以上问题分别做了以下工作。

(1)对车联网中的路由相关技术进行了详细的研究,总结出车联网中的 3 种典型架构模型，并就车联网中的标准通信协议给出了详细的说明。然后就车联网中的路由算法展开讨论，针对分布式网络架构模型，详细地分析了造成链路可靠性差的原因，总结了路由性能的影响因素，并进一步给出设计路由时需要考虑的问题以及设计方法。

(2)针对现有 VANET 路由算法中存在的可靠性较差的问题,就链路可靠性展开讨论，详细地分析车辆运动与链路维持时间的关系，建立了链路维持时间模型，并证明了链路的维持时间服从对数正态分布。然后在此基础上给出了节点间链路可靠性评估方法，将其作为路由设计的重要参数。通过将 Q 学习算法加入路由算法设计中提出了一种可靠的自适应路由算法 RSAR，并给出了详细的设计过程，然后在 NS2 仿真环境下验证了路由算法的效果。

(3)针对现有成簇路由算法中存在的簇稳定性和可靠性差的问题,在第 4 章中提出了一种基于多跳的反应式成簇算法 PMC。首先，通过建立系统模型分析多跳簇的特点，然后提出了一种基于优先权的车辆跟随策略。在成簇过程中，其选择最稳定和最可靠的目标车辆共享同一簇头，有效地提高了所成簇的稳定性和可靠性。拥有最多跟随车辆的节点改变自身状态为簇头，极大地提高了成簇的稳定性。在簇的维护阶段，通过引入簇的合并机制将邻居簇合并到一个簇中来扩展簇的覆盖范围，减小簇间干扰。最后利用 NS2 验证了 PMC 算法的稳定性和开销。

10.1.3　关于车联网的路由方法

在 VANET 中，由于车辆节点速度的变化引起的网络拓扑频繁变化和链路不可靠的特性，针对这些特性，提出车联网环境下的动态自适应可靠路由协议。我们针对以上问题分别做了以下工作。

(1)针对现有的基于地理位置的路由算法存在的问题,设计了一种新的连通概率方法，并证明了节点的间距服从指数分布，给出了节点间距的计算公式。采用贪婪随机转发算法，提出了动态路由新方法，并给出详细的设计过程，通过仿真实验和实际道路场景的测试验证动态路由新方法的性能。

(2)针对车联网路由算法中链路稳定性差等缺点,提出基于演化图论的可靠的车联网路由算法。建立了基于高速公路车辆运动和速度数学分布的链路可靠性模型。扩展当前的演进图模型以捕获 VANET 通信图的演化特征,并考虑链路可靠性度量。设计一个可靠的路由协议,利用扩展演化图模型的优点找到最可靠的路由,减少路由开销,节约网络资源。然后在仿真环境中验证新算法的性能。

10.1.4　关于移动自组织的网络协议

我们主要针对 MANET 数据传输可靠性、传输效率、节点能量局限性,以及主动路由的特点,分析设计节点信任度计算方法,优化主动路由协议,提高数据传输效率,具体工作如下。

(1)针对 DSR 协议中的最短路径算法,提出改进的寻优路径算法。结合遗传和细菌觅食优化算法的优点,提出了遗传-细菌觅食混合优化算法(GA-BFO 算法),该混合算法在求解路由的最优解时,在时间效率上和求解精度上都优于传统的最短路径算法。将该算法应用到 DSR 的寻优路径时,综合考虑节点能量信息,在路由发现的过程中,不增加 DSR 路由数据信息的前提下,提高了路由寻找的效率,从而减少了节点间端到端的数据传输时延,并且延长了网络的生命周期。仿真实验结果表明,该改进策略确实提高了网络的综合效率。下一步研究可以从两个方面进行考虑:① 对 GA-BFO 算法的主要算子进行改进,不同的算子分别对算法的收敛及寻优速度有不同的影响;②针对 DSR 协议,可以进一步考虑加入对路由发现过程中路由寻找的优化。

(2)针对 MANET 中 OLSR 路由协议的特点,利用量子遗传算法快速收敛性及全局最优解特点,对 MPR 机制进行优化处理,提出 QG-OLSR 路由协议。克服传统方法选取 MPR 集合的冗余性,减少网络中的数据冗余,减少数据包端到端时延,提高数据传输效率。

10.1.5　关于车联网的智能数据传输方法

针对丢失数据这个车联网中面临的常见问题,我们比较了 3 种方法来估计在大型车联网的数据集中丢失的情形。为此,我们通过在智能车联网中提取公共交通模式,比较了函数估计和张量分解等方法来估计这些缺失值的优劣后,提出了张量低秩近似估计新方法,该方法在缺失数据的情况下获得流量模式,得到大规模路网的低秩表示。我们分析了不同类型的道路以及在一周内不同日子的各种矩阵和张量完成方法的重建精度。我们还分析了潜在因素的选择对恢复速度数据估计精度的影响、估计速度数据中的方差和偏差。不同的道路车联网实验测试表明,我们提出的新方法的估计精度、数据集的偏差达到了较好的效果。

我们提出的面向车联网应用环境的消息智能分发新方法中设计了一个新的数学

分析模型，它能够描述虚假分发过程的行为，能够计算和评估关键性能指标；能够智能地实现基于定时器的传播机制中的参数选择，通过设计的流量控制策略，减轻了虚假分发现象对 IOV 系统性能的负面影响。

针对车联网的智能数据传输问题，我们考虑了车辆密度、车辆速度、数据传输率和数据传输延迟等重要参数，基于网络模型和延迟函数，提出了基于马尔可夫决策理论的数据传输最优路由方法。

10.1.6　针对移动物联网的信号处理技术

近年来，以分数傅里叶变换为核心，衍生拓展出许多新型的分数变换，已被广泛应用于信号处理和图像处理领域。我们以分数变换的多样性及其在图像加密领域的应用为研究背景，以进一步丰富和发展分数域信号处理的理论和应用体系为研究目的，对各种分数变换的共性特征和它们在图像加密中的应用进行了深入研究，所做的主要工作和取得的研究成果如下。

(1)建立了多参数离散分数变换的理论框架。

针对当前关于各种离散分数变换的研究存在重复和交叉的问题，论证了研究分数变换共性特征的必要性。从离散分数变换的一般形式——可对角化的周期矩阵入手，基于其自身特点和性质，定义了Ⅰ型和Ⅱ型多参数离散分数变换算子，讨论了这两种算子之间的关系，并定义了它们的二维及高维形式。然后，推导了这两种算子所满足的性质，包括边界性、线性、阶次相加性、阶次交换性等；分析了这两种算子所具有的特点及其计算效率和计算复杂度，给出了Ⅱ型算子的实现方式。Ⅰ型和Ⅱ型算子特征值的取值特点，使得在所提理论框架下构建的新型分数变换都是非保实的，我们定义了Ⅰ型和Ⅱ型算子的保实形式，建立了多参数离散分数变换的理论框架。当前已有的各种离散分数变换可以视为该框架下Ⅰ型和Ⅱ型算子的具体实现形式。最后，在我们所提的理论框架下，通过给Ⅰ型和Ⅱ型算子的特征值和特征函数赋予新的定义，而构建了多种特殊的多参数离散分数变换。分析了多参数离散分数变换域相位信息的重要性，并将其用于二维图像的特征提取，取得了较好的结果。多参数离散分数变换理论框架的建立，进一步丰富和发展了分数域信号处理的理论体系。

(2)针对图像信息的安全通信问题，提出多参数离散分数变换域的图像加密方法。

首先，提出多参数离散分数变换域的双随机相位编码算法。该算法用多参数离散分数变换来替换传统算法中的傅里叶变换，能够提高加密图像的安全性，扩大加密系统的密钥空间。通过采用余弦类多参数离散分数变换对二维灰度图像进行仿真实验，从抗统计特性和对变换阶次敏感性的角度验证了所提算法的有效性。实验结果表明，Ⅰ型余弦类多参数分数变换对于变换阶次的敏感性，与常规分数变换接近；而Ⅱ型变换则对变换阶次的变化具有更高的敏感性。

其次，提出基于混沌置乱和保实多参数离散分数变换的彩图加密方法。将彩色图像的 R、G、B 三个颜色分量划分为多个子图序列，并按照混沌系统生成的伪随机地址序列将子图进行随机排列。然后利用由混沌系统和递归方法定义的 N 维置乱算子，将子图序列从 RGB 颜色空间变换到 R'G'B'颜色空间，隐藏了原始图像的颜色信息。进而，根据图像的局部纹理特征，用保实多参数离散分数 Hartley 变换将各个子图变换到不同的分数域中，实现了图像信息的局部多分数域加密。最后基于二维混沌系统对密图进行位置置乱，将密图能量扩散，进一步降低了像素之间的相关性。所提算法利用了混沌置乱的能量扩散特性，以及保实多参数离散分数变换域输出为实数、密钥空间大的优点，保密性能良好。仿真实验从五个不同的角度验证了所提算法的安全性。我们对多参数离散分数变换域图像加密算法的研究，为图像信息的安全传输和存储提供了新思路，进一步丰富并发展了分数域信号处理的应用体系。

(3)提出随机离散分数傅里叶变换方法。

首先，将特征分解型的离散分数傅里叶变换写为多个通道的线性组合，并将每个通道的加权系数随机化；基于混沌函数产生的随机地址序列来选取有限个通道，并用一组随机相位模板作用于所选通道的核函数，定义了多通道随机离散分数傅里叶变换。然后，分析了所提变换的性质和特点，给出了其光学实现方式。所提方法各通道的核函数可以预先计算并存储，因此它具有用数字设备快速计算的优点。最后，将所提算法进行了仿真实验，一维信号的输出结果证明，由该变换得到的幅值和相位都是随机的；二维图像的多通道随机离散分数傅里叶变换可视为一种安全性增强的密文图像，其具有较大的密钥空间，且密图对于私有密钥的变化非常敏感。另外，通过用随机对称矩阵的特征向量替换分数傅里叶变换的特征向量，提出另一种随机化方法，以及与之相关的双图加密算法，并通过数值仿真验证了所提算法的安全性。以上方法为图像加密领域提供了新工具，能够促进分数域信号处理方法在图像安全领域的应用。

10.2　展　　望

10.2.1　认知无线电网络中的资源分配方法的未来工作展望

现有的很多文献存在一个共同问题，即集中考虑物理层性能(如吞吐量)而不考虑 SU 中突发数据的到达和时延需求。为克服干扰，有学者提出联合功率分配、子载波分配和中继选择的方法，即一种优化子载波分配和功率分配的方法，以最大化译码转发(decode-and-forward，DF)中继网络中点到点 OFDM 的加权传输速率。

我们分别研究了基于 FBMC 的多用户频谱共享 CRN 中的功率分配和子载波分配问题，取得了一定的研究成果，但我们的研究还有很多不足之处，在今后的工作中，将着眼于在我们的多用户频谱共享 CRN 模型的基础上，更多地考虑用户的移动性特征，考察在用户处于运动状态时系统的资源分配方法，进而将静态资源分配变为动态资源分配，以便更适用于真实环境。

10.2.2　VANET 中关键技术的未来工作展望

我们针对 VANET 中的可靠路由问题分别提出了一种可靠的自适应路由算法 RSAR 和一种基于多跳的分簇算法 PMC。虽然详细分析了影响路由可靠性以及稳定性的主要原因，也给出了链路可靠性评估方法，但仍存在一些问题有待于进一步研究和解决。

(1)就我们提出的两种算法中，都是在理想情况下进行实验仿真，其中设置车辆通信范围为一个固定常量，且假设 GPS 能够准确地定位车辆节点的位置。但是，在实际的车辆环境中受建筑等的影响，这些参数会出现一定的误差，进而导致路由的可靠性受到影响，因此需要进一步研究。

(2)在 RSAR 路由算法中，在模型建立阶段，通过分析车辆运动建立了链路维持时间模型，并给出链路可靠性的评估方法。但主要是针对高速公路来建模，对于交叉路口造成的链路断开问题仍然需要进一步研究。其次，在 RSAR 路由算法设计阶段，由于在学习过程中将学习任务分配到每一个车辆节点中，其在路由开销方面比较大，路由开销需要被进一步减小。

(3)在 PMC 分簇算法中，提出了一种利用优先权车辆跟随策略成簇的方法。与传统成簇算法不同的是，其所成的簇是多跳的，簇头此时并非整个簇的唯一管理节点，这就使得现有的一些成熟的基于单跳分簇的路由算法无法被直接应用。因此，设计基于 PMC 的路由算法需要被进一步研究。

10.2.3　车联网中路由协议的未来工作展望

我们提出一种车联网环境中的动态路由新方法和一种基于演化图的可靠的车联网路由方法，给出了链路可靠性的评估方法，但思路想法不尽完善，有待改进的方面如下。

(1)在车联网环境中的动态路由算法中，设计一种新的连通概率方法计算节点间的距离，以此为基础构建了通信链路时间基准模型，对通信稳定性进行了统计。但是还要考虑在城市道路通过不同的节点密度、车辆速度、道路障碍等方面进一步优化路由算法。

(2)在基于演化图的可靠的车联网路由方法中，提出了一种使用演化图论对高速公路上的 VANET 通信图进行建模，扩展的演变图有助于捕捉车载网络拓扑结构的演进特征，并预先确定可靠的路线。但主要针对的是车辆在高速公路上沿同一方向以一定速度移动，并且源车辆在任何给定时间都具有 VANET 通信图的完整知识。其次双向交通需要被进一步研究。

10.2.4　移动自组织网络中路由协议的未来工作展望

在 MANET 中，提升信息交互可靠性，降低拓扑控制开销，提升信息传输效率有着重要的学术意义和应用意义。我们提出了节点信任度计算方法，以及针对 OLSR 路由协议的改进算法，但思路想法不尽完善，仍有待改进的方面或待研究的课题领域。

(1)我们通过节点间通信数据包数量、节点能量、传播距离等信息计算节点间直接和间接信任值。但仍存在恶意节点窃取、伪造数据信息或攻击正常节点，需提高恶意节点检测率，隔离恶意节点，进一步提高数据传输效率。

(2)我们利用量子遗传算法的快速收敛性及全局最优解特性对 OLSR 中选取 MPR 集合冗余性问题进行优化，并提出 QG-OLSR 路由协议。但我们进行数据传输时采用普通明文数据，下一步研究可以将数据加密，将加密计算应用到该路由协议中，进一步提高数据传输可靠性。

10.2.5　移动物联网中信号处理技术的未来工作展望

以分数傅里叶变换为核心的分数域信号处理方法作为新颖的时频分析工具，已经显示出越来越广阔的应用前景。我们虽然对分数变换的一般性理论框架进行了深入研究，并在此基础上提出了多参数离散分数变换域的图像加密方法，以及关于分数傅里叶变换的一些随机化方法，但受时间所限，对分数域信号处理理论和应用的深度和广度研究得还不够。作者认为，还有如下几方面需要深入研究。

(1)我们所提的多参数离散分数变换理论框架，是建立在分数傅里叶变换特征分解型离散化算法的基础之上的，仅包含了Ⅰ型和Ⅱ型算子。今后可以借鉴这种一般化的思想分析分数变换其他离散化算法的共性特征，提出Ⅲ型和Ⅳ型算子等，进一步促进分数域信号处理理论体系的发展。

(2)在多参数离散分数变换理论框架下，我们仅构造了余弦类多参数离散分数变换、多参数离散分数阿达马变换、多参数离散分数角变换等几种特殊变换。在今后的工作中，可以根据不同的应用背景构造更多有意义的特殊变换，用于解决工程实际中所遇到的现实问题，推动分数域信号处理方法的工程应用。

(3)在我们所提理论框架下构造的多参数离散分数变换，可以提供多种信号表示空间，且具有多个可以调整的变换参数，非常适合用于信息安全领域。我们已研究了多参数离散分数变换域的图像加密方法，今后可尝试研究在保密通信、数字水印、信息隐藏等方面的应用，进一步促进分数域信号处理方法在信息安全领域的应用。

(4)分数变换随机化方法的研究能够为图像加密领域提供有效工具,今后可将我们关于离散分数傅里叶变换的随机化思想推广到其他分数变换,为图像的安全通信提供更多有效工具。

(5)当前关于分数域信号处理方法的研究大都集中于一维情况,还没有从机理上深入分析二维分数域信号处理方法的特征和性质。我们仅初步讨论了二维变换相位信息的重要性,从仿真实验的角度观察了其在图像特征提取中的作用,其深层机理尚不清晰,需进行深入的分析和证明。这一研究将有利于推动分数域信号处理方法在图像处理中的应用。另外,在语音处理和超导材料领域,利用傅里叶变换的相位信息来进行信号特征的分析和重构已成为近些年的研究热点之一。作者认为在这些领域,关于多参数离散分数变换相位谱的应用也将有很大的研究空间。

参 考 文 献

康学净. 2014. 基于随机分数变换的双图加密算法研究. 中国电子学会第二十届青年学术年会, 北京.

潘松, 王国栋. 2000. VHDL 实用教程. 成都: 电子科技大学出版社: 10-100.

钱志鸿, 王义君. 2013. 面向物联网的无线传感器网络综述. 电子与信息学报, 35(1): 215-227.

石为人, 黄河. 2008. OMNET++与 NS2 在无线传感网络仿真中的比较研究. 计算机科学, 35(10): 53-57.

田建学, 张然. 2007. 无线电导航系统的发展前景与军事应用. 技术研发, 6(3): 62-69.

吴小兵, 陈贵海. 2008. 无线传感器网络中节点非均匀分布的能量空洞问题. 计算机学报, 31(2): 253-261.

袁海燕. 2005. 普适计算中基于语义的服务发现. 西安: 西安电子科技大学硕士学位论文.

曾志文, 陈志刚. 2010. 无线传感网络中基于可调发射功率的能量空洞避免. 计算机学报, 33(1): 12-22.

张德干, 葛辉. 2018. 一种基于 Q-Learning 策略的自适应车联网路由新算法. 电子学报, 46(2): 1-10.

张德干, 张婷. 2018. 一种基于 FBMC-OQAM 干扰抑制的功率分配新算法. 计算机研究与发展, 55(11): 1-11.

张德干, 郑可. 2015. 一种基于关联 ID 的防碰撞新方法. 计算机研究与发展, 52(12): 2725-2735.

张德干, 赵晨鹏. 2014. 一种基于前向感知因子的 WSN 能量均衡路由方法. 电子学报, 42(1): 113-118.

张德干, 戴文博, 牛庆肖. 2012. 基于局域世界的 WSN 拓扑加权演化模型. 电子学报, 40(5): 1000-1004.

张德干, 徐光祐, 史元春. 2004. 面向普适计算的扩展的证据理论方法. 计算机学报, 27(7): 918-927.

张德干, 班晓娟, 曾广平. 2005. 普适计算中的任务迁移策略. 控制与决策, 20(1): 6-11.

张德干. 2006. 普适服务中基于模糊神经网络的信任测度方法. 控制与决策, 21(2): 32-41.

张德干. 2007. 针对主动服务的情境计算方法比较研究. 自动化学报, 8(7): 1562-1569.

张德干, 王晓晔. 2008. 规则挖掘技术. 北京: 科学出版社: 5-150.

张德干. 2009. 移动计算. 北京: 科学出版社: 10-230.

张德干. 2006. 移动多媒体技术及其应用. 北京: 国防工业出版社: 20-220.

张德干. 2010. 虚拟企业联盟构建技术. 北京: 科学出版社: 10-210.

张德干. 2010. 移动服务计算支撑技术. 北京: 科学出版社: 15-200.

张德干. 2011. 物联网支撑技术. 北京: 科学出版社: 10-200.

张德干. 2013. 无线传感与路由技术. 北京: 科学出版社: 5-190.

张德干. 2015. 可信物联网技术. 北京: 科学出版社: 9-220.

张德干. 2017. 物联网动态重构与协作通信技术. 北京: 科学出版社: 10-210.

Almeida L B. 1994. The fractional Fourier transform and time-frequency representations. IEEE Transactions on Signal Processing, 42(11): 3084-3091.

Ansari M A, Anand R S. 2009. Context based medical image compression for ultrasound images with contextual set partitioning in hierarchical trees algorithm. Advances in Engineering Software, 40(7): 487-496.

Annavajjlal R, Cosman P C, Milstein L B. 2007. Statistical channel knowledge-based optimum power allocation for relaying protocols in the high SNR regime. IEEE Journal on Selected Areas in Communications, 25(2): 292-305.

Atheneus P M, Silveman H F. 1993. Processor reconfiguration through instruction set metamorphosis. IEEE Computer, 26(3): 11-18.

Azarian K, El-Gamal H. 2007. The throughput-reliability tradeoff in block fading MIMO channels. IEEE Transactions on Information Theory, 2(53): 488-501.

Azarian K. 2006. Outage Limited Cooperative Channels: Protocols and Analysis. Columbus: Ohio State University.

Azarian K, El-Gamal H, Schniter P. 2005. On the achievable diversity-multiplexing tradeoff in half-duplexing cooperative channels. IEEE Transactions on Information Theory, 51(12): 4152-4172.

Azarian K, El-Gamal H, Schniter P. 2008. On the optimality of ARQ-DDF protocol. IEEE Transactions on Information Theory, 54(4): 1718-1724.

Baccelli F. 2000. TCP is max-plus linear and what it tells us on its throughput. Computer Communication Review, 30(4): 219-230.

Baraniuk R G, Cevher V. 2010. Model-based compressive sensing. IEEE Transactions on Information Theory, 56(4): 1982-2001.

Baron D, Sarvotham S. 2010. Bayesian compressive sensing via belief propagation. IEEE Transactions on Signal Processing, 58(1): 269-280.

Bazargan K, Kastner R, Sarrafzadeh M. 1999. 3-D floorplanning: Simulated annealing and greedy placement methods for reconfigurable computing systems. IEEE International Workshop on Rapid System Prototyping, 1(1): 30-39.

Bazargan K, Sarrafzadeh M. 1999. Fast online placement for reconfigurable computing systems. IEEE Symposium of Field Programmable Custom Computing Machines, 1(1): 300-302.

Bazargan K, Kastner R, Sarrafzadeh M. 2000. Fast template placement for reconfigurable computing systems. IEEE Design and Test of Computers, 17(1): 68-83.

Beaulieu N C, Hu J. 2006. A closed-form expression for the outage probability of decode-and-forward relaying in dissimilar Rayleigh fading channels. IEEE Communications Letters, 10(12): 813-815.

Bhashyam S, Sabharwal A, Aazhang B. 2002. Feedback gain in multiple antenna systems. IEEE Transactions on Communications, 50(5): 785-798.

Bilieri E, Caire G, Taricco G. 1999. Limiting performance of block fading channels with multiple antennas. IEEE Transactions on Information Theory, 47(4): 1273-1289.

Boutros J, Viterbo E. 1998. Signal space diversity: A power and bandwidth efficient diversity technique for the Rayleigh fading channel. IEEE Transactions on Information Theory, 44(4): 1453-1467.

Borade S, Zheng L, Gallager R. 2007. Amplify-and-forward in wireless relay networks: Rate, diversity and network size. IEEE Transactions on Information Theory, 53(10): 3302-3318.

Blodege B, McMillan S, Lysaght P. 2003. A lightweight approach for embedded reconfiguration of FPCAs. Design, Automation and Test in Europe Conference and Exhibition, Munich.

Blodege B, Roxby P J, Keller E, et al. 2003. A Self-reconfiguring Platform. Berlin: Springer-Verlag.

Buettner M, Yee G V. 2006. X-MAC: A short preamble MAC protocol for duty-cycled wireless sensor networks. Proceedings of the 4th ACM Sensor Systems Conference, Boulder, 21(1): 307-320.

Candan C. 2007. On higher order approximations for Hermite-Gaussian functions and discrete fractional Fourier transforms. IEEE Signal Processing Letters, 14(10): 699-702.

Candes E J, Tao T. 2006. Near optimal signal recovery from random projections: Universal encoding strategies? IEEE Transactions on Information Theory, 52(12): 5406-5425.

Cao J, Yeh E M. 2007. Asymptotically optimal multiple-access communication via distributed rate splitting. IEEE Transactions on Information Theory, 53(1): 304-319.

Castillo J, Huerta P, Lopez V. 2005. A secure self-reconfiguring architecture based on open-source hardware. International Conference on Reconfigurable Computing & FPCAs, 1(1): 56-67.

Caspi E, Chu M, Huang R, et al. 2000. Stream computations organized for reconfigurable execution(SCORE): Introduction and tutorial. Proceedings of the 10th International Workshop on Field-Programmable Logic and Applications, Villach: 90-100.

Chatha K S, Vemuri R. 2000. An iterative algorithm for hardware-software partitioning, hardware design space exploration and scheduling. Design Automation for Embedded Systems, 5(1): 281-293.

Chambolle A, Devore R. 1998. Nonlinear wavelet image processing: Variational problems, compression and noise removal through wavelet shrinkage. IEEE Transactions on Image Processing, 7(3): 319-335.

Chehida K B, Auguin M. 2005. A software/configware codesign methodology for control dominated applications. Proceedings of the 16th International Conference on Application-Specific Systems, Architecture and Processors, Samos: 10-19.

Chen D, Laneman J N. 2006. The diversity-multiplexing tradeoff for the multiaccess relay channel. Annual Conference on Information Sciences and Systems, New York: 1324-1328.

Chen M, Serbetli S, Yener A. 2008. Distributed power allocation strategies for parallel relay networks. IEEE Transactions on Wireless Communications, 7(2): 552-561.

Chiu-Yam Ng T, Yu W. 2007. Joint optimization of relay strategies and resource allocations in cooperative cellular networks. IEEE Journal on Selected Areas in Communications, 25(2): 328-339.

Chow P, Seo S O, Rose J. 1999. The design of an SRAM-based field-programmable gate array - Part I: Architecture. IEEE Transaction on Very Large Scale Integration Systems, 7(2): 191-197.

Chen Y, Kishore S, Li J. 2006. Wireless diversity through network coding. Wireless Communications and Networking Conference, 3: 1681-1686.

Compton K, Hauck S. 2002. Reconfigurable computing: A survey of systems and software. ACM Computing Surveys, 34(2): 171-210.

Cooley J W, Tukey J W. 1965. An algorithm for machine calculation of complex Fourier series. Mathematics of Computation, 19(90): 297-298.

Davis J A, McNamara D E, Cottrell D M. 1998. Analysis of the fractional Hilbert transform. Applied Optics, 37(29): 6911-6913.

Dehon A, Wawrzynek H. 1999. Reconfigurable computing: What, why and implications for design automation. Design Automation Conference, New Orleans: 610-615.

Denis J, Pischella M, Ruyet D L. 2016. Optimal energy-efficient power allocation for asynchronous cognitive radio networks using FBMC/OFDM. 2016 IEEE Wireless Communications and Networking Conference, Doha: 1-5.

Deng X M, Haim A M. 2005. Power allocation for cooperative relaying in wireless networks. IEEE Communications Letters, 9(11): 994-996.

Dhand H, Goel N, Agarwal M. 2005. Partial and dynamic reconfiguration in Xilinx FPCAs: A quantitative study. The 9th VLSI Design and Test Symposium, Sydney: 40-49.

Dickinson B W, Steiglitz K. 1982. Eigenvectors and functions of the discrete Fourier transform. IEEE Transactions on Acoustics Speech & Signal, 30(1): 25-31.

Ding Y, Zhang J, Wong K M. 2007. The amplify-and-forward half-duplex cooperative system: Pairwise error probability and precoder design. IEEE Transactions on Signal Processing, 55(2): 605-617.

Ding Z, Ratnarajah T, Cowan C C F. 2007. On the diversity-multiplexing tradeoff for wireless co-operative multiple access system. IEEE Transactions on Signal Processing, 55(9): 4627-4638.

Djenouri D, Balasingham I. 2011. Traffic-differentiation-based modular QoS localized routing for wireless sensor networks. IEEE Transactions on Mobile Computing, 10(6): 797-809.

Donoho D L. 2006. Compressed sensing. IEEE Transactions on Information Theory, 52(4): 1289-1306.

Duarte M F, Baraniuk R G. 2012. Compressive sensing. IEEE Transactions on Image Processing, 21(2): 494-504.

Dyer M, Plessl C. 2002. Partially reconfigurable cores for Xilinx Virtex. Proceedings of Field-Programmable Logic and Applications, Montpellier: 292-301.

Edmonds J, Gryz J, Liang D, et al. 2003. Mining for empty spaces in large data sets. Theoretical Computer Science , 3(296): 435-452.

Eguro K, Hauck S. 2005. Resource allocation for coarse-grained FPCA development. IEEE Transactions on Computer-Aided Design of Integrated Circuits and Systems, 24(1): 1572-1581.

Ejnioui A, DeMara R F. 2005. Area reclamation metrics for SRAM-based reconfigurable device. The International Conference on Engineering of Reconfigurable Systems and Algorithms, Las Vegas: 10-20.

Eldredge J G, Hetchings B L. 1994. RRANN: The run-time reconfiguration artificial neural network. IEEE Custom Integrated Circuits Conference, San Diego: 77-80.

Elliot E O. 1963. Estimates of error rates for codes on burst-noise channels. Bell Systems Technical Journal, 42(5): 1977-1997.

Fan Y, Thompson J S, Adinoyi A. 2007. On the diversity-multiplexing trade off for multi-antenna multi-relay channels. IEEE International Conference on Communications: 5252-5257.

Friedrich J. 1997. Image encryption based on chaotic maps. IEEE International Conference on Computational Cybernetics and Simulation, 1(1): 1105-1110.

Floyd S. 2003. HighSpeed TCP for Large Congestion Windows. RFC 3649.

Foschini G J, Gans M J. 1998. On limits of wireless communications in a fading environment when using multiple antennas. Wireless Personal Communications, 6(3): 311-335.

Foschini G J, Golden G D, Valenzuela R A. 1999. Simplified processing for high spectral efficiency wireless communication employing multi-element arrays. IEEE Journal on Selected Areas in Communications, 17(11): 1841-1851.

Foschini G J. 1996. Layered space-time architecture for wireless communication in a fading environment when using multi-element antennas. Bell Labs Technical Journal, 1(2): 41-59.

Fukunage A, Hayworth K, Stoica A. 1998. Evolvable hardware for spacecraft autonomy. IEEE Aerospace Conference, Snowmass: 135-143.

Fu S, Lu K, Qian Y. 2007. Cooperative network coding for wireless ad-hoc networks. Global Telecommunications Conference, Washington: 812-816.

Gallager R G. 1999. A perspective on multiaccess channels. IEEE Transactions on Information Theory, 31(2): 124-142.

Ganesan S, Ghosh A, Vemuri R. 1999. High-level synthesis of designs for partially reconfigurable FPCAs. The 2nd Annual Military and Aerospace Applications of Programmable Devices and Technologies Conference, Mapld: 10-22.

Gerla M, Sanadidi M Y. 2001. TCP westwood: Congestion window control using bandwidth estimation. IEEE Global Telecommunications Conference, San Antonio: 1698-1702.

Gianfranco C. 2006. Efficient DFT architectures based upon symmetries. IEEE Transactions on Signal Processing, 54(10): 3829-3838.

Goldsmith J A, Varaiya P P. 1997. Capacity of fading channels with channel side information. IEEE Transactions on Information Theory, 43(6): 1986-1992.

Guccione S A, Levi D, Sundararajan P. 1999. JBits: A Java-based interface for reconfigurable computing. The 2nd Annual Military and Aerospace Applications of Programmable Devices and Technologies Conference, 1(1): 10-19.

Gunduz D, Erkip E. 2007. Opportunistic cooperation by dynamic resource allocation. IEEE Transactions Wireless Communications, 6(4): 1446-1454.

Gupta P, Kumar P R. 2003. Towards an information theory of large networks: An achievable rate region. IEEE Transactions on Information Theory, 49(8): 1877-1894.

Guo Y, Yang Q, Liu J. 2017. Cross-layer rate control and resource allocation in spectrum-sharing OFDMA small cell networks with delay constraints. IEEE Transactions on Vehicular Technology, 66(5): 4133-4147.

Hadley J, Hutchings B. 1995. Design methodologies for partially reconfigured systems. IEEE Workshop on FPCAs for Custom Computing Machines, 1(1): 78-84.

Haggard R L, Donthi S. 2003. A survey of dynamically reconfigurable FPCA devices. The 35th Southeastern Symposium on System Theory, 1(1): 422-426.

Hajek B, Pursley M B. 1979. Evaluation of an achievable rate region for the broadcast channel. IEEE Transactions on Information Theory, 25(1): 36-46.

Handa M, Vemuri R. 2004. A fast algorithm for finding maximal empty rectangle for dynamic FPCA placement. The Design, Automation and Test in Europe Conference and Exhibition, 1(1): 30-39.

Handa M, Vemuri R. 2004. An efficient algorithm for finding empty space for online FPCA placement. The 41st Design Automation Conference, 1(1): 50-59.

Hanly S V, Tse D N C. 1998. Multiaccess fading channels-Part II: Delay-limited capacities. IEEE Transactions on Information Theory, 44(7): 2816-2831.

Hamilton W D. 1970. Selfish and spiteful behavior in an evolutionary model. Nature, 228(5277): 1218-1220.

Harsanyi J C. 1967. Games with incomplete information played by Bayesian players. Management Science, 14(3): 159-182.

Hauck S, Li Z, Schwabe E. 1998. Configuration compression for the Xilinx XC6200 FPCA. The IEEE Symposium on Field-Programmable Custom Computing Machines, 1(1): 138-146.

Hausl C, Dupraz P. 2006. Terative network and channel decoding for the two-way relay channel. IEEE International Conference on Communications, New York: 1568-1573.

Hauck S, Li Z, Compton K. 2000. Configuration caching management techniques for reconfigurable computing. IEEE Symposium on Field-Programmable Custom Computing Machines, 1(1): 22-36.

Henkel J, Benner T, Ernst R. 1994. COSYMA: A software-oriented approach to hardware/software codesign. Journal of Computer & Software Engineering, 2(3): 293-314.

Himsoon T, Su W, Liu K J R. 2006. Differential modulation for multimode amplify-and-forward wireless relay networks. IEEE Wireless Communications and Networking Conference, 2: 1195-1200.

Ho T, Médard M, Koetter R, et al. 2006. A random linear network coding approach to multicast. IEEE Transactions on Information Theory, 52(10): 4413-4430.

Holland G, Vaidya N. 2002. Analysis of TCP performance over mobile Ad hoc networks. Wireless Networks, 8(2): 275-288.

Horta E L, Lockwood K W, Kofuji S T. 2002. Using PARBIT to implement partial run-time reconfiguration system. The 12th Field-Programmable Logic and Applications, Montpellier: 182-191.

Huang J W, Krishnamurthy V. 2011. Cognitive base stations in LTE/3GPP femtocells: A correlated equilibrium game-theoretic approach. IEEE Transactions on Communications, 59(12): 3485-3493.

Hutchings B L, Wirthlin M J. 1995. Implementation approaches for reconfigurable logic applications. International Workshop on Field-Programmable Logic and Applications, 1(1): 419-428.

Hunter T E, Nosratinia A. 2006. Diversity through coded cooperation. IEEE Transactions on Wireless Communications, 5(2): 283-289.

Hunter T E, Sanayei S, Nosratinia A. 2006. Outage analysis of coded cooperation. IEEE Transactions on Information Theory, 52(2): 375-391.

Hunter T E. 2004. Coded Cooperation: A New Framework for User Cooperation in Wireless Systems. Richardson: University of Texas at Dallas.

Ji S, Xue Y. 2008. Bayesian Compressive sensing. IEEE Transactions on Signal Processing, 56(6): 2346-2356.

Jiang R, Pan L, Li J H. 2004. Further analysis of password authentication schemes based on authentication tests. Computer and Security, 23(6): 469-477.

Jiang J F, Han G J. 2015. An efficient distributed trust model for wireless sensor networks. IEEE Transactions on Parallel and Distributed Systems, 26(5): 1228-1237.

Jing Y, Hassibi B. 2006. Distributed space-time coding in wireless relay networks. IEEE Transactions on Wireless Communications , 5(12): 3524-3536.

Joshi M C, Singh K. 2008. Color image encryption and decryption for twin images in fractional Fourier domain. Optics Communications, 281(23): 5713-5720.

Kang X J, Tao R. 2016. Multiple-parameter discrete fractional transform and its applications. IEEE Transactions on Signal Processing, 64(13): 3402-3417.

Kang X J, Tao R. 2015. Multichannel Random discrete fractional Fourier transform. IEEE Signal Processing Letters, 22(9): 1340-1344.

Kang X J, Tao R. 2015. Double image encryption based on the random fractional transform. IET International Radar Conference, 1(1): 429-432.

Keshari S, Modani S G. 2012. Color image encryption scheme based on 4-weighted fractional Fourier transform. Journal of Electron Imaging, 21(3): 1-7.

Kim K H, Zhu Y J, Sivakumar R. 2005. A receiver centric transport protocol for mobile hosts with heterogeneous wireless interfaces. Wireless Networks, 11(4): 363-382.

Koester M, Porrmann M, Kalte H. 2005. Task placement for heterogeneous reconfigurable architectures. The International Conference on Field Programmable Technology, 1(1): 43-50.

Kose C, Goeckel D L. 2000. On power adaptation in adaptive signaling systems. IEEE Transactions on Communications, 48(11): 1769-1773.

Koetter R, Médard M. 2003. An algebraic approach to network coding. IEEE/ACM Transactions on Networking, 11(5): 782-795.

Kraniquskas P, Cariolaro G, Erseghe T. 1998. Method for defining a class of fractional operations. IEEE Transactions on Signal Processing, 46(10): 2804-2807.

Krishnamoorthy B, Srikanthan T. 2004. A hardware operating system based approach for run-time reconfigurable platform of embedded devices. The 6th Real-Time Linux Workshop, Singapore, 1(1): 111-116.

Laneman J N, Wornell G W. 2003. Distributed space-time-coded protocols for exploiting cooper-ative diversity in wireless networks. IEEE Transactions on Information Theory, 49(10): 2415-2425.

Lammers M. 2014. The finite fractional Zak transform. IEEE Signal Processing Letters, 21(9): 1064-1067.

Laneman J N, Tse D N C, Wornell G W. 2004. Cooperative diversity in wireless networks: Efficient protocols and outage behavior. IEEE Transactions on Information Theory, 51(12): 3062-3080.

Lang J, Tao R, Wang Y. 2010. The discrete multiple-parameter fractional Fourier transform. Science China Information Sciences, 53(11): 2287-2299.

Li C, Yue G, Khojastepour M A. 2008. LDPC-coded cooperative relay systems: Performance analysis and code design. IEEE Transactions on Communications, 56(3): 485-496.

Li Z, Li M, Liu J. 2011. Understanding the Flooding in low-duty-cycle wireless sensor networks. 2011 International Conference on Parallel Processing, 1(1): 673-682.

Liang X, Vetter J S, Smith M C. 2005. Balancing FPCA resource utilities. International Conference on Engineering of Reconfigurable Systems and Algorithms, Las Vegas: 156-162.

Liang Y, Veeravalli V V, Vincent P H. 2007. Resource allocation for wireless fading relay channels: Max-min solution. IEEE Transactions on Information Theory, 53(11): 3432-3453.

Liang K, Wang X, Berenguer I. 2007. Minimum error-rate linear dispersion codes for cooperative relays. IEEE Transactions on Vehicular Technology, 56(4): 2143-2157.

Liu S T, Zhang J D, Zhang Y. 1997. Properties of the fractionalization of a Fourier transform. Optics Communications, 133(1): 50-54.

Lohmann A W, Soffer B H. 1994. Relationships between the Radon-Wigner and the fractional Fourier transforms. Journal of the Optical Society of America A, 11(6): 1798-1801.

Madsen A H, Zhang J. 2005. Capacity bounds and power allocation for wireless relay channels. IEEE Transactions on Information Theory, 51(6): 2020-2040.

Mahdavi J P, Floyd S, Adamson R B. 2001. TCP-friendly unicast rate-based flow control. IEEE Global Telecommunications Conference, 3: 1620-1625.

Matthews R. 1989. On the derivation of a chaotic encryption algorithm. Cryptologia, 13(1): 29-42.

McClellan J H. 1996. The discrete rotational Fourier transform. IEEE Transactions on Signal Processing, 44(4): 994-998.

Medard M. 2000. The effect upon channel capacity in wireless communication of perfect and imperfect knowledge of the channel. IEEE Transactions on Information Theory, 46(3): 933-946.

Medjahdi Y, Terre M, Ruyet D L. 2009. Inter-cell interference analysis for OFDM/FBMC systems. 2009 IEEE 10th Workshop on Signal Processing Advances in Wireless Communications, 1(1): 598-602.

Mei B, Vernalde S, Verkest D. 2002. DRESC: A retargetable compiler for coarse-grained reconfigurable architectures. International Conference on Field Programmable Technology, 1(1): 45-56.

Micheli G D, Gupta R K. 1997. Hardware/software co-design. Proceedings of the IEEE, 85(3): 349-365.

Miramond B, Delosme J M. 2005. Design space exploration for dynamically reconfigurable architectures. Design, Automation and Test in Europe Conference and Exhibition, 1(1): 366-371.

Ming X, Aulin T M. 2006. A physical layer aspect of network coding with statistically independent noisy channels. IEEE International Conference on Communications, Istanbul.

Ming X, Aulin T M. 2007. Maximum-likelihood decoding and performance analysis of a noisy channel network with network coding. IEEE International Conference on Communications, Glasgow: 6103-6110.

McMillan S, Guccione S. 2000. Partial run-time reconfiguration using JRTR. The 10th International Workshop on Field-Programmable Logic and Applications, Berlin: 352-360.

Murillo M A, Cruz C, Abundiz F. 2015. A RGB image encryption algorithm based on total plain image characteristics and chaos. Signal Processing, 109: 119-131.

Mustard D A. 1996. The fractional Fourier transform and the Wigner distribution. Journal of Australian Mathematical Society, 38(2): 209-219.

Namias V. 1980. The fractional order Fourier transform and its application to quantum mechanics. Geoderma, 25(3): 241-265.

Narasimhan R. 2006. Finite-SNR diversity-multiplexing tradeoff for correlated Rayleigh and Rician MIMO channels. IEEE Transactions on Information Theory, 52(9): 3965-3979.

Narula A, Trott M D, Wornell G W. 1999. Performance limits of coded diversity methods for transmitter antenna arrays. IEEE Transactions on Information Theory, 45(7): 2418-2433.

Noguera J, Badia R M. 2000. Run-time HW/SW codesign for discrete event systems using dynamically reconfigurable architectures. Proceedings of the 13th International Symposium on System Synthesis, Madrid: 20-29.

Noguera J, Badia R M. 2002. Dynamic run-time HW/SW scheduling techniques for reconfigurable architectures. Proceedings of the Tenth International Symposium on Hardware/Software Codesign, Estes Park.

Nollet V, Mignolet J Y, Bartic T D. 2003 Hierarchical run-time reconfiguration managed by an operating system for reconfigurable systems. International Conference on Engineering of Reconfigurable Systems and Algorithms, Las Vegas: 81-87.

Noori M, Ardakani M. 2011. Lifetime analysis of random event-driven clustered wireless sensor networks. IEEE Transactions on Mobile Computing, 10(10): 1448-1458.

Ozaktas H M, Aytur O. 1995. Fractional Fourier domains. Signal Processing, 46(1): 119-124.

Pei S C, Ding J J. 2001. Relations between fractional operations and time-frequency distributions and their applications. IEEE Transactions on Signal Processing, 49(8): 1638-1655.

Popovski P, Yomo H. 2007. Wireless network coding by amplify-and-forward for bi-directional traffic flows. IEEE Communications Letters, 11(1): 16-18.

Popovski P, Yomo H. 2007. Physical network coding in two-way wireless relay channels. IEEE International Conference on Communications, Glasgow: 707-712.

Pushpita C, Indranil S. 2014. A trust enhanced secure clustering framework for wireless ad hoc networks. Wireless Network, 20(1): 1669-1684.

Raghavan A K, Sutton P. 2002. JPG: A partial bitstream generation tool to support partial reconfiguration in Virtex FPCAs. International Parallel and Distributed Processing Symposium, 1(1): 155-160.

Ran Q W, Zhang H Y, Zhang J. 2009. Deficiencies of the cryptography based on multiple-parameter fractional Fourier transform. Optics Letters, 34(11): 1729-1731.

Refregier P, Javidi B. 1995. Optical image encryption based on input plane and Fourier plane random encoding. Optics Letters, 20(7): 767-769.

Rimoldi B, Urbanke R. 1996. A rate-splitting approach to the Gaussian multiple-access channel. IEEE Transactions on Information Theory, 42(2): 364-375.

Ross D, Vellacott O, Turner M. 1993. An FPCA-based hardware accelerator for image processing. International Workshop on Field-Programmable Logic and Applications, Oxford: 299-306.

Sankaranarayanan A C, Hegde C. 2011. Go with the flow: Optical flow-based transport operators for image manifolds. Conference on Communication Control & Computing, 1(1): 1824-1831.

Santhanam B, McClellan J H. 1996. The discrete rotational Fourier transform. IEEE Transactions on Signal Processing, 44(4): 994-998.

Sheikh M A, Sarvotham S. 2007. DNA array decoding from nonlinear measurements by belief propagation. IEEE/SP Workshop on Statistical Signal Processing, 1(1): 215-219.

Shih C C. 1995. Fractionalization of Fourier transform. Optics Communications, 118(5/6): 495-498.

Singh K, Gupta A, Ratnarajah T. 2017. Energy efficient resource allocation for multiuser relay networks. IEEE Transactions on Wireless Communications, 16(2): 1218-1235.

Singh N, Sinha A. 2010. Optical image encryption using improper Hartley transforms and chaos. Optik, 121(10): 918-925.

Stauffer E, Oyman O, Narasimhan R. 2007. Finite-SNR diversity-multiplexing trade-offs in fading relay channels. IEEE Journal on Selected Areas in Communications, 25(2): 245-257.

Stoica A, Zebulum R, Keymeulen D. 2001. Reconfigurable VLSI architectures for evolvable hardware: From experimental field programable transistor arrays to evolution-oriented chips. IEEE Transactions on Very Large Scale Integration Systems, 9(1): 10-20.

Sousa J T, Silva J M, Abramovici M. 2001. A configware/software approach to SAT solving. The 9th Annual IEEE Symposium on Field-Programmable Custom Computing Machines, 1(1): 20-29.

Smith M C, Drager S L, Pochet L. 2001. High performance reconfigurable computing systems. The 44th IEEE 2001 Midwest Symposium on Circuits and Systems, 1(1): 562-565.

Storn R, Price K. 1995. Differential evolution: A simple and efficient adaptive scheme for global optimization over continuous spaces. Technical Report TR-95-012, 1(1): 10-30.

Sun D Z, Huai J P. 2009. Improvements of Juang's password-authenticated key agreement scheme using smart cards. IEEE Transactions on Industrial Electronics, 56(6): 2284-2291.

Tabero J, Steptien J, mecha H. 2003. A vertex-list approach to 2D HW multitasking management in RTR FPCAs. Proceedings of the Conference on Design of Circuits and Integrated Systems, Cludad Real, 1(1).

Tan K, Zhu H. 1991. Remote password authentication scheme based on cross-product. Computer Communications, 22(4): 390-393.

Tan S S, Li X P. 2015. Trust based routing mechanism for securing OLSR-based MANET. Ad Hoc Networks, 30(1): 84-98.

Tang J, Zhang X. 2007. Cross-layer resource allocation over wireless relay networks for quality of service provisioning. IEEE Journal on Selected Areas in Communications, 25(5): 645-656.

Tang L, Sun Y, Gurewitz O. 2011. PW-MAC: An energy-efficient predictive-wakeup MAC protocol for wireless sensor networks. IEEE INFOCOM, 34(17): 1305-1313.

Tao R, Zhang F, Wang Y. 2010. Linear summation of fractional-order matrices. IEEE Transactions on Signal Processing, 58(7): 3912-3916.

Tarokh V, Jafarkhani H. 2000. A differential detection scheme for transmit diversity. IEEE Journal on Selected Areas in Communications, 18(7): 1169-1174.

Tseng C C. 2002. Eigenvalues and eigenvectors of generalized DFT, generalized DHT, DCT-IV and DST-IV matrices. IEEE Transactions on Signal Processing, 50(4): 866-877.

Unnikrishnan G, Joseph J, Singh K. 2000. Optical encryption by double-random phase encoding in the fractional Fourier domain. Optics Letters, 25(12): 887-889.

Visotsky E, Madhow U. 2000. Space-time precoding with imperfect feedback. IEEE International Symposium on Information Theory, Sorrento.

Wang Z. 1984. Fast algorithm for the discrete W transform and for the discrete Fourier transform. IEEE Transactions on ASSP, 32(1): 803-816.

Wei S. 2007. Diversity-multiplexing tradeoff of asynchronous cooperative diversity in wireless networks. IEEE Transactions on Information Theory, 53(11): 4150-4172.

Wheeler D D. 1989. Problems with chaotic cryptosystems. Cryptologia, 13(3): 243-250.

Wiangtong T, Cheung P Y K, Luk W. 2002. Comparing three heuristic search methods for functional partitioning in hardware-software codesign. Design Automation for Embedded Systems, 6(1): 425-449.

Wigley G, Kearney D. 2000. The first real operating system for reconfigurable computers. Australian Computer Systems Architecture Conference, Queensland, 1(1): 129-136.

Wirthlin M J, Hutchings B L. 1995. A dynamic instruction set computer. IEEE Workshop on FPCAs for Custom Computing Machines, 1(1): 99-107.

Wolf W. 2003. A decade of hardware/software codesign. IEEE Computer, 36(1): 38-43.

Woo C, Yang L. 2007. Resource allocation for amplify-and-forward relay networks with differential modulation. IEEE Globecom, 1(1): 67-75.

Wu T S, Lin H Y. 2004. Robust key authentication scheme resistant to public key substitution attacks. Applied Mathematics and Computation, 157(3): 825-833.

Wu Y, Chou P A, Kung S. 2005. Information exchange in wireless with network coding and physical-layer broadcast. The 39th Annual Conference Information Science and Systems, Baltimore.

Xin Y, Wang Z, Giannakis G B. 2003. Space-time diversity systems based on linear constellation precoding. IEEE Transactions on Wireless Communications, 2(2): 294-309.

Xu G Q, Li W S, Xu R. 2013. An algorithm on fairness verification of mobile sink routing in wireless sensor network. ACM/Springer Personal and Ubiquitous Computing, 17(5): 851-864.

Yaacoub E, Dawy Z. 2009. A game theoretical formulation for proportional fairness in LTE uplink scheduling. IEEE Wireless Communications and Networking Conference, 1(1): 1-5.

Yamashina M, Motomura M. 2000. Reconfigurable computing: Its concept and a practical embodiment using newly developed reconfigurable logic (DRL) LSI. Asia and South Pacific Design Automation Conference, Yokohama.

Yao X, Higuchi T. 1999. Promises and challenges of evolvable hardware. IEEE Transactions on Systems, Man and Cybernetics - Part C: Applications and Reviews, 29(1): 10-19.

Yang S, Belfiore J C. 2007. Towards the optimal amplify-and-forward cooperative diversity scheme. IEEE Transactions on Information Theory, 53(9): 3114-3126.

Yang W H, Shieh S P. 1991. Password authentication schemes with smart cards. Computer and Security, 18(8): 727-733.

Yeh M H, Pei S C. 2003. A method for the discrete fractional Fourier transform computation. IEEE Transactions on Signal Processing, 51(3): 889-891.

Yuksel M, Erkip E. 2006. Diversity-multiplexing tradeoff in cooperative wireless systems. Annual Conference on Information Sciences and Systems, Princeton: 1062-1067.

Zarakovitis C C, Ni Q. 2016. Maximizing energy efficiency in multiuser multicarrier broadband wireless systems: Convex relaxation and global optimization techniques. IEEE Transactions on Vehicular Technology, 65(7): 5275-5286.

Zhao B, Valenti M. 2003. Distributed turbo coded diversity for the relay channel. IEEE Electronics Letters, 39(10): 786-787.

Zhang D G. 2018. A low duty cycle efficient MAC protocol based on self-adaption and predictive strategy. Mobile Networks and Applications, 18(15): 10-19.

Zhang D G. 2018. A kind of effective data aggregating method based on compressive sensing for wireless sensor network. EURASIP Journal on Wireless Communications and Networking, (7): 1-15.

Zhang D G. 2017. Novel unequal clustering routing protocol considering energy balancing based on network partition & distance for mobile education. Journal of Network and Computer Applications, 88(15): 1-9.

Zhang D G. 2017. Novel PEECR-based clustering routing approach. Soft Computing, 21 (24): 7313-7323.

Zhang D G. 2017. New Dv-distance method based on path for wireless sensor network. Intelligent Automation and Soft Computing, 23 (2): 219-225.

Zhang D G. 2017. Novel positioning service computing method for WSN. Wireless Personal Communications, 92 (4): 1747-1769.

Zhang D G. 2017. A kind of novel VPF-based energy-balanced routing strategy for wireless mesh network. International Journal of Communication Systems, 30 (6): 1-15.

Zhang D G. 2017. Shadow detection of moving objects based on multisource information in Internet of things. Journal of Experimental & Theoretical Artificial Intelligence, 29 (3): 649-661.

Zhang D G. 2016. Novel ID-based anti-collision approach for RFID. Enterprise Information Systems, 10 (7): 771-789.

Zhang D G. 2016. New AODV routing method for mobile wireless mesh network. Intelligent Automation and Soft Computing, 22 (3): 431-438.

Zhang D G. 2016. Novel quick start (QS) method for optimization of TCP. Wireless Networks, 22 (1): 211-222.

Zhang D G. 2016. Multi-radio multi-channel (MRMC) resource optimization method for wireless mesh network. Journal of Information Science and Engineering, 32 (2): 501-519.

Zhang D G. 2016. Novel fusion computing method for bio-medical image of WSN based on spherical coordinate. Journal of Vibroengineering, 18 (1): 522-538.

Zhang D G. 2016. A novel compressive sensing method based on SVD sparse random measurement matrix in wireless sensor network. Engineering Computations, 33 (8): 2448-2462.

Zhang D G. 2016. New mixed adaptive detection algorithm for moving target with big data. Journal of Vibroengineering, 18 (7): 4705-4719.

Zhang D G, Zheng K. 2015. A novel multicast routing method with minimum transmission for WSN of cloud computing service. Soft Computing, 19 (7): 1817-1827.

Zhang D G, Song X D. 2015. Extended AODV routing method based on distributed minimum transmission (DMT) for WSN. International Journal of Electronics and Communications, 69 (1): 371-381.

Zhang D G, Wang X. 2015. New clustering routing method based on PECE for WSN. EURASIP Journal on Wireless Communications and Networking, (162): 1-13.

Zhang D G, Zheng K. 2015. Novel quick start (QS) method for optimization of TCP. Wireless Networks, 21 (5): 110-119.

Zhang D G, Li G. 2014. An energy-balanced routing method based on forward-aware factor for wireless sensor network. IEEE Transactions on Industrial Informatics, 10 (1): 766-773.

Zhang D G, Wang X. 2014. A novel approach to mapped correlation of ID for RFID anti-collision. IEEE Transactions on Services Computing, 7(4): 741-748.

Zhang D G, Li G. 2014. A new anti-collision algorithm for RFID tag. International Journal of Communication Systems, 27(11): 3312-3322.

Zhang D G, Liang Y P. 2013. A kind of novel method of service-aware computing for uncertain mobile applications. Mathematical and Computer Modelling, 57(3/4): 344-356.

Zhang D G. 2012. A new approach and system for attentive mobile learning based on seamless migration. Applied Intelligence, 36(1): 75-89.

Zhang D G. 2012. A new method of non-line wavelet shrinkage denoising based on spherical coordinates. Information - An International Interdisciplinary Journal, 15(1): 141-148.

Zhang D G. 2012. A new medium access control protocol based on perceived data reliability and spatial correlation in wireless sensor network. Computers & Electrical Engineering, 38(3): 694-702.

Zhang D G, Kang X J. 2012. A novel image de-noising method based on spherical coordinates system. EURASIP Journal on Advances in Signal Processing, (110): 1-10.

Zhang D G, Dai W B, Kang X J. 2011. A kind of new web-based method of seamless migration. International Journal of Advancements in Computing Technology, 3(5): 32-40.

Zhang D G, Zhang X D. 2012. A new service-aware computing approach for mobile application with uncertainty. Applied Mathematics and Information Science, 6(1): 9-21.

Zhang D G, Zhu Y N. 2012. A new method of constructing topology based on local-world weighted networks for WSN. Computers & Mathematics with Applications, 64(5): 1044-1055.

Zhang D G, Dai W B. 2011. A kind of new web-based method of media seamless migration for mobile service. Journal of Information and Computational Science, 8(10): 1825-1836.

Zhang D G, Wang D. 2011. Research on service matching method for LBS. International Journal of Advancements in Computing Technology, 3(6): 131-138.

Zhang D G. 2011. A new algorithm of self-adapting congestion control based on semi-normal distribution. Advances in Information Sciences and Service Science, 3(4): 40-47.

Zhang D G, Zeng G P. 2005. A kind of context-aware approach based on fuzzy-neural for proactive service of pervasive computing. The 2nd IEEE International Conference on Embedded Software and Systems, Xi'an: 554-563.

Zhang D G. 2005. Approach of context-aware computing with uncertainty for ubiquitous active service. International Journal of Pervasive Computing and Communication, 1(3): 217-225.

Zhang D G. 2006. Web-based seamless migration for task-oriented nomadic service. International Journal of Distance E-Learning Technology, 4(3): 108-115.

Zhang D G, Zhang H. 2008. A kind of new approach of context-aware computing for active service. Journal of Information and Computational Science, 5(1): 179-187.

Zhang D G. 2008. A kind of new decision fusion method based on sensor evidence for active application. Journal of Information and Computational Science, 5(1): 171-178.

Zhang D G, Li W B. 2015. New service discovery algorithm based on DHT for mobile application. IEEE International Conference on Sensing, Communication and Networking, 1(1): 38-42.

Zhou N R, Liu X B. 2013. Image encryption scheme based on fractional Mellin transform and phase retrieval technique in fractional Fourier domain. Optics & Laser Technology, 47(4): 341-346.